计算机类专业
系统能力培养系列教材

# AI Computing Systems

# 智能计算系统

陈云霁 李玲 李威 郭崎 杜子东 编著

机械工业出版社
China Machine Press

图书在版编目（CIP）数据

智能计算系统 / 陈云霁等编著. -- 北京：机械工业出版社，2020.2（2025.1 重印）
（计算机类专业系统能力培养系列教材）
ISBN 978-7-111-64623-5

I. ①智… II. ①陈… III. ①人工智能 – 计算 – 高等学校 – 教材 IV. ① TP183

中国版本图书馆 CIP 数据核字（2020）第 008266 号

本书通过一个贯穿始终的应用案例——图像风格迁移，全面系统地介绍智能计算系统的软硬件技术栈。首先概述人工智能和智能计算系统（第 1 章）；接下来介绍完成应用所必要的神经网络和深度学习算法知识（第 2、3 章）；然后介绍支撑算法在智能芯片上运行的编程框架（第 4、5 章）；再往下是智能芯片，即引导学生设计一款满足图像风格迁移应用需求的深度学习处理器（第 6、7 章）；接下来介绍如何利用智能编程语言 BCL 提升开发智能应用的效率（第 8 章）；最后以具体实验把所学知识点串联起来，打通知识结构的"任督二脉"（第 9 章）。

本书由中科院计算所、软件所的专家学者倾心写就，领衔作者陈云霁带领团队研制了国际上首个深度学习处理器芯片"寒武纪 1 号"，这本教材凝聚了作者团队多年的科研和教学成果，填补了人工智能专业系统类课程的教材空白，适合作为高等院校人工智能及相关专业的教材。

出版发行：机械工业出版社（北京市西城区百万庄大街 22 号 邮政编码：100037）
责任编辑：刘立卿　　　　　　　　　　　　责任校对：殷　虹
印　　刷：北京机工印刷厂有限公司
版　　次：2020 年 3 月第 1 版　2025 年 1 月第 8 次印刷
开　　本：186mm×240mm　1/16
印　　张：23.75
书　　号：ISBN 978-7-111-64623-5
定　　价：79.00 元

客服电话：(010) 88361066　68326294

**版权所有 · 侵权必究**
封底无防伪标均为盗版

# 编委会名单

荣誉主任：吴建平
主　　任：周兴社　　王志英　　武永卫
副 主 任：马殿富　　陈　钟　　古天龙　　温莉芳
委　　员：金　海　　李宣东　　庄越挺　　臧斌宇　　吴功宜
　　　　　陈文光　　袁春风　　安　虹　　包云岗　　章　毅
　　　　　毛新军　　姚　新　　陈云霁　　陈向群　　向　勇
　　　　　陈莉君　　孟小峰　　于　戈　　张　昱　　王宏志
　　　　　汤　庸　　朱　敏　　卢　鹏　　明　仲　　王晓阳
　　　　　单　征　　陈卫卫

# 丛书序言

人工智能、大数据、云计算、物联网、移动互联网以及区块链等新一代信息技术及其融合发展是当代智能科技的主要体现，并形成智能时代在当前以及未来一个时期的鲜明技术特征。智能时代来临之际，面对全球范围内以智能科技为代表的新技术革命，高等教育正处于重要的变革时期。目前，全世界高等教育的改革正呈现出结构的多样化、课程内容的综合化、教育模式的学研产一体化、教育协作的国际化以及教育的终身化等趋势。在这些背景下，计算机专业教育面临着重要的挑战与变化，以新型计算技术为核心并快速发展的智能科技正在引发我国计算机专业教育的变革。

计算机专业教育既要凝练计算技术发展中的"不变要素"，也要更好地体现时代变化引发的教育内容的更新；既要突出计算机科学与技术专业的核心地位与基础作用，也需兼顾新设专业对专业知识结构所带来的影响。适应智能时代需求的计算机类高素质人才，除了应具备科学思维、创新素养、敏锐感知、协同意识、终身学习和持续发展等综合素养与能力外，还应具有深厚的数理理论基础、扎实的计算思维与系统思维、新型计算系统创新设计以及智能应用系统综合研发等专业素养和能力。

智能时代计算机类专业教育计算机类专业系统能力培养2.0研究组在分析计算机科学技术及其应用发展特征、创新人才素养与能力需求的基础上，重构和优化了计算机类专业在数理基础、计算平台、算法与软件以及应用共性各层面的知识结构，形成了计算与系统思维、新型系统设计创新实践等能力体系，并将所提出的智能时代计算机类人才专业素养及综合能力培养融于专业教育的各个环节之中，构建了适应时代的计算机类专业教育主流模式。

自2008年开始，教育部计算机类专业教学指导委员会就组织专家组开展计算机系统能力培养的研究、实践和推广，以注重计算系统硬件与软件有机融合、强化系统设计与优化能力为主体，取得了很好的成效。2018年以来，为了适应智能时代计算机教育的重要变化,计算机类专业教学指导委员会及时扩充了专家组成员,继续实施和深化智能时代计算机类专业教育的研究与实践工作,并基于这些工作形成计算机类专业系统能力培养2.0。

本系列教材就是依据智能时代计算机类专业教育研究结果而组织编写并出版的。其中的教材在智能时代计算机专业教育研究组起草的指导大纲框架下,形成不同风格,各有重点与侧重。其中多数将在已有优秀教材的基础上,依据智能时代计算机类专业教育改革与发展需求,优化结构、重组知识,既注重不变要素凝练,又体现内容适时更新;有的对现有计算机专业知识结构依据智能时代发展需求进行有机组合与重新构建;有的打破已有教材内容格局,支持更为科学合理的知识单元与知识点群,方便在有效教学时间范围内实施高效的教学;有的依据新型计算理论与技术或新型领域应用发展而新编,注重新型计算模型的变化,体现新型系统结构,强化新型软件开发方法,反映新型应用形态。

本系列教材在编写与出版过程中,十分关注计算机专业教育与新一代信息技术应用的深度融合,将实施教材出版与MOOC模式的深度结合、教学内容与新型试验平台的有机结合,以及教学效果评价与智能教育发展的紧密结合。

本系列教材的出版,将支撑和服务智能时代我国计算机类专业教育,期望得到广大计算机教育界同人的关注与支持,恳请提出建议与意见。期望我国广大计算机教育界同人同心协力,努力培养适应智能时代的高素质创新人才,以推动我国智能科技的发展以及相关领域的综合应用,为实现教育强国和国家发展目标做出贡献。

智能时代计算机类专业教育计算机类专业系统能力培养2.0<br>系列教材编委会<br>2020年1月

# 序 言 一

未来 20 年或更长的时期内，人工智能将是科学技术和经济发展的重要方向，智能化技术有可能触发新一轮经济长波甚至第四次产业革命。世界各国都制定了发展人工智能技术和产业的长期规划，在这些规划中，适应智能化社会需求的人才培养都已被列为一项艰巨而紧迫的任务。

由于巨大的市场潜力和 863 等国家科技计划形成的长期科研积累，我国的人工智能应用和算法研究走在世界前列。但是，目前我国人工智能基础层、技术层和应用层的人才数量占比分别为 3.3%、34.9% 和 61.8%，基础层人才比例严重偏低。这种现状是我国计算机领域长期不重视系统教育造成的。

我国近千所大学设立了计算机专业，近年来有上百所高校创办了人工智能专业。由于缺乏师资力量和合适的教材，目前一些学校的人工智能课程重点教授一些流行的机器学习算法和图像处理等应用，培养出来的学士、硕士和博士只会用算法调参数，并不真正理解人工智能应用到底是怎样运转起来的。对于人工智能算法究竟如何调用编程框架、编程框架如何与操作系统打交道、编程框架中的算子在芯片中如何运行，很多学生并没有清晰全面的理解。缺乏系统知识和系统思维，学到的知识点就是零碎的，没有打通"任督二脉"。学生毕业后参加实际工作，懂不懂系统知识，工作成效差别巨大。同样一个程序，一个普通的程序员来写和一个懂体系结构的人来写，性能可能差几万倍。

中国科学院计算技术研究所（简称"中科院计算所"）从 1956 年成立起就一直从事计算机系统研究。1990 年依托中科院计算所成立的国家智能计算机研究开发中心继承了该所的学术传统，既做系统结构研究，又做人工智能理论、算法和应用研究。陈云霁、陈天石研究员领导的团队研制的寒武纪智能芯片就是在这样的环境中孕育出来的。看到国内人工智能系统人才十分短缺的现状，陈云霁研究员主动请缨，2018 年在中国科学院大学率先主讲了"智能计算系统"课程，后来又在北京大学（北大）、北京航空航天大学（北航）、天津大学（天大）、中国科学技术大学（中科大）、南开大学（南开）、北京理工大学（北理工)、华中科技大学（华科）等高校独力或联合开设了同样的课程。2019 年 8 月他办了一次导教班，全国 40 多所高校的 60 多位老师参加了这次导教班。他开的"智能计算系统"课程受到老师和学生的普遍欢迎。经过两年的打磨，这门课的内容已基本成熟。经过中科院计算所智能处理器研究中心多位同人的努力，将讲课的录音整理成文字，形成了这本国际上首创的《智能计算系统》教材。

一个完整的智能计算系统涉及芯片、系统结构、编程环境、软件等诸多方面，内容十分庞杂，要在一个学期讲完所有的内容十分困难。这本教材采用"应用驱动，全栈贯通"的原则，以"图像风格迁移"这一具体的智能应用为牵引，对智能计算系统的各层软硬件技术栈的奥妙和相互联系进行精确、扼要的介绍，使学生对系统全貌有一个深刻印象，达到举一反三、触类旁通的效果。

人工智能过去不是大学教育的必修课，培养人工智能专业的人才需要本科毕业后再花 3～6 年时间攻读硕士或博士才行。目前阻碍人工智能在各个行业落地的因素之一是人员成本太高，加速培养研究生只是解决困难的路径之一，但不能从根本上解决问题。对任何行业而言，技术人才的构成都是金字塔结构，而构成金字塔底层的技术人员主力应该是大学毕业生。因此，如何让大学毕业生在推广智能应用中发挥重要作用是本科教育应该考虑的问题。中国科学院大学启动了一个计划，让本科生在全开源的 EDA 工具链上设计出开源处理器芯片并完成流片，实现带着自己设计的芯片毕业的梦想。这本教材的初衷也是希望能培养更多懂智能计算系统的本科生，加速弥补人工智能的人才缺口。由于我国系统结构方向师资力量较薄弱，也许很多学校一开始会用这本教材上研究生课。希望通过大规模教学实践的检验，这本教材能进一步修改完善，成为一本被广泛采用的高年级本科生教材。

互联网服务业的发展得益于开源软件和公共开发平台，丰富的网络软件开发工具使得开发互联网应用 App 成为一件很轻松的事情。同样，提供容易掌握的成套抽象化工具，可以大幅度降低人工智能的应用人才门槛。本教材除了讲述深度学习等智能算法和加速处理器外，特别用了两章篇幅详细阐述编程框架的使用和机理。所谓编程框架可以从两方面来理解：一方面将算法中的常用操作，如卷积、池化等，封装成"算子"，方便程序员直接调用；另一方面像操作系统一样，作为软硬件的界面，起到承上启下的作用。目前，我国技术人员使用的编程框架基本上都是外国公司提供的开源软件，使用最多的是谷歌（Google）公司开发的 TensorFlow。从长远来讲，如果中国的技术人员离不开外国公司的编程框架等开发平台，智能产业的发展一定不平衡、不协调。会用编程框架和会自己写编程框架是差别悬殊的两种本领。希望通过本课程的教学，中国能培养出可以自己创立编程框架的研发队伍，为技术领先、有市场竞争力的人工智能开源平台贡献中国的力量。

陈云霁研究员不但善于做基础研究，写了不少引领世界潮流的高水平论文，而且长期从事芯片设计工作，有丰富的工程实践经验。他主持编写的这本教材具有理论与实践相结合的特点。本书不但每一章都有从实践中总结出来的习题，而且专门安排了一个大实验，要求学完本课程的学生实际动手开发一个能完成图像风格迁移（如把一幅风景照片转换成梵高风格的画）的简单智能计算系统。国外一流大学的计算机系统课程都有较重的课程实验，中国科学院大学开设的操作系统等课程也配有大量的实验内容，学生们反映做实验的收获很大。"纸上得来终觉浅，绝知此事要躬行。"计算机系统方面的课程如果只是"纸上谈兵"，学生学到的知识往往是空洞的名词术语，毕业后仍然会"眼高手低"。希望采用本教材的学校尽量创造条件，让学生有动手做实验的机会。

中国工程院院士

2019 年 12 月

# 序 言 二

在 20 世纪，我就曾指导学生开展神经网络计算系统的研究。几十年过去了，进入 21 世纪后，人工智能、神经网络、计算机系统结构等方向的研究和产业已经发生了翻天覆地的变化。但是有一点没有变化，那就是系统思维对于人工智能的重要性。

系统思维是指从整体的角度，对技术栈各个环节进行全局考虑的思维方式。人工智能的技术栈涉及不少技术环节，不仅仅包括智能算法，还包括智能编程框架、智能编程语言、智能芯片等。如果没有系统思维，只考虑智能算法这一个环节或者把技术栈的各个环节割裂来考虑，不可能开发出准确、高效、节能的人工智能应用，也就难以使人工智能落地。

培养具有系统思维的人工智能人才必须要有好的教材。然而，在中国乃至国际上，对当代人工智能计算系统进行全局、系统介绍的教材十分稀少。因此，中国科学院计算技术研究所陈云霁研究员及其同事编写的《智能计算系统》教材就显得尤为及时和重要。

这本教材采用了一种比较独特的组织方式，以一个典型的深度学习应用（图像风格迁移）作为驱动范例，将上层的算法、中间的编程、底层的芯片串联起来，帮助读者对人工智能的完整软硬件技术栈形成系统的理解。更重要的是，这本教材不是孤立地介绍技术栈的各个环节，而是非常强调技术栈各个环节之间的结合部，例如一个算法怎样拆分成算子，算子在编程框架中怎样调度，芯片体系结构又如何支持算子，并且上述知识在最后的实验中都有所体现。因此，这种组织方式在读者对知识体系的融会贯通和系统思维的形成上非常有帮助。

除了对人工智能技术栈覆盖的广度，《智能计算系统》还有一个特点是深度。这本教材不仅介绍智能计算系统的使用知识，更强调内在的原理。例如在算法部分，教材从线性回归开始，到感知机模型，再到多层感知机，最后到深度学习，一步步地把神经网络计算背后的机理讲得比较透彻。在体系结构部分，教材先从算法特征分析出发，介绍深度学习处理器的基本设计思想和简单模型，然后再讲具体优化技术，最后介绍工业级深度学习处理器结构。这样不仅仅能授人以"鱼",也能授人以"渔"。

《智能计算系统》之所以能对人工智能软硬件技术栈做出清晰的梳理,和陈云霁研究员独特的研究背景有一定关系。他从事人工智能和计算机系统结构的交叉研究十多年,曾经研制了国际上首个深度学习处理器芯片"寒武纪1号",在国际学术界有较大的影响。Science 杂志刊文评价他为智能芯片研究的"先驱"和"领导者"。同时,陈云霁还有在多个高校讲授智能计算系统课程的丰富教学经验。这使得这本教材既体现了学术上的前沿性,又充分考虑了高校实际教学的需求。从某种意义上说,这也是对中国科学院几十年来"科教融合"理念的传承。

徐国良

中国科学院院士

2019 年 12 月

# 前　言

## 为什么会有这本书

随着智能产业的飞速发展，社会迫切需要大量高水平的人工智能人才。因此，我国近千所高校的计算机学院和信息学院都在培养人工智能方向的人才，而且我国已经有上百所高校开始设立专门的人工智能专业。可以说，我国人工智能高等教育的大幕正在徐徐拉开。今天，教育界对人工智能人才培养的决策，将会对历史产生深远的影响。因此，我们应当慎重思考一个关键问题：人工智能专业的高等教育需要培养什么样的人才？

有一种看法认为：人工智能专业只需要教学生如何开发智能应用和编写智能算法，至于运行这些应用和算法的计算系统，则不是教育的重点。这种看法，类似于汽车专业只需要教学生如何组装车辆，而不需要让学生理解发动机的机理；又类似于计算机专业只需要教学生如何写 App，而不需要让学生理解 CPU 和操作系统的机理。重应用、轻系统的风气，有可能使我国人工智能基础研究和产业发展处于"头重脚轻"的失衡状态。

与此形成鲜明对比的是，我们的国际同行对于智能计算系统的重视程度远远超过普通人的想象。仅以谷歌公司为例。众所周知，谷歌拥有全世界最大规模、最高水平、最全产品的智能应用和算法研究团队。仅谷歌一个公司就发表了 2019 年国际机器学习会议（ICML）近 20％的论文，和整个中国相当。然而，当我们真正认真审视谷歌时就会发现，谷歌并不只是一个算法公司，它更是一个系统公司。谷歌的董事长 J. Hennessy 是国际最知名的计算机系统结构研究者，图灵奖得主；谷歌人工智能研究的总领导者 J. Dean（每次谷歌 I/O 大会都是他代表谷歌介绍全公司的智能研究进展）是计算机系统研究者，著名的 MapReduce 分布式计算系统就出自他之手。谷歌在人工智能领域最令人瞩目的三个贡献——机器学习编程框架 TensorFlow，战胜人类围棋世界冠军李世石的 AlphaGo，以及谷歌自研的智能芯片 TPU——也和系统有关，而非单纯的算法。

因此，人工智能专业的高等教育，应当培养人工智能系统或者子系统的研究者、设计者和制造者。只有实现这个目标，高校培养的人才才能源源不断地全面支撑我国人工智能的产业和研究。为了实现这个目标，人工智能专业的课程体系，不仅仅应当包括机器学习算法、视听觉应用等课程，还应当包括一定的硬件和系统类的课程。

事实上，国内有很多前辈和专家也意识到了这个问题。很多国内高校并不是主观上不想给学生开设面向人工智能专业的系统类课程，而是开设这样的课程有一些客观困难不容易克服。毕竟智能计算系统是一个新兴的交叉方向，所涉及的知识非常新，老师们找不到现成的课程可以参考。事实上，即便是国际顶尖高校，过去也没有太多这方面的教学经验（例如，斯坦福大学 2015 年曾请我去讲授这个方向的短期课程）。另外，讲授智能计算系统课程所需要的背景知识也非常广泛，涉及算法、结构、芯片、编程等方方面面，能对这些知识都有全面涉猎的老师确实不多。

但是，在所有的困难中，大家一致认为，最关键的困难就在于没有现成的教材。教材是课程的基础，要上好一门课，没有合适的教材是不可能的。据我们了解，目前国际上也没有一本能全面覆盖人工智能计算系统（尤其是当代机器学习计算系统）新进展的教材。因为我们实验室在研究上涉及智能计算系统的各个方面，又在中国科学院大学、北京大学、北京航空航天大学等院校有讲授智能计算系统课程的经验，所以很多老师问我们，是否能编写一本内容较新、较全面的教材。于是，我们参考过去讲课的录音录像，整理形成了这本《智能计算系统》教材。希望这本教材能抛砖引玉，为高校开设面向人工智能专业的系统类课程提供微小的助力，为我国培养人工智能人才起到一点推动作用。

## 智能计算系统课程的价值

个人认为，智能计算系统课程对于学生、教师、高校，都具有重要的价值，能产生深远的影响。

对于学生来说，学习智能计算系统课程有助于形成系统能力和系统思维。**系统能力**可以帮助学生在就业市场中拥有更强的竞争力。在不久的将来，全国上百所开设人工智能专业的高校每年将培养出上万名学过智能算法的学生。到那时，如果一个学生只会算法调参，而对整个系统的耗时、耗电毫无感觉，不具备把一个算法在实际系统上部署起来的能力，那他找到好工作的难度会较大。而智能计算系统课程的学习，就能让学生真正理解人工智能到底是怎样运转的（包括一个人工智能算法到底如何调用编程框架，编程框架怎么和操作系统打交道，编程框架里的算子又是怎样在芯片上运行起来），就能使学生拥有亲手构建出复杂的系统或者子系统的能力。很自然地，学生就更容易在就业的竞争中脱颖而出。我曾经在网上看到一个段子："会用 TensorFlow 每年挣 20 万元人民币，会写 TensorFlow 每年挣 20 万美元。"这个段子其实还是有一定的现实依据的。

而**系统思维**，则对于提高学生的科研能力有帮助。缺乏系统思维的学生很容易陷入精度的牛角尖中，把科学研究当成体育比赛来搞（别人做了 97%的精度，我就要做 98%；别人做了 98%，我就要做 99%），最后研究道路越走越窄。事实上，从系统角度看，评价智能的标准远不止精度一个维度。速度、能效、成本等都是很重要的维度，无论在哪一个维度上做出突破，都是非常有价值的研究。因此，近年来深度学习领域一些非常有影响力的工作如稀疏化、低位宽等，都是在提升整个智能计算系统的速度和能效上做文章，而不是只盯着精度不放。所以说，学习智能计算系统课程，能让学生形成系统思维，在科研道路上拥有更宽广的舞台。

对于教学科研人员来说，讲授智能计算系统课程，对于自己的科研能力也可能有很大的帮助。我自己担任任课教师时就发现，科研人员把一门课教好，自己的收获可能比学生还大。这也就是《礼记·学记》所说的"教学相长"。因为做科研只能让人对一个方向中的某些具体知识点很熟，而教学则在某种意义上逼着教师要对整个方向有全面的理解，这样反过来又能让科研的思路更开阔。智能计算系统课程覆盖面比较广，教好这门课受益尤其大，能使教师的知识面从软到硬更加全面。

对于高校管理人员来讲，系统研究已经成为人工智能发展的热点，在学科布局中应予以充分重视。2019 年，一些国际顶尖高校和企业（如斯坦福大学、卡内基梅隆大学、加州大学伯克利分校、麻省理工学院、谷歌、脸书、英特尔、微软等）的数十位知名研究者（包括图灵奖得主 Y. LeCun、美国科学院院士 M. Jordan、美国工程院院士 B. Dally、美国工程院院士 J. Dean 等）联合发布了一份白皮书——"SysML：The New Frontier of Machine Learning Systems"，展望了机器学习计算系统软硬件技术的未来发展。这充分体现出，在国际上无论是学术界还是工业界，都对智能计算系统高度关注。在这样的新兴热门方向尽早布局并培育一批教师，无疑对提升高校乃至我国在国际学术界的影响力有巨大帮助。

## 智能计算系统课程的内容

对于教学比较熟悉的教师可能会问："智能计算系统这门课程涉及面太广，知识点太多，在一门课内学完是否难度太大？"是的，智能计算系统课程涉及算法、芯片、编程等方方面面，每个方面展开来都可以是自成体系的一门课。所有枝枝蔓蔓要在一门课、一个学期里学完是不可能的。因此，我们在设计智能计算系统这门课程时采用了两个原则：**应用驱动，全栈贯通**。课程以一个应用为牵引，在软硬件技术栈的各个层次，聚焦于完成这个应用所需要的知识。这样不仅能使教师在一个学期内把智能计算系统课程教完，还有以下两个好处。

第一，一门好的工程学科的课程应当是学以致用的。尤其是智能计算系统这样的课程，如果上完之后只学会了一些理论知识，那教学效果一定不理想。应用驱动可以让学生学完了课程，就能把课程知识在实践中用起来。第二，帮助学生形成系统性理解。过去计算机专业课程设计有个问题，就是条块分割明显，比如操作系统和计算机体系结构是割裂的，操作系统对计算机体系结构提出了什么要求，计算机体系结构对操作系统有哪些支持，没有一门课把这些串起来，打通学生知识的"任督二脉"。智能计算系统作为高年级本科生（或研究生）课程，通过应用的牵引，能帮助学生把过去所有的人工智能软硬件知识都串起来，形成整体理解。

具体来说，智能计算系统课程以图像风格迁移（例如，把一个实景照片转换成梵高风格的画）这一具体应用为牵引，对整个智能计算系统软硬件技术栈进行介绍。为此，本书的第 1 章将对人工智能、智能计算系统进行概述，同时介绍风格迁移这一贯穿全书的驱动范例。

接下来，课程讲述完成这个应用所必需的神经网络和深度学习**算法知识**。对于图像风格迁移不涉及的算法知识，课程就不做过度展开。这样最多用 6 学时就能够把算法部分讲完。上述内容将在本书的第 2、3 章做介绍。

智能算法要在智能芯片上运行起来，还需要**编程框架**这一系统软件的支持。对上，编程框架可降低程序员编写具体智能应用的难度；对下，编程框架将智能算法拆分成一些具体算子，并将算子分配到智能芯片（或者 CPU）上运行。编程框架是很复杂的系统软件。但是实现图像风格迁移所需要的编程框架知识相对有限（比如说，TensorFlow 编程框架中有上千个算子，但是风格迁移只涉及其中不到十分之一）。这样教师用约 6 学时就可以教给学生如何使用主流的编程框架，以及编程框架内在的运行机理。上述内容将在本书的第 4、5 章做介绍。

编程框架再往下是**智能芯片**。由于传统 CPU 远远不能满足智能计算飞速增长的速度和能效需求，智能计算系统的算力需要由专门的深度学习处理器提供。开发一款能处理各种视频识别、语音识别、广告推荐、自然语言理解任务的工业级深度学习处理器，需要成百上千有经验的工程师数十个月的努力。但是，在这门课里，我们只需要考虑有限目标，即如何针对图像风格迁移这一具体应用来设计深度学习处理器，包括设计思想、设计方法、具体结构等。当然，为了让学生能了解业界前沿动态，本书也会介绍真正的工业级深度学习处理器的大致结构。这样，教师用约 6 学时就可以让学生比较系统地掌握深度学习处理器的基础知识。上述内容将在本书的第 6、7 章做介绍。

深度学习处理器的指令集和结构与传统的通用 CPU 有较大区别。为了方便程序员充分发挥深度学习处理器的计算能力，需要有新的高级智能编程语言。因此，本书的第 8 章将介绍一种**智能编程语言**（BCL 语言）。这种编程语言考虑了如何提升程序员编写智能算法的生产效率，也考虑了如何利用深度学习处理器的结构特点。本书在这一章除了介绍如何用 BCL 语言开发出图像风格迁移所需的基本算子，还提供了系统级开发和优化实践。这一部分内容大约需要 3 学时。

**智能计算系统课程的最终目标是让学生融会贯通地理解智能计算系统的完整软硬件技术栈**。如果只是单纯学习上述章节的内容，可能学生掌握的还是一些割裂的知识点，必须要有一个实验，把这些知识点串起来，打通"任督二脉"。因此，本书的第 9 章具体介绍了一个实验，即如何开发一个能完成图像风格迁移任务的简单智能计算系统。理论上说，学生把这个实验做好，就应该能对整个课程的知识体系有一定的全局理解。完成这个实验所需要的学时数和学生基础有较大的关系，可能要根据各个高校的实际情况来决定。此外，如果课程体系允许，我们建议专门开设一门智能计算系统实验课。我们专门编写的《智能计算系统实验教程》将于 2020 年出版，这本书提供更全面、丰富的实验，为专门的智能计算系统实验课提供支撑。

在设计上述课程内容时，我们主要考虑的是中国科学院大学的学生情况。我们在其他兄弟院校讲授这门课程时发现，各个学校的前置课程和学生基础不太一样，教师可以根据自身情况对各个部分的学时做灵活调整。比如，如果学生之前学过人工智能或者机器学习基础课，第 2、3 章算法部分的课时数可缩短。再比如，如果学生没有学过计算机体系结构或者计算机组成原理，那么第 6、7 章深度学习处理器部分可以讲慢一点，增加一些课时。详细的课程大纲、讲义、录像等参见智能计算系统课程主页 http：//novel.ict.ac.cn/aics/。

书中标 * 的章节或习题，供有志于从事智能计算系统研究的读者选读或选做。

## 本书的写作

这本书的出版，凝聚着中国科学院计算技术研究所智能处理器研究中心以及中国科学院软件研究所智能软件研究中心很多老师和同学的心血。其中，我负责整理了本书第 1 章，李玲研究员负责整理了第 2、3 章，李威副研究员负责整理了第 4、9 章，郭崎研究员负责整理了第 5、8 章，杜子东副研究员负责整理了第 6 章，周徐达助理研究员负责整理了第 7 章。我和李玲研究员负责了全书的统稿。杜子东副研究员负责了本书的习题。此外，李震助理研究员、韩栋助理研究员，以及韦洁、潘朝凤、曾惜、于涌、王秉睿、张磊、郝一帆、刘恩赫、何皓源、高钰峰、宋新开、杜伟健等同志也参与了本书的部分工作。杜伟健、张振兴和宋新开对本书习题做出了贡献。方舟、曾惜、张振兴、李普泽和陈斌昌等同志负责了本书多幅图的绘制。张曦珊副研究员、张蕊助理研究员，以及吴逍雨、承书尧、汪瑜、谭懿峻等同志参与了本书的校对。在此向这些同志表示衷心的感谢。同时，我们也特别感谢西北工业大学的周兴社教授和南开大学的李涛教授对智能计算系统的课程建设和教材编写提供的宝贵意见。由于我们学识水平有限，书中一定还有错漏之处，恳请读者多多批评指正。如有任何意见和建议，欢迎发邮件至 aics@ict.ac.cn。

本书的写作受到了国家重点研发计划、国家自然科学基金、"核高基"科技重大专项、中科院先导专项、中科院弘光专项、中科院前沿科学重点项目、中科院标准化研究项目、北京市自然科学基金、北京智源人工智能研究院和腾讯科学探索奖的支持。此外，机械工业出版社的编辑给予我们大量的帮助。在此一并表示诚挚的谢意。

中国科学院计算技术研究所

陈云霁

# 目 录

丛书序言
序言一
序言二
前 言

## 第1章 概述 …………………… 1
### 1.1 人工智能 ………………… 1
#### 1.1.1 什么是人工智能 ……… 1
#### 1.1.2 人工智能的发展历史 …… 1
#### 1.1.3 人工智能的主要方法 …… 4
### 1.2 智能计算系统 ……………… 8
#### 1.2.1 什么是智能计算系统 …… 8
#### 1.2.2 为什么需要智能计算系统 ……………………… 8
#### 1.2.3 智能计算系统的发展 …… 8
### 1.3 驱动范例 ………………… 11
### 1.4 本章小结 ………………… 13
习题 ………………………… 13

## 第2章 神经网络基础 ………… 14
### 2.1 从机器学习到神经网络 …… 14
#### 2.1.1 基本概念 …………… 14
#### 2.1.2 线性回归 …………… 15
#### 2.1.3 感知机 ……………… 17
#### 2.1.4 两层神经网络——多层感知机 ………………… 19
#### 2.1.5 深度学习（深层神经网络） ………………… 20
#### 2.1.6 神经网络发展历程 …… 21
### 2.2 神经网络训练 …………… 23
#### 2.2.1 正向传播 …………… 24
#### 2.2.2 反向传播 …………… 25
### 2.3 神经网络设计原则 ………… 27
#### 2.3.1 网络的拓扑结构 ……… 27
#### 2.3.2 激活函数 …………… 27
#### 2.3.3 损失函数 …………… 30
### 2.4 过拟合与正则化 …………… 32
#### 2.4.1 过拟合 ……………… 33
#### 2.4.2 正则化 ……………… 34
### 2.5 交叉验证 ………………… 37
### 2.6 本章小结 ………………… 39
习题 ………………………… 39

## 第3章 深度学习 ……………… 41
### 3.1 适合图像处理的卷积神经网络 ………………………… 41
#### 3.1.1 卷积神经网络的组成 … 42
#### 3.1.2 卷积层 ……………… 43
#### 3.1.3 池化层 ……………… 48
#### 3.1.4 全连接层 …………… 49
#### 3.1.5 softmax层 …………… 50
#### 3.1.6 卷积神经网络总体结构 …………………… 50

3.2 基于卷积神经网络的图像分类算法 ·········· 52
    3.2.1 AlexNet ·········· 53
    3.2.2 VGG ·········· 56
    3.2.3 Inception ·········· 59
    3.2.4 ResNet ·········· 66
3.3 基于卷积神经网络的图像目标检测算法 ·········· 69
    3.3.1 评价指标 ·········· 69
    3.3.2 R-CNN 系列 ·········· 72
    3.3.3 YOLO ·········· 78
    3.3.4 SSD ·········· 81
    3.3.5 小结 ·········· 83
3.4 序列模型：循环神经网络 ·········· 83
    3.4.1 RNN ·········· 84
    3.4.2 LSTM ·········· 88
    3.4.3 GRU ·········· 89
    3.4.4 小结 ·········· 90
3.5 生成对抗网络 ·········· 91
    3.5.1 模型组成 ·········· 91
    3.5.2 GAN 训练 ·········· 92
    3.5.3 GAN 结构 ·········· 94
3.6 驱动范例 ·········· 96
    3.6.1 基于卷积神经网络的图像风格迁移算法 ·········· 96
    3.6.2 实时图像风格迁移算法 ·········· 98
3.7 本章小结 ·········· 100
习题 ·········· 100

# 第 4 章　编程框架使用 ·········· 101
4.1 为什么需要编程框架 ·········· 101
4.2 编程框架概述 ·········· 102
    4.2.1 通用编程框架概述 ·········· 102
    4.2.2 TensorFlow 概述 ·········· 102

4.3 TensorFlow 编程模型及基本用法 ·········· 103
    4.3.1 计算图 ·········· 104
    4.3.2 操作 ·········· 105
    4.3.3 张量 ·········· 106
    4.3.4 会话 ·········· 110
    4.3.5 变量 ·········· 114
    4.3.6 占位符 ·········· 116
    4.3.7 队列 ·········· 117
4.4 基于 TensorFlow 实现深度学习预测 ·········· 117
    4.4.1 读取输入样本 ·········· 118
    4.4.2 定义基本运算单元 ·········· 118
    4.4.3 创建神经网络模型 ·········· 122
    4.4.4 计算神经网络模型输出 ·········· 123
4.5 基于 TensorFlow 实现深度学习训练 ·········· 123
    4.5.1 加载数据 ·········· 123
    4.5.2 模型训练 ·········· 129
    4.5.3 模型保存 ·········· 135
    4.5.4 图像风格迁移训练的实现 ·········· 137
4.6 本章小结 ·········· 139
习题 ·········· 139

# 第 5 章　编程框架机理 ·········· 141
5.1 TensorFlow 设计原则 ·········· 141
    5.1.1 高性能 ·········· 141
    5.1.2 易开发 ·········· 142
    5.1.3 可移植 ·········· 142
5.2 TensorFlow 计算图机制 ·········· 142
    5.2.1 一切都是计算图 ·········· 143
    5.2.2 计算图本地执行 ·········· 150
    5.2.3 计算图分布式执行 ·········· 154

5.3 TensorFlow 系统实现 ········ 155
   5.3.1 整体架构 ············ 155
   5.3.2 计算图执行模块 ········ 156
   5.3.3 设备抽象和管理 ········ 161
   5.3.4 网络和通信 ············ 162
   5.3.5 算子实现 ············ 167
5.4 编程框架对比 ··············· 169
   5.4.1 TensorFlow ············ 170
   5.4.2 PyTorch ·············· 171
   5.4.3 MXNet ·············· 171
   5.4.4 Caffe ················ 172
5.5 本章小结 ··················· 172
习题 ·························· 172

## 第 6 章 深度学习处理器原理 ··· 174
6.1 深度学习处理器概述 ········ 174
   6.1.1 深度学习处理器的意义 ·············· 174
   6.1.2 深度学习处理器的发展历史 ············ 175
   6.1.3 设计思路 ············ 177
6.2 目标算法分析 ··············· 178
   6.2.1 计算特征 ············ 178
   6.2.2 访存特征 ············ 181
6.3 深度学习处理器 DLP 结构 ··· 186
   6.3.1 指令集 ·············· 186
   6.3.2 流水线 ·············· 190
   6.3.3 运算部件 ············ 190
   6.3.4 访存部件 ············ 193
   6.3.5 算法到芯片的映射 ····· 194
   6.3.6 小结 ················ 195
\*6.4 优化设计 ··················· 195
   6.4.1 基于标量 MAC 的运算部件 ·············· 195
   6.4.2 稀疏化 ·············· 198

   6.4.3 低位宽 ·············· 199
6.5 性能评价 ··················· 201
   6.5.1 性能指标 ············ 201
   6.5.2 基准测试 ············ 202
   6.5.3 影响性能的因素 ········ 203
6.6 其他加速器 ················· 203
   6.6.1 GPU 架构简述 ········ 204
   6.6.2 FPGA 架构简述 ········ 204
   6.6.3 DLP 与 GPU、FPGA 的对比 ················ 205
6.7 本章小结 ··················· 206
习题 ·························· 206

## \*第 7 章 深度学习处理器架构 ··· 207
7.1 单核深度学习处理器 ········ 207
   7.1.1 总体架构 ············ 208
   7.1.2 控制模块 ············ 209
   7.1.3 运算模块 ············ 212
   7.1.4 存储单元 ············ 215
   7.1.5 小结 ················ 215
7.2 多核深度学习处理器 ········ 216
   7.2.1 总体架构 ············ 216
   7.2.2 Cluster 架构 ·········· 217
   7.2.3 互联架构 ············ 223
   7.2.4 小结 ················ 224
7.3 本章小结 ··················· 225
习题 ·························· 225

## 第 8 章 智能编程语言 ········· 227
8.1 为什么需要智能编程语言 ··· 227
   8.1.1 语义鸿沟 ············ 228
   8.1.2 硬件鸿沟 ············ 230
   8.1.3 平台鸿沟 ············ 232
   8.1.4 小结 ················ 233

8.2 智能计算系统抽象架构 ……… 234
　8.2.1 抽象硬件架构 ……… 234
　8.2.2 典型智能计算系统 …… 235
　8.2.3 控制模型 ……………… 236
　8.2.4 计算模型 ……………… 236
　8.2.5 存储模型 ……………… 237
8.3 智能编程模型 ……………… 238
　8.3.1 异构编程模型 ………… 239
　8.3.2 通用智能编程模型 …… 242
8.4 智能编程语言基础 ………… 247
　8.4.1 语法概述 ……………… 247
　8.4.2 数据类型 ……………… 248
　8.4.3 宏、常量与内置
　　　 变量 …………………… 250
　8.4.4 I/O操作语句 …………… 250
　8.4.5 标量计算语句 ………… 252
　8.4.6 张量计算语句 ………… 252
　8.4.7 控制流语句 …………… 252
　8.4.8 串行程序示例 ………… 253
　8.4.9 并行程序示例 ………… 254
8.5 智能应用编程接口 ………… 255
　8.5.1 Kernel 函数接口 ……… 255
　8.5.2 运行时接口 …………… 257
　8.5.3 使用示例 ……………… 259
8.6 智能应用功能调试 ………… 262
　8.6.1 功能调试方法 ………… 262
　8.6.2 功能调试接口 ………… 266
　8.6.3 功能调试工具 ………… 269
　8.6.4 精度调试方法 ………… 272
　8.6.5 功能调试实践 ………… 272

8.7 智能应用性能调优 ………… 280
　8.7.1 性能调优方法 ………… 280
　8.7.2 性能调优接口 ………… 282
　8.7.3 性能调优工具 ………… 286
　8.7.4 性能调优实践 ………… 287
8.8 基于智能编程语言的系统
　　开发 ………………………… 294
　8.8.1 高性能库算子开发 …… 294
　8.8.2 编程框架算子开发 …… 300
　8.8.3 系统开发与优化
　　　 实践 …………………… 304
习题 ………………………………… 321

## 第9章 实验 …………………… 323
9.1 基础实验：图像风格迁移 …… 323
　9.1.1 基于智能编程语言的
　　　 算子实现 ……………… 323
　9.1.2 图像风格迁移的
　　　 实现 …………………… 326
　9.1.3 风格迁移实验的操作
　　　 步骤 …………………… 330
9.2 拓展实验：物体检测 ……… 333
　9.2.1 基于智能编程语言的
　　　 算子实现 ……………… 333
　9.2.2 物体检测的实现 ……… 337
9.3 拓展练习 …………………… 337

附录A 计算机体系结构基础 …… 340
附录B 实验环境说明 …………… 345
参考文献 ………………………… 348
后记 ……………………………… 356

# 第 1 章

# 概　　述

以深度学习为代表的人工智能技术在飞速发展，在图像识别、语音识别、自然语言处理、博弈游戏等应用上，已经接近甚至超过了人类的水平。可以说，整个人类社会走到了智能时代的门槛边，即将迎来一次巨大的变革。如同人类历史上之前的各个时代必须要有核心物质载体作为支撑（如工业时代的发动机，信息时代的通用处理器），智能时代也必须要有核心物质载体作为支撑。而智能时代的核心物质载体正是智能计算系统。

本章首先介绍人工智能的发展历史以及三类主要研究方法，其次介绍智能计算系统的发展历程并展望未来智能计算系统的发展，最后以一个驱动范例（图像风格迁移）简单介绍智能应用从智能算法设计到编程实现再到芯片上运行的过程。

## 1.1 人工智能

### 1.1.1 什么是人工智能

通俗地讲，人制造出来的机器所表现出来的智能，就是人工智能（Artificial Intelligence，AI）。人工智能大致分为两大类：弱人工智能和强人工智能。弱人工智能（weak artificial intelligence）是能够完成某种特定具体任务的人工智能，换个角度看，就是一种计算机科学的非平凡的应用。强人工智能（strong artificial intelligence）或通用人工智能，是具备与人类同等智慧，或超越人类的人工智能，能表现正常人类所具有的所有智能行为。人工智能在有些方面很容易超越人类，例如计算加法、乘法等，目前广泛应用的就是这类弱人工智能。但是强人工智能不仅要能解决一两个特定的问题，还要能够解决人类所能解决的各种各样的问题。本书重点关注面向弱人工智能的计算系统。但是从科学长期发展的角度看，学术界也不应忽略对强人工智能所需的计算系统的研究。

### 1.1.2 人工智能的发展历史

人工智能的萌芽至少可以上溯到 20 世纪 40 年代。例如，1943 年 W. McCulloch 和 W. Pitts 提出了首个人工神经元模型[1]，1949 年 D. Hebb 提出了 Hebbian Learning 规则[2]

来对神经元之间的连接强度进行更新。但人工智能概念的正式诞生则要等到 1956 年的达特茅斯会议[3]。自那以后，人工智能 60 多年的发展历史可以说是几起几落，经历了三次热潮，但也遇到了两次冬天，如图 1.1 所示。

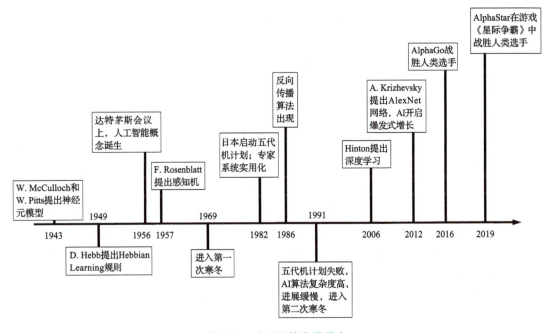

图 1.1 人工智能发展历史

### 1.1.2.1 第一次热潮，1956 年至 20 世纪 60 年代

1956 年夏天，J. McCarthy、M. Minsky、N. Rochester 和 C. Shannon 发起了为期 2 个月的 10 人参与的达特茅斯人工智能研讨会，也就是著名的达特茅斯会议。该会议认为，如果学习或智能的其他特征可以被精确描述，就可以用一台机器来模拟智能，并尝试如何让机器使用语言、形成抽象概念、解决人类才能解决的各种问题，甚至自我完善[4]。这次会议的参会者有多人后来获得了图灵奖（包括 J. McCarthy、M. Minsky 和 H. Simon 等）。

由于参会者大多有着深厚的逻辑研究背景，达特茅斯会议驱动的第一次人工智能热潮是以符号逻辑为主要出发点，也就是后世所谓的符号主义。理论上说，如果我们能用某种符号逻辑表示已有知识和要解决的问题，那么通过逻辑问题求解器就可以解决各种智能任务。秉承这个思路，A. Newell 和 H. Simon 在达特茅斯会议上展示了推理计算机程序——逻辑理论家，该程序后来证明了很多数学定理。除此之外，第一次热潮还涌现出了几何定理证明者、国际象棋程序、跳棋程序、问答和规划系统等有一定影响力的成果。该时期 F. Rosenblatt 提出了感知机模型[5-6]，这一神经网络模型受到了当时很多研究者的关注。

在第一次热潮的初期，人工智能研究者对未来非常乐观。1957 年 H. Simon 就提出：

"现在世界上已经有机器可以思考、可以学习、可以创造。它们的能力将迅速提高,处理的问题范围在可见的未来就能延伸到人类思维应用的范围。"他还预测计算机将在 10 年内成为国际象棋冠军,而 40 年后 IBM 的深蓝系统才成为国际象棋冠军[7]。由于研究者发现人工智能发展的难度远远超过了当初的想象,很快人工智能第一次热潮就退去,进入了长达 10 余年之久的第一次冬天。

### 1.1.2.2 第二次热潮,1975 年至 1991 年

人工智能第二次热潮到来的标志性事件是 1982 年日本启动了雄心勃勃的五代机计划,计划在 10 年内建立可高效运行 Prolog 的智能计算系统。与此同时,国际上面向领域的专家系统也开始出现了一些较为成功的案例,包括医学领域的 MYCIN 和 CADUCEUS。有的专家系统甚至在商业中发挥了实际作用。例如,DEC 的专家系统 R1 可以按照用户的需求,为 VAX 型计算机系统自动选购软硬件组件。20 世纪 80 年代中期,神经网络方法也迎来了一次革命。反向传播学习算法[8]的提出,使得神经网络重新成为研究的焦点,成为与符号主义并驾齐驱的连接主义方法。20 世纪 80 年代末,人工智能开始结合数学理论,形成更实际的应用。隐马尔可夫模型(Hidden Markov Model,HMM)开始用于语音识别,提供了理解问题的数学框架,有效应对实际应用;信息论用于机器翻译;贝叶斯网络(Bayesian network)用于非确定的推理和专家系统,对非确定性知识提供了有效的表示和严格的推理。

应该说,在第二次热潮中,符号主义依然是旗手。无论是日本五代机使用的 Prolog,还是专家系统 MYCIN 使用的 LISP,其核心还都是符号逻辑的推理。但是,研究者逐渐发现,符号主义方法存在很多难以克服的困难,例如缺乏有足够表示能力同时又比较简练的逻辑,以及逻辑问题求解器的时间复杂度极高等。另一方面,连接主义方法(如神经网络)也没有找到真正落地的杀手级应用。随着 1991 年日本五代机计划的失败,第二次热潮退去,人工智能跌入了长达近 20 年的第二次冬天。

### 1.1.2.3 第三次热潮,2006 年至今

2006 年,G. Hinton⊖ 和 R. Salakhutdinov 在 *Science* 上撰文指出,多隐层的神经网络可以刻画数据的本质属性,借助无监督的逐层初始化方法可以克服深度神经网络训练困难的问题[9]。业界广泛认为,这篇论文吹响了深度学习(多层大规模神经网络)走向繁荣的号角⊜,开启了人工智能第三次热潮。2012 年,A. Krizhevsky、I. Sutskever 和 G. Hinton

---

⊖ 笔者写本书时无意中发现,图灵奖得主、深度学习开创者 G. Hinton 和诺贝尔物理学奖得主、希格斯玻色子的预言者 P. Higgs 是同门师兄弟。更有意思的是,这两位计算机和物理学泰斗共同的博士导师 C. Longuet-Higgins 并不研究计算机或者物理。他是一位化学和认知科学专家,甚至有望获得诺贝尔化学奖。

⊜ 当然,Y. LeCun 和 Y. Bengio 同期的一些工作对于推动深度学习发展也起到了关键作用。因此,他们两人和 G. Hinton 被并称为深度学习的三位开创者,共同获得了 2018 年图灵奖。

提出了一种新颖的深度学习神经网络——AlexNet[10]，成为 2012 年 ImageNet 大规模视觉识别比赛（ImageNet Large Scale Visual Recognition Competition，ILSVRC）的冠军，从此深度学习得到了业界的广泛关注。随着数据集和模型规模的增长，深度学习神经网络识别精度越来越高，在语音识别、人脸识别、机器翻译等领域应用越来越广泛。2016 年，谷歌 DeepMind 团队研制的基于深度学习的围棋程序 AlphaGo 战胜了人类围棋世界冠军李世石，进一步推动了第三次热潮的发展，使得人工智能、机器学习、深度学习、神经网络这些词成为大众的关注焦点。

第三次热潮中的人工智能与达特茅斯会议时已经有显著的区别。如图 1.2 所示，当前学术界人工智能领域的研究热点方向主要是机器学习、神经网络、计算机视觉。这三个方向在某种意义上是非常相关的。神经网络是一种机器学习的方法，计算机视觉是机器学习和神经网络的一个重要的应用方向。而 60 多年前达特茅斯会议上最核心的符号主义方法，却已经少有研究者关注。

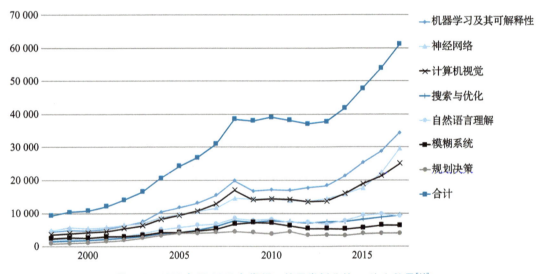

图 1.2　1998 年至 2017 年期间，按子类划分的 AI 论文数量[11]

### 1.1.3　人工智能的主要方法

人工智能按研究学派主要分为三类，包括**行为主义**（Behaviorism）、**符号主义**（Symbolism）、**连接主义**（Connectionism）。如前所述，连接主义是当前业界关注的焦点。

#### 1.1.3.1　行为主义

行为主义的核心思想是基于控制论构建感知-动作型控制系统。1943 年，A. Rosenblueth、J. Bigelow、N. Wiener 提出所有有目的的行为都需要负反馈[12]。1948 年，N. Wiener 在《控制论》（*Cybernetics*）[13] 中提出控制论是研究动物和机器的控制与通信的科学，并讨论了用机器实现国际象棋的可能性。同时期的 W. Ashby 也探讨过人工智能机器的可能性，并在《大脑设计》(Design for a brain)[14]中阐述了利用包含适当反馈环路获取稳定适应行为的自平衡设备来创造智能。通过控制论实现人工智能的可能性，在 20 世纪 50 年代引起人工智能研究者的关注。在 C. Shannon 和 J. McCarthy 征集出版的《自动机研究》(Automata studies)[15]中有很多控制论方面的研究工作，涉及有限自动机、图灵机、合成自动机，希望基于控制论去构建一些感知动作的反应性的控制系统。从比较直观的角度看，行为主义方法可以模拟出类似于小脑这样的人工智能，通过反馈来实现机器人的行走、抓取、平衡，因此有很大的实用价值。但是，这类方法似乎并不是通向强人工智能的终极道路。

#### 1.1.3.2 符号主义

符号主义是基于符号逻辑的方法，用逻辑表示知识和求解问题。其基本思想是：用一种逻辑把各种知识都表示出来；当求解一个问题时，就将该问题转变为一个逻辑表达式，然后用已有知识的逻辑表达式的库进行推理来解决该问题。

在各种符号逻辑中，最常见或许也是最简单的是命题逻辑（propositional logic）。在具体演算过程中，命题逻辑只需要考虑与、或、非三种操作，以及 0、1 两种变量取值。命题逻辑的表达能力很弱，连"不是所有的鸟都会飞"这样的知识都无法表示[16]。因此，逻辑学家引入了谓词和量词，形成了谓词逻辑（predicate logic）来加强表达能力。量词包括"存在"（∃）和"任取"（∀）两种；谓词则是一个函数，它以其定义域中的实体为输入，以 0、1 作为输出。例如，可以用 $\forall x$ 表示"任意一只鸟"；用谓词 $B(x)$ 表示"$x$ 是一只鸟"，用谓词 $P(x)$ 表示"$x$ 会飞"。"不是所有的鸟都会飞"可以表示为 $\neg(\forall x(B(x) \rightarrow P(x)))$。谓词逻辑还可以进一步分为一阶逻辑和高阶逻辑。一阶逻辑的量词不能作用在谓词之上，高阶逻辑的量词可以作用于谓词之上。

符号主义是达特茅斯会议上最受关注的方法。当时普遍认为符号主义是通向强人工智能的一条终极道路。但通过 60 多年的探索，符号主义展现出一些本质性的问题：

**(1) 逻辑问题。**从逻辑的角度，难以找到一种简洁的符号逻辑体系来表述世间所有的知识。例如，普通的谓词逻辑无法方便地表示时间、空间、概率等信息。A. Pnueli 提出了时态逻辑（Temporal Logic，TL），即在一阶逻辑上加入时间，并因此获得了 1996 年的图灵奖。但是 TL 还不能方便地表述对不确定的未来的判断，因此 E. Clarke 等人进一步提出了计算树逻辑（Computation Tree Logic，CTL），即把时间建模成一个树状结构，而树的每条路径都是历史发展的一种可能性。Clarke 等人也因此获得了 2007 年图灵奖。可以看出，仅仅表述时间相关的信息就已经很不容易。迄今为止，学术界为了表述知识，已经发明了成百上千种逻辑。但今天我们依然还没有一种公认的大一统逻辑来表述所有的知识。

**(2) 常识问题。**人类在做判断决策时，往往基于大量的常识。例如，当有人说他在家里阳台上欣赏落日时，我们根据常识能判断出他一定是在西边的阳台上。而世间的常识数不胜数。20世纪七八十年代广泛研究的专家系统，希望在特定领域把领域内的常识都用逻辑表达式记录下来。但即便是一个领域，其中的常识也太多了。迄今为止，研究者还没能把一个实用领域中的所有常识都用逻辑表达式记录下来。

**(3) 求解器问题**。在符号主义中，解决问题的关键环节是逻辑求解器。它负责根据已有的知识来判断一个新的问题是否成立。但是，逻辑求解器的时间复杂度实在是太高了。即便是最简单的命题逻辑，它的求解也依然是 NP 完全的（事实上，命题逻辑的可满足性判断问题是第一个被证明为 NP 完全的问题）。而各种谓词逻辑一般都是不可判定的，也就是理论上不存在一种机械方法能在有限时间内判定任意一个谓词逻辑表达式是否成立。

由于上述原因，符号主义在工业上实用的成功案例很少。如果从 IJCAI（国际人工智能联合会议）收录的论文数量看，现在在整个人工智能学术界，研究符号主义的学者的数量远少于 10%[⊖]。

我们认为，符号主义最本质的问题是只考虑了理性认识的智能。人类的智能包括感性认识（感知）和理性认识（认知）两个方面。即便人类自己，也是一步步从底层的感知智能开始，和动物一样识别各种物体、气味、声音，产生本能反应，然后才在此基础上产生了生物界中独一无二的复杂语言，进而文字，再进而数学和逻辑，最终形成认知智能。符号主义跳过前面这些阶段，直奔逻辑，难免遇到巨大的阻碍。但我们依然相信，在未来通往强人工智能的道路上，符号主义方法会和其他方法融合，发挥重要作用。

### 1.1.3.3 连接主义

人类大脑是我们迄今已知最具智能的物体。它基于近千亿个神经元细胞连接组成的网络，赋予人类思考的能力。连接主义方法的基本出发点是借鉴大脑中神经元细胞连接的计算模型，用人工神经网络来拟合智能行为。

事实上，连接主义方法并不是完全照抄人类的大脑，因为生物的大脑非常复杂，即便是一个神经元细胞，也很复杂。如图 1.3 所示，一个神经元细胞包括细胞体和突起两部分，其中细胞体由细胞膜、细胞核、细胞质组成，突起有**轴突**（axon）和**树突**（dendrite）两种。轴突是神经元长出的一个长而且分支少的突起，树突是神经元长出的很多短而且分支多的突起。一个神经元的轴突和另外一个神经元的树突相接触，形成突触[⊖]。

人工神经网络则对生物的神经元细胞网络进行了大幅度的抽象简化，把每个细胞体的输出、每个突触强度都抽象成了一个数字。具体来说，图 1.3 中的一个人工神经元可以从外界得到输入 $x_1, \cdots, x_n$，每个输入有一个突触的权重 $w_1, \cdots, w_n$，对神经元的输入进行加权汇总之后，通过一个非线性函数得到该神经元的输出。

---

⊖ 2017 年 IJCAI 共收录 710 篇论文，而符号主义相关论文仅 44 篇（Knowledge Representation and Reasoning Session）。事实上，IJCAI 已经是所有人工智能顶级会议中最乐于接收符号主义论文的一个。

⊖ 少数情况下，也会出现轴突-轴突突触。

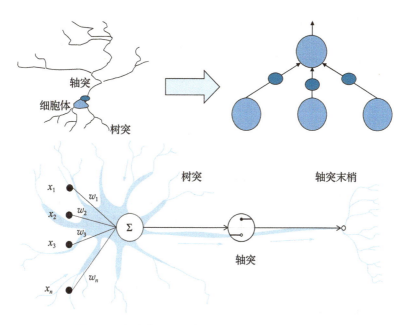

图 1.3 生物神经元细胞（上）和人工神经元（下）

连接主义方法肇始于 1943 年。心理学家 W. McCulloch 和数理逻辑学家 W. Pitts 通过模拟人类神经元细胞结构，建立了 M-P 神经元模型（McCulloch-Pitts neuron model）[1]，这是最早的人工神经网络。此后 60 余年里，通过 F. Rosenblatt（感知机模型）、D. Rumelhart（反向传播训练方法）、Y. LeCun（卷积神经网络）、Y. Bengio（深度学习）、G. Hinton（深度学习和反向传播训练方法）等学者的不懈努力，连接主义逐渐成为整个人工智能领域的主流研究方向。

目前，深度学习等方法已广泛应用于图像识别、语音识别、自然语言处理等领域，产生了换头换脸、图像风格迁移等有意思的应用，甚至在围棋和《星际争霸》游戏中战胜了人类顶尖高手。目前围绕深度学习技术，已经逐渐形成了万亿级别的智能产业，包括智能安防、智能教育、智能手机、智能家电、智慧医疗、智慧城市、智慧工厂等。本书重点介绍的也是面向深度学习的智能计算系统。

但是，我们必须清醒地认识到，深度学习不一定是通向强人工智能的终极道路。它更像是一个能帮助我们快速爬到二楼、三楼的梯子，但顺着梯子我们很难爬到月球上。深度学习已知的局限包括：

(1) **泛化能力有限**。深度学习训练需要依靠大量的样本，与人类的学习机理不同。人类在幼儿时期会依据大量外在数据学习，但是成年人类的迁移学习能力和泛化能力远高于现在的深度学习。

(2) **缺乏推理能力**。缺乏推理能力使得深度学习不擅长解决认知类的问题。如何将擅长推理的符号逻辑与深度学习结合起来，是未来非常有潜力的发展方向。

(3) **缺乏可解释性**。在比较重视安全的领域，缺乏可解释性会带来一些问题。比如，某个决策是如何做出来的？深度学习为什么识别错了？

(4) **鲁棒性欠佳**。在一张图像上加一些人眼很难注意到的点，就可以让深度学习算法产生错误判断，例如把猪识别成猫，把牛识别成狗。

## 1.2 智能计算系统

### 1.2.1 什么是智能计算系统

一个完整的智能体需要从外界获取输入，并且能够解决现实中的某种特定问题（例如弱人工智能）或者能够解决各种各样的问题（强人工智能）。而人工智能算法或代码本身并不能构成一个完整的智能体，必须要在一个具体的物质载体上运行起来才能展现出智能。因此，智能计算系统是智能的**物质载体**。

现阶段的智能计算系统，硬件上通常是集成通用 CPU 和智能芯片的异构系统，软件上通常包括一套面向开发者的智能计算编程环境（包括编程框架和编程语言）。

采用异构系统的原因在于，近十年来通用 CPU 的计算能力增长近乎停滞，而智能计算能力的需求在不断以指数增长，二者形成了剪刀差。为了弥补这个剪刀差，智能计算系统必须要集成**智能芯片**（例如寒武纪深度学习处理器等）来获得强大的计算能力。例如，寒武纪深度学习处理器能够以比通用 CPU 低一个数量级的能耗，达到 100 倍以上的智能处理速度。

异构系统在提高性能的同时，也带来了编程上的困难。程序员需要给系统中的两类芯片编写指令、调度任务，如果没有系统软件的支持会非常困难。因此，智能计算系统一般会集成一套编程环境，方便程序员快速便捷地开发高能效的智能应用程序。这套编程环境主要包括编程框架和编程语言两部分。常用的深度学习编程框架包括 TensorFlow 和 MXNet 等，深度学习编程语言包括 CUDA 语言和 BCL 语言等。

### 1.2.2 为什么需要智能计算系统

以通用 CPU 为中心的传统计算系统的速度和能效远远达不到智能应用的需求。例如 2012 年，谷歌大脑用 1.6 万个 CPU 核跑了 3 天的深度学习训练来识别猫脸[17]。这充分说明传统计算系统的速度难以满足应用需求。2016 年，AlphaGo 与李世石下棋时，用了 1202 个 CPU 和 176 个 GPU[18]，每盘棋电费就要数千美元，与之对比，李世石的功耗仅为 20 瓦。这充分说明传统计算系统的能效难以满足应用需求。因此，人工智能不可能依赖于传统计算系统，必须有自己的核心物质载体——智能计算系统。

### 1.2.3 智能计算系统的发展

从发展历史上看，已有的智能计算系统可以大致分为两代：第一代智能计算系统，出现于 1980 年前后，主要是面向符号主义的专用计算系统；第二代智能计算系统，出现于 2010 年左右，主要是面向连接主义的专用计算系统。同时，我们预期未来会出现一类新的智能计算系统，成为强人工智能/通用人工智能的物质载体。这或许会是第三代智能计算系统。

### 1.2.3.1 第一代智能计算系统

20 世纪 80 年代是人工智能发展的第二次热潮。第一代智能计算系统主要是在这一次热潮中发展起来的面向符号逻辑处理的计算系统。它们的功能主要是运行当时非常热门的智能编程语言 Prolog 或 LISP 编写的程序。

1975 年，MIT AI 实验室的 R. Geenblatt 研制了一台专门面向 LISP 编程语言的计算机——CONS，它是最早的智能计算系统之一。1978 年，该实验室又发布了 CONS 的后继 CADR。1982 年日本启动了"五代机"计划。该计划认为过去的第一代、第二代、第三代、第四代计算机分别是真空管计算机、晶体管计算机、集成电路计算机和超大规模集成电路计算机，而第五代计算机是人工智能计算机，人们只需把要解决的问题交给它，它就能自动求解出该问题。本质上讲，日本五代机也是一个 Prolog 机。同年，美国成立了微电子与计算机技术公司（Microelectronics and Computer Technology Corporation，MCC）来研制智能计算系统。整个 20 世纪 80 年代，美日高校、研究所、企业研制了非常多的各种各样的 Prolog 机和 LISP 机。

20 世纪 80 年代末到 90 年代初，人工智能进入冬天。第一代智能计算系统找不到实际的应用场景，市场坍塌，政府项目停止资助，创业公司纷纷倒闭。图 1.4 ⊖ 是麻省理工学院（MIT）博物馆保存的自己研制的 LISP 机。

从技术上看，第一代智能计算系统是一种面向高层次语言的计算机体系结构，其编程语言和硬件是高度统一化的，比如 LISP 和 Prolog。这种计算系统被淘汰的原因主要有两个方面：一方面，不同于现在人工智能有大量语音识别、图像识别、自动翻译等实际应用需求，当时的 Prolog 和 LISP 等符号智能语言并没有太多的实际应用需求；另一方面，当时的通用 CPU 发展速度非常快，专用计算系统的迭代速度跟不上通用 CPU。在 20 世纪摩尔定律的黄金时期，每一年半 CPU 的性能就能提升一倍，10 年下来 CPU 的处理速度能取得 100 倍的提升。而专用的智能计算系统没有 CPU 那么广泛的应用，往往需要数年才有资金进行迭代更新。几年下来，

图 1.4　现存的第一代智能计算系统（LISP 机）

---

⊖　图片来源：https://en.wikipedia.org/wiki/File：LISP_machine.jpg。

专用的智能计算系统的速度可能不比通用 CPU 快多少。因此第一代智能计算系统逐渐退出了历史舞台。

#### 1.2.3.2 第二代智能计算系统（2010 年至今）

第二代智能计算系统主要研究面向连接主义（深度学习）处理的计算机或处理器。中科院计算所从 2008 年开始做人工智能和芯片设计的交叉研究，2013 年和 Inria 共同设计了国际上首个深度学习处理器架构——DianNao。随后，中科院计算所又研制了国际上首个深度学习处理器芯片"寒武纪 1 号"。在此基础上，全球五大洲 30 个国家/地区的 200 个机构（包括哈佛、斯坦福、麻省理工、谷歌、英伟达等），以及两位图灵奖得主、10 余位中美院士、30 位 ACM 会士、70 位 IEEE 会士在广泛跟踪引用中科院计算所的论文，开展相关方向的研究。因此，*Science* 杂志刊文评价寒武纪为深度学习处理器的"开创性进展"，并评价寒武纪团队在深度学习处理器研究中"居于公认的领导者行列"。表 1.1 列出了一些第二代智能计算系统的代表性成果。

表 1.1 代表性深度学习处理器/计算机

| 时间 | 深度学习处理器/计算机 | 研制单位 | 特点 |
| --- | --- | --- | --- |
| 2013 年 | DianNao[19] | 中科院计算所 | 国际上首个深度学习处理器架构 |
| 2014 年 | DaDianNao[20] | 中科院计算所 | 国际上首个多核深度学习处理器架构 |
|  | cuDNN（深度学习库） | NVIDIA | 升级 GPU 用于深度学习 |
| 2015 年 | PuDianNao[21] | 中科院计算所 | 国际上首个通用机器学习处理器 |
|  | ShiDianNao[22] | 中科院计算所 | 端侧视频图像处理 |
| 2016 年 | Cambricon[23] | 中科院计算所 | 国际上首个深度学习指令集 |
|  | Cambricon-X[24] | 中科院计算所 | 国际上首个稀疏神经网络处理器 |
| 2017 年 | TPU[25] | Google | 基于脉动阵列架构 |
|  | FlexFlow[26] | 中科院计算所 | 动态数据流结构 |
| 2018 年 | TPUv3 cloud | Google | 基于 TPUv3 芯片的云计算 |
|  | DGX-2 服务器 | NVIDIA | 16 块 NVIDIA v100 显卡 |
|  | Summit 超级计算机 | IBM | 27 684 块 NVIDIA v100 显卡 |
|  | MLU100 | Cambricon | 基于寒武纪云端智能芯片 |
| 2019 年 | E-RNN[27] | Syracuse 大学 | 循环神经网络加速器 |
|  | Cambricon-F[28] | 中科院计算所 | 分形冯·诺依曼架构 |
|  | Float-PIM[29] | UCSD | 支持训练的存内计算架构 |

和第一代智能计算系统相比，第二代智能计算系统有两方面的优势：第一，深度学习有大量实际的工业应用，已经形成了产业体系，因此相关研究能得到政府和企业的长期资助；第二，摩尔定律在 21 世纪发展放缓，通用 CPU 性能增长停滞，专用智能计算系统的性能优势越来越大。因此，在可预见的将来，第二代智能计算系统还将长期健壮发展，持续迭代优化。

事实上，今天的超级计算机、数据中心计算机、手机、汽车电子、智能终端都要处理大量深度学习类应用，因此都在朝智能计算系统方向演进。例如，IBM 将其研制的 2018 年世界上最快的超级计算机 SUMMIT 称为智能超算机。在 SUMMIT 上利用深度学习方法做天气分析的工作甚至获得了 2018 年超算应用最高奖——Gorden Bell 奖。手机更是因其要用深度学习处理大量图像识别、语音识别、自动翻译等任务，被广泛看作一种典型的小型智能计算系统。仅集成寒武纪深度学习处理器的手机就已有近亿台。因此，未来如果人类社会真的进入智能时代，可能绝大部分计算机都可以被看作智能计算系统。因此，本书主要介绍第二代智能计算系统。

#### 1.2.3.3 第三代智能计算系统展望

第一代和第二代智能计算系统均是面向智能算法的定制化设计的智能计算系统，目标是让智能算法跑得更快更省电。它们之间的区别仅在于，第一代智能计算系统面向符号主义智能（Prolog 和 LISP），而第二代面向连接主义智能（深度学习）。一个非常有意思的问题是：未来的第三代智能计算系统会是什么样子？

我们认为，第三代智能计算系统将不再单纯追求智能算法的加速，它将通过近乎无限的计算能力，给人类带来前所未有的机器智能。这里面的核心问题在于如何通过高计算能力来提升智能。如果只是把一个深度学习模型做大、做复杂，那么高计算能力不过能将某些模式识别问题的识别精度提升几个百分点，而难以触及智能的本质。因此，我们猜测，未来的第三代智能计算系统将是一个通用人工智能/强人工智能发育的沙盒虚拟世界，它通过近乎无限的计算能力来模拟一个逼近现实的虚拟世界，以及在虚拟世界中发育、成长、繁衍的海量智能主体（或者说是人工生命）。智能主体可以在虚拟世界中成长，通过和环境的交互，逐渐形成自己的感知、认知和逻辑能力，甚至理解虚拟世界、改造虚拟世界，从而可能拥有通用智能。或许这个目标需要三五十年，甚至五百年才能达到，但我们依然认为，为了人类的进步，值得朝这个目标努力。

### 1.3 驱动范例

如前言所述，本书的教学理念是**应用驱动，全栈贯通**。因此，我们通过一个具体的图像风格迁移深度学习任务，介绍在面向深度学习的智能计算系统中从算法到编程再到芯片是如何工作的。图 1.5a 是一张星空的图片，图 1.5b 是通过深度学习转换出来的梵高风格的星空图片。在智能计算系统中，图 1.5a 转换为图 1.5b 的处理过程包含以下几步：

**首先，建立能进行图像风格迁移的深度学习模型。**这主要涉及神经网络和深度学习的算法等工作，包括如何抽取内容图像和风格图像特征，如何进行模型的训练，等等。具体神经网络和深度学习的算法基础会在第 2~3 章进行介绍。

**其次，将神经网络算法在智能计算系统上实现出来**。第一步要用到深度学习编程框架，常见编程框架包括 Caffe、TensorFlow、MXNet 等。编程框架将深度学习算法中的基本操作封装成一系列算子或组件，帮助用户更简单地实现已有算法或设计新的算法。以 TensorFlow 为例，矩阵乘计算过程的描述如图 1.6 所示。第 4~5 章将详细介绍深度学习编程框架的使用及工作机理。第二步，要有专门的深度学习处理器来高效地支撑深度学习编程框架，进而高效地支持深度学习算法及应用。第 6 章介绍如何设计一款深度学习处理器；第 7 章介绍实际的工业级单核和多核深度学习处理器的架构。在深度学习处理器上编程需要用智能编程语言，第 8 章介绍智能计算系统的抽象框架、智能编程语言的编程模型、语言基础、编程接口、功能调试、性能调优，以及如何基于智能编程语言 BCL 进行智能系统应用的开发。图 1.7 是一个智能编程语言的示例。

**最后，搭建运行环境，在实际芯片上对程序进行调试并让程序运行起来**。实践中可能会遇到功能问题、精度问题、画面效果不佳等问题，相关的训练或使用方面的知识将在第 9 章介绍。

a）星空原始图片

b）梵高风格的星空图片

图 1.5　图像风格迁移

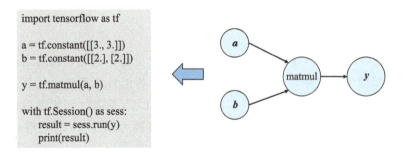

图 1.6　TensorFlow 示例

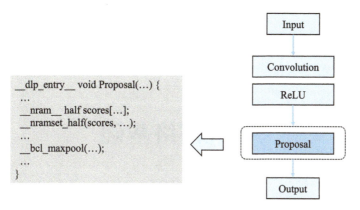

图 1.7 智能编程语言示例

## 1.4 本章小结

智能计算系统是人工智能的物质载体。本章介绍了人工智能的发展历史，以及智能计算系统的发展历程。本书主要介绍面向深度学习的智能计算系统（也就是第二代智能计算系统）。为了帮助读者完整地理解整个智能计算系统的工作运行原理，本书选择了一个图像风格迁移的例子作为牵引，从算法、编程、芯片等多个角度系统性地介绍智能计算系统的软硬件技术栈，希望最终能帮助读者拥有实际开发一个简单智能计算系统的能力。

## 习题

1.1 简述强人工智能和弱人工智能的区别。

1.2 简述人工智能研究的三个学派。

1.3 由具有两个输入的单个神经元构成的感知机能完成什么任务？

1.4 深度学习的局限性有哪些？

1.5 什么是智能计算系统？

1.6 为什么需要智能计算系统？

1.7 第一代智能计算系统有什么特点？

1.8 第二代智能计算系统有什么特点？

1.9 第三代智能计算系统有什么特点？

*1.10 假如请你设计一个智能计算系统，你打算如何设计？在你的设计里，用户将如何使用该智能计算系统？

CHAPTER 2

# 第 2 章

# 神经网络基础

神经网络是一种机器学习算法,经过 70 多年的发展,逐渐成为人工智能的主流。例如,本书的驱动范例——图像风格迁移,就是基于神经网络实现的。本章首先从线性回归开始,逐步介绍机器学习和神经网络的基本原理,然后介绍神经网络的训练过程,以及一些提升神经网络训练精度的手段,最后介绍神经网络的交叉验证方法。

## 2.1 从机器学习到神经网络

本节首先介绍几个易混淆的概念:**人工智能**、**机器学习**、**神经网络**、**深度学习**。然后通过线性回归来介绍机器学习的基本思想。在此基础上,从基本神经元模型,到最基本的神经网络——感知机,再到两层感知机,以及深度学习(深层神经网络),逐步介绍神经网络的一些基本思想。

### 2.1.1 基本概念

我们在媒体、论文和小说中经常看到人工智能、机器学习、神经网络、深度学习这些热门词汇。很多时候,这些词汇被非专业人士错误地混用了。因此,有必要搞清楚它们之间的准确关系。图 2.1 中列出了人工智能、机器学习、神经网络、深度学习之间的包含关系。人工智能是最大的范畴,包括机器学习、计算机视觉、符号逻辑等不同分支。机器学习里面又有许多子分支,比如人工神经网络、贝叶斯网络、决策树、线性回归等。目前最主流的机器学习方法是人工神经网络。而人工神经网络中最先进的技术是深度学习。

图 2.1 人工智能、机器学习、神经网络、深度学习之间的关系

机器学习有很多定义,T. Mitchell 认为机器学习是对能通过经验自动改进的计算机算

法的研究[30]，E. Alpaydin 认为机器学习是利用数据或以往的经验来提升计算机程序的能力的方法[31]，周志华认为机器学习是研究如何通过计算的手段以及经验来改善系统自身性能的一门学科[32]。这些定义中的共性之处是，**计算机通过不断地从经验或数据中学习来逐步提升智能处理能力。**

机器学习根据训练数据有无标记（label）信息可以大致分为**监督学习**和**无监督学习**两大类。监督学习通过对有标记的训练数据的学习，建立一个模型函数来预测新数据的标记。无监督学习通过对无标记的训练数据的学习，揭示数据的内在性质及规律。

图 2.2 展示了一种常见的监督学习的流程。其训练（学习）过程为：首先要有训练数据 $x$ 及其标记 $y$；其次，针对训练数据选择机器学习方法，包括贝叶斯网络、神经网络等；最后，经过训练建立模型函数 $H(x)$。监督学习的预测过程（测试，也称为推断）是将新的数据送到模型 $H(x)$ 中得到一个预测值 $\hat{y}$。通常用损失函数 $L(x)$ 来衡量预测值与真实值之间的差，损失函数值越小表示预测越准。

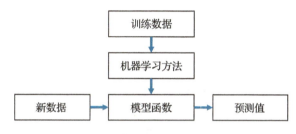

图 2.2　典型的机器学习过程

为了便于读者理解，表 2.1 列出了本书常用的符号。

表 2.1　常用符号说明

| 定义 | 符号 | 说明 |
| --- | --- | --- |
| 输入数据 | $x$ | |
| 真实值（实际值） | $y$ | |
| 预测值（模型输出值） | $\hat{y}$ | 机器学习预测出来的值，目标是与真实值一致 |
| 模型函数 | $H(x)$ | 模型函数 $H$ 的输入是 $x$，输出是 $\hat{y}$ |
| 激活函数 | $G(x)$ | |
| 损失函数 | $L(x)$ | 用来衡量模型输出值 $\hat{y}$ 与真实值 $y$ 之间的误差 |
| 标量 | $a, b, c$ | 斜体小写字母表示 |
| 向量 | $\boldsymbol{a}, \boldsymbol{b}, \boldsymbol{c}$ | 黑斜体小写字母表示 |
| 矩阵 | $\boldsymbol{A}, \boldsymbol{B}, \boldsymbol{C}$ | 黑斜体大写字母表示 |

## 2.1.2　线性回归

**线性回归**是一种最简单的机器学习方法。在本节里，我们尝试以线性回归⊖为例，帮助读者理解机器学习的原理。线性回归的目标是找到一些点的集合背后的规律。例如，一个点集可以用一条直线来拟合，这条拟合出来的直线的参数特征，就是线性回归找到的点

---

⊖　注意，线性回归不属于神经网络。

集背后的规律。

下面以表 2.2 为例,介绍如何用线性回归解决房屋定价问题。

表 2.2 线性回归示例。$y$ 表示房屋售价(万元),$x_1$ 表示房屋面积($m^2$)

| $x_1$ | 50 | 47 | 60 | 55 | ⋯ | 65 |
|---|---|---|---|---|---|---|
| $y$ | 50 | 42 | 80 | 52 | ⋯ | ? |

假设开发商有一个房屋销售中心,房屋售价 $y$ 与房屋面积 $x_1$ 相关。已有一组数据,$50m^2$ 的房屋售价 50 万元,$47m^2$ 的房屋售价 42 万元,$60m^2$ 的房屋售价 80 万元,$55m^2$ 的房屋售价 52 万元,等等。那么,$65m^2$ 的房屋售价应为多少?可以将已有数据以房屋面积 $x_1$ 为横轴、房屋售价 $y$ 为纵轴画到坐标系中,如图 2.3 所示。再分析 $x_1$ 和 $y$ 的关系,找到一条拟合直线,使所有数据点到该直线的距离之和最小。这条拟合直线表示了 $x_1$ 和 $y$ 之间的规律,也就是线性回归模型。由于在这个例子里面房屋售价 $y$ 只考虑房屋面积 $x_1$ 一个变量(特征),因此它是一个一元线性回归模型。

**一元线性回归模型**可以表示为

$$H_w(x_1) = w_0 + w_1 x_1 \tag{2.1}$$

其中,$H_w(x_1)$ 是根据已有数据拟合出来的函数,该函数是一条直线且仅有一个变量。回归系数 $w_0$ 和 $w_1$ 可以通过已知点计算出来,$w_1$ 代表斜率,$w_0$ 代表纵截距,即拟合出的直线与 $y$ 轴的交点。$w_0$ 和 $w_1$ 计算出来后,就可以预测一个新房屋的售价。

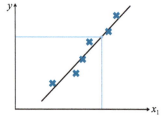

图 2.3 线性回归

事实上,房屋售价不仅与面积相关,还与楼层 $x_2$、朝向 $x_3$、学区 $x_4$ 等因素相关。假设已有一组数据,如表 2.3 所示,面积 $x_1$ 为 $50m^2$、楼层 $x_2$ 为 2 楼的房屋售价为 50 万元,面积 $x_1$ 为 $47m^2$、楼层 $x_2$ 为 1 楼的房屋售价为 42 万元,面积 $x_1$ 为 $60m^2$、楼层 $x_2$ 为 4 楼的房屋售价为 80 万元,等等。那么,一个在 10 楼、面积为 $65m^2$ 的房屋应该如何定价?

表 2.3 线性回归示例。$y$ 表示房屋售价(万元),$x_1$ 表示房屋面积($m^2$),$x_2$ 表示房屋所在楼层

| $x_1$ | 50 | 47 | 60 | 55 | ⋯ | 65 |
|---|---|---|---|---|---|---|
| $x_2$ | 2 | 1 | 4 | 3 | ⋯ | 10 |
| $y$ | 50 | 42 | 80 | 52 | ⋯ | ? |

上述问题有 2 个变量(特征),可以用**二元线性回归模型**表示为

$$H_w(x_1, x_2) = w_0 + w_1 x_1 + w_2 x_2 \tag{2.2}$$

如果待解决的问题有 $n$ 个变量(特征)(记为 $n$ 维的向量 $\boldsymbol{x}$),可以用**多元线性回归模型**表示为

$$H_w(\boldsymbol{x}) = \sum_{i=0}^{n} w_i x_i = \hat{\boldsymbol{w}}^\top \boldsymbol{x}, \quad x_0 = 1 \tag{2.3}$$

其中，参数向量 $\hat{\boldsymbol{w}}=[w_0; w_1; \cdots; w_n]$，$\hat{\boldsymbol{w}}^{\mathrm{T}}$ 表示 $\hat{\boldsymbol{w}}$ 的转置，输入向量 $\boldsymbol{x}=[x_0; x_1; \cdots; x_n]$。

线性回归模型预测结果的正确性如何评价呢？模型预测结果 $\hat{y}$ 与真实值 $y$ 之间通常存在误差 $\varepsilon$：

$$\varepsilon = y - \hat{y} = y - \hat{\boldsymbol{w}}^{\mathrm{T}}\boldsymbol{x} \tag{2.4}$$

当样本量足够大时，误差 $\varepsilon$ 将会服从均值为 0、方差为 $\sigma^2$ 的高斯分布：

$$p(\varepsilon) = \frac{1}{\sqrt{2\pi}\sigma} e^{-\frac{\varepsilon^2}{2\sigma^2}} \tag{2.5}$$

通过求解最大似然函数

$$p(y|\boldsymbol{x}; \hat{\boldsymbol{w}}) = \frac{1}{\sqrt{2\pi}\sigma} e^{-\frac{(y - \hat{\boldsymbol{w}}^{\mathrm{T}}x)^2}{2\sigma^2}} \tag{2.6}$$

得到预测值与真实值之间误差尽量小的目标函数（损失函数）：

$$L(\hat{\boldsymbol{w}}) = \frac{1}{2}\sum_{j=1}^{m}(y_j - H_w(\boldsymbol{x}_j))^2 \tag{2.7}$$

损失函数计算等同于 $m$ 次预测的结果和真实的结果之间的差的平方和。线性回归的目的是寻找最佳的 $w_0, w_1, \cdots, w_n$，使得损失函数 $L(\hat{\boldsymbol{w}})$ 的值最小。寻找最优参数通常采用梯度下降法，该方法计算损失函数在当前点的梯度，然后沿负梯度方向（即损失函数值下降最快的方向）调整参数，通过多次迭代就可以找到使 $L(\hat{\boldsymbol{w}})$ 的值最小的参数。具体过程为，首先给定初始参数向量 $\hat{\boldsymbol{w}}$，如随机向量，计算损失函数对 $\hat{\boldsymbol{w}}$ 的偏导（即梯度），然后沿负梯度方向按照一定的步长（学习率）$\eta$ 调整参数的值，如式（2.8），并进行迭代，使更新后的 $L(\hat{\boldsymbol{w}})$ 不断变小，直至找到使 $L(\hat{\boldsymbol{w}})$ 最小的 $\hat{\boldsymbol{w}}$ 值，从而得到合适的回归模型的参数。

$$\hat{\boldsymbol{w}} \leftarrow \hat{\boldsymbol{w}} - \eta \frac{\partial L(\hat{\boldsymbol{w}})}{\partial \hat{\boldsymbol{w}}} \tag{2.8}$$

人工神经网络的训练和预测过程与线性回归基本上是一致的。例如，要训练一个识别动物的神经网络，首先要找到大量不同类型的动物样本并打上标记，然后调整神经网络模型的参数，以使神经网络的输出和标记之间的误差（损失函数）尽可能小；在使用神经网络做预测时，给神经网络一张未带标记的动物图像，神经网络根据训练拟合好的模型，可以给出它对图中动物类型的判断。

### 2.1.3 感知机

了解完线性回归之后，我们接下来介绍一个最简单的人工神经网络：只有一个神经元的单层神经网络，即感知机。它可以完成简单的线性分类任务。图 2.4 是一个两输入的感知机模型，其神经元的输入是 $\boldsymbol{x}=[x_1; x_2]$，输出是 $y=1$ 和 $y=-1$ 两类，$w_1$ 和 $w_2$ 是突触的权重

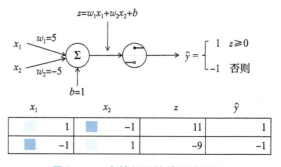

图 2.4 一个神经元的单层感知机

(也称为神经网络的参数），该感知机可以完成对输入样本的分类。该感知机模型的形式化表示为

$$H(\boldsymbol{x}) = \text{sign}(w_1 x_1 + w_2 x_2 + b) = \text{sign}(\boldsymbol{w}^\text{T} \boldsymbol{x} + b)$$

$$\text{sign}(x) = \begin{cases} +1 & x \geqslant 0 \\ -1 & x < 0 \end{cases} \tag{2.9}$$

其中，$(\boldsymbol{w}, b)$ 是模型参数。

感知机模型训练的目标是找到一个超平面 $\mathbf{S}(\boldsymbol{w}^\text{T} \boldsymbol{x} + b = 0)$，将线性可分的数据集 $T$ 中的所有样本点正确地分为两类。超平面是 $N$ 维线性空间中维度为 $N-1$ 的子空间。二维空间的超平面是一条直线，三维空间的超平面是一个二维平面，四维空间的超平面是一个三维体。对于图 2.5 中的两类点，感知机模型训练时要在二维空间中找到一个超平面（即一条直线）将这两类点分开。为了找到超平面，需要找出模型参数 $\boldsymbol{w}$ 和 $b$。相对线性回归，感知机模型中增加了 $\text{sign}(x)$ 计算，即激活函数，增加了求解参数的复杂性。

感知机模型训练首先要找到一个合适的损失函数，然后通过最小化损失函数来找到最优的超平面，即找到最优的超平面的参数。考虑一个训练集 $D=\{(\boldsymbol{x}_1, y_1), (\boldsymbol{x}_2, y_2), \cdots, (\boldsymbol{x}_m, y_m)\}$，其中样本 $\boldsymbol{x}_j \in \mathbf{R}^n$，样本的标记 $y_j \in \{+1, -1\}$。超平面 $\mathbf{S}$ 要将两类点区分开来，即使分不开，也要与分错的点比较接近。因此，损失函数定义为误分类的点到超平面 $\mathbf{S}(\boldsymbol{w}^\text{T} \boldsymbol{x} + b = 0)$ 的总距离。

样本空间中任意点 $\boldsymbol{x}_j$ 到超平面 $\mathbf{S}$ 的距离为

$$d_j = \frac{1}{\|\boldsymbol{w}\|_2} |\boldsymbol{w}^\text{T} \boldsymbol{x}_j + b| \tag{2.10}$$

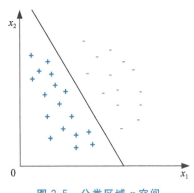

图 2.5 分类区域 $x$ 空间

其中，$\|\boldsymbol{w}\|_2$ 是 $\boldsymbol{w}$ 的 $L^2$ 范数，简记为 $\|\boldsymbol{w}\|$，其计算为 $\|\boldsymbol{w}\| = \sqrt{\sum_{i=1}^{n} w_i^2}$。

假设超平面 $\mathbf{S}$ 可以将训练集 $D$ 中的样本正确地分类，当 $y_j = +1$ 时，$\boldsymbol{w}^\text{T} \boldsymbol{x}_j + b \geqslant 0$；当 $y_j = -1$ 时，$\boldsymbol{w}^\text{T} \boldsymbol{x}_j + b < 0$。对于误分类的点，预测出来的值可能在超平面的上方，但实际位置在下方，因此 $y_j$ 和预测出来的值的乘积应该是小于 0 的。即训练集 $D$ 中的误分类点满足条件：$-y_j(\boldsymbol{w}^\text{T} \boldsymbol{x}_j + b) > 0$。

去掉误分类点 $\boldsymbol{x}_j$ 到超平面 $\mathbf{S}$ 的距离表达式（2.10）中的绝对值符号，得到

$$d_j = -\frac{1}{\|\boldsymbol{w}\|} y_j (\boldsymbol{w}^\text{T} \boldsymbol{x}_j + b) \tag{2.11}$$

设误分类点的集合为 $M$，所有误分类点到超平面的总距离为

$$d = -\frac{1}{\|\boldsymbol{w}\|} \sum_{\boldsymbol{x}_j \in M} y_j (\boldsymbol{w}^\text{T} \boldsymbol{x}_j + b) \tag{2.12}$$

由于 $\|\boldsymbol{w}\|$ 可以近似看作一个常数，损失函数可定义为

$$L(\boldsymbol{w},b) = -\sum_{\boldsymbol{x}_j \in M} y_j(\boldsymbol{w}^\mathrm{T}\boldsymbol{x}_j + b) \tag{2.13}$$

感知机模型训练的目标是最小化损失函数。当损失函数足够小时,所有误分类点,要么没有,要么离超平面足够近。损失函数中的变量只有 $\boldsymbol{w}$ 和 $b$,类似于线性回归中的变量 $w_1$ 和 $w_2$。可以用梯度下降法来最小化损失函数,损失函数 $L(\boldsymbol{w},b)$ 对 $\boldsymbol{w}$ 和 $b$ 分别求偏导可以得到

$$\nabla_w L(\boldsymbol{w},b) = -\sum_{\boldsymbol{x}_j \in M} y_j \boldsymbol{x}_j \tag{2.14}$$

$$\nabla_b L(\boldsymbol{w},b) = -\sum_{\boldsymbol{x}_j \in M} y_j \tag{2.15}$$

如果用随机梯度下降法,可以随机选取误分类样本 $(\boldsymbol{x}_j, y_j)$,以 $\eta$ 为步长对 $\boldsymbol{w}$ 和 $b$ 进行更新:

$$\boldsymbol{w} \leftarrow \boldsymbol{w} + \eta y_j \boldsymbol{x}_j$$
$$b \leftarrow b + \eta y_j \tag{2.16}$$

通过迭代可以使损失函数 $L(\boldsymbol{w},b)$ 不断减小直至为 0,即使最终不为 0,也会逼近于 0。通过上述过程可以把只包含参数 $(\boldsymbol{w},b)$ 的感知机模型训练出来。

### 2.1.4 两层神经网络——多层感知机

20 世纪八九十年代,常用的是一种两层的神经网络,也称为**多层感知机**(Multi-Layer Perceptron,MLP)。图 2.6 中的多层感知机由一组**输入**、一个**隐层**和一个**输出层**组成⊖。由于该多层感知机包含两层神经网络,其参数比上一节的感知机增加了很多。

我们以图 2.6 中的多层感知机为例介绍其工作原理。该感知机的输入有 3 个神经元,用向量表示为 $\boldsymbol{x}=[x_1; x_2; x_3]$;隐层有 2 个神经元,用向量表示为 $\boldsymbol{h}=[h_1; h_2]$;输出层有 2 个神经元,用向量表示为 $\hat{\boldsymbol{y}}=[\hat{y}_1; \hat{y}_2]$。每个输入神经元到每个隐层神经元之间的连接对应一个权重,因此输入向量对应 6 个权重,用矩阵表示为

$$\boldsymbol{W}^{(1)} = \begin{bmatrix} w^{(1)}_{1,1} & w^{(1)}_{1,2} \\ w^{(1)}_{2,1} & w^{(1)}_{2,2} \\ w^{(1)}_{3,1} & w^{(1)}_{3,2} \end{bmatrix} \tag{2.17}$$

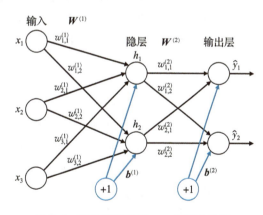

图 2.6 两层神经网络——多层感知机

从输入计算隐层的过程为,权重矩阵 $\boldsymbol{W}^{(1)}$ 的转置乘以输入向量 $\boldsymbol{x}$ 得到两个数(即隐层没有

---

⊖ 目前统计神经网络层数时,一种方式是不把输入作为单独一层,一种方式是把输入作为单独的输入层。本书采用前者。

进行非线性激活之前的值），再加上偏置（bias）向量 $\boldsymbol{b}^{(1)}$，然后进行非线性激活函数 $G$ 计算，得到隐层的输出 $\boldsymbol{h} = G(\boldsymbol{W}^{(1)^\mathrm{T}} \boldsymbol{x} + \boldsymbol{b}^{(1)})$。从隐层计算输出层的过程与计算隐层的过程基本类似，权重矩阵为

$$\boldsymbol{W}^{(2)} = \begin{bmatrix} w_{1,1}^{(2)} & w_{1,2}^{(2)} \\ w_{2,1}^{(2)} & w_{2,2}^{(2)} \end{bmatrix} \tag{2.18}$$

权重矩阵的转置乘以隐层的输出 $\boldsymbol{h}$，再加上偏置向量 $\boldsymbol{b}^{(2)}$，然后进行非线性激活函数计算，得到输出 $\hat{\boldsymbol{y}} = G(\boldsymbol{W}^{(2)^\mathrm{T}} \boldsymbol{h} + \boldsymbol{b}^{(2)})$。

图 2.6 中多层感知机的模型参数包括 2 个权重矩阵和 2 个偏置向量：权重矩阵 $\boldsymbol{W}^{(1)}$ 有 6 个变量，偏置向量 $\boldsymbol{b}^{(1)}$ 有 2 个变量，第一层共 8 个变量；权重矩阵 $\boldsymbol{W}^{(2)}$ 有 4 个变量，偏置向量 $\boldsymbol{b}^{(2)}$ 有 2 个变量，第二层共有 6 个变量。该多层感知机总共只有 14 个变量需要训练，因此训练所需的样本量不太多，训练速度非常快。

只有一个隐层的多层感知机是最经典的**浅层神经网络**。浅层神经网络的问题是结构太简单，对复杂函数的表示能力非常有限。例如，用浅层神经网络去识别上千类物体是不现实的。但是，20 世纪八九十年代的研究者都在做浅层神经网络，而不做深层的神经网络。其主要原因包括两方面：一方面，K. Hornik 证明了理论上只有一个隐层的浅层神经网络足以拟合出任意的函数[33]。这是一个很强的论断，但在实践中有一定的误导性。因为，只有一个隐层的神经网络拟合出任意函数可能会有很大的误差，且每一层需要的神经元的数量可能非常多。另一方面，当时没有足够多的数据和足够强的计算能力来训练深层神经网络。现在在常用的深度学习可能是几十层、几百层的神经网络，里面的参数数量可能有几十亿个，需要大量的样本和强大的机器来训练。而 20 世纪八九十年代的计算机，其算力是远远达不到要求的，当时一台服务器的性能可能远不如现在的一部手机⊖。受限于算力，20 世纪八九十年代的研究者很难推动深层神经网络的发展。

### 2.1.5 深度学习（深层神经网络）

相对于浅层神经网络，**深度学习（深层神经网络）** 的隐层可以超过 1 层。图 2.7 的多层神经网络有 2 个隐层。该神经网络的计算包括从输入算出第 1 个隐层，从第 1 个隐层算出第 2 个隐层，从第 2 个隐层算出输出层。随着层数的增加，神经网络的参数也显著增多。该三层神

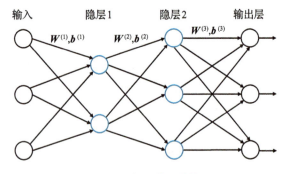

图 2.7 多层神经网络

---

⊖ 1995 年，Intel 设计的服务器 CPU——Pentium Pro，主频只有 200MHz；2017 年，华为发布的用于手机终端的处理器——麒麟 970，主频就已经高达 2.36GHz。

经网络共有 29 个参数，包括第一层的 6 个权重和 2 个偏置，第二层的 6 个权重和 3 个偏置，第三层的 9 个权重和 3 个偏置。

早期深度学习借鉴了灵长类大脑皮层的 6 层结构。为了提高图像识别、语音识别等应用的精度，深度学习不再拘泥于生物神经网络的结构，现在的深层神经网络已有上百层甚至上千层，与生物神经网络有显著的差异。随着神经网络层数的增多，神经网络参数的数量也大幅增长，2012 年的 AlexNet[10]中有六千万个参数，现在有些神经网络[34-35]中有上百亿甚至上千亿个参数。

深度学习的工作原理是，通过对信息的多层抽取和加工来完成复杂的功能。图 2.8 展示了深度学习在不同层上抽取出的特征[36]。在第一层，深度学习通过卷积提取出局部比较简单的特征，如对角线；在第二层，可以提取到一些稍大范围的稍复杂的特征，如条纹状的结构；在第三层，可以提取到更大范围的更复杂的特征，如蜂窝网格的结构；最后，通过逐层细化的抽取和加工，可以完成很多复杂的功能。深度学习的具体内容将在第 3 章详细介绍。

应该说，从浅层神经网络向深层神经网络发展，并不是很难想象的事情。但是，深度学习（深层神经网络）的真正兴起到 2006 年才开始。除了 G. Hinton、Y. LeCun 和 Y. Bengio 等人的推动外，深度学习之所以能成熟壮大，得益于 ABC 三方面的影响：A 是 Algorithm（算法），B 是 Big data（大数据），C 是 Computing（算力）。算法方面，深层神经网络训练算法日趋成熟，其识别精度越来越高；大数据方面，互联网企业有足够多的大数据来做深层神经网络的训练；算力方面，现在的一个深度学习处理器芯片的计算能力比当初的 100 个 CPU 的还要强。

## 2.1.6 神经网络发展历程

神经网络的发展历程可以分成三个阶段（基本和整个人工智能发展所经历的三次热潮相对应）。

1943 年，心理学家 W. McCulloch 和数理逻辑学家 W. Pitts 通过模拟人类神经元细胞结构，建立了 M-P 神经元模型（McCulloch-Pitts neuron model）[1]，这是最早的人工神经网络数据模型。1957 年，心理学家 F. Rosenblatt 提出了感知机模型（Perceptron）[5-6]，这是一种基于 M-P 神经元模型的单层神经网络，可以解决输入数据线性可分的问题。自感知机模型提出后，神经网络成为研究热点，但到 20 世纪 60 年代末时神经网络研究开始进入停滞状态。1969 年，M. Minsky 和 S. Papert 研究指出当时的感知机无法解决非线性可分的问题[37]，使得神经网络研究一下子跌入谷底。

1986 年，D. Rumelhart、G. Hinton 和 R. Williams 在 *Nature* 杂志上提出通过反向传播（back-propagation）算法来训练神经网络[8]。反向传播算法通过不断调整网络连接的权重来最小化实际输出向量和预期输出向量间的差值，改变了以往感知机收敛过程中内部隐藏单元不能表示任务域特征的局限性，提高了神经网络的学习表达能力以及神经网络的训练速度。到今天，反向传播算法依然是神经网络训练的基本算法。1998 年，Y. LeCun[38]提出了用于手写数字识别的**卷积神经网络** LeNet，其定义的卷积神经网络的基本框架和基本组件（卷积、激活、池化、全连接）沿用至今，可谓是深度学习的序曲。

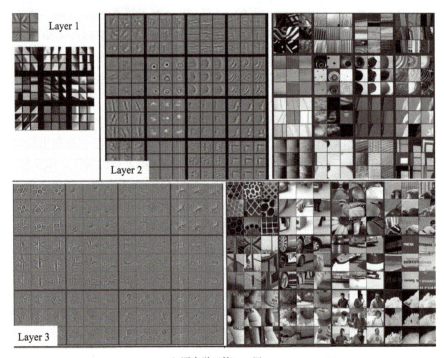

a）深度学习第1~3层

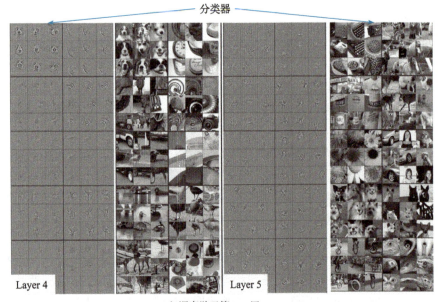

b）深度学习第4~5层

图 2.8　深度学习工作原理[36]

2006年，G. Hinton基于受限玻尔兹曼机构建了**深度置信网络**（Deep Belief Network，DBN），使用贪婪逐层预训练方法大幅提高了训练深层神经网络的效率[39]。同年，G. Hinton和R. Salakhutdinov在 Science 杂志上发表了一篇题为"Reducing the dimensionality of data with neural networks"的论文[9]，推动了**深度学习**的普及。随着计算机性能的提升以及数据规模的增加，2012年，A. Krizhevsky等人提出的深度学习网络AlexNet[10]获得了ImageNet比赛冠军，其Top5错误度比第二名低10.9%，引起了业界的轰动。此后学术界进一步提出了一系列更先进、更高精度的深度学习算法，包括VGG、LSTM、ResNet等，在图像识别、语音识别、自动翻译、游戏博弈等方面达到了先进水平，甚至在特定应用（如围棋）上超过了人类。

## 2.2 神经网络训练

神经网络的训练是通过调整隐层和输出层的参数，使得神经网络计算出来的结果 $\hat{y}$ 与真实结果 $y$ 尽量接近。神经网络的训练主要包括**正向传播**和**反向传播**两个过程。正向传播（也称为前向传播）的基本原理是，基于训练好的神经网络模型，输入目标通过权重、偏置和激活函数计算出隐层，隐层通过下一级的权重、偏置和激活函数得到下一个隐层，经过逐层迭代，将输入的特征向量从低级特征逐步提取为抽象特征，最终输出目标分类结果。反向传播的基本原理是，首先根据正向传播结果和真实值计算出损失函数 $L(\boldsymbol{W})$，然后采用梯度下降法，通过链式法则计算出损失函数对每个权重和偏置的偏导，即权重或偏置对损失的影响，最后更新权重和偏置。本节将以图2.9中的神经网络为例，介绍神经网络训练的正向传播和反向传播过程。

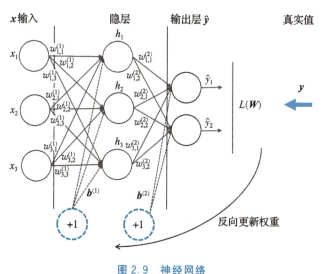

图2.9 神经网络

## 2.2.1 正向传播

每个神经网络层的正向传播过程是,权重矩阵的转置乘以输入向量,再通过非线性激活函数得到输出。

图 2.9 中的神经网络的输入为 3 个神经元,记为 $\boldsymbol{x}=[x_1; x_2; x_3]$;隐层包含 3 个神经元,记为 $\boldsymbol{h}=[h_1; h_2; h_3]$;输出层包含 2 个输出神经元,记为 $\hat{\boldsymbol{y}}=[\hat{y}_1; \hat{y}_2]$。输入和隐层之间的连接对应的偏置向量为 $\boldsymbol{b}^{(1)}$,权重矩阵为

$$\boldsymbol{W}^{(1)} = \begin{bmatrix} w_{1,1}^{(1)} & w_{1,2}^{(1)} & w_{1,3}^{(1)} \\ w_{2,1}^{(1)} & w_{2,2}^{(1)} & w_{2,3}^{(1)} \\ w_{3,1}^{(1)} & w_{3,2}^{(1)} & w_{3,3}^{(1)} \end{bmatrix} \tag{2.19}$$

隐层和输出层之间的连接对应的偏置向量为 $\boldsymbol{b}^{(2)}$,权重矩阵为

$$\boldsymbol{W}^{(2)} = \begin{bmatrix} w_{1,1}^{(2)} & w_{1,2}^{(2)} \\ w_{2,1}^{(2)} & w_{2,2}^{(2)} \\ w_{3,1}^{(2)} & w_{3,2}^{(2)} \end{bmatrix} \tag{2.20}$$

该神经网络采用 sigmoid 函数作为**激活函数**

$$\sigma(x) = \frac{1}{1+e^{-x}} \tag{2.21}$$

输入到隐层的正向传播过程为:首先是权重矩阵 $\boldsymbol{W}^{(1)}$ 的转置乘以输入向量 $\boldsymbol{x}$,再加上偏置向量 $\boldsymbol{b}^{(1)}$,得到

$$\boldsymbol{v} = \boldsymbol{W}^{(1)\mathrm{T}}\boldsymbol{x} + \boldsymbol{b}^{(1)} = \begin{bmatrix} w_{1,1}^{(1)} & w_{2,1}^{(1)} & w_{3,1}^{(1)} \\ w_{1,2}^{(1)} & w_{2,2}^{(1)} & w_{3,2}^{(1)} \\ w_{1,3}^{(1)} & w_{2,3}^{(1)} & w_{3,3}^{(1)} \end{bmatrix} \begin{bmatrix} x_1 \\ x_2 \\ x_3 \end{bmatrix} + \begin{bmatrix} b_1^{(1)} \\ b_2^{(1)} \\ b_3^{(1)} \end{bmatrix} \tag{2.22}$$

然后经过 sigmoid 激活函数,得到隐层的输出

$$\boldsymbol{h} = \frac{1}{1+e^{-v}} \tag{2.23}$$

隐层到输出层的正向传播过程与上述过程类似。

**示例**

假设该神经网络的输入数据为 $\boldsymbol{x}=[x_1; x_2; x_3]=[0.02; 0.04; 0.01]$,偏置向量为 $\boldsymbol{b}^{(1)}=[0.4; 0.4; 0.4]$,$\boldsymbol{b}^{(2)}=[0.7; 0.7]$,期望输出为 $\boldsymbol{y}=[y_1; y_2]=[0.9; 0.5]$。在神经网络训练之前,首先对两个权重矩阵进行随机初始化:

$$\boldsymbol{W}^{(1)} = \begin{bmatrix} w_{1,1}^{(1)} & w_{1,2}^{(1)} & w_{1,3}^{(1)} \\ w_{2,1}^{(1)} & w_{2,2}^{(1)} & w_{2,3}^{(1)} \\ w_{3,1}^{(1)} & w_{3,2}^{(1)} & w_{3,3}^{(1)} \end{bmatrix} = \begin{bmatrix} 0.25 & 0.15 & 0.30 \\ 0.25 & 0.20 & 0.35 \\ 0.10 & 0.25 & 0.15 \end{bmatrix} \tag{2.24}$$

$$\boldsymbol{W}^{(2)} = \begin{bmatrix} w_{1,1}^{(2)} & w_{1,2}^{(2)} \\ w_{2,1}^{(2)} & w_{2,2}^{(2)} \\ w_{3,1}^{(2)} & w_{3,2}^{(2)} \end{bmatrix} = \begin{bmatrix} 0.40 & 0.25 \\ 0.35 & 0.30 \\ 0.01 & 0.35 \end{bmatrix} \tag{2.25}$$

其次计算隐层在激活函数之前的输出

$$\boldsymbol{v} = \begin{bmatrix} v_1 \\ v_2 \\ v_3 \end{bmatrix} = \boldsymbol{W}^{(1)\mathrm{T}} \boldsymbol{x} + \boldsymbol{b}^{(1)} = \begin{bmatrix} 0.25 & 0.25 & 0.10 \\ 0.15 & 0.20 & 0.25 \\ 0.30 & 0.35 & 0.15 \end{bmatrix} \begin{bmatrix} 0.02 \\ 0.04 \\ 0.01 \end{bmatrix} + \begin{bmatrix} 0.4 \\ 0.4 \\ 0.4 \end{bmatrix} = \begin{bmatrix} 0.4160 \\ 0.4135 \\ 0.4215 \end{bmatrix} \tag{2.26}$$

对上面得到的三个数分别做 sigmoid 计算，得到隐层的输出

$$\boldsymbol{h} = \begin{bmatrix} h_1 \\ h_2 \\ h_3 \end{bmatrix} = \frac{1}{1+\mathrm{e}^{-\boldsymbol{v}}} = \begin{bmatrix} \dfrac{1}{1+\mathrm{e}^{-0.4160}} \\ \dfrac{1}{1+\mathrm{e}^{-0.4135}} \\ \dfrac{1}{1+\mathrm{e}^{-0.4215}} \end{bmatrix} = \begin{bmatrix} 0.6025 \\ 0.6019 \\ 0.6038 \end{bmatrix} \tag{2.27}$$

然后计算输出层在激活函数之前的输出

$$\boldsymbol{z} = \begin{bmatrix} z_1 \\ z_2 \end{bmatrix} = \boldsymbol{W}^{(2)\mathrm{T}} \boldsymbol{h} + \boldsymbol{b}^{(2)} = \begin{bmatrix} 0.40 & 0.35 & 0.01 \\ 0.25 & 0.30 & 0.35 \end{bmatrix} \begin{bmatrix} 0.6025 \\ 0.6019 \\ 0.6038 \end{bmatrix} + \begin{bmatrix} 0.7 \\ 0.7 \end{bmatrix} = \begin{bmatrix} 1.1577 \\ 1.2425 \end{bmatrix} \tag{2.28}$$

对上面的两个数分别做 sigmoid 计算，得到最终输出

$$\hat{\boldsymbol{y}} = \begin{bmatrix} \hat{y}_1 \\ \hat{y}_2 \end{bmatrix} = \frac{1}{1+\mathrm{e}^{-\boldsymbol{z}}} = \begin{bmatrix} \dfrac{1}{1+\mathrm{e}^{-1.1577}} \\ \dfrac{1}{1+\mathrm{e}^{-1.2425}} \end{bmatrix} = \begin{bmatrix} 0.7609 \\ 0.7760 \end{bmatrix} \tag{2.29}$$

### 2.2.2 反向传播

对于反向传播来说，首先要根据神经网络计算出的值和期望值计算损失函数的值，然后再计算损失函数对每个权重或偏置的偏导，最后进行参数更新。

上节示例给出的神经网络采用均方误差作为损失函数，则损失函数在样本 $(\boldsymbol{x}, \boldsymbol{y})$ 上的误差为

$$\begin{aligned} L(\boldsymbol{W}) &= L_1 + L_2 = \frac{1}{2}(y_1 - \hat{y}_1)^2 + \frac{1}{2}(y_2 - \hat{y}_2)^2 \\ &= \frac{1}{2}(0.9 - 0.7609)^2 + \frac{1}{2}(0.5 - 0.7760)^2 = 0.0478 \end{aligned} \tag{2.30}$$

由于权重参数 $\boldsymbol{W}$ 是随机初始化的，因此损失函数值比较大。

为了衡量 $\boldsymbol{W}$ 对损失函数的影响，下面以隐层的第 2 个节点到输出层的第 1 个节点的权重 $w_{2,1}^{(2)}$（简记为 $\omega$）为例，采用链式法则计算损失函数 $L(\boldsymbol{W})$ 对 $\omega$ 的偏导。首先计算损失

函数 $L(\boldsymbol{W})$ 对 $\hat{y}_1$ 的偏导,再计算 $\hat{y}_1$ 对 $z_1$ 的偏导,然后计算 $z_1$ 对 $\omega$ 的偏导,最后将三者相乘:

$$\frac{\partial L(\boldsymbol{W})}{\partial \omega} = \frac{\partial L(\boldsymbol{W})}{\partial \hat{y}_1} \frac{\partial \hat{y}_1}{\partial z_1} \frac{\partial z_1}{\partial \omega} \tag{2.31}$$

结合上一节的示例,计算损失函数对 $\omega$ 的偏导。总的损失函数为

$$L(\boldsymbol{W}) = \frac{1}{2}(y_1 - \hat{y}_1)^2 + \frac{1}{2}(y_2 - \hat{y}_2)^2 \tag{2.32}$$

其对 $\hat{y}_1$ 的偏导为

$$\frac{\partial L(\boldsymbol{W})}{\partial \hat{y}_1} = -(y_1 - \hat{y}_1) = -(0.9 - 0.7609) = -0.1391 \tag{2.33}$$

神经网络输出 $\hat{y}_1$ 是 $z_1$ 通过 sigmoid 激活函数得到的,即 $\hat{y}_1 = \dfrac{1}{1+e^{-z_1}}$。其对 $z_1$ 的偏导为

$$\frac{\partial \hat{y}_1}{\partial z_1} = \hat{y}_1(1 - \hat{y}_1) = 0.7609 \times (1 - 0.7609) = 0.1819 \tag{2.34}$$

$z_1$ 是通过隐层的输出 $h_1$,$h_2$,$h_3$ 与对应权重 $w^{(2)}_{1,1}$,$\omega$,$w^{(2)}_{3,1}$ 分别相乘后求和,再加上偏置 $b^{(2)}_1$ 得到的:

$$z_1 = w^{(2)}_{1,1} \times h_1 + \omega \times h_2 + w^{(2)}_{3,1} \times h_3 + b^{(2)}_1 \tag{2.35}$$

因此,$z_1$ 对 $\omega$ 的偏导为

$$\frac{\partial z_1}{\partial \omega} = h_2 = 0.6019 \tag{2.36}$$

最后可以得到损失函数对 $\omega$ 的偏导为

$$\frac{\partial L(\boldsymbol{W})}{\partial \omega} = -(y_1 - \hat{y}_1) \times \hat{y}_1(1 - \hat{y}_1) \times h_2 = -0.1391 \times 0.1819 \times 0.6019 = -0.0152 \tag{2.37}$$

下一步可以更新 $\omega$ 的值。假设步长 $\eta$ 为 1,由初始化的权重矩阵 (2.25) 得到 $\omega$ 的初始值为 0.35,更新后的 $\omega$ 为

$$\omega = \omega - \eta \times \frac{\partial L(\boldsymbol{W})}{\partial \omega} = 0.35 - (-0.0152) = 0.3652 \tag{2.38}$$

同理,可以更新 $\boldsymbol{W}^{(2)}$ 中的其他元素的权重值。

上面是反向传播的第一步,从输入到隐层、从隐层到输出层的 $\boldsymbol{W}$ 都可以用同样的链式法则去计算和更新。

反向传播就是要将神经网络的输出误差,一级一级地传播到神经网络的输入。在该过程中,需要计算每一个 $\omega$ 对总的损失函数的影响,即损失函数对每个 $\omega$ 的偏导。根据 $\omega$ 对误差的影响,再乘以步长,就可以更新整个神经网络的权重。当一次反向传播完成之后,网络的参数模型就可以得到更新。更新一轮之后,接着输入下一个样本,算出误差后又可以更新一轮,再输入一个样本,又来更新一轮,通过不断地输入新的样本迭代地更新模型参数,就可以缩小计算值与真实值之间的误差,最终完成神经网络的训练。

## 2.3 神经网络设计原则

通过不断迭代更新模型参数来减小神经网络的训练误差，使得神经网络的输出与预期输出一致，这在理论上是可行的。但在实践中，难免出现设计出来的神经网络经过长时间训练，精度依然很低，甚至不收敛的情况。为了提高神经网络的训练精度，常用方法包括调整网络的拓扑结构、选择合适的激活函数、选择合适的损失函数。

### 2.3.1 网络的拓扑结构

神经网络的结构包括输入、隐层和输出层。当给定训练样本后，神经网络的输入和输出层的节点数就确定了，但隐层神经元的个数及隐层的层数（属于超参数）是可以调整的。以最简单的只有1个隐层的MLP为例，该隐层应该包含多少神经元是可以根据需要调节的。

神经网络中的隐层是用来提取输入特征中的隐藏规律的，因此隐层的节点数是非常关键的。如果隐层的节点数太少，神经网络从样本中提取信息的能力很差，则反映不出数据的规律；如果隐层的节点数太多，网络的拟合能力过强，则可能会把数据中的噪声部分拟合出来，导致模型泛化能力变差。泛化是指，机器学习不仅要求模型在训练集上的误差较小，在测试集上也要表现好。因为模型最终要部署到没有见过训练数据的真实场景中。

理论上说，隐层的数量、神经元节点的数量应该和真正隐藏的规律的数量相当，但隐藏的规律是很难描述清楚的。在实践中，工程师常常是通过反复尝试来寻找隐层神经元的个数及隐层的层数。为了尽量不人为地设定隐层的层数及神经元的个数，现在有很多研究者在探索AutoML（Automated Machine Learning，自动机器学习），即直接用机器自动化调节神经网络的超参数，比如用演化算法或其他机器学习方法来对超参数建模和预测。

### 2.3.2 激活函数

激活函数可以为神经网络提供非线性特征，对神经网络的功能影响很大。20世纪70年代，神经网络研究一度陷入低谷的主要原因是，M. Minsky证明了当时的神经网络由于没有sigmoid这类非线性的激活函数，无法解决非线性可分问题，例如异或问题。因此，从某种意义上讲，非线性激活函数拯救了神经网络。

实际选择激活函数时，通常要求激活函数是可微的、输出值的范围是有限的。由于基于反向传播的神经网络训练算法使用梯度下降法来做优化训练，所以激活函数必须是可微的。激活函数的输出决定了下一层神经网络的输入。如果激活函数的输出范围是有限的，特征表示受到有限权重的影响会更显著，基于梯度的优化方法就会更稳定；如果激活函数的输出范围是无限的，例如一个激活函数的输出域是 $[0, +\infty)$，神经网络的训练速度可能会很快，但必须选择一个合适的**学习率**（learning rate）。

如果设计的神经网络达不到预期目标，可以尝试不同的激活函数。常见的激活函数包括 sigmoid 函数、tanh 函数、ReLU 函数、PReLU/Leaky ReLU 函数、ELU 函数等。

#### 2.3.2.1 sigmoid 函数

sigmoid 函数是过去最常用的激活函数。它的数学表示为

$$\sigma(x) = \frac{1}{1 + e^{-x}} \tag{2.39}$$

sigmoid 函数的几何图像如图 2.10 所示。当 $x$ 非常小时，sigmoid 的值接近于 0；当 $x$ 非常大时，sigmoid 的值接近于 1。sigmoid 函数将输入的连续实值变换到 (0, 1) 范围内，从而可以使神经网络中的每一层权重对应的输入都是一个固定范围内的值，所以权重的取值也会更加稳定。

sigmoid 函数也有一些缺点：

（1）**输出的均值不是 0**。sigmoid 的均值不是 0，会导致下一层的输入的均值产生偏移，可能会影响神经网络的收敛性。

（2）**计算复杂度高**。sigmoid 函数中有指数运算，通用 CPU 需要用数百条加减乘除指令才能支持 $e^{-x}$ 运算，计算效率很低。

（3）**饱和性问题**。sigmoid 函数的左右两边是趋近平缓的。当输入值 $x$ 是比较大的正数或者比较小的负数时，sigmoid 函数提供的梯度会接近 0，导致参数更新变得非

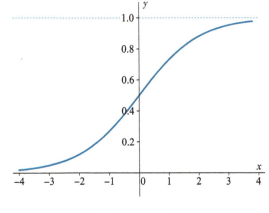

图 2.10 sigmoid 函数

常缓慢，这一现象被称为 sigmoid 的饱和性问题。此外，sigmoid 函数的导数的取值范围是 (0, 0.25]。当深度学习网络层数较多时，通过链式法则计算偏导，相当于很多小于 0.25 的值相乘，由于初始化的权重的绝对值通常小于 1，就会导致梯度趋于 0，进而导致梯度消失问题。

#### 2.3.2.2 tanh 函数

为了避免 sigmoid 函数的缺陷，研究者设计了很多种激活函数。tanh 函数就是其中一种，它曾经短暂地流行过一段时间。tanh 函数的定义为

$$\tanh(x) = \frac{\sinh(x)}{\cosh(x)} = \frac{e^x - e^{-x}}{e^x + e^{-x}} = 2\sigma(2x) - 1 \tag{2.40}$$

tanh 函数的几何图像如图 2.11 所示。相对于 sigmoid 函数，tanh 函数是中心对称的。sigmoid 函数把输入变换到 (0, 1) 范围内，而 tanh 函数把输入变换到 (−1, 1) 的对称

范围内,所以该函数是零均值的。因此 tanh 解决了 sigmoid 函数的非零均值问题。但是当输入很大或很小时,tanh 函数的输出是非常平滑的,梯度很小,不利于权重更新,因此 tanh 函数仍然没有解决梯度消失的问题。

### 2.3.2.3 ReLU 函数

ReLU(Rectified Linear Unit,修正线性单元)函数首次用于受限玻尔兹曼机[40],是现在比较常用的激活函数。当输入是负数时,ReLU 函数的输出为 0;否则输出等于输入。其形式化定义为

$$f(x) = \max(0, x) \tag{2.41}$$

ReLU 函数的计算特别简单,没有 tanh 函数和 sigmoid 函数中的指数运算,只需要对 0 和 $x$ 取最大值,可以用一条计算机指令实现。而且,当 $x>0$ 时,ReLU 函数可以保持梯度不衰减,如图 2.12 所示,从而缓解梯度消失问题。因此,现在深度学习里,尤其是 ResNet 等上百层的神经网络里,常用类似于 ReLU 的激活函数。

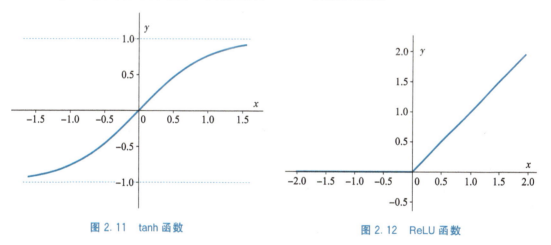

图 2.11 tanh 函数　　　　图 2.12 ReLU 函数

但是 ReLU 函数也存在一些问题:

(1) **ReLU 函数的输出不是零均值的**。

(2) **对于有些样本,会出现 ReLU 死掉的现象**。在反向传播过程中,如果学习率比较大,一个很大的梯度经过 ReLU 神经元,可能会导致 ReLU 神经元更新后的偏置和权重是负数,进而导致下一轮正向传播过程中 ReLU 神经元的输入是负数,输出为 0。由于 ReLU 神经元的输出为 0,在后续迭代的反向传播过程中,该处的梯度一直为 0,相关参数的值不再变化,从而导致 ReLU 神经元的输入始终是负数,输出始终为 0,即 ReLU 死掉。

(3) **ReLU 函数的输出范围是无限的**。这可能导致神经网络的输出的幅值随着网络层数的增加不断变大。

## 2.3.2.4 PReLU/Leaky ReLU 函数

由于 ReLU 函数在 $x<0$ 时可能会死掉，后来又出现了很多 ReLU 的改进版本，包括 Leaky ReLU[41] 和 PReLU (Parametric ReLU)[42]。

Leaky ReLU 函数的定义为

$$f(x) = \max(\alpha x, x) \qquad (2.42)$$

其中，参数 $\alpha$ 是一个很小的常量，其取值区间为 $(0, 1)$[43]。当 $x<0$ 时，Leaky ReLU 函数有一个非常小的斜率 $\alpha$，如图 2.13 所示，可以避免 ReLU 死掉。

PReLU 函数的定义与 Leaky ReLU 类似，唯一的区别是 $\alpha$ 是可调参数。每个通道有一个参数 $\alpha$，该参数通过反向传播训练得到。

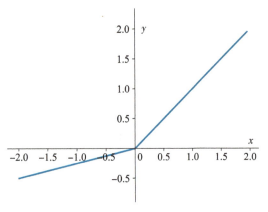

图 2.13 Leaky ReLU 函数

## 2.3.2.5 ELU 函数

ELU (Exponential Linear Unit，指数线性单元) 函数[44]融合了 sigmoid 和 ReLU 函数，其定义为

$$f(x) = \begin{cases} x & x > 0 \\ \alpha(e^x - 1) & x \leqslant 0 \end{cases} \qquad (2.43)$$

其中 $\alpha$ 为可调参数，可以控制 ELU 在负值区间的饱和位置。

ELU 的输出均值接近 0，可以加快收敛速度。当 $x>0$ 时，ELU 取值为 $y=x$，从而避免梯度消失。当 $x \leqslant 0$ 时，ELU 为左软饱和，如图 2.14 所示，可以避免神经元死掉。ELU 的缺点是涉及指数运算，计算复杂度比较高。

还有很多其他的激活函数，本节不再一一介绍。

## 2.3.3 损失函数

基于梯度下降法的神经网络反向传播过程首先需要定义损失函数 (loss function)，然后计算损失函数对梯度的偏导，最后沿梯度下降方向更新权重及偏置参数。因此，损失函数的设定对梯度计算有重要的影响。

损失函数 $L = f(\hat{y}, y)$ 用以衡量模型预

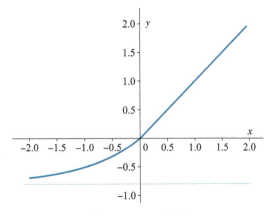

图 2.14 ELU 函数

测值 $\hat{y}$ 与真实值 $y$ 之间的差。神经网络的预测值是参数 $w$ 的函数，可记为 $\hat{y}=H_w(x)$。$\hat{y}$ 和 $y$ 总是不完全一致的，如图 2.15 所示。二者的误差可以用损失函数表示为 $L(w)=f(H_w(x),y)$。

常用的损失函数包括均方差损失函数和交叉熵损失函数。

### 2.3.3.1 均方差损失函数

均方差损失函数是最常用的损失函数。以一个神经元为例，计算结果是 $\hat{y}$，实际结果是 $y$，则均方差损失函数为

$$L = \frac{1}{2}(y-\hat{y})^2 \quad (2.44)$$

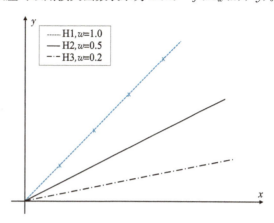

图 2.15  不同参数 $w$ 下的拟合情况。训练样本 $(x, y)$ 为 $(1,1)$，$(2,2)$，$(3,3)$，$(4,4)$，真实值是 $y=x$ 这条直线上的点

假设激活函数是 sigmoid 函数，则 $\hat{y}=\sigma(z)$，其中 $z=wx+b$。均方差损失函数对 $w$ 和 $b$ 的梯度为

$$\frac{\partial L}{\partial w} = (\hat{y}-y)\sigma'(z)x, \quad \sigma'(z)=(1-\sigma(z))\sigma(z) \quad (2.45)$$

$$\frac{\partial L}{\partial b} = (\hat{y}-y)\sigma'(z) \quad (2.46)$$

从上面的计算结果可以看出，两个梯度的共性之处是，当神经元的输出接近 1 或 0 时，梯度将会趋近于 0，这是因为二者都包含 $\sigma'(z)$。该式子说明当神经元的输出接近 1 时，神经元的输出的梯度接近于 0，梯度会消失，进而导致神经网络在反向传播时参数更新缓慢。

训练集 $D$ 上的均方差损失函数为

$$L = \frac{1}{m}\sum_{x \in D}\sum_{i}\frac{1}{2}(y_i-\hat{y}_i)^2 \quad (2.47)$$

其中 $m$ 为训练样本的总数量，$i$ 为分类类别。

### 2.3.3.2 交叉熵损失函数

由于均方误差损失函数和 sigmoid 函数的组合会出现梯度消失，因此可以用别的损失函数，例如交叉熵损失函数，与 sigmoid 激活函数组合，从而避免这一现象的产生。交叉熵损失函数的定义为

$$L = -\frac{1}{m}\sum_{x \in D}\sum_{i}y_i\ln(\hat{y}_i) \quad (2.48)$$

其中，$m$ 为训练集 $D$ 中样本的总数量，$i$ 为分类类别。交叉熵的定义类似于信息论中熵的定义。对于单标记多分类问题，即每个图像样本只能有一个类别，交叉熵可以简化为 $L=-\frac{1}{m}\sum_{x \in D}y\ln(\hat{y})$。而对于多标记多分类问题，即每个图像样本可以有多个类别，一般转化

为二分类问题。

对于二分类问题，使用 sigmoid 激活函数时的交叉熵损失函数为

$$L = -\frac{1}{m}\sum_{x \in D}(y\ln(\hat{y}) + (1-y)\ln(1-\hat{y})) \tag{2.49}$$

神经网络计算的结果为

$$\hat{y} = \sigma(z) = \frac{1}{1+e^{-z}} = \frac{1}{1+e^{-(w^T x + b)}} \tag{2.50}$$

交叉熵损失函数对权重 $w$ 的梯度为

$$\begin{aligned}\frac{\partial L}{\partial w} &= -\frac{1}{m}\sum_{x \in D}\left[\frac{y}{\sigma(z)} - \frac{1-y}{1-\sigma(z)}\right]\frac{\partial \sigma(z)}{\partial w} \\ &= -\frac{1}{m}\sum_{x \in D}\left[\frac{y}{\sigma(z)} - \frac{1-y}{1-\sigma(z)}\right]\sigma'(z)x \\ &= \frac{1}{m}\sum_{x \in D}\frac{\sigma'(z)x}{\sigma(z)(1-\sigma(z))}(\sigma(z) - y)\end{aligned} \tag{2.51}$$

将 sigmoid 激活函数的导数 $\sigma'(z) = (1-\sigma(z))\sigma(z)$ 代入上式可得

$$\frac{\partial L}{\partial w} = \frac{1}{m}\sum_{x \in D}(\sigma(z) - y)x \tag{2.52}$$

同理可以得到交叉熵损失函数对偏置 $b$ 的梯度为

$$\frac{\partial L}{\partial b} = \frac{1}{m}\sum_{x \in D}(\sigma(z) - y) \tag{2.53}$$

从式（2.52）和式（2.53）可以看出，使用 sigmoid 激活函数的交叉熵损失函数对 $w$ 和 $b$ 的梯度中没有 sigmoid 的导数 $\sigma'(z)$，可以缓解梯度消失。

总结一下，损失函数是权重参数 $w$ 和偏置参数 $b$ 的函数，是一个标量，可以用来评价网络模型的好坏，损失函数的值越小说明模型和参数越符合训练样本 $(x, y)$。对于同一个算法，损失函数不是固定唯一的。除了交叉熵损失函数，还有很多其他的损失函数。特别要说明的是，必须选择对参数 $(w, b)$ 可微的损失函数，否则无法应用链式法则。

## 2.4 过拟合与正则化

在神经网络中，完全可能试了 1 个隐层、2 个隐层、5 个隐层甚至 10 个隐层，试了各种各样的网络拓扑、激活函数、损失函数，精度仍然很低。这是神经网络训练中经常出现的问题。此时需要检查神经网络是不是过拟合（overfitting）了。关于过拟合，冯·诺依曼有一个形象的说法："给我 4 个参数，我能拟合出一头大象；给我 5 个参数，我能让大象的鼻子动起来。"当网络层数很多时，神经网络可能会学到一些并不重要甚至错误的特征。例如，训练时用一个拿着黑板擦的人的照片作为人的样本，过拟合时可能会认为人一定是拿黑板擦的，但这不是人的真正特征。

过拟合时，神经网络的泛化能力比较差。深层神经网络具有很强的表示能力，但经常遭遇过拟合。为了提高神经网络的泛化能力，可以使用许多不同形式的正则化方法，包括**参数范数惩罚**、**稀疏化**、**Bagging 集成**、**Dropout**、**提前终止**等。

## 2.4.1 过拟合

过拟合指模型过度逼近训练数据，影响了模型的泛化能力。具体表现为：在训练数据集上的误差很小，但在验证数据集上的误差很大。尤其是神经网络层数多、参数多时，很容易出现过拟合的情况。除了过拟合，还有欠拟合。欠拟合主要是训练的特征少，拟合函数无法有效逼近训练集，导致误差较大。欠拟合一般可以通过增加训练样本或增加模型复杂度等方法来解决。图 2.16a～c 是**合适的拟合**、**欠拟合**、**过拟合**的示例。对于这个比较复杂的分类问题，合适的拟合可能是一条弧线，虽然会有一点误差；欠拟合会学出一条很简单的直线，误差比较大；而过拟合会学出奇怪的形状。当深度学习中训练的特征维度很多时，比如有上亿个参数，过拟合的函数可以非常接近数据集，函数形状很奇怪，但泛化能力差，对新数据的预测能力不足。

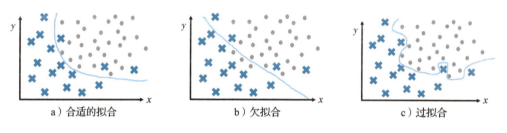

a）合适的拟合　　　　b）欠拟合　　　　c）过拟合

图 2.16　拟合效果示例

再看看图 2.17 中的例子。如果只有三个变量，可以用二次曲线 $y = w_0 + w_1 x + w_2 x^2$ 把样本点拟合出来。如果用四次曲线去拟合，可能会拟合出一个奇怪的形状，该曲线在训练集上的误差可能会比二次曲线的小一些，但在真实场景中，将其应用到没有见过的测试集上效果是不会好的。为了减少三次项、四次项对模型的影响，可以采用正则化方法。

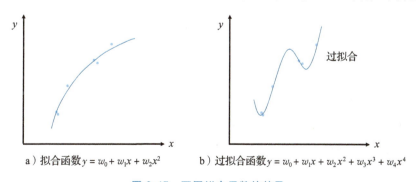

a）拟合函数 $y = w_0 + w_1 x + w_2 x^2$　　　b）过拟合函数 $y = w_0 + w_1 x + w_2 x^2 + w_3 x^3 + w_4 x^4$

图 2.17　不同拟合函数的效果

## 2.4.2 正则化

### 2.4.2.1 参数范数惩罚

对于图 2.17 中的例子,在损失函数中增加对高次项的惩罚,可以避免过拟合。具体来说,对于有 $m$ 个样本的训练集 $D$,在原损失函数 $L(w;x,y)$ 中,加上惩罚项 $C_1 w_3^2 + C_2 w_4^2$,其中 $C_1$ 和 $C_2$ 为常数:

$$\widetilde{L}(w;x,y) = L(w;x,y) + C_1 w_3^2 + C_2 w_4^2 \tag{2.54}$$

损失函数中增加高次项的惩罚后,不仅可以最小化误差,还可以最小化 $w_3$ 和 $w_4$。例如 $C_1$ 和 $C_2$ 设为 1000 时,用损失函数训练出来的结果是 $w_3$ 和 $w_4$ 都约等于 0,拟合曲线为图 2.18 中的虚线曲线。如果没有惩罚项,训练出来的结果可能是图中实线对应的过拟合曲线。

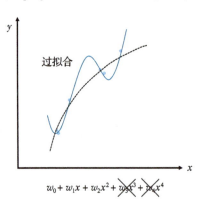

图 2.18 利用正则化解决过拟合

正则化就是在损失函数中对不想要的部分加入惩罚项:

$$\widetilde{L}(w;x,y) = L(w;x,y) + \theta \sum_{j=1}^{k} w_j^2 \tag{2.55}$$

其中,$\theta$ 为正则化参数。对神经网络来说,模型参数包括权重 $w$ 和偏置 $b$,正则化过程一般仅对权重 $w$ 进行惩罚,因此正则化项可记为 $\Omega(w)$。正则化后的目标函数记为

$$\widetilde{L}(w;x,y) = L(w;x,y) + \theta \Omega(w) \tag{2.56}$$

在工程实践中,惩罚项有多种形式,对应不同的作用,包括 $L^2$ 正则化、$L^1$ 正则化。

**1. $L^2$ 正则化**

$L^2$ 正则化项的数学表示为:$\Omega(w) = \frac{1}{2} \|w\|_2^2 = \frac{1}{2} \sum_i w_i^2$。

$L^2$ 正则化可以避免过拟合时某些区间里的导数值非常大、曲线特别不平滑的情况,如图 2.19 所示。下面分析 $L^2$ 正则化是如何避免过拟合的。

$L^2$ 正则化后的目标函数为

$$\widetilde{L}(w;x,y) = L(w;x,y) + \frac{\theta}{2} \|w\|^2 \tag{2.57}$$

图 2.19 过拟合时某些区间里的导数值非常大

目标函数对 $w$ 求偏导得到

$$\nabla_w \widetilde{L}(w;x,y) = \nabla_w L(w;x,y) + \theta w \tag{2.58}$$

以 $\eta$ 为步长,单步梯度更新权重为

$$w \leftarrow w - \eta(\nabla_w L(w;x,y) + \theta w) = (1-\eta\theta)w - \eta\nabla_w L(w;x,y) \quad (2.59)$$

梯度更新中增加了权重衰减项 $\theta$。通过 $L^2$ 正则化后，权重 $w$ 成为梯度的一部分。权重 $w$ 的绝对值变小，拟合的曲线就会平滑，数据拟合得更好。

**2. $L^1$ 正则化**

除了 $L^2$ 正则化之外，还有 $L^1$ 正则化。$L^2$ 正则化项是所有权重 $w_i$ 的平方和，$L^1$ 正则化项是所有权重 $w_i$ 的绝对值的和：$\Omega(w) = \|w\|_1 = \sum_i |w_i|$。

$L^1$ 正则化后的目标函数为

$$\widetilde{L}(w;x,y) = L(w;x,y) + \theta\|w\|_1 \quad (2.60)$$

目标函数对 $w$ 求偏导得到

$$\nabla_w \widetilde{L}(w;x,y) = \nabla_w L(w;x,y) + \theta\,\text{sign}(w) \quad (2.61)$$

以 $\eta$ 为步长，单步梯度更新权重为

$$w \leftarrow w - \eta(\nabla_w L(w;x,y) + \theta\,\text{sign}(w)) = w - \eta\theta\,\text{sign}(w) - \eta\nabla_w L(w;x,y) \quad (2.62)$$

$L^1$ 正则化在梯度中加入一个符号函数，当 $w$ 为正数时，更新后的 $w$ 会变小，当 $w$ 为负数时，更新后的 $w$ 会变大。因此正则化的效果是使 $w$ 更接近 0，即神经网络中的权重接近 0，从而减少过拟合。

#### 2.4.2.2 稀疏化

稀疏化是在训练时让神经网络中的很多权重或神经元为 0。有些稀疏化的技术甚至可以让神经网络中 90% 的权重或神经元为 0。稀疏化的好处是，在使用该神经网络时，如果神经网络的权重或神经元为 0，则可以跳过不做计算，从而降低神经网络正向传播中 90% 的计算量。稀疏化很多时候是通过加一些惩罚项来实现的。

#### 2.4.2.3 Bagging 集成学习

Bagging（Bootstrap aggregating）集成学习的基本思想是：三个臭皮匠顶一个诸葛亮，训练不同的模型来共同决策测试样例的输出。Bagging 的数据集是从原始数据集中重复采样获取的，数据集大小与原始数据集保持一致，可以多次重复使用同一个模型、训练算法和目标函数进行训练，也可以采用不同的模型进行训练。例如，图 2.20 中以前建的一个识别猫的神经网络效果不够好，可以再建两个神经网络模型来识别猫。这三个模型训练的时候可能是用不同的参数、不同的网络拓扑，也可能是一个用支持向量机、一个用决策树、一个用神经网络。具体识别的时候，可以取三个模型的均值作为输出，也可以再训练一个分类器去选择什么情况下该用三个模型中的哪一个。通过 Bagging 集成学习可以减小神经网络的识别误差。

#### 2.4.2.4 Dropout

$L^2$ 和 $L^1$ 正则化是在目标函数中增加一些惩罚项，而 Dropout 正则化[45]则是在训练阶

段随机删掉一些隐层的节点，在计算的时候无视这些连接。Dropout 正则化也可以避免过拟合，因为过拟合通常就是由于神经网络模型太复杂了。Dropout 丢掉一些隐层节点可能会带来意想不到的效果，降低神经网络模型的复杂度，还能避免过拟合。如图 2.21 所示，基础的神经网络模型可以丢掉部分节点子集形成子网络。例如，可以丢掉 $h_2$ 和 $x_2$，也可以丢掉一些边或者丢掉一些神经元。

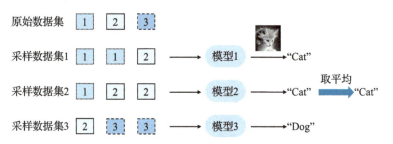

图 2.20　Bagging 集成方法

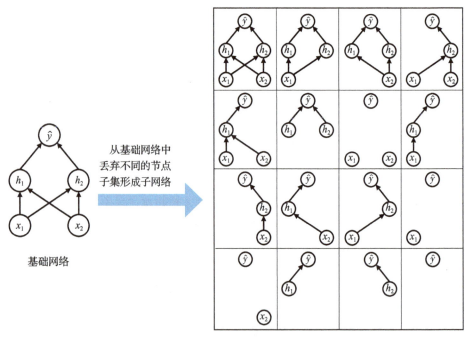

图 2.21　Dropout 示例[46]

具体来讲，首先设置一个掩码向量 $\boldsymbol{\mu}$，$\boldsymbol{\mu}$ 的每一项分别对应网络的一个输入或隐层的一个节点，然后随机对掩码 $\boldsymbol{\mu}$ 进行采样，如图 2.22 所示。网络中的每个节点乘以相应的掩码后，沿着网络的其余部分继续向前传播。通常，输入节点的采样概率为 0.8；隐层节点的采样概率为 0.5，即可能有一半的隐层节点没有采样就被丢掉了。在训练的过程中丢掉一些东西，可能反而会为训练带来更好的效果。而在测试阶段，Dropout 会使用所有的节点，但对节点的输出乘以采样概率。

### 2.4.2.5 小结

除本节介绍的方法外，相关的正则化方法还有很多，每年人工智能领域的顶级国际会议上都有很多相关的文章，比如提前终止、多任务学习、数据集增强、参数共享等。提前终止是指，当训练较大的网络模型时，能够观察到训练误差会随着时间的推移降低而在测试集上的误差却再次上升，

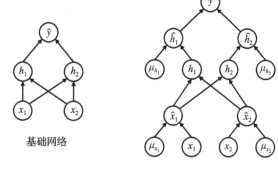

图 2.22 Dropout 的掩码示例[46]

因此在训练过程中一旦测试误差不再降低且达到预定的迭代次数，就可以提前终止训练。多任务学习通过多个相关任务的同时学习来减小神经网络的泛化误差。数据集增强使用更多的数据进行训练，可对原数据集进行变换形成新数据集添加到训练数据中。参数共享是强迫两个模型（例如，监督模式下的训练模型和无监督模式下的训练模型）的某些参数相等，使其共享唯一的一组参数。

总体上讲，当一个神经网络的训练结果不好时，程序员其实是有很多正则化技术可以去尝试的。具体如何使用这些正则化技术，需要结合习题深入地细化学习。

## 2.5 交叉验证

如果有志于成为专业的机器学习研究者，就有必要了解**交叉验证**（cross-validation）的概念。通俗地说，交叉验证的目标是避免"打哪指哪"。它要求把机器学习用到的数据集分成两部分，一部分是训练集，一部分是测试集，不能把所有数据都用于训练。这种划分，一方面可以避免过拟合，另一方面能够真正判断出来模型是不是建得好。例如，如果一位老师把考试题和作业题都给学生讲过，期末考试是不能考出学生的真实水平的。应该是老师只给学生讲作业题，期末考试用的题目和平时的作业题不一样，这样考试才能考出学生的水平。所以训练集对应的是平时的作业题，会提供正确答案，而测试集对应的是期末用来判定学生水平的考试题。

做交叉验证时，划分训练集和测试集的最简单方法是随机分。如图 2.23 所示，浅蓝色的是训练集，深蓝色的是测试集。该方法的缺点是最终模型和参数在很大程度上依赖于训练集和测试集的具体划分方式，划分方式不同可能会导致测出来的神经网络模型精度波动很大。

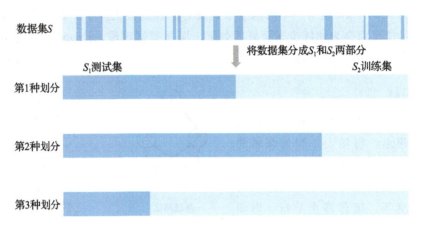

图 2.23 最简单的验证方式

为了减少精度的波动,研究者提出了留一法(leave-one-out)交叉验证。如图 2.24 所示,对于一个包含 $n$ 个数据的数据集 $S$,每次取出一个数据作为测试集的唯一元素,剩下的 $n-1$ 个数据全部用于训练模型和调参。最后训练出 $n$ 个模型,每个模型得到一个均方误差 $MSE_i$,然后将这 $n$ 个 $MSE_i$ 取平均得到最终的测试结果。该方法的缺点是计算量过大,耗费时间长。

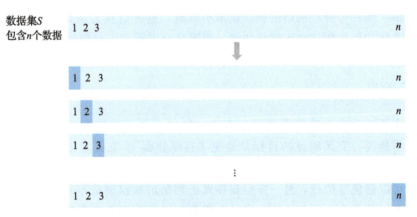

图 2.24 留一法交叉验证

现在实际中常用的方法是 K-折叠(K-fold)交叉验证。例如,可以将整个数据集分成 $K=10$ 份,如图 2.25 所示,取第 1 份数据做测试集,取剩下的 9 份数据做训练集训练模型,之后计算该模型在测试集上的均方误差 $MSE_1$。接下来,取第 2 份数据做测试集,取剩下的 9 份数据做训练集训练模型,之后计算该模型在测试集上的均方误差 $MSE_2$。重复上述过程,可以测出 10 个均方误差,将 10 个均方误差取平均值得到最后的均方误差。K-折叠交叉验证方法可以评估神经网络算法或者模型的泛化能力,看其是否在各种不同的应用上、各种不同的数据上都有比较稳定可靠的效果。由于 K-折叠交叉验证方法只需要训练 K 个模型，相比留一法交叉验证，其计算量低，耗费时间短。

图 2.25　K-折叠交叉验证

## 2.6　本章小结

2.1 节首先介绍了人工智能、机器学习、神经网络和深度学习这几个易混淆的概念；然后介绍了机器学习中最简单基本的线性回归及其训练和使用；在此基础上，介绍了最简单的神经网络——单层感知机的工作原理；随后扩展到两层和深层的神经网络；最后介绍了神经网络的发展历程。2.2 节介绍了神经网络训练中的正向传播和反向传播的计算过程。了解了这些技术之后，读者可以动手做一些神经网络的实验。做实验的过程中，第一次做实验往往效果不好，这时可以尝试不同的网络拓扑、激活函数、损失函数。如果神经网络效果仍然不好，出现了过拟合，可以用正则化方法来解决。本章最后介绍如何用交叉验证判断是否过拟合。

本章只是提纲挈领地介绍了神经网络相关的基础内容，感兴趣的读者可以阅读相关方向的论文来了解更具体的知识，包括正则化、损失函数等。

## 习题

2.1　多层感知机和感知机的区别是什么？为什么会有这样的区别？
2.2　假设有一个只有 1 个隐层的多层感知机，其输入、隐层、输出层的神经元个数分别为 33、512、10，那么这个多层感知机中总共有多少个参数是可以被训练的？
2.3　反向传播中，神经元的梯度是如何计算的？权重是如何更新的？
2.4　请在同一个坐标系内画出五种不同的激活函数图像，并比较它们的取值范围。
2.5　请简述三种避免过拟合问题的方法。
2.6　sigmoid 激活函数的极限是 0 和 1，请给出它的导数形式并求出其在原点的导数值。
2.7　假设激活函数的表达式为
$$\phi(v) = \frac{v}{\sqrt{1+v^2}}$$

请给出它的导数表达式并求出其在原点的取值。

2.8 假设基本采用表 2.1 中的符号，一个经过训练的有两个隐层的 MLP 如何决定各个输出神经元的标记？在测试阶段，当前输入的样本的标记如何决定？

2.9 一种更新权重的方法是引入动量项，即
$$\Delta\omega(n) = \alpha\Delta\omega(n-1) + \alpha^2\Delta\omega(n-2) + \cdots$$
动量项 $\alpha$ 的取值范围通常为 $[0, 1]$，这样取值对于权重更新有什么影响？如果取值范围为 $[-1, 0]$ 呢？

*2.10 反向传播中，采用不同的激活函数对于梯度的计算有什么不同？请设计一个新的激活函数并给出神经元的梯度计算公式。

*2.11 请设计一个多层感知机实现 4 位全加器的功能，即两个 4 比特输入得到一个 4 比特输出及一个 1 比特进位。请自行构建训练集、测试集，完成训练及测试。

*2.12 请在不使用任何编程框架的前提下，重新实现解决习题 2.11 的代码。

CHAPTER 3

第 3 章

# 深 度 学 习

智能计算系统研制的目的是让机器更好地理解和服务人类。人类主要是靠视觉、听觉、触觉、嗅觉、味觉的感知来理解世界（其中视觉和听觉尤为重要）。而对于机器来说，完成视听觉的理解，主要是靠深度学习技术。本书的驱动范例——图像风格迁移使用的也是深度学习技术。

本章首先介绍最基本的适合图像处理的卷积神经网络。在此基础上，介绍如何利用卷积神经网络做图像分类，例如一张图片上的动物是牛、羊、猪，还是狗。图像分类是推动机器学习发展非常重要的基准，但实际应用中，一张图片上往往不止一个动物/人/物体。本章随后介绍基于卷积神经网络的图像目标检测算法（包括算法如何发展起来的），有助于读者遵循相关脉络设计新的算法。图像处理主要用卷积神经网络，而语音、文字、视频等序列信息主要用循环神经网络及其改进版本——长短期记忆模型，这些内容将在 3.4 节介绍。随后本章会介绍一种比较新颖的深度学习技术——生成对抗网络，该方法解决过去深度学习需要大量数据的问题，同时也带来了很多有意思的应用。比如 DeepFake 之类的技术，不仅可以做图像和视频的风格迁移，还可以做图像和视频的换头换脸。有些视频网站已经支持换脸，例如可以把某影星拍的电影改成另一位影星拍的。最后本章将具体介绍如何用深度学习实现图像风格迁移这一驱动范例。

## 3.1 适合图像处理的卷积神经网络

在计算机视觉中，识别一张图片，需要考虑很多输入。比如识别图 3.1 中的一条狗，一张分辨率为 32×32 的 RGB 图像，其输入数据量为 32×32×3 字节。如果用第 2 章介绍过的传统的浅层神经网络来做图像识别，这个网络的结构如图 3.1 所示，需要包括一组输入、一个隐层和一个输出层。如果隐层有 100 个神经元，则输入和隐层之间的突触的权重有 307 200 个。

训练有 30 万个突触权重的神经网络层，很容易出现过拟合。如 2.4 节所介绍的，过拟合会把图像中对于分类不重要的信息当成重要的信息，抓不住问题的本质，导致模型在训练数据上表现好,在更广泛的测试数据上表现差,即模型的泛化能力差。实际应用中神经网络的权重远多于 30 万个。深度学习的神经网络中,通常有很多个隐层,每一层的神经元的数量可能远不止 100 个。如果采用简单粗暴的全连接的方式,当输入是 224×224 大小的 RGB 图像、第一个隐层有 1000 个神经元时,仅输入和隐层之间的权重就有 1.5 亿个。有如此多参数的神经网络是很难训练的,即使训练出来也往往会过拟合。

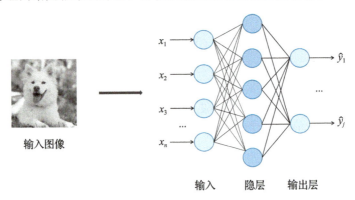

图 3.1 利用浅层神经网络进行图像识别示例

**卷积神经网络**(Convolutional Neural Network,CNN)在某种意义上能够很好地解决上述问题,其核心思想包括两点:

(1) **局部连接**。视觉具有很强的局部性,相邻的数个点很可能构成一个完整的物体,距离越远的两个点之间的联系可能越弱,所以用神经网络做图像处理时,一般不需要做全连接,应该充分考虑邻域信息,对局部做稠密连接即可。

(2) **权重共享**。卷积神经网络使用**卷积核**(也称为**滤波器**或**卷积模板**)做卷积处理,一张图片中不同的位置可以用同样的卷积系数(即突触权重)。例如一张图片的左上角和右下角,神经网络的突触权重可以是同一组值。其原理是,每一组权重抽取图像的一种特征。例如,抽取形状特征时,在图像的不同位置都可以用同一组权重。

基于局部连接和权重共享两种技术,卷积神经网络可以大幅减少处理图像时所需的权重的数量,从而避免过拟合。

### 3.1.1 卷积神经网络的组成

本节以近年来常用的卷积神经网络 VGG16[47] 为例介绍卷积神经网络的组成。如图 3.2 所示,卷积神经网络中最重要的层是**卷积层**(convolution layer),每个卷积层有一组卷积核来抽取特定的特征。卷积层的输入、输出的**特征图**(feature map)尺寸一般变化不大。为了缩小特征图尺寸,一个卷积层之后,一般会有一个**池化层**(pooling layer)。例如图 3.2 中,输入图像是一张 224×224 大小的 RGB 图片;通过第 1 组卷积层后变成 64 个 224×224 大小的特征图,这 64 个特征图代表 64 个不同的卷积核抽取出的图像中的 64 种不同的特征,同时特征图尺寸保持不变；卷积层后面是池化层，通过池化把特征图的尺寸从 224×224 变为 112×112；然后交替地出现卷积层和池化层，特征图的尺寸随之不断变小，从 112×112 变为 56×56，最后变成 7×7。与此同时，抽取出来的特征数量在不断增多，从第 1 组卷积层抽取出 64 种特征，第 2 组卷积层抽取出 128 种特征，到最后一组卷积层抽取出 512 种特征。然后用<u>全连接层</u>，将输入的神经元和输出的神经元全部一一连接起来。当然，在每一个卷积层和每一个全连接层内部，除了向量内积，还需要有激活函数。最后，还会用到 softmax 函数进行分类概率的凸显、抑制以及归一化。

以下将详细介绍卷积神经网络中的每一层具体是如何工作的。

### 3.1.2 卷积层

卷积层通过卷积可以抽取出图像中一些比较复杂的特征。由于卷积层的局部连接和权重共享的特点，对一张图片做卷积时，不相邻的区域不会放在一起计算，如图 3.3 所示。

浅层神经网络采用全连接方式，计算一个输出需要用到所有输入。而卷积神经网络计算卷积层的一个输出只需要用到 $K_r \times K_c$ 个输入，其中 $K_r \times K_c$ 是卷积核的大小，$K_r$ 和 $K_c$ 可以是 1、3、5、7、9、11 等。此外，浅层神经网络中所有神经元之间的连接都采用不同的权重，因此一个 $N_i$ 输入、$N_o$ 输出的全连接的权重为 $N_i \times N_o$ 个。而卷积神经网络中卷积层的一对输入特征图和输出特征图共用同一组权重，权重仅为 $K_r \times K_c$ 个，大幅减少了权重的数量。

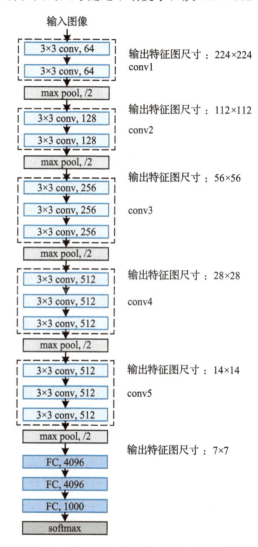

图 3.2 VGG16 卷积神经网络的结构

#### 3.1.2.1 卷积运算

卷积神经网络的卷积运算是对输入子矩阵和卷积核做矩阵内积。假设图 3.4 是一张图片或输入的特征矩阵 $X$，矩阵大小为 6×6；卷积核 $K$ 是 3×3 的矩阵；卷积步长为 1。为了计算输出矩阵 $Y$ 的第一个值 $Y_{0,0}$，将卷积核的中心放在矩阵 $X$ 的（1,1）位置，将对应位置的矩阵 $X$ 的系数和卷积核的系数一一相乘后加和，得到

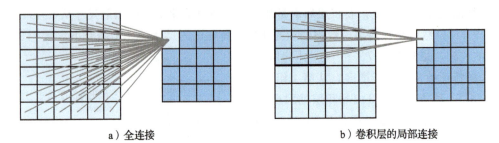

a）全连接　　　　　　　　　　　　b）卷积层的局部连接

图 3.3　全连接与局部连接

$$\begin{aligned}Y_{0,0} &= X_{0,0} \times K_{0,0} + X_{0,1} \times K_{0,1} + X_{0,2} \times K_{0,2} + X_{1,0} \times K_{1,0} + X_{1,1} \times K_{1,1} + X_{1,2} \times K_{1,2} \\ &+ X_{2,0} \times K_{2,0} + X_{2,1} \times K_{2,1} + X_{2,2} \times K_{2,2} \\ &= 2 \times 1 + 3 \times 0 + 1 \times 1 + 7 \times 4 + 4 \times (-3) + 5 \times 2 + 3 \times 3 + 9 \times 0 + 6 \times (-1) \\ &= 32 \end{aligned}$$

(3.1)

随后，将卷积核的中心在矩阵 $X$ 上右移一格，再将对应位置的矩阵 $X$ 的系数和卷积核的系数一一相乘后加和，得到输出矩阵的第二个值 $Y_{0,1}=40$；将卷积核在矩阵 $X$ 上每次移动一格，再做乘加计算可以得到输出矩阵 $Y$ 的第一行的所有值。然后，将卷积核的中心移动到矩阵 $X$ 的（2，1）位置，再将对应位置的矩阵 $X$ 的系数和卷积核的系数一一相乘后加和，得到输出矩阵的第二行的第一个值 $Y_{1,0}=5$。移动卷积核在矩阵 $X$ 上的位置，可以得到所有其他输出值。

以上就是卷积运算的过程。该运算过程中，只用了一个卷积核，因此只能提取出一种特征。

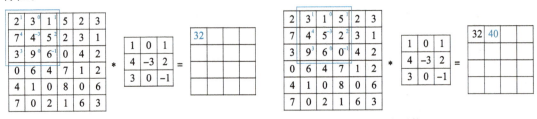

a）计算 $Y_{0,0}$　　　　　　　　　　　　b）计算 $Y_{0,1}$

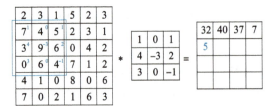

c）计算 $Y_{1,0}$

图 3.4　卷积计算。该例子将输出的位置限制在卷积核全部在输入图片内，也称为有效卷积

### 3.1.2.2 多输入输出特征图的卷积运算

图像中可能有很多种<u>边缘特征</u>，包括对角线特征、三角形特征、圈特征，甚至麻花形的特征等。为了提取出图像中不同的特征，神经网络需要有多个不同的卷积核。提取出不同的特征之后，每一个神经网络层会输出多个特征图（或者说有多个输出通道），每一个特征图代表一种特征。如果一个网络层的输入是多个特征图（或者说有多个输入通道），这种情况下怎么做卷积呢？

以图 3.5 中的卷积为例。该神经网络卷积层的输入是 3 个 6×6 大小的特征图（即 6×6×3 的三维矩阵），分别表示对角线特征、圈特征、三角形特征；卷积核是 3 个不同的 3×3 卷积核（即 3×3×3 的三维矩阵），对应输入的 3 个不同的特征图；二者卷积输出一个 4×4 大小的特征图。在卷积运算中，输入特征图的通道数和卷积核的通道数必须一致。如果输入有 3 个特征图（也称为 3 个特征通道），就需要有 3 个卷积核来共同计算出最终的输出特征图。

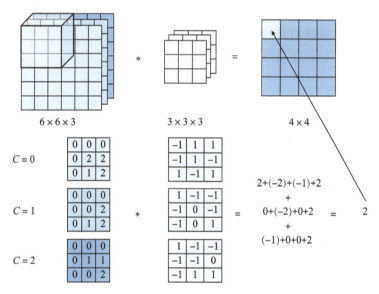

图 3.5　3 个输入特征图、1 个输出特征图的卷积计算示例

为了计算输出特征图上 (0, 0) 位置的值，每个输入特征图的左上角的 3×3 子矩阵和对应卷积核做二维卷积运算得到 3 个值，再加和。例如，第 1 个输入特征图中取出的子矩阵为 [0, 0, 0; 0, 2, 2; 0, 1, 2]，对应的卷积核为 [−1, 1, 1; −1, 1, −1; 1, −1, 1]，二者做二维卷积运算得到 1；第 2 个输入特征图中取出的子矩阵为 [0, 0, 0; 0, 0, 2; 0, 1, 2]，对应的卷积核为 [1, −1, −1; −1, 0, −1; −1, 0, 1]，二者做二维卷积运算得到 0；第 3 个输入特征图中取出的子矩阵为 [0, 0, 0; 0, 1, 1; 0, 0, 2]，对应的卷积核为 [1, −1, −1; −1, 0, −1; −1, 1, 1]，二者做二维卷积运算得

到 1;3 个结果加起来得到 2,即输出特征图 (0,0) 位置的值。与二维卷积运算类似,为了得到其他位置的输出,可以在输入特征图上移动卷积核的位置,例如向右移一格或向下移一格后做卷积运算,可以分别得到输出特征图 (0,1) 或 (1,0) 位置的值。

上面介绍了由 3 个输入特征图计算出 1 个输出特征图的过程。更进一步,如果输入还是 3 个特征图,而输出是 2 个特征图,则卷积核的数量要翻倍,如图 3.6 所示。输入特征图和第 1 组卷积核做卷积运算得到第 1 个输出特征图,输入特征图和第 2 组卷积核做卷积运算得到第 2 个输出特征图。通过这种方式,可以完成所有的卷积运算。在这个例子中,共有 2×3 个 3×3 的卷积核,即 54 个卷积系数。

#### 3.1.2.3 卷积层如何检测特征

下面以图 3.7a 为例介绍卷积层如何检测特征。输入特征图或图片是 6×6 大小的矩阵,矩阵中的 10 代表白色,0 代表黑色。该图片中间有一条线,把黑白区域分开,这是其边缘特征。为了抽取该边缘特征,应该设计什么样的卷积核?以 3×3 大小的卷积核为

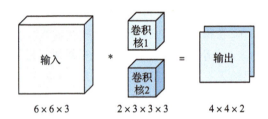

图 3.6 3 个输入特征图、2 个输出特征图的卷积计算示例

例,用 [1, 0, −1; 1, 0, −1; 1, 0, −1] 做卷积核与输入进行卷积,可以得到图 3.7a 右侧的输出。在该输出中,0 在两侧,30 在中间,即输入图片中两侧没有明显变化的区域变成了 0,相当于找到了输入图片中最中间的一条竖线把左右两边区分开来,从而把垂直边缘特征准确地提取出来。

如果要检测图 3.7b 左侧图片中的对角线边缘特征,可以用图 3.7b 中的卷积核 [1, 1, 0; 1, 0, −1; 0, −1, −1],该卷积核对角线上的系数是 0,右下的 3 个系数是 −1,左上的 3 个系数是 1。用该卷积核和输入做卷积,可以得到右侧的输出。在该输出中,对角线上的值为 30,右下角和左上角的值为 0,因为输入图片中左上角和右下角没有变化。

通过上述过程,可以用卷积核把垂直边缘或对角线边缘找出来。

#### 3.1.2.4 边界扩充

做卷积运算时,如果不做边界扩充(padding),卷积之后的输出尺寸会被动地略微变小。假设输入图片或特征图的大小为 $N_r \times N_c$,卷积核的大小为 $K_r \times K_c$,则卷积输出的特征图的大小为 $(N_r-K_r+1) \times (N_c-K_c+1)$。这是因为计算每个点的输出时,卷积核需要完全在输入特征图内。例如,输入是 32×32 大小的图像,用一个 4×4 大小的卷积核进行卷积,如果不做边界扩充,输出特征图的大小为 29×29;如果用同样大小的卷积核再做一层卷积,输出特征图的大小就变成 26×26;如果用同样大小的卷积核再做一层卷积,输出特征图的大小就变成 23×23;经过几层卷积之后,就没有输出了。对于一个上百层的神经网络,如果不做边界扩充,将计算不出最后的特征图,因此一定要做边界扩充。

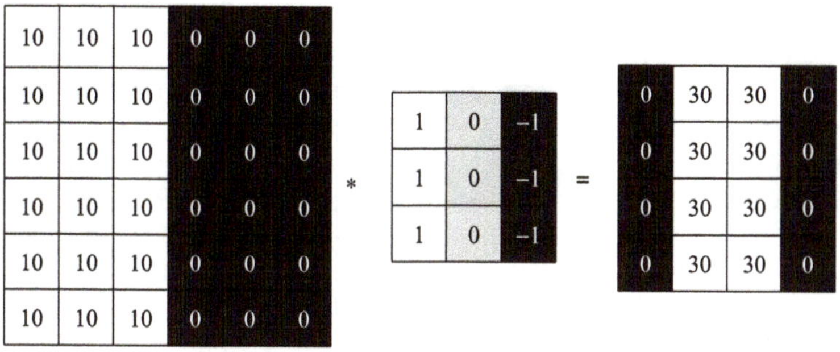

a）检测垂直边缘

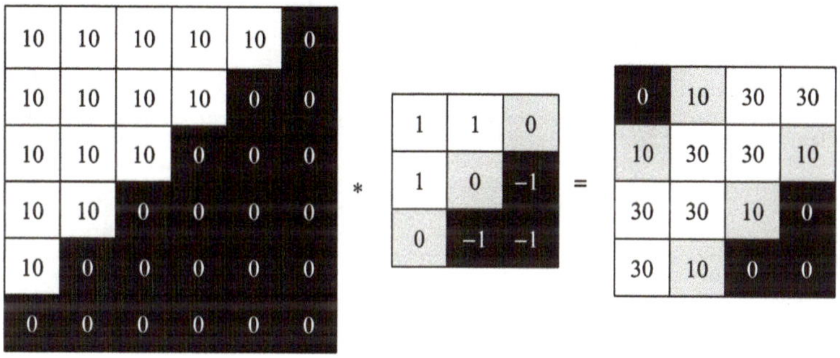

b）检测对角线边缘

图 3.7　特征检测

边界扩充的主要目的是保证神经网络层的输入特征图和输出特征图的尺寸相同。具体手段是在图像四周补上一圈 0。如图 3.8b 中，神经网络的输入特征图或图片的大小为 4×4，卷积核大小为 3×3。如果希望卷积输出的特征图的大小还是 4×4，就需要在输入图片的四周加一圈 0 扩充为 6×6 大小的图片，对扩充后的图片进行卷积运算得到的输出是 4×4 大小的。通过边界扩充，图片在经过多个卷积层后也不会被动地持续减小。此外，边界扩充可以强化图像的边缘信息，因为扩充的点都是 0，在卷积中会发挥出比较强的特征提取的作用，而且图像的边缘通常会有比较重要的特征。

### 3.1.2.5　卷积步长

如果希望输出特征图的尺寸有显著变化，可以调整卷积步长（stride）。前面介绍的例子中卷积步长都是 1，卷积核在输入特征图内每次向右或向下滑动一步再卷积，结合边界扩充得到的输出特征图的大小和输入特征图的大小是相同的。有些神经网络算法使用了大于 1 的卷积步长，在输入特征图上滑动卷积核时，可以一次跳 2 步或格，如图 3.8c 所示。一次跳 2 步，会加快每一层的运算速度，同时缩小输出特征图。采用大于 1 的卷积步长对特征图进行降采样，可以利用局部特征，获得平移不变性等。

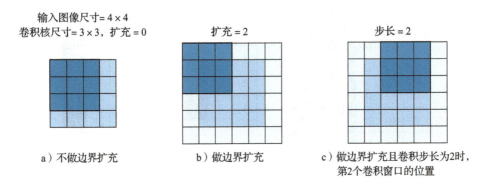

图 3.8 原始图像大小为 4×4、卷积核大小为 3×3 时的卷积示例

选择何种卷积步长，可以根据实际应用需求来调整。如果要保持特征图的大小不变，可以做边界扩充。如果要将输出特征图的长宽都减半，可以做边界扩充，同时将卷积步长设为 2。

#### 3.1.2.6 小结

总结一下卷积运算过程。在一个卷积层中，有一组输入特征图或图片，共包含 $N_{ir} \times N_{ic} \times N_{if}$ 个信息，其中 $N_{ic}$ 和 $N_{ir}$ 分别是输入特征图的宽度和高度，$N_{if}$ 是输入特征图的个数，也称为输入通道数。

卷积层有 $N_{if} \times N_{of}$ 个 $K_r \times K_c$ 大小的卷积核，其中 $N_{of}$ 是输出特征图的个数（也称为输出通道数），$K_c$ 和 $K_r$ 分别是卷积核的宽度和高度。卷积核一般是正方形的，即 $K_r = K_c$，例如 3×3、5×5，也有长方形的卷积核（可以作为神经网络训练时调优的备选手段）。长方形的卷积核可以减少参数的数量，例如将在 3.2.3.3 节介绍的 Inception-v3，用一层 1×n 的卷积和一层 n×1 的卷积代替 n×n 的卷积，参数量减少了 $n \times n - 1 \times n - n \times 1$。卷积计算之后可能还要加一个偏置来得到输出。

输出特征图的大小是 $N_{or} \times N_{oc}$，其中 $N_{oc}$ 和 $N_{or}$ 分别是输出特征图的宽度和高度，其大小与输入特征图的大小、卷积步长 $s$ 以及边界扩充相关。如果卷积步长不是 1，则输出特征图的大小会变成输入特征图的 $1/(s_r \times s_c)$，其中 $s_c$ 和 $s_r$ 分别是水平方向和垂直方向的卷积步长。不失一般性，假设边界扩充时在输入特征图的上下以及左右边界分别加 $p_{up}$、$p_{bottom}$ 行 0 以及 $p_{left}$、$p_{right}$ 列 0，则输出特征图的宽度和高度分别是

$$N_{oc} = \left\lfloor \frac{N_{ic} - K_c + p_{left} + p_{right}}{s_c} + 1 \right\rfloor, \quad N_{or} = \left\lfloor \frac{N_{ir} - K_r + p_{up} + p_{bottom}}{s_r} + 1 \right\rfloor \quad (3.2)$$

卷积层是面向图像应用的深度神经网络中非常重要的部分，其计算复杂度也相对较高。

### 3.1.3 池化层

池化层（pooling layer）可以主动减小图片的尺寸，从而减少参数的数量和计算量，

抑制过拟合。例如，输入图片或特征图的大小为 $100 \times 100$，经过池化，可能变成 $50 \times 50$。池化层一般没有参数，训练时很简单。池化的方法有很多种，例如最大池化（max pooling）、平均池化（avg pooling）、$L^2$ 池化等。

**最大池化法**是一种常用的池化方法，在池化窗口 $K_r \times K_c$ 内找最大值作为输出。以图 3.9 为例，假设池化窗口为 $2 \times 2$，步长为 2，不做边界扩充，从输入特征图的左上角的 $2 \times 2$ 子矩阵找到最大值 7 作为第 1 个输出，池化窗口在输入特征图上右移 2 格后找到最大值 5 作为第 2 个输出，池化窗口继续右移 2 格找到最大值 3 作为第 3 个输出，继续向下滑动池化窗口可以得到所有的输出值。最大池化法仅保留池化窗口内特征的最大值，可以提高特征的鲁棒性。

图 3.9  最大池化计算示例

**平均池化法**也是一种常见的池化方法。该方法在池化窗口内对所有的数取平均值，会把图像的一些特征平均化，也就是模糊化。

**$L^2$ 池化法**是在池化窗口内对所有的数计算平方并累加和后再开平方。

对于硬件设计而言，最大池化法只需要找几个数中的最大值，很容易实现。而 $L^2$ 池化法需要计算开平方，硬件实现复杂度高。以前还有用几何平均做池化的，复杂度更高。如果几何池化窗口为 $2 \times 2$，则需要开 4 次方；如果几何池化窗口为 $3 \times 3$，则需要开 9 次方。几何池化计算时间很长，可能会带来一点精度提升，但实际使用时会有很多麻烦。因此最大池化法是最常用的。

### 3.1.4  全连接层

卷积层和池化层构成特征提取器，而**全连接层**（fully-connected layer）是分类器。全连接层将特征提取得到的高维特征图映射成一维特征向量，该特征向量包含所有特征信息，可以转化为最终分类为各个类别的概率。例如，一个 $224 \times 224$ 大小的输入图片经过多层卷积和池化，可能变成 4096 个 $1 \times 1$ 大小的特征图，根据这 4096 个特征可以做一个全连接层，以判定最后是猪狗猫牛羊中的哪一个。

### 3.1.5 softmax 层

有的卷积神经网络的最终输出是由全连接层决定,但也有的卷积神经网络是用 softmax 层做最终输出。

softmax 对输出进行归一化,输出分类概率。其计算过程为

$$f(z_j) = \frac{e^{z_j}}{\sum_{i=0}^{n} e^{z_i}} \tag{3.3}$$

其中,$z_j$ 是 softmax 层的第 $j$ 个输入。从 softmax 的计算过程可以看出,输入和输出的数据规模是相同的;通过归一化计算,可以凸显较大的值并抑制较小的值,从而显著地抑制次要特征,决定分类概率。

### 3.1.6 卷积神经网络总体结构

不同数量和大小的卷积层、全连接层和池化层组合就形成了不同的**卷积神经网络**。图 3.2 中的 VGG16 网络,首先用卷积层和池化层做特征提取,特征图的大小从输入的 224×224 变成 112×112,再变成 56×56,每次宽高折半,最后变成 7×7;然后做分类,512 个 7×7 大小的特征图经过一个全连接层变成 4096 个特征,再经过一个全连接层输出 4096 个特征,然后经过一个全连接层变成 1000 个特征,最后这 1000 个特征做 softmax 得到神经网络的输出,例如属于 1000 种物体中的哪一种。

卷积神经网络中,常见的层组合方式如图 3.10 所示。卷积层和池化层通常是交替出现的,一个卷积层后面通常跟着一个池化层。也可能一个卷积层后面紧跟着两三个卷积层,再来一个池化层,也就是连续 $N$ 个卷积层之后加一个池化层。这种卷积和池化组合重复出现 $M$ 次之后,基本上能提取出所有特征,再用 $K$ 个全连接层把这些特征映射到 $O$ 个输出特征上,最后再经过一个全连接层或者 softmax(有时候这两种都用)来决定输出是什么。这个例子中,最后识别出来是一条狗。

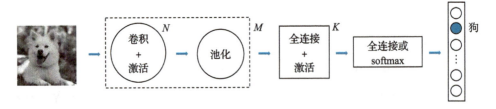

图 3.10 常见的卷积神经网络结构

当图 3.10 中 $N=3$,$M=1$,$K=2$ 时,其网络结构为:输入→卷积层(ReLU)→卷积层(ReLU)→卷积层(ReLU)→池化层→全连接层(ReLU)→全连接层(ReLU)→全连接层→输出。

在 GoogLeNet 等网络中，还有更多种组合方式，例如池化层和卷积层可以包含分支。譬如一支卷积核输出一组 $76\times76\times37$ 的特征，另一支卷积核输出一组 $38\times38\times99$ 的特征，做完分支之后，最后将分支合起来做分类。关于分支将在 3.2.3 节详细介绍。

卷积神经网络为何选择深而不广的神经网络结构？2.1.4 节介绍过，两层的神经网络中只有一个隐层，理论上只要有足够多的神经元，两层的神经网络足以拟合出任意的函数[33]。但在实际中，一个复杂特征往往是由多个简单特征组成的，采用深层的网络结构，可以很好地完成对图像从局部到整体的理解。例如人脸识别时，可能先看到一个局部的简单特征，可能是一团黑色的圆圈；再到更大的范围看，这个圆圈可能是眼睛；再到更大的范围看，眼睛上面还有眉毛；再到更大的范围看，可能左边有一个眼睛和眉毛，右边有一个眼睛和眉毛；再到更大的范围看，可能是一张脸，从而识别出一个人。这种层次化的结构非常适合从局部到整体地理解图像。

此外，深度神经网络可以减少权重数量。如果只用一个隐层，层数很少，但如果采用全连接，一个隐层里的权重数量会非常多。例如输入是 1000 个，如果隐层有 1 万个节点，则有 1000 万个参数。而在深度神经网络中，参数是相对较少的，而且参数的数量与图像的规模没有直接关系，因为在图像的任何一个位置使用的卷积核都是一样的。如果卷积核的大小是 $3\times3$，输入是 3 个特征图，输出是 2 个特征图，最终的所有参数个数仅为 $3\times3\times3\times2=54$。由于深度神经网络权重的数量较少，它过拟合的风险也会变小，在面对海量训练数据时，它的训练速度也能被业界所接受。

为了进一步直观地认识神经网络，图 3.11 展示了一个卷积神经网络可视化的效果[48]。该神经网络结构如表 3.1 所示，在 ILSVRC-2012 ImageNet 数据集上进行训练得到网络参数。经过几层卷积之后，可以把第一行中一个白圈里带着黑色的特征抽取出来，下面一些更复杂的特征，通过逐层的抽取都可以很好地提取出来。

图 3.11　conv6 和 conv9 层的神经网络可视化[48]

表 3.1 文献 [48] 中的一种卷积神经网络结构

| 网络层 | 网络层描述 | 网络层 | 网络层描述 |
| --- | --- | --- | --- |
| 输入 | 224×224 大小的 RGB 图像 | conv8 | 1×1conv. 384 ReLU，步长为 1 |
| conv1 | 11×11conv. 96 ReLU，步长为 4 | conv9 | 3×3conv. 384 ReLU，步长为 2，Dropout 50% |
| conv2 | 1×1conv. 96 ReLU，步长为 1 | conv10 | 3×3conv. 1024 ReLU，步长为 1 |
| conv3 | 3×3conv. 96 ReLU，步长为 2 | conv11 | 1×1conv. 1024 ReLU，步长为 1 |
| conv4 | 5×5conv. 256 ReLU，步长为 1 | conv12 | 1×1conv. 1000 ReLU，步长为 1 |
| conv5 | 1×1conv. 256 ReLU，步长为 1 | global_pool | 全局平均池化 6×6 |
| conv6 | 3×3conv. 256 ReLU，步长为 2 | softmax | 1000 路 softmax |
| conv7 | 3×3conv. 384 ReLU，步长为 1 | | |

## 3.2 基于卷积神经网络的图像分类算法

基于卷积神经网络的图像分类算法的起源非常早，最早可追溯到日本学者福岛邦彦在 1980 年提出的 Neocognitron（神经认知机）神经网络模型[49]。该模型借鉴了生物的视觉神经系统。但该模型提出之后，在国际上一直不温不火，一直到 2012 年 AlexNet 在 ImageNet 大规模视觉识别比赛（ImageNet Large Scale Visual Recognition Competition，ILSVRC）中大获全胜之后，卷积神经网络才被广泛认识到，并真正成为业界关注的焦点。

ImageNet 大规模视觉识别比赛是图像分类领域最有影响力的学术竞赛之一。它提供一系列图片，让参赛者判断这个图片到底是 1000 种物体中的哪一种。图 3.12 是从 2010 年到 2017 年期间 ImageNet 分类的 Top-5 错误率（Top-5 error）⊖。2010 年和 2011 年 ILSVRC 冠军主要采用传统视觉算法，Top-5 错误率分别是 28.2% 和 25.8%。2012 年提出的 AlexNet 是一个 8 层的卷积神经网络，将 Top-5 错误率从 25.8% 降到了 16.4%。在此之后，深度学习的发展非常迅速，网络深度也在不断地快速增长，从 8 层的 AlexNet 到 19 层的 VGG，再到 22 层的 GoogLeNet，以及 152 层的 ResNet，甚至 252 层的 SENet。对于 ImageNet 上 1000 种物体的分类，ResNet 的 Top-5 错误率仅为 3.57%，这是非常振奋人心的进展。

上述算法中，性能改进跨度最大的是 AlexNet，将 ImageNet 分类的 Top-5 错误率从 25.8% 降到 16.4%；其次改进跨度比较大的是 ResNet，将 Top-5 错误率从 6.7% 降到 3.57%，因为越到后面降低错误率越困难。换个角度看，Top-5 错误率从 6.7% 降到 3.57%，意味着出错的图片的数量降低了接近一半，这是非常困难的。

---

⊖ 分类任务通常采用错误率来衡量其性能。Top-1 错误率是指，模型预测出的概率最高的结果与真实标记不一致的图像，在总样本中所占的比例。Top-5 错误率是指，真实标记不在模型预测的概率最高的前 5 个结果中的图像，在总样本中所占的比例。举例来说，输入一张图像，神经网络预测出概率最高的 5 个结果由高到低分别是水杯、粉笔、橡皮擦、签字笔、鼠标。如果输入图像中的物体不是这 5 种物体之一，就被认为是 Top-5 错误。如果输入图像中的物体不是水杯，就被认为是 Top-1 错误。根据上述定义，Top-5 错误率会低一些，而 Top-1 错误率会高一些。

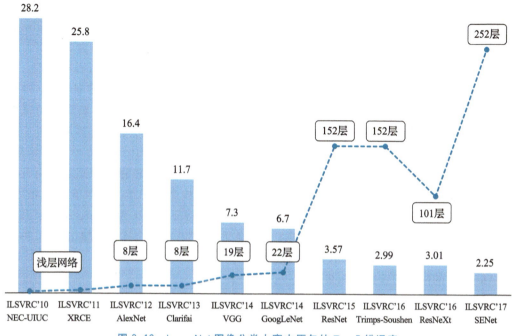

图 3.12 ImageNet 图像分类大赛中历年的 Top-5 错误率

下面我们将分别介绍几个在卷积神经网络历史上有里程碑意义的算法,包括 AlexNet、VGG、Inception（GoogLeNet 是 Inception 系列中的一员）以及 ResNet。

### 3.2.1 AlexNet

AlexNet 是**深度学习**领域最重要的成果之一,也是 G. Hinton 的代表作之一。文献 [10] 中给出的 AlexNet 网络结构如图 3.13 所示。

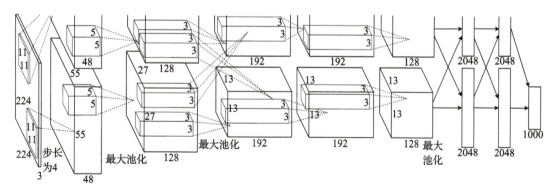

图 3.13 AlexNet 的网络结构[10]

AlexNet 的输入是 224×224 大小的 RGB 图像。第一层卷积,用 48 个 11×11×3 的卷积核计算出 48 个 55×55 大小的特征图,用另外 48 个 11×11×3 的卷积核计算出另外 48

个 55×55 大小的特征图，这两个分支的卷积步长都是 4，通过卷积把图像的大小从 224×224 减小为 55×55。第一层卷积之后，做局部响应归一化（Local Response Normalization, LRN）和步长为 2、池化窗口为 3×3 的最大池化，池化输出的特征图大小为 27×27。第二层卷积，用两组各 128 个 5×5×48 的卷积核对两组输入的特征图分别进行卷积处理，输出两组各 128 个 27×27 的特征图。第二层卷积之后，做局部响应归一化和步长为 2、池化窗口为 3×3 的最大池化，池化输出的特征图大小为 13×13。第三层卷积，将两组特征图合为一组，采用 192 个 3×3×256 的卷积核对所有输入特征图做卷积运算，再用另外 192 个 3×3×256 的卷积核对所有输入特征图做卷积运算，输出两组各 192 个 13×13 的特征图。第四层卷积，对两组输入特征图分别用 192 个 3×3×192 的卷积核做卷积运算。第五层卷积，对两组输入特征图分别用 128 个 3×3×192 的卷积核做卷积运算。第五层卷积之后，做步长为 2、池化窗口为 3×3 的最大池化，池化输出的特征图大小为 6×6。第六层和第七层的全连接层都有两组神经元（每组 2048 个神经元），第八层的全连接层输出 1000 种特征并送到 softmax 中，softmax 输出分类的概率。

AlexNet 的网络配置如表 3.2 所示。

表 3.2 AlexNet 的网络配置

| 层号 | 层名称 | 输入大小 | 卷积核或池化窗口大小 | 输入通道数 | 输出通道数 | 步长 |
| --- | --- | --- | --- | --- | --- | --- |
| 1 | Conv | 224×224 | 11×11 | 3 | 96 | 4 |
|  | ReLU | 55×55 | — | 96 | 96 | 1 |
|  | LRN | 55×55 | — | 96 | 96 | 1 |
|  | MaxPool | 55×55 | 3×3 | 96 | 96 | 2 |
| 2 | Conv | 27×27 | 5×5 | 96 | 256 | 1 |
|  | ReLU | 27×27 | — | 256 | 256 | 1 |
|  | LRN | 27×27 | — | 256 | 256 | 1 |
|  | MaxPool | 27×27 | 3×3 | 256 | 256 | 2 |
| 3 | Conv | 13×13 | 3×3 | 256 | 384 | 1 |
|  | ReLU | 13×13 | — | 384 | 384 | 1 |
| 4 | Conv | 13×13 | 3×3 | 384 | 384 | 1 |
|  | ReLU | 13×13 | — | 384 | 384 | 1 |
| 5 | Conv | 13×13 | 3×3 | 384 | 256 | 1 |
|  | ReLU | 13×13 | — | 256 | 256 | 1 |
|  | MaxPool | 13×13 | 3×3 | 256 | 256 | 2 |
| 6 | FC | — | — | 9216 | 4096 | 1 |
|  | ReLU | — | — | 4096 | 4096 | 1 |
|  | Dropout |  |  |  |  |  |
| 7 | FC | — | — | 4096 | 4096 | 1 |
|  | ReLU | — | — | 4096 | 4096 | 1 |
|  | Dropout |  |  |  |  |  |
| 8 | FC | — | — | 4096 | 1000 | 1 |
|  | softmax | — | — | 1000 | 1000 | 1 |

相对于传统人工神经网络，AlexNet 主要有四个技术上的创新：

（1）Dropout（随机失活）。在训练的过程中随机舍弃部分隐层节点，可以避免过拟合。

（2）LRN（局部响应归一化）。LRN 可以提升较大响应，抑制较小响应。当然最近几年业界发现 LRN 层作用不大，所以现在使用 LRN 的研究者很少。

（3）Max Pooling（最大池化）。最大池化可以避免特征被平均池化模糊，提高特征的鲁棒性。在 AlexNet 之前，很多研究用平均池化。从 AlexNet 开始，业界公认最大池化的效果比较好。

（4）ReLU 激活函数。在 AlexNet 之前，常用的激活函数是 sigmoid 和 tanh。而 ReLU 函数很简单，输入小于 0 时输出 0，输入大于 0 时输出等于输入。以前业界认为 ReLU 函数太简单了，但事实上非常简单的 ReLU 函数带来了非常好的效果。AlexNet 在卷积层和全连接层的输出均使用 ReLU 激活函数，能有效提高训练时的收敛速度。

AlexNet 把这些看上去并不惊人的技术组合起来，取得显著效果，它推动深度学习成为业界主流，非常具有里程碑意义。之前我们已经介绍过最大池化和 ReLU，在此就不做赘述。下面我们主要介绍一下 LRN 和 Dropout。

#### 3.2.1.1 LRN

LRN 对同一层的多个输入特征图在每个位置上做局部归一化，以提升高响应特征和抑制低响应特征。LRN 的输入是卷积层的输出特征图经过 ReLU 激活函数后的输出。假设 LRN 的输入是 $N$ 个特征图，LRN 要对输入的 $n$ 个相邻特征图上相同位置的点进行归一化处理，得到第 $i$ 个输出特征图上位置（$r$, $c$）处的值[10]

$$b_{r,c}^i = a_{r,c}^i / \left(k + \alpha \sum_{j=\max(0,i-n/2)}^{\min(N-1,i+n/2)} (a_{r,c}^j)^2 \right)^\beta \tag{3.4}$$

其中，$a_{r,c}^j$ 是第 $j$ 个输入特征图上位置（$r$, $c$）处的点。常数 $k$、$n$、$\alpha$、$\beta$ 的值是人工设定的，在文献 [10] 中 $k=2$，$n=5$，$\alpha=10^{-4}$，$\beta=0.75$。

举例来讲，LRN 的输入是 $N$ 个不同的特征图，包含三角形特征、点特征、线特征、长方形特征、正方形特征等。在同一个位置上，如果既有长方形特征，又有正方形特征、三角形特征，还有菱形特征，就要对该位置上的点进行归一化，以将该位置上最显著的特征找出来。但实际上，一个位置上的点可能既参与到三角形中，又参与到正方形和长方形中，还参与到菱形中，强行抑制一个点参与的低响应特征并不一定合理。因此，LRN 在实际中并没有产生明显效果，现在已很少有人使用。

#### 3.2.1.2 Dropout

Dropout 是 G. Hinton 等人[45]在 2012 年提出来的。该方法通过随机舍弃部分隐层节点缓解过拟合，目前已经成为深度学习训练常用的技巧之一。

使用 Dropout 进行模型训练的过程为：

（1）以一定概率（如 0.5）随机地舍弃部分隐层神经元，即将这些神经元的输出置为 0；

（2）一小批训练样本经过正向传播后，在反向传播更新权重时，不更新与被舍弃神经元相连的权重；

（3）恢复被删除神经元，输入另一小批训练样本；

（4）重复步骤（1）～（3），直到处理完所有训练样本。

在 Dropout 训练过程中，并不是真的丢掉部分隐层神经元，只是暂时不更新与其相连的权重。对于这一批样本，可能不用某些隐层神经元，但对于下一批样本，可能又会用到这些隐层神经元，并且需要更新与其相连的权重。训练完成后使用神经网络进行预测时，所有神经元都是要用到的。AlexNet 网络的前两个全连接层使用了 Dropout。

Dropout 可以防止训练数据中复杂的共同适应（co-adaptation），即一个特征检测器需要依赖其他几个特定特征检测器，从而缓解过拟合。

### 3.2.1.3 小结

AlexNet 最大的贡献在于证明了深层的神经网络在代表性问题上的表现可以远远超越其他机器学习方法。AlexNet 的成功主要得益于：

（1）使用多个卷积层。过去都是浅层的神经网络，AlexNet 真正把深度学习应用到了 ImageNet 图像分类这种比较复杂的问题上。通过使用多个卷积层，有效地提取了图像的特征，显著地提升了图像识别的精度。

（2）使用 ReLU，提高了训练速度。

（3）使用 Dropout、数据扩充（data augmentation），缓解过拟合。

## 3.2.2 VGG

8 层的 AlexNet 显著提高了图像分类精度，更多层的神经网络是否能进一步提升分类精度？2014 年 K. Simonyan 和 A. Zisserman[47]提出了比 AlexNet 更深的神经网络 VGG，进一步提升了分类精度。VGG 有很多不同的版本，VGG16 是最经典的版本之一。

### 3.2.2.1 网络结构

神经网络层数增多之后会遇到很多问题，包括梯度爆炸、梯度消失等。距离输出层（计算损失函数）很近的一两层，可能很快就可以训练好；但是距离输出层 10 层、100 层时，损失函数的导数可能会非常小，神经网络可能就无法继续训练了。因此，如表 3.3 所示，K. Simonyan 和 A. Zisserman 设计了一系列不同配置的 VGG 网络结构[47]，在此基础上提出了预训练策略，利用较浅神经网络训练出来的权重参数来初始化更深神经网络的部分层，从而达到逐步加深神经网络层数的效果。

表 3.3  VGG 的网络结构[47]

| \multicolumn{6}{c}{ConvNet 配置} | | | | | |
|---|---|---|---|---|---|
| A | A-LRN | B | C | D | E |
| 11 个权重层 | 11 个权重层 | 13 个权重层 | 16 个权重层 | 16 个权重层 | 19 个权重层 |
| 输入（224×224 大小的 RGB 图像） | | | | | |
| conv3-64 | conv3-64 | conv3-64 | conv3-64 | conv3-64 | conv3-64 |
|  | LRN | conv3-64 | conv3-64 | conv3-64 | conv3-64 |
| 最大池化 | | | | | |
| conv3-128 | conv3-128 | conv3-128 | conv3-128 | conv3-128 | conv3-128 |
|  |  | conv3-128 | conv3-128 | conv3-128 | conv3-128 |
| 最大池化 | | | | | |
| conv3-256 | conv3-256 | conv3-256 | conv3-256 | conv3-256 | conv3-256 |
| conv3-256 | conv3-256 | conv3-256 | conv3-256 | conv3-256 | conv3-256 |
|  |  |  | conv1-256 | conv3-256 | conv3-256 |
|  |  |  |  |  | conv3-256 |
| 最大池化 | | | | | |
| conv3-512 | conv3-512 | conv3-512 | conv3-512 | conv3-512 | conv3-512 |
| conv3-512 | conv3-512 | conv3-512 | conv3-512 | conv3-512 | conv3-512 |
|  |  |  | conv1-512 | conv3-512 | conv3-512 |
|  |  |  |  |  | conv3-512 |
| 最大池化 | | | | | |
| conv3-512 | conv3-512 | conv3-512 | conv3-512 | conv3-512 | conv3-512 |
| conv3-512 | conv3-512 | conv3-512 | conv3-512 | conv3-512 | conv3-512 |
|  |  |  | conv1-512 | conv3-512 | conv3-512 |
|  |  |  |  |  | conv3-512 |
| 最大池化 | | | | | |
| 全连接层-4096 | | | | | |
| 全连接层-4096 | | | | | |
| 全连接层-1000 | | | | | |
| softmax | | | | | |

具体来说，VGG 首先训练一个配置为 A 的 11 层的神经网络；训练更深的神经网络（如配置为 B 的 13 层的神经网络）时，先将 B 网络的前 4 个卷积层和后 3 个全连接层的参数用训练好的 A 网络的前 4 个卷积层和后 3 个全连接层的权重参数进行初始化，B 网络其他中间层的参数采用随机初始化；然后对 B 神经网络进行训练。

配置为 A 的 11 层的神经网络（简记为 VGG-A），其输入是 224×224 大小的 RGB 图像；经过第 1 层卷积输出 64 个特征图，再做最大池化；随后做第 2 层卷积，输出 128 个特征图，再做最大池化；接着连续做两层卷积，输出均为 256 个特征图，再做最大池化；然后连续做两层卷积，输出均为 512 个特征图，再做最大池化；继续做两层卷积，输出均为 512 个特征图，再做最大池化；然后经过三个全连接层，分别输出 4096、4096、1000 个特征；最后通过 softmax 得到最终输出。在 VGG-A 的第一层卷积之后增加一个 LRN 层，就得到了配置为 A-LRN 的神经网络（VGG-A-LRN）。文献 [47] 给出的实验表明，LRN 不会提升神经网络模型的分类精度，因此其余的 VGG 结构中都没有使用 LRN 层。

神经网络结构从配置 A 到配置 B 的变化是，在第 1 个卷积层和第 2 个卷积层之后各增加了一个卷积层。在 13 层的神经网络 VGG-B 中，在第 6、8、10 层卷积之后各增加一个卷积层，并通过使用不同大小的卷积核得到两个版本的 VGG 网络。如果新增的卷积层的卷积核都是 1×1 大小，就得到了 16 层的神经网络 VGG-C；如果新增的卷积层的卷积核都是 3×3 大小，就得到了 16 层的神经网络 VGG-D，也就是现在常用的图 3.2 中的 VGG16。在 16 层的 VGG-D 的第 7、10、13 层卷积之后各增加 1 个卷积层，得到 19 层的神经网络 VGG-E，也就是现在常用的 VGG19。不同配置的 VGG 网络中，所有隐层都使用了非线性激活函数 ReLU。

VGG 通过逐渐增加层数，训练出了多个不同版本的神经网络。首先增加 LRN 层，发现 LRN 层没用。然后发现，随着层数的增多，Top-5 错误率基本上是在下降的。但是到了 16 层的 VGG-D 和 19 层的 VGG-E，Top-5 错误率基本都在 8% 左右，不再有大的变化。

#### 3.2.2.2 卷积-池化结构

VGG 中图像尺寸基本上是通过卷积和池化来调整的。由于 VGG 的层数很多，为了避免边缘特征被弱化掉，VGG 在卷积层做边界扩充以使输出图像和输入图像的尺寸相同。池化窗口为 2×2，池化步长为 2，因此池化后图像的长和宽均减半。输入为 224×224 大小的 RGB 图像，经过第 1 次池化输出 64 个 112×112 的特征图，经过第 2 次池化输出 128 个 56×56 的特征图，经过第 3 次池化输出 256 个 28×28 的特征图，经过第 4 次池化输出 512 个 14×14 的特征图，经过第 5 次池化输出 512 个 7×7 的特征图。

VGG 中除了配置 C 中有 3 个卷积层使用了 1×1 的卷积核，其余均使用 3×3 的卷积核，卷积步长均为 1。而 AlexNet 使用了 3 种卷积核，包括 11×11、5×5 和 3×3，而且越靠前的层使用的卷积核的尺寸越大。直观上，大卷积核的视野范围（感受野）更大，效果似乎应该更好，而事实恰恰相反。这背后的原因在于，VGG 会使用连续的多层卷积，每个卷积核都是 3×3 的。因此，一个 AlexNet 中常用的 5×5 的卷积可以看成是 2 层连续的 3×3 的卷积，二者在输入图像上的感受野是一样的，如图 3.14 所示。以此类推，7×7 的卷积与 3 层连续的 3×3 的卷积的感受野相同，11×11 的卷积与 5 层连续的 3×3 的卷积的感受野相同。而 11×11 的卷积，有 121 个参数，5 层连续的 3×3 的卷积只有 45 个参数。因此，VGG 通过使用连续的小卷积核，用更少的参数，就能完成 AlexNet 中大卷积核的任务，训练起来难度也会更小。

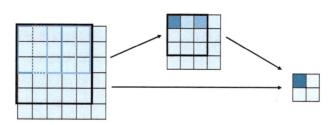

图 3.14 一个 5×5conv 和两个 3×3conv 的感受野大小相同

此外，VGG 在每一层卷积中加入非线性激活函数 ReLU，因此多层卷积可以增强决策函数的区分能力，从而提高分类准确率。比如，将配置为 B 的 13 层神经网络 VGG-B 中连续 2 层 3×3 的卷积层替换为 1 个 5×5 的卷积层，其 Top-1 错误率比 VGG-B 高 7%[47]。

#### 3.2.2.3 小结

VGG 的成功主要得益于以下几点：

（1）使用规则的多层小卷积替代大卷积。在相同视野下，有效减少了权重参数的数量，提高了训练速度。

（2）使用更深的卷积神经网络。在神经网络中使用更多的卷积层及非线性激活函数，提高了图像分类的准确率。

（3）通过预训练，对部分网络层参数进行初始化，提高了训练收敛速度。

### 3.2.3 Inception

在 VGG 之后，Inception 进一步考虑了能否用更小的卷积核、更多的神经网络层来降低错误率。在 Inception 系列工作中，最著名的是 Inception-v1，即 GoogLeNet，它获得了 2014 年 ImageNet 比赛的冠军。在 GoogLeNet 之后，又出现了 BN-Inception、Inception-v3、Inception-v4 等（见表 3.4）。下面将分别介绍它们的具体特点。

表 3.4 Inception 系列卷积神经网络

| 网络 | 主要创新 | Top-5 错误率 | 网络层数 |
| --- | --- | --- | --- |
| GoogLeNet[50] | 提出 Inception 结构 | 6.67% | 22 |
| BN-Inception[51] | 提出批归一化（Batch Normalization，BN），用 3×3 卷积代替 5×5 卷积 | 4.82% | — |
| Inception-v3[52] | 将一个二维卷积拆成两个一维卷积，辅助分类器的全连接层做 BN | 3.5% | 22 |
| Inception-v4[53] | Inception 模块化，结合 ResNet 的跳转结构 | 3.08% | — |

#### 3.2.3.1 Inception-v1

AlexNet 和 VGG 的网络结构都比较规整。而 Inception-v1（GoogLeNet）[50]中有很多结构复杂的模块，即 Inception 模块。这也是 GoogLeNet 最核心的创新。

**1. Inception 模块**

图 3.15a 是 Inception 模块的初级版本。该模块对上一层的输出分别做四种处理（即四个分支），包括 1×1 卷积、3×3 卷积、5×5 卷积、3×3 最大池化。而之前的神经网络，对输入都是用一组相同尺寸的卷积核（比如，3×3 或 5×5）来提取特征。相对于以往工作，Inception 模块中不同尺寸的卷积以及池化可以同时提取到输入图像中小范围的特征以及大范围的特征，因此 Inception 中的每一层都能够适应不同尺度的图像的特征。在此基础上，Inception 模块通过加入 1×1 卷积，可以做 降维（dimensionality reduction），如图 3.15b 所示。1×1 卷积，对多个特征图中同一位置的点进行卷积处理，相当于做全连接处理，其好处是可以对同一位置上的不同特征进行归一化。虽然已经证明 LRN 用非常复杂的归一化处理是失败的，但对于 Inception 模块中这种简洁的 1×1 卷积有比较好的效果。

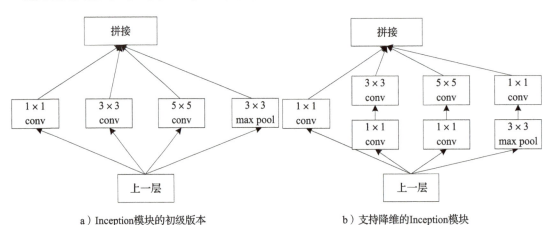

a）Inception模块的初级版本　　　　b）支持降维的Inception模块

图 3.15　Inception 模块[50]

**2. 1×1 卷积**

1×1 卷积实际上是跨通道的聚合，将多个输入特征图上相同位置的点做全连接处理，计算出输出特征图上对应位置的一个点，因此相当于是输入和输出之间的全连接。同时，每个1×1卷积层都使用 ReLU 激活函数来提取非线性特征。

如果 1×1 卷积层的输出特征图的数量比输入特征图少，就可以实现降维，减少神经网络的参数，同时也能减少计算量。以图 3.16 为例，卷积层的输入是 256 个 28×28 大小的特征图，输出是 96 个 28×28 大小的特征图，左图是只有一个卷积层且卷积核为 5×5 的情况，右图是额外加入一层 1×1 卷积的情况，且 1×1 卷积层输出 32 个 28×28 大小的特征图。

只有一个 5×5 卷积层时，网络参数的数量为 96×5×5×256=614 400，乘加运算的数量为 28×28×96×5×5×256=481 689 600。

增加 1×1 卷积层后，网络参数的数量为 32×256+96×5×5×32=84 992，乘加运算的数量为 28×28×32×256+28×28×96×5×5×32=66 633 728。

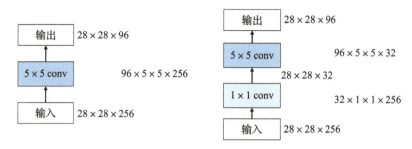

图 3.16  1×1 卷积参数对比。每个子图中左列数据为特征数量,右列数据为卷积参数数量

增加 1×1 卷积层后,5×5 卷积层的输入维度从 256 降为 32,参数数量减少为原来的 1/7.2,计算量也减少为原来的 1/7.2。因此,1×1 卷积已广泛应用于多种神经网络架构中,包括 ResNet。

**3. GoogLeNet 网络结构**

GoogLeNet 的网络结构如图 3.17 所示,它由多个 Inception 模块叠加在一起,看起来非常复杂。GoogLeNet 共有 22 层(仅统计有参数的层,如果算上池化层共 27 层)。该神经网络的输入是 224×224 大小的 RGB 图像;第 1 层卷积,卷积核为 7×7,步长为 2,输出 64 个 112×112 大小的特征图,再经过步长为 2、窗口为 3×3 的最大池化层,随后做 LRN;随后通过一个 1×1 卷积层输出 64 个特征图,再通过一个 3×3 卷积层输出 192 个特征图,再做 LRN 和步长为 2、窗口为 3×3 的最大池化;然后是连续 9 个 Inception 模块,中间插入两个最大池化层;最后经过 1 个平均池化层、全连接层,再通过 softmax 层得到最终输出。GoogLeNet 中所有卷积层都使用 ReLU 激活函数。

GoogLeNet 的网络层数比 VGG 深得多,而且所有网络层一起训练,很容易出现梯度消失现象。为了解决这个问题,GoogLeNet 从神经网络中间层旁路出来 2 个 softmax 辅助分类网络,以在训练中观察网络的内部情况。每个 softmax 辅助分类网络,包含一个降低特征图尺寸的平均池化层(池化窗口为 5×5,步长为 3),一个将输入特征图降维到 128 的 1×1 卷积层,一个有 1024 个输出的全连接层,一个以 70% 概率使用 Dropout 的全连接层,以及一个 softmax 层[○]。该辅助分类网络对中间第 $n$ 层的输出进行处理得到分类结果,再将该分类结果按较小的权重(0.3)加到最终的分类层里。利用该辅助分类网络,可以在训练过程中观察到第 $n$ 层的训练结果,如果训练效果不好,可以提前从第 $n$ 层做反向传播,调整权重。这种方式有助于训练一个很多层的神经网络,防止梯度消失。而传统的训练方式从神经网络的最终输出进行反向传播,如果中间某个地方出错了,也得从最终输出反向传播过来,采用梯度下降法寻找最小误差,在该过程中梯度很可能就会消失或爆炸。值得注意的是,softmax 辅助分类网络仅用于训练阶段,不用于推断阶段。

---

○ 训练时,对 softmax 输出计算交叉熵作为损失,也称为 softmax 损失。

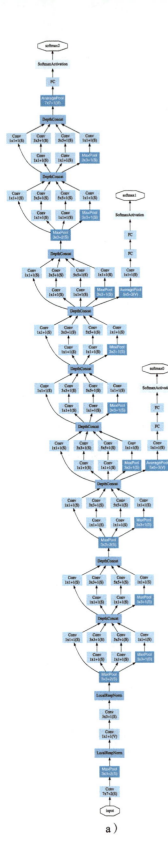

| 类型 | 窗口尺寸/步长 | 输出尺寸 | 深度 | #1×1 | #3×3 reduce | #3×3 | #5×5 reduce | #5×5 | pool proj | 参数数量 | 乘加操作数 |
|---|---|---|---|---|---|---|---|---|---|---|---|
| convolution | 7×7/2 | 112×112×64 | 1 | | | | | | | 2.7K | 34M |
| max pool | 3×3/2 | 56×56×64 | 0 | | | | | | | | |
| convolution | 3×3/1 | 56×56×192 | 2 | | 64 | 192 | | | | 112K | 360M |
| max pool | 3×3/2 | 28×28×192 | 0 | | | | | | | | |
| inception(3a) | | 28×28×256 | 2 | 64 | 96 | 128 | 16 | 32 | 32 | 159K | 128M |
| inception(3b) | | 28×28×480 | 2 | 128 | 128 | 192 | 32 | 96 | 64 | 380K | 304M |
| max pool | 3×3/2 | 14×14×480 | 0 | | | | | | | | |
| inception(4a) | | 14×14×512 | 2 | 192 | 96 | 208 | 16 | 48 | 64 | 364K | 73M |
| inception(4b) | | 14×14×512 | 2 | 160 | 112 | 224 | 24 | 64 | 64 | 437K | 88M |
| inception(4c) | | 14×14×512 | 2 | 128 | 128 | 256 | 24 | 64 | 64 | 463K | 100M |
| inception(4d) | | 14×14×528 | 2 | 112 | 144 | 288 | 32 | 64 | 64 | 580K | 119M |
| inception(4e) | | 14×14×832 | 2 | 256 | 160 | 320 | 32 | 128 | 128 | 840K | 170M |
| max pool | 3×3/2 | 7×7×832 | 0 | | | | | | | | |
| inception(5a) | | 7×7×832 | 2 | 256 | 160 | 320 | 32 | 128 | 128 | 1072K | 54M |
| inception(5b) | | 7×7×1024 | 2 | 384 | 192 | 384 | 48 | 128 | 128 | 1388K | 71M |
| avg pool | 7×7/1 | 1×1×1024 | 0 | | | | | | | | |
| dropout(40%) | | 1×1×1024 | 0 | | | | | | | | |
| linear | | 1×1×1000 | 1 | | | | | | | 1000K | 1M |
| softmax | | 1×1×1000 | 0 | | | | | | | | |

注：#3×3 reduce 和 #5×5 reduce 分别表示 3×3 卷积和 5×5 卷积之前的 1×1 卷积的输出通道数；pool proj 表示最大池化之后的 1×1 卷积的输出通道数。

a)  　　　　　　　　　　　　　　　　b)

图 3.17　GoogLeNet 网络结构（左图）及配置（右图）[50]

相对于 VGG，GoogLeNet 网络层数更深、参数更少、分类精度更高，这主要得益于三个方面：一是增加了 softmax 辅助分类网络（也称为观察网络），可以观察训练的中间结果，提前反向传播；二是增加了很多 1×1 卷积，可以降低特征图维度，减少参数数量以及计算量；三是引入了非常灵活的 Inception 模块，能让每一层网络适应不同尺度的图像的特性。

#### 3.2.3.2 BN-Inception

在 GoogLeNet 基础上，BN-Inception[51] 在训练中引入了**批归一化**（Batch Normalization，BN），取得了非常好的效果。具体来说，BN-Inception 在训练时同时考虑一批样本。它在每个卷积层之后、激活函数之前插入一种特殊的跨样本的 BN 层，用多个样本做归一化，将输入归一化到加了参数的标准正态分布上。这样可以有效避免梯度爆炸或消失，训练出很深的神经网络。

以下是 BN 背后的原理。随着神经网络层数的增多，在训练过程中，各层的参数都在变化，因此每一层的输入的分布都在变化，其分布会逐渐偏移，即内部协方差偏移（internal covariate shift）。输入分布通常会向非线性激活函数的两端偏移，靠近饱和区域，因此会导致反向传播时梯度消失。此外，为了不断适应新的分布，训练时需要较低的学习率和合适的初始化参数，因此训练速度很慢。在批训练时，如果对多个样本做归一化，把激活函数的输入归一化到标准正态分布（均值为 0，方差为 1），激活函数的取值就会靠近中间区域，输入很小的变化就能显著地体现到损失函数中，就不容易出现梯度消失。

如果激活函数的输入都简单归一化为标准正态分布，可能会将激活函数的输入限定到线性区域，此时激活函数不能提供非线性特征，神经网络的表达能力会下降。因此，BN 需要对归一化后的值进行缩放和偏移。缩放因子 $\gamma$ 和偏移变量 $\beta$ 是和模型参数一起训练得到的，相当于对标准正态分布做一个水平偏移并变宽或变窄，等价于将非线性函数的值从中间的线性区域向非线性区域偏移，从而可以保持网络的表达能力。

BN 变换的具体计算过程如下。假设某一网络层的输入为 $x_i$，$i=1,\cdots,M$，其中 $M$ 为训练集的大小，$x_i = [x_{i1}; x_{i2}; \cdots; x_{id}]$ 为 $d$ 维向量。理论上，首先用所有训练数据对 $x_i$ 的每一维度 $k$ 做归一化：

$$\hat{x}_{ik} = \frac{x_{ik} - \mathrm{E}[x_{ik}]}{\sqrt{\mathrm{Var}[x_{ik}]}} \tag{3.5}$$

然后，对归一化后的值做缩放和偏移，得到 BN 变换后的数据

$$y_{ik} = \gamma_k \hat{x}_{ik} + \beta_k \tag{3.6}$$

其中，$\gamma_k$ 和 $\beta_k$ 为每一个维度的缩放和偏移参数。在整个训练集上做上述 BN 变换是难以实现的；此外随机梯度训练时通常使用小批量数据（mini-batch）进行训练。因此实际中，使用随机梯度训练中的小批量数据来估计均值和方差，做 BN 变换。

BN-Inception 借鉴 VGG 的思想，在 Inception 模块中用两个 3×3 的卷积核去替代一个 5×5 的卷积核，如图 3.18 所示。

BN 很多时候比 LRN、Dropout 或 $L^2$ 正则化的效果好，而且可以大幅提高神经网络的训练速度。在 Inception 训练中加上 BN，可以把学习率调得非常大，从而加速训练。把学习率调大 5 倍，BN 训练速度比原始 Inception 快 14 倍[51]，更惊人的是，准确率还可以略有提升（0.8%），可谓是"多快好省"。现在，BN 已经不仅用于 Inception 系列网络，而是已经成为各种当代深度学习神经网络必备的训练技术之一。

### 3.2.3.3 Inception-v3

Inception-v1（GoogLeNet）将部分 7×7 卷积和 5×5 卷积拆分为多个连续的 3×3 卷积。延续这个思想，Inception-v3[52]将卷积核进一步变小，将对称的 $n×n$ 卷积拆分为两个非对称的卷积，$1×n$ 卷积和 $n×1$ 卷积。例如，将 3×3 卷积拆分为 1×3 卷积和 3×1 卷积，从而把参数的数量从 9 个减为 6 个。这种非对称的拆分方式，可以增加特征的多样性。因此，形成了图 3.19 中的三种新的 Inception 模块结构。

将图 3.19 中的三种 Inception 模块组合起来，把 GoogLeNet 中第一层 7×7 卷积拆分为 3 层 3×3 卷积，对所有卷积层和辅助分类网络的全连接层做 BN，就形成了 Inception-v3 的网络结构，如表 3.5 所示。该网络进一步提高了分类精度。

### 3.2.3.4 小结

Inception 系列的主要创新包括：

（1）使用 BN，缓解梯度消失或爆炸，加速深度神经网络训练。

（2）进一步减小卷积核的大小，减少卷积核的参数数量。从 AlexNet 的 11×11 卷积，到 VGG 的 3×3 卷积，到 Inception-v3 的 1×3 卷积和 3×1 卷积。

（3）加入辅助分类网络，可以提前反向传播调整参数，缓解梯度消失，解决了多层神经网络训练的问题。

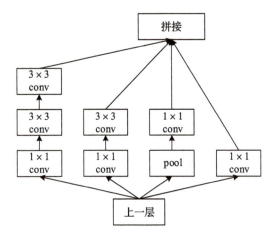

图 3.18 BN-Inception 模块结构

表 3.5 Inception-v3 网络结构[52]

| 层类型 | 窗口尺寸/步长或说明 | 输入尺寸 |
|---|---|---|
| conv | 3×3/2 | 299×299×3 |
| conv | 3×3/1 | 149×149×32 |
| conv padded | 3×3/1 | 147×147×32 |
| pool | 3×3/2 | 147×147×64 |
| conv | 3×3/1 | 73×73×64 |
| conv | 3×3/2 | 71×71×80 |
| conv | 3×3/1 | 35×35×192 |
| 3×Inception | 如图 3.19a 所示 | 35×35×288 |
| 5×Inception | 如图 3.19b 所示 | 17×17×768 |
| 2×Inception | 如图 3.19c 所示 | 8×8×1280 |
| pool | 8×8/1 | 8×8×2048 |
| linear | | 1×1×2048 |
| softmax | 分类器 | 1×1×1000 |

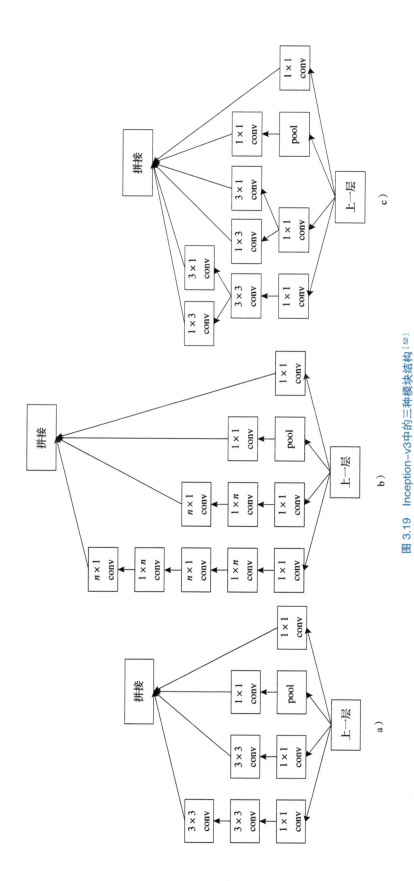

图 3.19 Inception-v3中的三种模块结构[52]

## 3.2.4 ResNet

沿着 AlexNet、VGG 和 GoogLeNet 的脉络发展下来，我们可以看到一个明显的趋势，就是研究者不断尝试各种技术，以加深神经网络的层数。从 8 层的 AlexNet，到 19 层的 VGG，再到 22 层的 GoogLeNet，可以说，技术一直在进步。但是在突破神经网络深度问题上真正最具颠覆性的技术还是来自 ResNet（Residual Network，残差网络）。它不仅在 2015 年的 ImageNet 比赛中分类准确率远高于其他算法，更重要的是，自 ResNet 提出之后，神经网络层数就基本没有上限了。今天，虽然已经有一些更新、更深、更准的神经网络出现，但是它们一般都继承了 ResNet 的思想。

ResNet 要解决的问题很简单，继续堆叠卷积层能否形成更深、更准的神经网络？为了回答这个问题，ResNet 的作者何凯明等人曾经分别用 20 层和 56 层的常规卷积神经网络在 CIFAR-10 数据集上进行训练和测试。如图 3.20 所示，实验结果表明 56 层 CNN 的训练和测试误差都高于 20 层 CNN 的[54]。

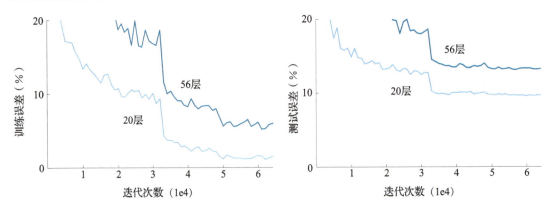

图 3.20  20 层和 56 层卷积神经网络在 CIFAR-10 数据集上的训练和测试误差[54]

为什么随着层数增加，误差会变大？有人认为是因为梯度消失。但是，何凯明等人在上述实验中已经使用了 BN，可以缓解梯度消失，至少梯度不会完全消失。因此，何凯明等人认为，深层神经网络准确率降低是因为层数增加导致的神经网络的退化[54]。也就是说，神经网络层数增加越多，训练时越容易收敛到一些局部最优的极值点上，而不是全局最优点，导致误差比较大。

为了避免神经网络退化，ResNet 采用了一种不同于常规卷积神经网络的基础结构。常规的卷积神经网络，对输入做卷积运算得到输出，等同于用多项式拟合输出并使输出与图像识别的结果一致。但 ResNet 的基本单元如图 3.21b 所示，增加了从输入到输出的直连（shortcut connection），其卷积拟合的是输出与输入的差（即残差）。由于输入和输出都做了 BN，都符合正态分布，因此输入和输出可以做减法，如图 3.21b 中 $F(x):=H(x)-x$。而且从卷积和 BN 后得到的每层的输出响应的均方差来看，残差网络的响应小于常规网络[54]。残差网络的优点是对数据波动更灵敏，更容易求得最优解，因此能够改善深层网络的训练。

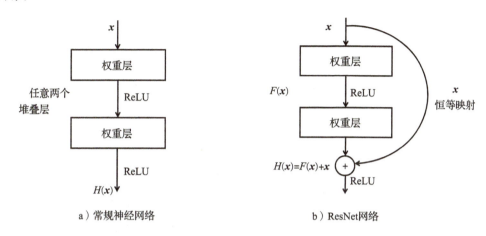

图 3.21　网络结构对比

ResNet 的基本单元（基本块）的处理过程为：输入 $x$ 经过一个卷积层，再做 ReLU，然后经过另一个卷积层得到 $F(x)$，再加上 $x$ 得到输出 $H(x)=F(x)+x$，然后做 ReLU 得到基本块的最终输出 $y$。当输入 $x$ 的维度与卷积输出 $F(x)$ 的维度不同时，需要先对 $x$ 做线性投影使二者维度一致，然后再加和。

如图 3.22 所示，ResNet 网络结构是基于 VGG19 的网络结构发展而来的。首先，把 VGG 中对应的 3×3 卷积层拆出来，变成对应的残差模块，这些残差模块由两个 3×3 卷积层组成。其次，特征图的缩小用步长为 2 的卷积层来完成。如果特征图的尺寸减半，则特征图的数量翻倍；如果特征图的尺寸不变，则特征图的数量也不变。再次，增加了跳转层。跳转层中有实线和虚线，实线表示特征图的尺寸和数量不变，虚线表示特征图的尺寸减半而数量翻倍。

当特征图数量翻倍时（虚线连接），对于输入到输出的直连有两种处理方式：一种是做恒等映射，增加的维度的特征填充 0；另一种是用 1×1 卷积进行特征图数量翻倍，该方式会引入额外的卷积参数。这两种方式处理时的步长都为 2，以满足特征图尺寸减半。

此外，每层卷积之后、激活函数之前做 BN，一方面使得残差模块的输入和输出在同一值域，另一方面缓解梯度消失。

通过上述创新，ResNet 在 2015 年 ImageNet 大赛中取得了最低的 Top-5 错误率（3.57%），远低于 GoogLeNet 的 Top-5 错误率（6.7%）。在 ResNet 之后，很多研究者通过提高神经网络层数进一步提高图像分类的准确率，但是这些工作都是建立在 ResNet 独特的残差网络基础之上。

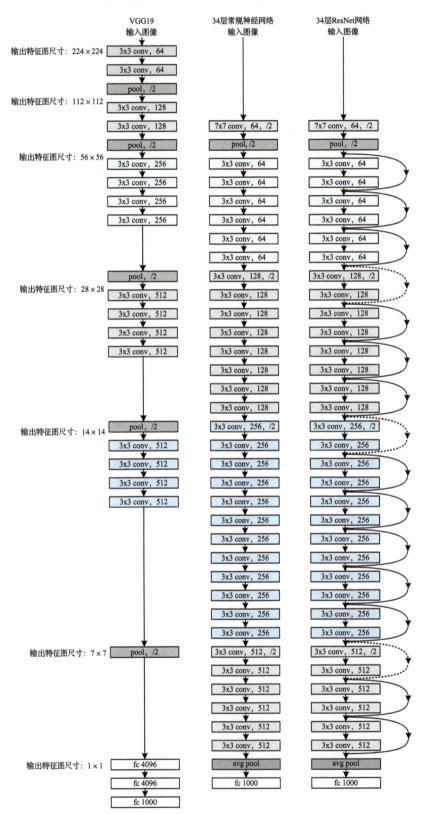

图 3.22 ResNet 网络结构[54]

## 3.3 基于卷积神经网络的图像目标检测算法

在图像分类问题中，ResNet、VGG、GoogLeNet、AlexNet 等网络要识别出给定图片中的物体的类别。分类是非常有意义的基础研究问题，但在实际中难以直接发挥作用。因为实际应用中的一张图片往往有非常复杂的场景，可能包含几十甚至上百种物体。而图像分类算法处理的图片中只有一个物体，因此实际应用中，不但要把一个物体检测出来，还要框出来（定位），更进一步要把图片中所有物体都检测出来并框出来。这就是**图像目标检测**的使命。

目前，基于卷积神经网络的图像目标检测算法主要分为两大类：两阶段和一阶段。**两阶段**（two-stage）算法基于候选区域方法，首先产生边界框把所有物体框出来；然后用基于卷积神经网络的图像分类算法对每个候选区域进行分类。两阶段算法的代表是 R-CNN 系列算法。**一阶段**（one-stage）算法对输入图像直接处理，同时输出物体定位及其类别，即在框出来物体的同时对物体进行分类，主要包括 YOLO 系列以及 SSD 算法。

本节首先介绍图像目标检测算法的评价指标，然后介绍三种图像目标检测算法，包括 R-CNN 系列、YOLO 系列以及 SSD 算法。

### 3.3.1 评价指标

#### 3.3.1.1 IoU

假设输入图像中只有一个物体，那么当我们对这个物体进行定位时，输出的结果应该是这个物体的长方形**边界框**（bounding box）。图 3.23 中狗的实际位置是方形框 B（面积记为 B），如果定位不准可能就是方形框 A（面积记为 A）。判断只有一个物体的图像定位的准确性，通常用交并比（Intersection over Union，IoU）作为评价指标。IoU 就是用 A 和 B 的交集，除以 A 和 B 的并集：

$$\text{IoU} = \frac{A \bigcap B}{A \bigcup B} \quad (3.7)$$

如果定位准确，方形框 A 和 B 完全重叠，则 IoU=1。如果完全定位不到，方形框 A 和 B 完全没有重叠，则 IoU=0。如果定位到一部分，方形框

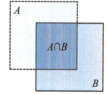

图 3.23 IoU

A 和 B 有一定重叠，则 IoU∈(0, 1)。通常如果 IoU≥0.5，则认为定位比较准确。具体标准也可以根据具体场景进行分析。

#### 3.3.1.2 mAP

物体检测时，如果输入图像中有很多物体，就需要框出很多框，有些框可能准确地框住了一个物体，有些框里可能什么物体都没有，有些框可能框错物体。如果一个框框住了物体

（即 IoU 大于一定阈值，如 0.5）而且分类正确，则认为该处物体检测准确。图像测试集中所有物体检测的准确性，通常用 mAP（mean Average Precision，平均精度均值）来衡量。

以一张图片的物体检测为例，检测算法可能框出 $N=1000$ 个框，其中检测出物体 A 的框（即 IoU 大于一定阈值）有 $k=50$ 个，而该图片中实际上有 $M=100$ 个物体 A。根据表 3.6 中分类结果的定义，该例子中真正例 $TP=k=50$，总正例为 $TP+FN=M=100$，所有预测结果为 $TP+FP=N=1000$。那么这次检测的误差可以用以下 2 个指标来衡量：

**召回率/查全率**（Recall）：选出的 $N$ 个样本中，选对的 $k$ 个正样本占总的 $M$ 个正样本的比例，即

$$Recall = k/M = TP/(TP+FN) \tag{3.8}$$

**精度/查准率**（Precision）：选出的 $N$ 个样本中，选对的 $k$ 个正样本的比例，即

$$Precision = k/N = TP/(TP+FP) \tag{3.9}$$

表 3.6 分类结果

| 测试结果 | 实际情况 | |
|---|---|---|
| | 正例（Positive） | 反例（Negative） |
| 正例（Positive） | 真正例（True Positive，TP） | 假正例（False Positive，FP） |
| 反例（Negative） | 假反例（False Negative，FN） | 真反例（True Negative，TN） |

上面的例子中，物体 A 的召回率是 $Recall_A=50/100=0.5$，精度为 $Precision_A=50/1000=0.05$。显然通过增加框，比如增加 100 万个框，可以提高召回率，但会降低精度。

为了能够用一个指标来衡量测试集中不同类别的分类误差，同时既体现召回率，又体现精度，就需要用到**平均精度**（Average Precision，AP）。假设一个图像目标检测任务，有 100 张图像作为测试集，共有 5 种类别，其中有 25 个事先人为标记为类别 A 的框。假设算法在 100 张测试图像中共检测出 20 个分类为 A 的候选框，各候选框的**置信度**（confidence score）及其标记如表 3.7 中左表所示。其中置信度用 IoU 来度量，如果框的标记为 0 则表示框内没有物体，标记为 1 表示框内有物体。

平均精度 AP 的计算过程如下：

首先，根据置信度排序，得到表 3.7 中右表的左 3 列。

其次，按照置信度降序，依次计算只有 $N$（$N=1,\cdots,20$）个正例时的 Precision 和 Recall。例如，当 $N=4$ 时，认为只有 4 个框内（第 3、7、11、20 号框）有物体 A，实际上只有第 3、7、20 号框有物体 A，因此 $Precision=3/4$；由于测试图像中共有 25 个物体 A，因此 $Recall=3/25$。以此类推，可以计算得到 20 个精度和召回率的数据如表 3.7 中右表的第 4、5 列所示，并可以绘制出精度-召回率曲线如图 3.24。

再次，根据 PASCAL Visual Object Classes Challenge 2012（PASCAL 视觉目标分类挑战赛，简称 VOC2012）[55] 中平均精度 AP 的计算方法，对于每个召回率 $r$，计算任意召回率 $\tilde{r} \geqslant r$ 时的最大的精度，作为召回率 $r$ 对应的精度，如表 3.7 中右表的最右列所示。

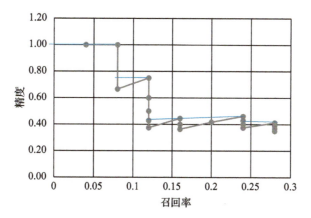

图 3.24 精度-召回率曲线

表 3.7 分类示例

| 左表：分类结果 | | | 右表：排序后的结果 | | | | | |
|---|---|---|---|---|---|---|---|---|
| 编号 | 置信度 | 标记 | 编号 | 置信度 | 标记 | Recall ($r$) | Precision | $\forall \tilde{r} \geqslant r$ 时的最大 Precision |
| 1 | 0.35 | 0 | 3 | 0.92 | 1 | 1/25 | 1 | 1 |
| 2 | 0.15 | 0 | 7 | 0.78 | 1 | 2/25 | 1 | 1 |
| 3 | 0.92 | 1 | 11 | 0.69 | 0 | | 2/3 | |
| 4 | 0.03 | 0 | 20 | 0.52 | 1 | | 3/4 | |
| 5 | 0.24 | 1 | 9 | 0.47 | 0 | | 3/5 | |
| 6 | 0.10 | 0 | 17 | 0.45 | 0 | 3/25 | 3/6 | 3/4 |
| 7 | 0.78 | 1 | 12 | 0.43 | 0 | | 3/7 | |
| 8 | 0.01 | 0 | 1 | 0.35 | 0 | | 3/8 | |
| 9 | 0.47 | 0 | 14 | 0.35 | 1 | | 4/9 | |
| 10 | 0.09 | 1 | 19 | 0.32 | 0 | 4/25 | 4/10 | |
| 11 | 0.69 | 0 | 13 | 0.26 | 0 | | 4/11 | |
| 12 | 0.43 | 0 | 5 | 0.24 | 1 | 5/25 | 5/12 | 6/13 |
| 13 | 0.26 | 0 | 18 | 0.16 | 1 | | 6/13 | |
| 14 | 0.35 | 1 | 2 | 0.15 | 0 | 6/25 | 6/14 | |
| 15 | 0.11 | 0 | 15 | 0.11 | 0 | | 6/15 | |
| 16 | 0.07 | 0 | 6 | 0.10 | 0 | | 6/16 | |
| 17 | 0.45 | 0 | 10 | 0.09 | 1 | | 7/17 | |
| 18 | 0.16 | 1 | 16 | 0.07 | 0 | 7/25 | 7/18 | 7/17 |
| 19 | 0.32 | 0 | 4 | 0.03 | 0 | | 7/19 | |
| 20 | 0.52 | 1 | 8 | 0.01 | 0 | | 7/20 | |

然后，计算更新后的精度-召回率曲线的面积作为平均精度 AP。该例子中类别 A 检测的平均精度为

$$AP_A = (1 + 1 + (3/4) + (6/13) + (6/13) + (6/13) + (7/17)) \times (1/25) = 0.1819 \tag{3.10}$$

最后，图像测试集中 $C$ 种类别的检测的平均精度均值 $\text{mAP} = \Big( \sum_{c=1}^{C} \text{AP}_c \Big)/C$。

### 3.3.2 R-CNN 系列

R-CNN（Region with CNN feature，区域卷积神经网络）系列总体上看属于两阶段类算法，在国际上具有非常大的影响力。R-CNN 系列的主要思想是，把传统的图像处理技术转变为用神经网络来处理，并尽量复用以减少计算量。这个系列的第一款算法是 R-CNN，然后演进出 Fast R-CNN，后来又演进出 Faster R-CNN。目前，Faster R-CNN 是最准确的图像目标检测算法之一。

表 3.8 总结了三种算法的主要特点及性能。R-CNN 算法[56]结合了**候选区域**（Region Proposal）提取和 CNN 特征提取，并采用 SVM 分类和**边界框回归**（bounding box regression，也称为 bbox regression），在 VOC2012 数据集上，图像目标检测精度 mAP 为 53.3%。Fast R-CNN 算法[57]提出了 ROI Pooling 以及 softmax 分类，将图像目标检测精度提升到 65.7%，检测速度比 R-CNN 快 25 倍。Faster R-CNN 算法[58]使用 RPN（Region Proposal Network，区域候选网络）生成候选区域，将图像目标检测精度进一步提升到 67.0%，检测速度比 Fast R-CNN 提升 10 倍。

表 3.8 R-CNN 系列

| 网络 | 主要特点 | mAP(VOC2012) | 单帧检测时间/秒 |
| --- | --- | --- | --- |
| R-CNN[56] | 结合候选区域提取和 CNN 特征提取，SVM 分类，边界框回归 | 53.3% | 50 |
| Fast R-CNN[57] | 提出 ROI Pooling，使用 softmax 分类 | 65.7% | 2 |
| Faster R-CNN[58] | 使用 RPN 生成候选区域 | 67.0% | 0.2 |

注：表中数据来源于文献 [56-58] VOC 数据集上的实验结果。

#### 3.3.2.1 R-CNN

R-CNN 算法是 R-CNN 系列的基础，其处理流程比较复杂。如图 3.25 所示，R-CNN 主要包括四个步骤：

（1）**候选区域提取**：通过选择性搜索（selective search）从原始图像中提取约 2000 个候选区域。

（2）**特征提取**：首先将所有候选区域裁切缩放为固定大小，再对每个候选区域用 AlexNet（其中的 5 个卷积层和 2 个全连接层）提取出 4096 维的图像特征，也可以用 ResNet、VGG 等网络。

（3）**线性分类**：用特定类别的 SVM（Supported Vector Machine，支持向量机）对每个候选区域做分类。

**(4) 边界框回归**：用线性回归来修正边界框的位置与大小，其中每个类别单独训练一个边界框回归器（bbox regressor）。

通过上述方式，可以把图 3.25 中的物体用候选框提取出来，包括一个人、一匹马、一面墙等。

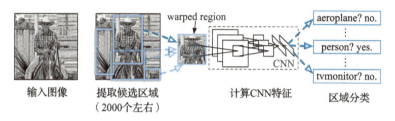

**图 3.25　R-CNN 算法流程**[56]

R-CNN 算法中只有第三步与神经网络有关。第一步用选择性搜索方法提取约 2000 个候选区域，第二步用图像缩放算法，第四步用 SVM 分类做图像识别、用线性回归微调边框，这些都是传统机器学习和计算机视觉的方法。

**1. 候选区域提取**

候选区域提取通常是采用经典的目标检测算法，使用滑动窗口依次判断所有可能的区域。R-CNN 对候选区域提取做了优化，采用选择性搜索[59]预先提取一系列比较有可能是物体的候选区域，之后仅在这些候选区域上提取特征，从而可以大大减少计算量。

基于选择性搜索[59]的候选区域提取算法主要使用层次化分组算法生成不同图像条件下的目标位置。层次化分组算法，首先用基于图的图像分割方法创建初始区域，并将其加入候选区域列表中；再计算所有相邻区域间的相似度；随后，每次合并相似度最高的两个相邻图像区域，计算合并后的区域与其相邻区域的相似度，将合并后的图像区域加到候选区域列表中，重复该过程直至所有图像区域合并为一张完整的图像；然后，提取候选区域的目标位置框，并按层级排序（覆盖整个图像的区域的层级为1）。

为了找到不同图像条件下的候选区域，要在不同图像分割阈值、不同色彩空间、不同相似度（综合考虑颜色、纹理、大小、重叠度）下，调用层次化分组算法，然后对所有合并策略下得到的位置框按照优先级排序，去掉冗余框。其中，为了避免按照区域大小排序，优先级采用层级乘以随机数的方式。最后，R-CNN 取约 2000 个候选区域作为后续卷积神经网络的输入。

**2. 分类与回归**

分类与回归的处理过程如图 3.26 所示。首先候选区域分类，每个类别有一个 SVM 分类器，将 2000 个候选区域中的物体（包括背景）都通过 21 个分类器进行分类处理，判断每个候选区域最可能的分类，例如人、车、马等。然后做 NMS（Non-Maximum Suppression，非极大值抑制）去掉一些冗余框。例如同一个物体可能有不同的框，需要去掉一些冗余框，仅保留一个框。最后做边界框回归，通过线性回归进行候选框的微调校准，以比较准确地框出物体，最终提高物体检测的 mAP。

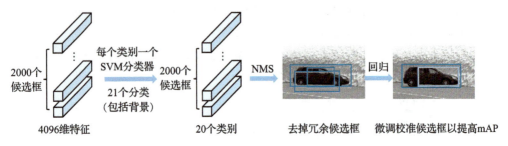

图 3.26　R-CNN 算法中的分类与回归

上述过程中最重要的环节之一是非极大值抑制。在目标检测过程中，会形成 2000 个左右的候选框，同一物体位置（比如图 3.26 中的车）可能会有多个候选框，这些候选框之间会有重叠，就需要利用 NMS 找到较优的目标边界框，去除冗余的边界框。每个类别都要做一次 NMS，以得到最终候选框的输出列表⊖。

对单个类别的 NMS 的处理步骤包括：

（1）根据检测得分对候选框进行排序作为候选框列表；

（2）将分数最高的候选框 $b_m$ 加到最终输出列表中，并将其从候选框列表中删除；

（3）计算 $b_m$ 与其他候选框 $b_i$ 的 IoU，如果 IoU 大于阈值，则从候选框列表中删除 $b_i$；

（4）重复上述步骤，直至候选框列表为空。

R-CNN 存在以下几个主要缺点：

（1）**重复计算**。2000 个候选框都需要做卷积神经网络处理，计算量很大，并且其中有很多重复计算。例如图 3.26 中的车有 3 个候选框，这 3 个框都需要做卷积神经网络处理进行特征提取，但这 3 个候选框之间可能有 80% 以上都是重叠的，显然存在很多重复计算。

（2）**SVM 分类**。在标注数据足够多的时候，卷积神经网络做图像分类要比 SVM 更准确。

（3）**训练测试分为多个步骤**。候选区域提取、特征提取、分类、回归都要独立训练，计算过程中有很多中间数据需要单独保存。从计算机体系结构的角度看，需要反复将数据写到内存里再读回来，效率非常低。

（4）**检测速度慢**。重复计算和分为多个步骤，导致 R-CNN 检测速度非常慢。在当时最先进的 GPU K40 上，处理一张图片需要 13 秒，在 CPU 上需要 53 秒[56]。这导致 R-CNN 在视频分析应用中远远做不到实时处理（每秒 25 帧）。

#### 3.3.2.2　Fast R-CNN

为了提升图像目标检测速度，Ross Girshick 提出了 Fast R-CNN[57]，不仅提高了处理

---

⊖ 在 NMS 处理过程中，可能会有一些比较复杂的场景。例如两个前后站立的人，这两个不同的物体重叠度很高。最初的 R-CNN 所采用的传统 NMS 可能会丢掉站在后面的人的候选框，但 soft NMS 算法[60]可以把两个人的候选框都保留下来。

速度,还提高了检测精度。Fast R-CNN 的框架如图 3.27 所示,其主要处理过程为:

首先,Fast R-CNN 仍采用 R-CNN 中的候选区域提取方法,从原始图像中提取约 2000 个候选区域。

其次,原始图像输入到卷积神经网络(只用多个卷积层和池化层)得到特征图,Fast R-CNN 只需要统一做一次卷积神经网络处理,而不需要像 R-CNN 那样做 2000 次。

随后,提出了 ROI Pooling(Region Of Interest Pooling,感兴趣区域池化),根据映射关系,从卷积特征图上提取出不同尺寸的候选区域对应的特征图,并池化为维度相同的特征图(因为全连接层要求输入尺寸固定)。由于 Fast R-CNN 只做一次卷积神经网络处理,大幅减少了计算量,提高了处理速度。

然后,将维度相同的特征图送到全连接层,转化为 ROI 特征向量(ROI feature vector)。

最后经过全连接层,用 softmax 分类器进行识别,用边界框回归器修正边界框的位置和大小,再对每个类别做 NMS,去除冗余候选框。

Fast R-CNN 最本质的变化是,将需要运行 2000 次的卷积神经网络,变成运行一个大的卷积神经网络。

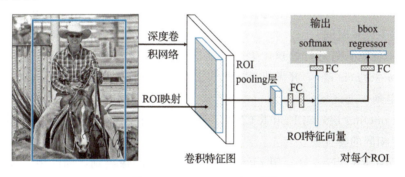

图 3.27　Fast R-CNN 框架[57]

**感兴趣区域**(Region Of Interest,ROI)对应提取出来的候选区域。ROI pooling 可以将不同尺寸的 ROI 对应的卷积特征图转换为固定大小的特征图(如 $7\times7$),一方面可以复用卷积层提取的特征图以提高图像处理速度,另一方面可以向全连接层提供固定尺寸的特征图。对于每个特征图通道,ROI pooling 根据输出尺寸 $H\times W$ 将输入特征图 $h\times w$ 均分为多块,每个块大小约为 $h/H\times w/W$,然后取每块的最大值作为输出值。

Fast R-CNN 的主要改进包括:

(1)直接对整个图像做卷积,不再对每个候选区域分别做卷积,减少了大量重复计算。

(2)用 ROI pooling 对不同候选区域的特征图进行尺寸归一化,使不同尺寸的候选区域对应到固定尺寸的特征图。

(3)将边界框回归器和网络一起训练,每个类别对应一个回归器。

(4）用 softmax 层代替 SVM 分类器，从而将 R-CNN 中很多小的神经网络变成一个大的神经网络。

但是，Fast R-CNN 中仍然使用了很多传统计算机视觉的技术。尤其是候选区域提取仍使用选择性搜索，而目标检测时间大多消耗在候选区域提取上，即提取 2000 个候选框。在 K40 GPU 上，基于 VGG16 的 Fast R-CNN 在候选区域提取上耗时 3.2 秒[58]，而其他部分总共才花 0.32 秒。因此，当 2000 个卷积神经网络变成一个大的神经网络之后，候选区域提取就成了 Fast R-CNN 的瓶颈。

### 3.3.2.3　Faster R-CNN

为了解决 Fast R-CNN 中候选区域提取的瓶颈，Faster R-CNN[58]设计了更高效的候选区域提取方法——**区域候选网络**（Region Proposal Network，RPN），把候选区域提取也用神经网络来实现，从而进一步提升了图像目标检测的速度。

Faster R-CNN 将 RPN 和 Fast R-CNN 结合起来，如图 3.28a 所示，其主要处理过程包括：

（1）输入图片经过多层卷积神经网络（如 ZF[36]和 VGG16 的卷积层），提取出卷积特征图，供 RPN 和 Fast R-CNN 中的 ROI pooling 使用。RPN 和 Fast R-CNN 共享特征提取网络可大大减少计算时间。

（2）RPN 对特征图进行处理，生成候选框，用 softmax 判断候选框是前景还是背景（对应图 3.28a 中的 cls 层），并做边界框回归来调整候选框的位置和大小（对应图 3.28a 中的 reg 层），得到候选区域。

（3）ROI pooling 层，与 Fast R-CNN 一样，将不同尺寸的候选框在特征图上的对应区域池化为维度相同的特征图。

（4）与 Fast R-CNN 一样，用 softmax 分类器判断图像类别，同时用边界框回归器修正边界框的位置和大小。

Faster R-CNN 的核心是 RPN。RPN 的输入是特征图，输出是候选区域集合，包括各候选区域属于前景或背景的概率以及位置坐标，并且不限定候选区域的个数。RPN 中采用一种 anchor 机制，能够从特征图上直接选出候选区域的特征，相对于选择性搜索，大大减少了计算量，且整个过程融合在一个神经网络里面，方便训练和测试。RPN 的具体计算过程为：

（1）先经过一个 3×3 卷积，使每个卷积窗口输出一个 256 维（ZF 模型）或 512 维（VGG16）特征向量。

（2）然后分两路处理：一路经过 1×1 卷积之后做 softmax 处理，输出候选框为前景或背景的概率；另一路做边界框回归来确定候选框的位置及大小。

（3）两路计算结束后，计算得到前景候选框（因为物体在前景中），再用 NMS 去除冗余候选框，最后输出候选区域。

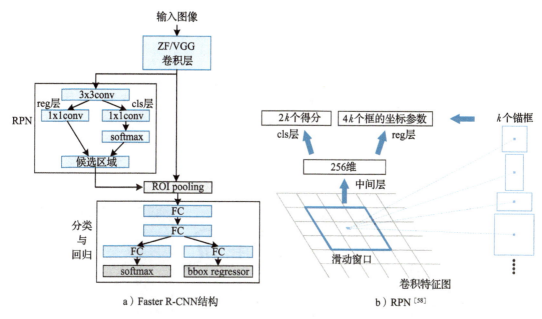

图 3.28 Faster R-CNN 结构,图中省略了 RPN 中 softmax 前后的转换(分别将二维特征图转为一维向量,将一维向量转为二维特征图)

Faster R-CNN 没有限定候选框的个数(如 2000 个),而是提出了 anchor box(锚框),如图 3.29 所示。特征图的每个位置可以有 $k=9$ 个可能的候选框,包括 3 种面积和 3 种长宽比。3 种面积可以是 $128\times128$、$256\times256$、$512\times512$,每种面积又分成 3 种长宽比,分别为 2:1、1:2、1:1,总计 9 个不同的候选框,这些候选框也被称为 anchor。在 RPN 中,特征图的每个位置会输出 $2k$ 个得分,分别表示该位置的 $k$ 个 anchor 为前景/背景的概率,同时每个位置会输出 $4k$ 个坐标值,分别表示该位置的 $k$ 个框的中心坐标 $(x, y)$ 及其宽度 $w$ 和高度 $h$,这些值都是用神经网络计算出来的。

### 3.3.2.4 小结

R-CNN 中多个环节采用了非神经网络的技术。而生物的

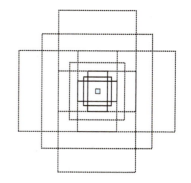

图 3.29 Faster R-CNN 中的 anchor box

视觉通道用一套生物神经网络就可以检测所有物体。因此,理论上图像检测中所有环节都可以转换为神经网络来实现。通过 Fast R-CNN 和 Faster R-CNN 的逐步努力,这个目标应该说基本实现了。Fast R-CNN 用 softmax 层取代了 R-CNN 中的 SVM 分类器,Faster R-CNN 用 RPN 取代了选择性搜索。从 R-CNN 到 Fast R-CNN,再到 Faster R-CNN,目标检测的四个基本步骤(候选区域提取、特征提取、分类、边界框回归)中的很多传统的计算机视觉的技术

逐渐被统一到深度学习框架中,大大提高了运行速度。

### 3.3.3 YOLO

前面介绍的 R-CNN 系列是两阶段算法,先产生候选区域再进行 CNN 分类。而 YOLO (You Only Look Once,你只需要看一眼) 开创了一阶段检测算法的先河,将目标分类和定位用一个神经网络统一起来,实现了端到端的目标检测。如图 3.30 所示,YOLO 的主要思想是,把目标检测问题转换为直接从图像中提取边界框和类别概率的单回归问题,一次就可检测出目标的类别和位置[61]。因此,YOLO 模型的运行速度非常快,在一些 GPU 上可以达到 45 帧/秒的运算速度,可以满足实时性应用要求。

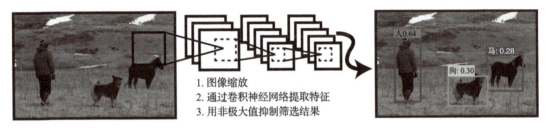

图 3.30 YOLO 检测系统[61]

#### 3.3.3.1 统一检测

YOLO 模型如图 3.31 所示,其做**统一检测**(unified detection)的过程如下:

首先把输入图像分成 $S \times S$ 个小格子。每个格子预测 $B$ 个**边界框**,每个边界框用五个预测值表示:$x$、$y$、$w$、$h$ 和 confidence(置信度)。其中 $(x, y)$ 是边界框的中心坐标,$w$ 和 $h$ 是边界框的宽度和高度,这四个值都被归一化到 $[0, 1]$ 区间,以便于训练。confidence 综合考虑当前边界框中存在目标的可能性 $\Pr(\text{Object})$ 以及预测框和真实框的交并比 $\text{IoU}_{\text{pred}}^{\text{truth}}$,定义为[61]

$$\text{confidence} = \Pr(\text{Object}) \times \text{IoU}_{\text{pred}}^{\text{truth}}, \quad \Pr(\text{Object}) = \begin{cases} 1 & \text{目标在该格子中} \\ 0 & \text{目标不在该格子中} \end{cases} \quad (3.11)$$

如果一个框内没有物体,则 confidence=0,否则 confidence 等于交并比。在训练时,可以计算出每一个框的 confidence。

然后,预测每个格子分别属于每一种目标类别的条件概率 $\Pr(\text{Class}_i | \text{Object})$,$i=0$,1,$\cdots$,$C$,其中 $C$ 是数据集中目标类别的数量。在测试时,属于某个格子的 $B$ 个边界框共享 $C$ 个类别的条件概率,每个边界框属于某个目标类别的置信度(类别置信度)为[61]

$$\text{confidence} = \Pr(\text{Class}_i | \text{Object}) \times \Pr(\text{Object}) \times \text{IoU}_{\text{pred}}^{\text{truth}} = \Pr(\text{Class}_i) \times \text{IoU}_{\text{pred}}^{\text{truth}}$$

最后,输出一个**张量**(tensor),其维度为 $S \times S \times (B \times 5 + C)$。YOLO 使用 PASCAL VOC 检测数据集,将图像分为 $7 \times 7 = 49$ 个小格子,每个格子里有两个边界框,即 $S=7$,$B=2$。因为 VOC 数据集中有 20 种类别,所以 $C=20$。最终的预测结果是一个 $7 \times 7 \times 30$ 的张量。

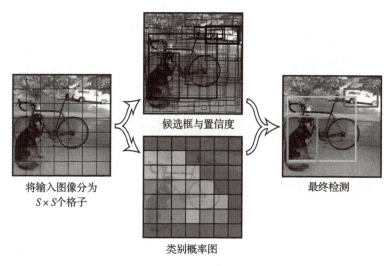

图 3.31　YOLO 模型[61]

### 3.3.3.2　网络结构

YOLO 借鉴了 GoogLeNet 的设计思想，其网络结构如图 3.32 所示，包括 24 个卷积层和 2 个全连接层。YOLO 没有使用 Inception 模块，而是直接用 1×1 卷积层及随后的 3×3 卷积层。YOLO 的输出是 7×7×30 的张量。YOLO 使用 Leaky ReLU 作为激活函数：

$$f(x) = \begin{cases} x & x > 0 \\ 0.1x & 其他 \end{cases} \tag{3.12}$$

### 3.3.3.3　小结

YOLO 使用统一检测模型，相对于传统目标检测，它有几个显著优点：

(1) 检测速度非常快。YOLO 将目标检测重建为单一回归问题，对输入图像直接处理，同时输出边界框坐标和分类概率，而且每幅图像只预测 98 个边界框。因此 YOLO 的检测速度非常快，在 Titan X GPU 上能达到 45 帧/秒，Fast YOLO 的检测速度可以达到 155 帧/秒[61]。

(2) 背景误判少。以往基于滑动窗口或候选区域提取的目标检测算法，只能看到图像的局部信息，会把图像背景误认为目标。而 YOLO 在训练和测试时每个格子都可以看到全局信息，因此不容易把图像背景预测为目标。

(3) 泛化性更好。YOLO 能够学习到目标的泛化表示，能够迁移到其他领域。例如，当 YOLO 在自然图像上做训练，在艺术品上做测试时，其性能远优于 DPM、R-CNN 等。

YOLO 目标检测速度很快，但精度不是很高，主要是因为以下方面：

(1) 每个格子只能预测两个边界框和一种目标的分类。YOLO 将一幅图像均分为 49 个格子，如果多个物体的中心在同一单元格内，一个单元格内只能预测出一个类别的物体，就会丢掉其他的物体。

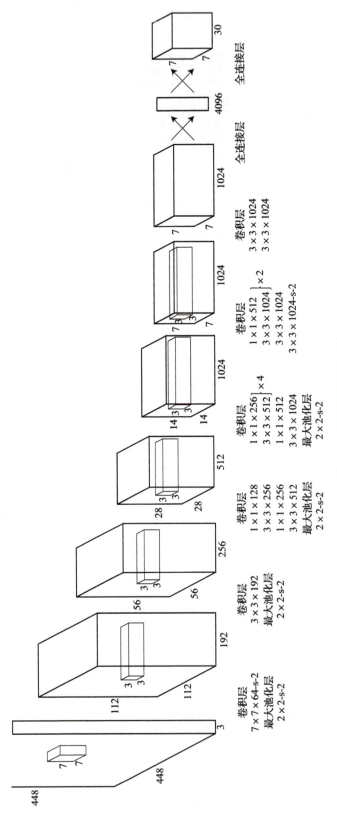

图 3.32 YOLO网络结构[61]

（2）损失函数的设计过于简单。边界框的坐标和分类表征的内容不同，但 YOLO 都用其均方误差作为损失函数。

（3）YOLO 直接预测边界框的坐标位置，模型不易训练。

针对 YOLO 中存在的问题，出现了很多改进版。YOLO v2[62]借鉴了 Faster R-CNN 中的 anchor box 思想，改进了网络结构，形成了 Darknet-19 网络，此外还用卷积层替换了 YOLO 中的全连接层，大幅减少了参数量，提高了目标检测的精度及速度。YOLO v3[63] 采用了多尺度预测，同时借鉴 ResNet 的思想形成了一个 53 层的 Darknet-53 网络，使用多标记分类器代替 softmax 等技术，进一步提高了目标检测的精度。读者可以阅读相关论文了解更详细的内容。

### 3.3.4 SSD

SSD（Single Shot Detector，单次检测器）[64]基于 YOLO 直接回归边界框和分类概率的一阶段检测算法，借鉴了 Faster R-CNN 中的 anchor box 思想，使用了多尺度特征图检测，用一个深度神经网络就可以完成目标检测，在满足检测速度要求的同时，大幅提高了检测精度。SSD 的网络结构如图 3.33 所示。

在卷积神经网络中，一般距离输入近的卷积层的特征图比较大，后面逐渐使用步长为 2 的卷积或池化来降低特征图的尺寸。例如输入图像是 224×224，特征图的尺寸后面可能会依次变成 112×112、56×56、28×28、14×14。不同尺寸的特征图中，同样大小的框，框出的物体大小差异很大。例如在 14×14 大小的特征图上，框内的物体会非常大，相当于在很远的地方框出一个很大的物体。

SSD 的主要思想是，在不同大小的特征图上都提取默认框（default box，类似于 anchor box）做检测，以找到最合适的默认框的位置和尺寸。在比较大的特征图上检测比较小的目标，在比较小的特征图上检测比较大的目标，如图 3.34 所示。8×8 特征图上的框用来检测比较小的目标——猫，而下一层 4×4 特征图上的框用来检测比较大的目标——狗。

SSD 使用 $m$ 层特征图做预测，每个特征图上的每个位置有 6 个默认框。默认框包括 2 个正方形和 4 个长方形，其宽高比为 $a_r \in \{1, 2, 3, 1/2, 1/3\}$。默认框在第 $k$ 个特征图上的缩放为

$$s_k = s_{\min} + \frac{s_{\max} - s_{\min}}{m-1}(k-1), \quad k \in [1, m] \tag{3.13}$$

其中，$s_{\min}=0.2$，$s_{\max}=0.9$，分别对应最低层和最高层的缩放。每个默认框的宽度为 $w_k^a = s_k \sqrt{a_r}$，高度为 $h_k^a = s_k / \sqrt{a_r}$。对于宽高比为 1 的情况，增加一个默认框，其缩放为 $s_k' = \sqrt{s_k s_{k+1}}$。通过上述方式，特征图上每个位置有 6 个不同大小和形状的默认框。

同时对多层特征图上的默认框计算交并比 IoU，可以找到与真实框大小及位置最接近的框，在训练时能够达到最好的精度。图 3.35 是在不同层的特征图上的默认框的示例○。

---

○ 背景图片来自文献 [64]。

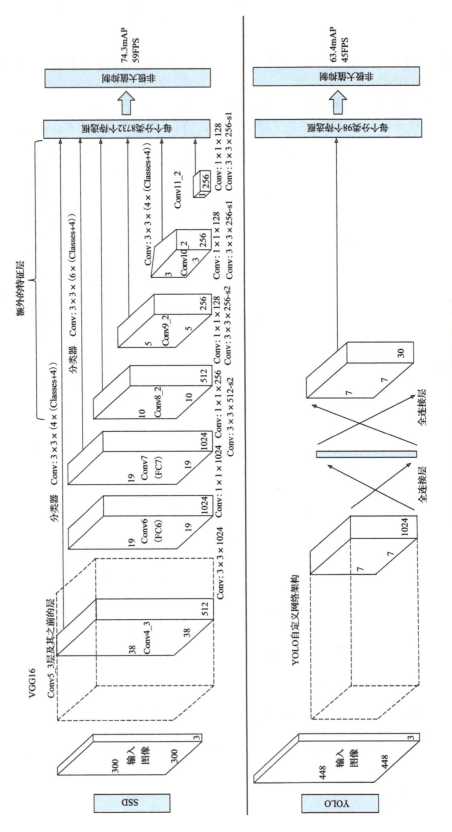

图 3.33 SSD网络结构与YOLO结构对比 [64]

在低层特征图上，默认框可能框到一个物体的局部，交并比很小；在高层特征图上，默认框可能框到一个物体，但框太大了，交并比也很小；在中间层特征图上，框的大小和形状最合适，交并比也是最高的。通过这些优化技术，SSD 的目标检测精度相对于 YOLO 有一定的提升，也更容易训练。

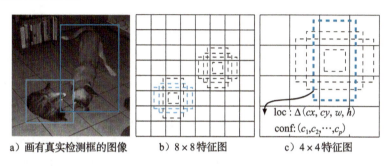

图 3.34　SSD 框架[64]

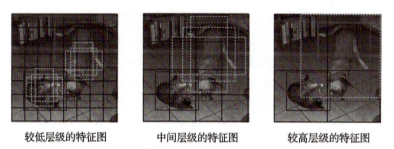

图 3.35　在不同层的特征图上的默认框示例，左下和右上的实线框分别是猫和狗的真实框

### 3.3.5　小结

图像目标检测算法大致分为一阶段算法和两阶段算法。两阶段算法提出的早一些，包括 R-CNN、Fast R-CNN、Faster R-CNN 等。Faster R-CNN 之后还有很多优化算法，包括更好的特征网络、更好的 RPN、更完善的 ROI 分类、样本后处理、更大的 mini-batch 等等，形成了现在非常有名的 R-FCN、Mask R-CNN 等算法。一阶段算法中 YOLO 是比较经典的，YOLO 之后 SSD 很有影响力，SSD 之后又有 R-SSD、DSSD、DSOD、FSSD 等。由于本书篇幅有限，这里不再一一介绍，读者可以阅读相关文献进一步了解。总体上说，不论是一阶段还是两阶段，主流图像目标检测算法现在都已经可以全部用神经网络完成。

## 3.4　序列模型：循环神经网络

前面几节介绍了如何用卷积神经网络处理图像数据。在实际生活中，更常见的是**序列**

数据，包括文字、语音、视频等。图像数据的大小是固定的，但序列数据的长度不是固定的。比如，典型的序列数据——文字，一句话可能很长，可能有几十个词，甚至听完这句话之前不知道这句话有多少个词；视频的长度可能是 1000 帧，也可能是数十万帧。此外，序列数据是按时序输入的有时间信息的数据，其相邻数据之间存在相关性，不是相互独立的。

以文字为例，词与词之间有相关性，同一个词的含义会依赖上下文、语气、表情，甚至多模态信息。例如，"中国队大胜美国队""中国队大败美国队"，必须根据上下文才能理解其含义。"美国总统布什昨天在白宫与以色列总理沙龙就中东局势进行了一个小时的会谈"，这句话中每一个词可能都代表专门的含义，必须根据上下文进行理解。比如，"中""东"单独出现有自己的含义，但是放在一起的"中东"含义就取决于语境了。如果前面是"以色列"，就代表地中海东部到波斯湾之间的区域；如果"中东"前面没有"以色列"而是后跟"铁路"二字，"中东铁路"是沙俄政府建设的"中国东方铁路"的简称，此时"中东"的含义就可想而知了。

序列数据中相邻数据之间有相关性，这就要求神经网络有存储信息的能力，才能有效处理序列数据。而本章前面介绍过的做图像识别的卷积神经网络不需要有存储信息的能力，它只需要固定的权重参数，不需要根据已处理的前一张图片的情况来改变内部状态。为此，研究者提出了**循环神经网络**（Recurrent Neural Network，RNN）[8]。它可以有效保存序列数据的历史信息，因此比较适合处理序列数据。

### 3.4.1 RNN

循环神经网络主要用于机器翻译、图片描述、视频标注、视觉问答等。Github 上有很多循环网络应用的例子，感兴趣的读者可以访问 Github 上的 "Awesome Recurrent Neural Network"[65]进一步了解。

#### 3.4.1.1 RNN 结构

循环神经网络使用带自反馈的神经元，可以处理任意长度的序列数据。图 3.36 是一个循环神经网络，其输入是 $x$，输出为 $\hat{y}$，隐层为 $h$。隐层 $h$ 称为记忆单元，具有存储信息的能力，其输出会影响其下一时刻的输入。图 3.36 右图是将 RNN 按时间展开后的示意图。假设时刻 $t$ 的输入为 $x^{(t)}$，输出为 $\hat{y}^{(t)}$，隐藏状态为 $h^{(t)}$，则 $h^{(t)}$ 既和当前时刻的输入 $x^{(t)}$ 相关，也和上一时刻的隐藏状态 $h^{(t-1)}$ 相关。每一个时间步（time step），输出 $\hat{y}^{(t)}$ 和隐藏状态更新如下：

$$h^{(t)} = f(Wh^{(t-1)} + Ux^{(t)} + b)$$
$$o^{(t)} = Vh^{(t)} + c \qquad (3.14)$$
$$\hat{y}^{(t)} = \text{softmax}(o^{(t)})$$

其中，$b$ 和 $c$ 为偏置，$U$、$V$、$W$ 分别为输入-隐层、隐层-输出、隐层-隐层连接的权重矩阵。在不同时刻，权重矩阵 $U$、$V$、$W$ 的值是相同的。$f(x)$ 为非线性激活函数，通常是 tanh 或 ReLU 函数，下文以 $f(x)=\tanh(x)$ 为例。这个例子比较简单，只有一个隐层，也可以有多个隐层。

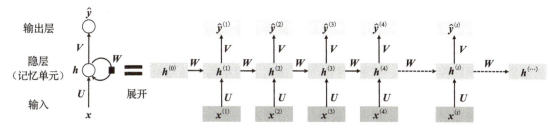

图 3.36　RNN 结构（左图），按时间展开的 RNN 结构（右图）

通过这样的循环神经网络可以建模序列信息，序列中的前后数据（$x^{(t)}$，$x^{(t+1)}$）不独立，相互影响。例如文字中，后面的词和前面的词有相关性，会相互影响。循环神经网络的循环特点体现在对每个输入的操作是一样的，可以循环往复地重复这些相同的操作，每个时刻的参数 $W$ 和 $U$ 都是相同的。循环神经网络有记忆（memory），隐层 $h^{(t)}$ 中捕捉了时刻 $t$ 之前的所有信息。理论上 $h^{(2)}$ 中可能蕴藏了部分 $x^{(2)}$ 的信息和 $x^{(1)}$ 的信息，而 $h^{(t)}$ 中可能蕴藏了 $x^{(t)}$，$x^{(t-1)}$，$\cdots$，$x^{(1)}$ 中的信息。因此，理论上 $h^{(t)}$ 可以蕴藏 $t$ 时刻之前的所有信息，其记忆的内容可以无限长，但实际训练时由于梯度爆炸等原因导致其能够获得的记忆是非常有限的。

我们可以看看神经图灵机的例子。神经图灵机[66]是谷歌 DeepMind 做过的一个很有意思的工作，它的改进版本[67]发表在 Nature 上。图灵机里面有一个无限长的纸带，纸带上有一个读写头。读写头可以观察纸带上有什么值，根据纸条带上的值往左、往右或者修改纸带当前格子里的值。从某种意义说，图灵机中的读写头对应计算机和程序（即硬件和软件），纸带对应内存。神经图灵机用神经网络代替图灵机中的读写头。图灵机是通用的机器，如果读写头设计好了，可以完成任意的功能，比如排序、串拷贝等。理论上如果我们把一个神经网络训练得能完成读写头的功能，就可以让神经网络完成任意的计算机功能，包括但不限于排序和串拷贝。这是通往通用人工智能的非常重要的工作。读写头要考虑历史信息，比如往左或往右与纸带上其他的信息有关。因此，可以用 RNN 来做读写头。但是 DeepMind 的研究者发现，用很长时间训练出来的做串拷贝的神经网络读写头，如果处理拷贝长度在 20 个以内的字符串，基本上没有问题，但是对于更长的字符串（比如 100 个或 200 个），神经网络读写头就做不对了。这就是因为 RNN（及其改进版本 LSTM）的记忆是有限的。

RNN 有很多种灵活的应用，支持多种输入-输出结构，包括一对多、多对一、多对多等。图 3.37a 是传统的没有循环的神经网络结构，深蓝色表示输入、浅蓝色表示输出、中间色表示隐层。图 3.37b 是一对多的 RNN 结构，输入可能是一张图片，输出是一个序列，例如**图像标注**（image caption）用一段话来描述给定的图片，其输入是一张图片，输出是持续的字符串，譬如一张给定图片的描述可能是"一只猫蹲在一条狗旁边"。图 3.37c 是多对一的 RNN 结构，输入是一个序列，输出可能是一个词，例如给定一个序列，神经网络分析之后输出"足球赛"。图 3.37d、e 是多对多的 RNN 结构，输出和输入都是序列，例如机器翻译（machine translation）将英文翻译成中文或者中文翻译成英文，**视频标注**（video caption）对一个很长的连续序列如足球比赛写出一个新闻报道，如"第 5 分钟张三传给李四、李四传给王五、王五射门"等。多对多的结构，还支持同步序列转化，例如**视频分类**（video classification）对视频的每一帧标注信息。RNN 的应用很灵活，只需要提供训练样本，神经网络就可以根据需要训练出一对多、多对一或多对多的结构。

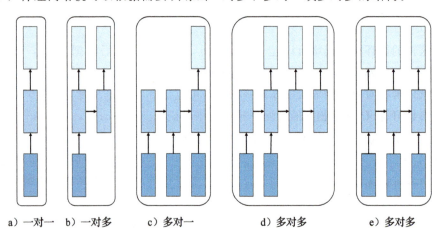

a）一对一　b）一对多　　c）多对一　　　d）多对多　　　e）多对多

图 3.37　RNN 的输入-输出结构[68]

#### 3.4.1.2　RNN 的反向传播

RNN 的训练一般采用一种变种的反向传播方法，学名为**基于时间的反向传播**（Back-Propagation Through Time，BPTT）[69]。如图 3.38 所示，它的核心思想是将 RNN 按时间展开后做反向传播。BPTT 完成正向传播后一般用交叉熵作为损失函数，然后做梯度下降。损失函数 $L$ 为每个时刻的损失函数 $L^{(t)}$ 之和：

$$L = \sum_{t=1}^{\tau} L^{(t)} = -\sum_{t=1}^{\tau} \boldsymbol{y}^{(t)} \ln \hat{\boldsymbol{y}}^{(t)} \tag{3.15}$$

损失函数对参数 $\boldsymbol{V}$ 的偏导为

$$\frac{\partial L}{\partial \boldsymbol{V}} = \sum_t \frac{\partial L^{(t)}}{\partial \boldsymbol{V}} = \sum_t \frac{\partial L^{(t)}}{\partial \hat{\boldsymbol{y}}^{(t)}} \frac{\partial \hat{\boldsymbol{y}}^{(t)}}{\partial \boldsymbol{o}^{(t)}} \frac{\partial \boldsymbol{o}^{(t)}}{\partial \boldsymbol{V}} = \sum_t \frac{\partial L^{(t)}}{\partial \hat{\boldsymbol{y}}^{(t)}} \frac{\partial \hat{\boldsymbol{y}}^{(t)}}{\partial \boldsymbol{o}^{(t)}} \boldsymbol{h}^{(t)\mathrm{T}} \tag{3.16}$$

损失函数对参数 $\boldsymbol{W}$ 的偏导为

$$\frac{\partial L}{\partial \boldsymbol{W}} = \sum_t \frac{\partial L^{(t)}}{\partial \boldsymbol{W}} = \sum_t \frac{\partial L^{(t)}}{\partial \hat{\boldsymbol{y}}^{(t)}} \frac{\partial \hat{\boldsymbol{y}}^{(t)}}{\partial \boldsymbol{o}^{(t)}} \frac{\partial \boldsymbol{o}^{(t)}}{\partial \boldsymbol{h}^{(t)}} \frac{\partial \boldsymbol{h}^{(t)}}{\partial \boldsymbol{W}} \tag{3.17}$$

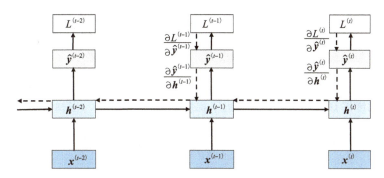

图 3.38　RNN 的反向传播

根据式（3.14）和偏导的链式法则，有

$$\frac{\partial L}{\partial \boldsymbol{W}} = \sum_t \sum_{k=1}^{t} \frac{\partial L^{(t)}}{\partial \hat{\boldsymbol{y}}^{(t)}} \frac{\partial \hat{\boldsymbol{y}}^{(t)}}{\partial \boldsymbol{o}^{(t)}} \frac{\partial \boldsymbol{o}^{(t)}}{\partial \boldsymbol{h}^{(t)}} \frac{\partial \boldsymbol{h}^{(t)}}{\partial \boldsymbol{h}^{(k)}} \frac{\partial \boldsymbol{h}^{(k)}}{\partial \boldsymbol{W}} \tag{3.18}$$

$$\frac{\partial \boldsymbol{h}^{(t)}}{\partial \boldsymbol{h}^{(k)}} = \prod_{i=k+1}^{t} \frac{\partial \boldsymbol{h}^{(i)}}{\partial \boldsymbol{h}^{(i-1)}} = \prod_{i=k+1}^{t} \boldsymbol{W}^{\mathrm{T}} \mathrm{diag}(1-(\boldsymbol{h}^{(i)})^2) \tag{3.19}$$

其中，$\mathrm{diag}(1-(\boldsymbol{h}^{(i)})^2)$ 是对角矩阵，包含元素 $1-(\boldsymbol{h}_j^{(i)})^2$。偏导的链式过程如图 3.38 所示。

因此，

$$\frac{\partial L}{\partial \boldsymbol{W}} = \sum_t \sum_{k=1}^{k=t} \frac{\partial L^{(t)}}{\partial \hat{\boldsymbol{y}}^{(t)}} \frac{\partial \hat{\boldsymbol{y}}^{(t)}}{\partial \boldsymbol{o}^{(t)}} \frac{\partial \boldsymbol{o}^{(t)}}{\partial \boldsymbol{h}^{(t)}} \left( \prod_{i=k+1}^{t} \boldsymbol{W}^{\mathrm{T}} \mathrm{diag}(1-(\boldsymbol{h}^{(i)})^2) \right) \frac{\partial \boldsymbol{h}^{(k)}}{\partial \boldsymbol{W}} \tag{3.20}$$

同理，损失函数对参数 $\boldsymbol{U}$ 的偏导为

$$\frac{\partial L}{\partial \boldsymbol{U}} = \sum_t \sum_{k=1}^{k=t} \frac{\partial L^{(t)}}{\partial \hat{\boldsymbol{y}}^{(t)}} \frac{\partial \hat{\boldsymbol{y}}^{(t)}}{\partial \boldsymbol{o}^{(t)}} \frac{\partial \boldsymbol{o}^{(t)}}{\partial \boldsymbol{h}^{(t)}} \left( \prod_{i=k+1}^{t} \boldsymbol{W}^{\mathrm{T}} \mathrm{diag}(1-(\boldsymbol{h}^{(i)})^2) \right) \frac{\partial \boldsymbol{h}^{(k)}}{\partial \boldsymbol{U}} \tag{3.21}$$

当 $t \gg k$ 时，$\left\| \prod_{i=k+1}^{t} \boldsymbol{W}^{\mathrm{T}} \mathrm{diag}(1-(\boldsymbol{h}^{(i)})^2) \right\|_2$ 很容易把一个稍大的梯度传递到下一时刻变成更大的梯度，再到下一时刻变得更大，也就是正反馈越来越大，然后很快趋向于无穷，产生梯度爆炸。另一种情况是，下一时刻梯度很小，再下一时刻梯度更小，然后很快趋向于 0，产生梯度消失。由于 RNN 很容易出现梯度消失或梯度爆炸，RNN 只能学到很短期的依赖关系，比如邻近几个时刻内的依赖。

RNN 中显著的梯度消失或梯度爆炸现象主要是循环结构引起的。一般的神经网络有很多层，每一层的权重矩阵不同，但 RNN 中每一层的权重矩阵都是相同的。这就导致梯度的绝对值急剧单调增或者单调减。下面是一个由于梯度消失导致循环神经网络无法处理长期依赖关系的示例。

考虑一个语言模型，试图根据之前的单词预测下一个单词。如果要预测"The birds are flying in the ＿＿＿＿"中最后一个单词，不需要很多的上下文就可以知道下一个单词是"sky"。相关信息（"birds"和"flying"）与预测位置的间隔比较小。这种情况下 RNN

处理起来问题不大,可以学会使用之前的信息预测出"sky"。但如果要预测"I grew up in Italy... I speak fluent ____"中最后一个单词,就需要用到包含"Italy"的前文。相关信息("Italy")与预测位置的间隔可能很大。随着这种间隔的拉长,RNN 就会由于梯度消失,找不到前后的依赖关系,从而做出错误判断。

为了解决梯度爆炸,Pascanu 等提出了梯度截断的方法[70],当梯度 $\hat{g} = \frac{\partial L}{\partial \boldsymbol{W}}$ 大于预定义的阈值 threshold 时进行截断,得到 $\hat{g} = \frac{\text{threshold}}{\|\hat{g}\|}\hat{g}$。为了解决梯度消失,可以用现在流行的**长短期记忆模型**(Long Short-Term Memory,LSTM)或**门限循环单元**(Gated Recurrent Unit,GRU)。

### 3.4.2 LSTM

让循环神经网络记住长期依赖关系可以用非常著名的 LSTM。LSTM[71] 是 1997 年提出来的,通过 20 年的发展,已经成为时序信息智能处理最常用的工具。

LSTM 的核心思想是,很长时刻之前的信息可能很重要,需要保留,但神经网络的记忆是有限的(就像杯子倒满了水就会溢出),要想记住过去的重要信息,就要丢掉新学到的不重要信息。因此,LSTM 会去判定一个新信息是否重要。如果重要,就应当进入长期记忆,持久地保留;否则,属于短期记忆,很快就要丢掉。

为了达到这个目的,LSTM 循环网络设计了 **LSTM 单元**来替代 RNN 中的隐层单元。图 3.39 是按时间展开的 LSTM 循环网络单元的结构。相对于 RNN,每个 LSTM 单元的输入和输出不变,但增加了状态和多个门限单元来控制信息的传输。其中,最重要的单元状态 $c^{(t)}$,由前一状态和当前输入组合而成,并通过遗忘门单元和输入门单元分别控制前一状态和当前输入的信息传输。极端情况下,如果所有的遗忘门为 0,则忽略前一状态;如果所有的输入门为 0,则忽略当前输入计算出的状态。

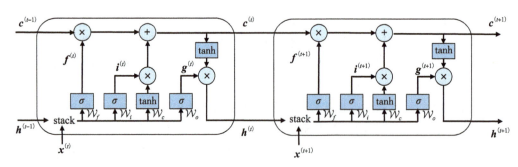

图 3.39 按时间展开的 LSTM 循环网络单元

LSTM 单元中有 3 个**门限单元**,包括遗忘门(forget gate)、输入门(input gate)、输出门(output gate)。**遗忘门**单元用来控制需要记住前一时刻单元状态的多少内容,并通过

sigmoid 函数将遗忘门的值限制在 0 到 1 之间。第 $t$ 时刻的遗忘门单元为

$$f^{(t)} = \sigma(U^f x^{(t)} + W^f h^{(t-1)} + b^f) = \sigma\left(\mathcal{W}_f \begin{bmatrix} h^{(t-1)} \\ x^{(t)} \end{bmatrix} + b^f\right) \quad (3.22)$$

其中，$x^{(t)}$ 是当前时刻的输入，$h^{(t)}$ 是当前隐藏状态，$U^f$、$W^f$、$b^f$ 分别表示输入权重矩阵、循环权重矩阵和遗忘门的偏置，$\mathcal{W}_f$ 由 $W^f$ 和 $U^f$ 拼接得到。

输入门单元用来控制写入多少输入信息到当前状态。其计算方式与遗忘门类似，也是通过 sigmoid 函数将取值范围限制在 0 到 1 之间。第 $t$ 时刻的输入门单元为

$$i^{(t)} = \sigma(U^i x^{(t)} + W^i h^{(t-1)} + b^i) = \sigma\left(\mathcal{W}_i \begin{bmatrix} h^{(t-1)} \\ x^{(t)} \end{bmatrix} + b^i\right) \quad (3.23)$$

其中，$U^i$、$W^i$、$b^i$ 分别表示输入权重矩阵、循环权重矩阵和输入门的偏置。当前输入计算出的状态 $\widetilde{c}^{(t)}$，与 RNN 中隐藏状态计算相同：

$$\widetilde{c}^{(t)} = \tanh(U x^{(t)} + W h^{(t-1)} + b) = \tanh\left(\mathcal{W}_c \begin{bmatrix} h^{(t-1)} \\ x^{(t)} \end{bmatrix} + b\right) \quad (3.24)$$

LSTM 单元的内部状态更新为

$$c^{(t)} = f^{(t)} c^{(t-1)} + i^{(t)} \widetilde{c}^{(t)} \quad (3.25)$$

输出门单元可以控制当前单元状态的输出。第 $t$ 时刻的输出门单元为

$$g^{(t)} = \sigma(U^o x^{(t)} + W^o h^{(t-1)} + b^o) = \sigma\left(\mathcal{W}_o \begin{bmatrix} h^{(t-1)} \\ x^{(t)} \end{bmatrix} + b^o\right) \quad (3.26)$$

其中，$U^o$、$W^o$、$b^o$ 分别表示输入权重矩阵、循环权重矩阵和输出门的偏置。LSTM 单元的输出为

$$h^{(t)} = g^{(t)} \tanh(c^{(t)}) \quad (3.27)$$

现在有很多 LSTM 的变体。最流行的 LSTM 变体之一是在单元状态和门限单元之间增加窥视孔连接（peephole connection）[72]，门限单元的取值不仅依赖前一时刻的隐藏状态 $h^{(t-1)}$ 和当前输入 $x^{(t)}$，还依赖前一时刻的单元状态 $c^{(t-1)}$，如图 3.40 所示。遗忘门、输入门、输出门分别为

$$\begin{aligned} f^{(t)} &= \sigma(U^f x^{(t)} + W^f h^{(t-1)} + M^f c^{(t-1)} + b^f) \\ i^{(t)} &= \sigma(U^i x^{(t)} + W^i h^{(t-1)} + M^i c^{(t-1)} + b^i) \\ g^{(t)} &= \sigma(U^o x^{(t)} + W^o h^{(t-1)} + M^o c^{(t-1)} + b^o) \end{aligned} \quad (3.28)$$

其中，$M^f$、$M^i$、$M^o$ 分别表示遗忘门、输入门、输出门的单元状态权重矩阵。

有的 LSTM 变体把遗忘门和输入门耦合起来[73]。它不再用两个门单独决定遗忘和新增信息，而是组合起来，令 $i^{(t)} = 1 - f^{(t)}$，内部状态更新为 $c^{(t)} = f^{(t)} c^{(t-1)} + (1 - f^{(t)}) \widetilde{c}^{(t)}$。如图 3.41 所示，这种 LSTM 变体只在遗忘老状态时，才在单元状态中增加新信息。

### 3.4.3 GRU

**GRU**（Gated Recurrent Unit，门限循环单元）[74] 是 2014 年提出来的，在某种意义上它

也是 LSTM 的变体。GRU 在 LSTM 的基础上，把单元状态与隐藏状态合并，把输入门与遗忘门合并成为更新门（update gate），去掉输出门，增加重置门（reset gate），如图 3.42 所示。

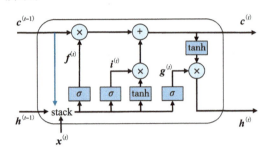

图 3.40 LSTM 中增加窥视孔连接 　　图 3.41 LSTM 中耦合遗忘门和输入门的工作

更新门决定使用多少历史信息和当前信息来更新当前隐藏状态。第 $t$ 时刻的更新门为

$$z^{(t)} = \sigma(U^z x^{(t)} + W^z h^{(t-1)} + b^z) \quad (3.29)$$

其中，$b^z$、$U^z$、$W^z$ 分别表示更新门的偏置、输入权重矩阵和循环权重矩阵。

重置门决定保留多少历史信息。第 $t$ 时刻的重置门为

$$r^{(t)} = \sigma(U^r x^{(t)} + W^r h^{(t-1)} + b^r) \quad (3.30)$$

其中，$b^r$、$U^r$、$W^r$ 分别表示重置门的偏置、输入权重矩阵和循环权重矩阵。

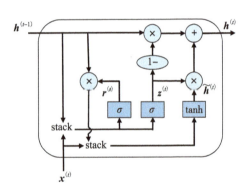

图 3.42 GRU 单元结构

隐藏状态更新为

$$h^{(t)} = (1 - z^{(t)}) h^{(t-1)} + z^{(t)} \tilde{h}^{(t)} \quad (3.31)$$

其中，

$$\tilde{h}^{(t)} = \tanh(U x^{(t)} + W(r^{(t)} h^{(t-1)}) + b) \quad (3.32)$$

现在有很多 LSTM 变体，其核心思想是通过各种各样的门来选择是否保留过去的知识，是否把新的信息更新到已有知识中。如果将当前的输入更新到已有知识中，必然会冲淡已有的知识；如果希望记住过去的知识，比如说 1000 个单词之前的信息，就要将其一直保持在隐藏状态中。

### 3.4.4 小结

循环神经网络通过使用带自反馈的神经元，能够处理任意长度的序列。但 RNN 训练中存在梯度消失和梯度爆炸的问题，尤其是梯度消失会导致循环神经网络无法处理长期依赖关系。LSTM 模型通过在 RNN 循环单元中增加单元状态和门限单元能够记住长期依赖

关系。门何时打开/关闭，可以通过神经网络训练来得到相关的参数。GRU 是 LSTM 的一种变体。LSTM 有隐藏状态和单元状态，还有遗忘门、输出门和输入门，表征能力更强，但参数更多，训练起来难一点。而 GRU 更简单一些，只有隐藏状态、更新门和重置门，参数更少，训练速度更快。LSTM 和 GRU 哪种模型更好，没有定论，实际中可以根据应用情况来选择。除了 GRU 外，LSTM 还有很多其他的变体（可以参见文献［73］），都是在 LSTM 上面增加一些门或者减少一些门，其核心思想也都还是用门来选择是否保留过去的知识，是否把新的信息更新到知识中。

## 3.5 生成对抗网络

目前最常见的两类深度学习算法是处理图像信息的卷积神经网络和处理序列信息的循环神经网络。这两类神经网络的共同特点是需要大量的训练样本，例如 AlexNet 需要成千上万张图片做训练。为了获得带标记的训练样本，社会上甚至出现了数据标注这样一个产业。百度、阿里、腾讯、讯飞等公司都有很大的团队专门做数据标注。

与之形成鲜明对比的是，成年人学习并不需要那么多样本。所以很多研究者在尝试发展小样本学习技术，希望用少量样本就能训练出准确的神经网络。在这些技术中，最重要的方法就是生成对抗网络（Generative Adversarial Net，GAN）[75]。

很多研究者认为，GAN 是近 20 年来神经网络领域最伟大的进展。它的核心思想是让生成网络和判别网络互相对抗，互相提高，从而使生成网络能生成以假乱真的样本，而判别网络能准确地判断哪些是真样本，哪些是生成的样本⊖。

### 3.5.1 模型组成

生成对抗网络由两个网络组成，即生成网络（也可称为生成器）和判别网络（也可称为判别器）。生成网络相当于伪装者，会找出观测数据内部的统计规律，尽可能生成能够以假乱真的样本。而判别网络相当于警察，会判断一个样本是来自真实样本集还是生成样本集。生成器和判别器之间的关系类似于辩论双方之间的关系；通过辩论，提升彼此的能力。

举个例子，生成网络先看一下真实的猫的照片，然后尝试生成很多猫的照片；判别网络会尝试判断给定的一张照片，到底是生成网络伪造的照片，还是一张真实的猫的照片。如果判别网络一下子发现是伪造的照片，生成网络就要调整策略，争取把判别网络骗过去。反之，如果判别网络判别错误，把生成网络生成出来的照片当作真正的猫的照片，就需要提高分辨的准确率。通过生成和判别的不断对抗，最后生成网络会生成出非常像真实的猫的照片，而判别网络到最后会变成火眼金睛，一下子分辨出来一张照片到底是不是真

---

⊖ 笔者认为，GAN 某种意义上继承了古希腊苏格拉底的辩证法。苏格拉底的辩证法就是通过两个人的对话辩论，不断揭露对方的矛盾，从而发现真理。

的猫的照片。生成对抗网络催生了很多有意思的互联网新应用,例如视频换脸等。

### 3.5.2 GAN 训练

#### 3.5.2.1 训练过程

GAN 的训练过程如图 3.43 所示,判别网络 $D$ 和生成网络 $G$ 互相交替地迭代训练。

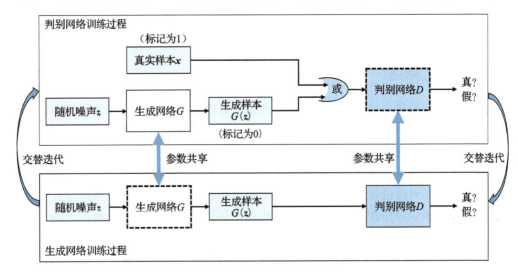

图 3.43　GAN 的训练过程

判别网络采用常规的训练方法。训练数据包括小批量的真实样本 $x$ 和小批量的噪声 $z$,真实样本的标记为 1,生成网络输入噪声后生成的假样本的标记为 0。

利用这些数据训练出判别网络之后,再将判别网络用到生成网络训练过程中。生成网络训练时,它根据输入训练数据,输出假样本,并将其作为判别网络的输入。判别网络可能会被欺骗,如果被欺骗,则输出 1,否则输出 0。接着做反向传播更新生成网络的参数,判别网络的参数不变。

然后再继续交替训练判别网络和生成网络,经过多次迭代,生成网络就可以生成出非常逼真的假样本。例如,用在图像风格迁移里,就可以生成出一幅以假乱真的梵高风格的画。

#### 3.5.2.2 代价函数

判别网络训练的目标是:输入真样本时,网络输出接近于 1;输入假样本时,网络输出接近于 0。因此,判别网络 $D$ 的代价函数(或称损失函数)为

$$L^{(D)} = -\mathrm{E}_{x \sim p_{data}(x)}[\log(D(x))] - \mathrm{E}_{z \sim p_z(z)}[\log(1-D(G(z)))] \qquad (3.33)$$

其中,$p_{data}(x)$ 表示真实样本 $x$ 的分布,$p_z(z)$ 表示输入噪声 $z$ 的分布,$D(x)$ 表示 $x$ 来自真实样本集的概率,$G(z)$ 表示生成网络输入为 $z$ 时生成的样本,$L^{(D)}$ 是交叉熵损失函数。

生成网络训练的目标是，尽可能生成假样本 $G(z)$，使得判别器的输出接近于 1。因此，生成网络 $G$ 的代价函数为

$$L^{(G)} = \mathrm{E}_{z \sim p_z(z)}[\log(1 - D(G(z)))] \qquad (3.34)$$

通过最小化 $L^{(G)}$ 来使判别器尽可能将生成的假样本当成真样本。

显然，$L^{(G)}$ 和 $L^{(D)}$ 是紧密相关的。生成对抗网络的总的代价函数可以记为

$$V(D,G) = -L^{(D)} = \mathrm{E}_{x \sim p_{data}(x)}[\log(D(x))] + \mathrm{E}_{z \sim p_z(z)}[\log(1 - D(G(z)))] \qquad (3.35)$$

生成对抗网络的训练，是**极小极大博弈**（minimax game）问题。这是一个零和博弈，其优化过程包括代价函数 $V$ 内层的最大化和外层的最小化：

$$\min_G \max_D V(D,G) \qquad (3.36)$$

I. Goodfellow 等[75]证明了，当生成器固定时，最优的判别器为

$$D_G^*(x) = p_{data}(x)/(p_{data}(x) + p_g(x)) \qquad (3.37)$$

其中，$p_g(x)$ 表示生成器生成的数据 $x$ 的分布。当 $p_g(x) = p_{data}(x)$ 时，生成器是最优的。

### 3.5.2.3 问题

在生成对抗网络的极小极大博弈中，当判别器以高置信度成功判断出生成器生成的样本为假样本时，生成器的梯度就会消失。这种情况很容易出现在训练学习的早期，由于生成器很弱，生成的伪样本和真实样本差别很大，判别器能够以高置信度识别出来，因此 $\log(1-D(G(z)))$ 会饱和。为了解决学习早期梯度消失的问题，文献［75］用下面的代价函数来训练生成器：

$$L^{(G)} = -\mathrm{E}_{z \sim p_z(z)}[\log(D(G(z)))] \qquad (3.38)$$

通过最小化该代价函数，生成器能够最大化判别器被欺骗的概率。该方法在训练早期能够提供更强的梯度。

但上述方法又可能导致**模式崩溃**[76]。模式崩溃是指，生成器只生成几种模式的样本，甚至只生成一种特定模式的样本，生成样本缺乏多样性。M. Arjovsky 等[77]证明了，当使用式（3.38）作为生成器的代价函数时，**生成器优化**就变成最小化生成分布与真实分布之间的 KL 散度（Kullback-Leibler divergence），同时最大化其 JS 散度（Jensen-Shannon divergence）的问题。二者相互矛盾，会导致梯度不稳定，此外由于 KL 散度是非对称的，生成假样本的代价远高于模式减少。因此生成器就会收敛到只生成几种模式的样本上，这几种样本都能以高置信度欺骗判别器。与此同时，由于生成网络只会生成几种特定模式的样本，判别网络的能力也会有局限性。

为解决模式崩溃的问题，M. Arjovsky 等[77]提出了 Wasserstein GAN（WGAN）。WGAN 的思想是用基于 Wasserstein 距离的代价函数来取代基于 KL 散度和 JS 散度的代价函数：

$$\min_G \max_{D \in \mathcal{D}} \mathrm{E}_{x \sim p_{data}(x)}[D(x)] - \mathrm{E}_{z \sim p_z(z)}[D(G(z))] \qquad (3.39)$$

其中，$\mathcal{D}$ 为 1-Lipschitz（利普希茨）连续函数的集合，判别器 $D$（在该论文中称为 critic）

相对于传统 GAN，可以提供更加可靠的梯度信息。WGAN 的代价函数近似模拟真实分布与生成分布之间的 Wasserstein 距离。在最优化判别器基础上优化生成器可以缩小 Wasserstein 距离，即拉近生成分布与真实分布。而且，相对于 KL 散度和 JS 散度，Wasserstein 距离几乎处处可微。因此，WGAN 有效解决了 GAN 模式崩溃和训练不稳定的问题。

### 3.5.3 GAN 结构

GAN 自提出以来，得到了业界的广泛关注。目前已经有成百上千篇 GAN 相关的论文[78]。原始的 GAN 中判别器和生成器都采用全连接神经网络，后来面向不同任务出现了很多 GAN 的变体，大致可以分为几类[79]：卷积 GAN、条件 GAN、集成预测模型的 GAN、对抗自编码器等。

**卷积 GAN** 把 GAN 中的全连接神经网络扩展到卷积神经网络，从而拓展了 GAN 的应用范围，支持图像恢复、超分辨率、图像转换等任务，代表性成果包括 DCGAN[80]、LapGAN[81]、ResGAN[82]、SRGAN[83]、CycleGAN[84] 等网络结构。

**条件 GAN** 在 GAN 的生成器和判别器中增加了类别条件，从而提供更好的多模态数据生成的表示，代表性成果包括 CGAN（Conditional GAN，条件 GAN）[85]、InfoGAN[86] 等。

**集成推断模型的 GAN** 在 GAN 中增加了数据空间到噪声空间的反向映射学习，如 BiGAN[87]，可以支持无监督的特征学习。

**对抗自编码器**，如 VAE-GAN[88] 可以用 VAE（variational autoencoder，变自编码器）编码学习数据空间到噪声空间（也称为潜在空间，latent space）的定性映射，VAE 解码器将潜在空间映射回数据空间（样本重建），同时把解码器与 GAN 的生成器合并为一个，判别器用来判断原样本与重建样本之间的相似性，可以用于信号/图像的重建。

限于篇幅，下面本书仅简单介绍 DCGAN 和条件 GAN。

#### 3.5.3.1 DCGAN

**DCGAN**（Deep Convolutional Generative Adversarial Network，深度卷积生成对抗网络）用卷积神经网络取代了 GAN 中的全连接网络。DCGAN 的判别网络和生成网络分别使用步长卷积和小数步长卷积取代池化层，来做空间下采样和上采样，以支持高维的图像空间与低维的潜在空间之间的映射。生成网络和判别网络中都使用批归一化，以支持深度神经网络训练，同时可以防止生成网络出现模式崩溃。生成网络使用 tanh 函数作为输出的激活函数，使用 ReLU 作为其他层的激活函数，可以加速学习。判别网络使用 LeakyReLU 作为激活函数，效果很好，尤其是处理高分辨率图像时。图 3.44 是 LSUN 卧室数据集上训练得到的生成网络结构。

#### 3.5.3.2 条件 GAN

原始 GAN 生成器的输入是随机噪声，因此输出数据的模式是不可控的。如果在输入中增加类别条件,就可以获得预期的输出。例如,输入数字 0、1、2、3,希望输出手写的数字;图像风格迁移,输入一张星空照片,希望输出梵高画的星空图片,而不是梵高画的荷花图片;性别转换,输入一张女性的照片,期望输出容貌相似的男性的图片。CGAN 在生成网络的输入 $z$ 的基础上加上辅助信息 $y$,如类别标记或其他模态数据;在判别网络的输入 $x$ 的基础上也加上辅助信息 $y$。CGAN 训练的目标函数就变为[85]

$$\min_G \max_D V(D,G) = \mathrm{E}_{x \sim p_{data}(x)}[\log(D(x|y))] + \mathrm{E}_{z \sim p_z(z)}[\log(1-D(G(z|y)))]$$

(3.40)

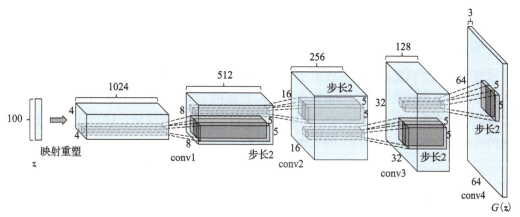

图 3.44 DCGAN 的结构[80]

其结构如图 3.45 所示。判别器不仅要分辨出来输入样本的真伪,还要判断输入样本与辅助信息是否一致。

InfoGAN 和 CGAN 类似,都可以完成图像风格迁移的任务。InfoGAN 将输入的噪声向量分成两部分:不可压缩噪声 $z$ 和隐编码(latent code)$c$。通过最大化隐编码 $c$ 和生成器输出 $G(z,c)$ 之间的互信息,可以无监督方式学习出隐编码。隐编码用于表示数据分布中显著的结构语义特征,包括位置、光照等。InfoGAN 的目标函数变为[86]

$$\min_G \max_D V_I(D,G) - \lambda I(c;G(z,c)) \quad (3.41)$$

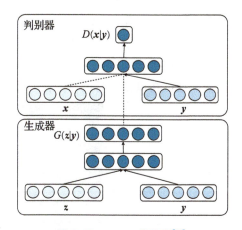

图 3.45 CGAN 的结构[85]

其中,$I(c;G(z,c))$ 为 $c$ 和 $G(z,c)$ 的互信息。InfoGAN 的结构如图 3.46 所示,辅助分布网络 $Q$ 共用判别网络的卷积层,仅额外增加了一个全连接层,增加的开销很小。InfoGAN 不仅要求生成图像和真实图像难以区分,而且能够从生成图像中学习出隐编码的条件概率分布 $Q(c|x)$。

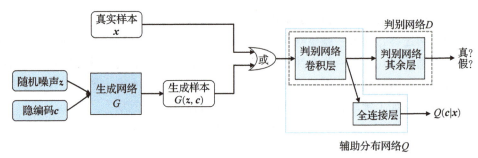

图 3.46　InfoGAN 的结构

## 3.6　驱动范例

本节的驱动范例是希望将一张图片，比如星空的图片，转为梵高风格的星空图片。在本书后面的章节和实验中，我们主要介绍如何直接用 CNN 来完成图像风格迁移。这种方法直观简单。当然，前述的 CGAN 或 InfoGAN 也可以做图像风格迁移，但比较复杂，有兴趣的同学可以自行做相关论文的扩展阅读。

### 3.6.1　基于卷积神经网络的图像风格迁移算法

L. Gatys 等人[89]提出了一种用卷积神经网络来实现图像风格迁移的方法。该方法的主要思想如图 3.47 所示。首先输入内容图像 $p$ 和风格图像 $a$，其中风格图像 $a$ 是梵高的画，内容图像 $p$ 是星空图片。风格图像——梵高的画有其独有的特征，内容图像——星空也有其特征，图像风格迁移需要把二者的特征图结合起来。为了得到特征图，将内容图像和风格图像分别经过 CNN 生成各自的特征图，组成内容特征集 $P$ 和风格特征集 $A$。然后输入一张随机噪声图像 $x$，$x$ 通过 CNN 生成的特征图构成内容特征集 $F$ 和风格特征集 $G$，然后由 $P$、$A$、$F$、$G$ 计算目标损失函数。通过优化损失函数来调整图像 $x$，使内容特征集 $F$ 与 $P$ 接近、风格特征集 $G$ 与 $A$ 接近，经过多轮反复调整，可以使得中间图像在内容上与内容图像一致，在风格上与风格图像一致。

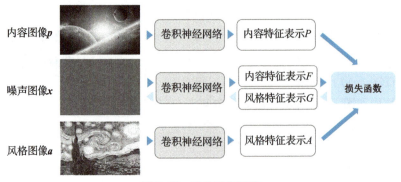

图 3.47　图像风格迁移

文献 [89] 使用预训练的 VGG19 中的 16 个卷积层和 5 个池化层来做图像风格迁移。图像风格迁移需要用到 2 个损失函数：内容损失函数和风格损失函数。内容损失函数是随机噪声图像与内容图像在内容特征上的欧氏距离为[89]

$$L_{content}(\boldsymbol{p},\boldsymbol{x},l) = \frac{1}{2}\sum_{i,j}(F_{ij}^l - P_{ij}^l)^2 \tag{3.42}$$

其中，$l$ 表示第 $l$ 个网络层，$P_{ij}^l$ 表示内容图像 $\boldsymbol{p}$ 在第 $l$ 个网络层中第 $i$ 个特征图上位置 $j$ 处的特征值，$F_{ij}^l$ 表示生成图像 $\boldsymbol{x}$ 在第 $l$ 个网络层中第 $i$ 个特征图上位置 $j$ 处的特征值。使用高层网络特征进行匹配能够将图片内容与艺术纹理更好地融合，而不会过于保留具体的像素信息，因此用 conv4_2 的特征来计算内容损失。通过最小化内容损失函数，可以缩小生成图像与内容图像在内容上的差距。内容损失对 $F_{ij}^l$ 的偏导为[89]

$$\frac{\partial L_{content}}{\partial F_{ij}^l} = \begin{cases} (F^l - P^l)_{ij} & \text{当 } F_{ij}^l > 0 \\ 0 & \text{当 } F_{ij}^l < 0 \end{cases} \tag{3.43}$$

风格损失函数用 conv1_1、conv2_1、conv3_1、conv4_1 和 conv5_1 共 5 层特征来计算风格损失。首先，计算图像的风格特征，用第 $l$ 层中第 $i$ 个和第 $j$ 个特征图的内积来表示。生成图像的风格特征为

$$G_{ij}^l = \sum_k F_{ik}^l F_{jk}^l \tag{3.44}$$

同理，可以计算得到风格图像的风格特征 $A$。其次，计算第 $l$ 层的风格损失为

$$E_l = \frac{1}{4N_l^2 M_l^2}\sum_{i,j}(G_{ij}^l - A_{ij}^l)^2 \tag{3.45}$$

其中，$N_l$ 是第 $l$ 个网络层中特征图的个数，$M_l$ 是第 $l$ 层特征图的大小。最后将各层的风格损失进行加权求和，得到风格损失函数

$$L_{style}(\boldsymbol{a},\boldsymbol{x}) = \sum_l w_l E_l \tag{3.46}$$

其中，$w_l$ 是第 $l$ 层中用于计算风格损失的权重，是根据经验调整出来的。第 $l$ 层的风格损失对 $F_{ij}^l$ 的偏导为[89]

$$\frac{\partial E_l}{\partial F_{ij}^l} = \begin{cases} \frac{1}{N_l^2 M_l^2}((F^l)^{\mathrm{T}}(G^l - A^l))_{ji} & \text{当 } F_{ij}^l > 0 \\ 0 & \text{当 } F_{ij}^l < 0 \end{cases} \tag{3.47}$$

总的损失函数定义为内容损失函数和风格损失函数的加权和：

$$L_{total}(\boldsymbol{p},\boldsymbol{a},\boldsymbol{x}) = \alpha L_{content}(\boldsymbol{p},\boldsymbol{x}) + \beta L_{style}(\boldsymbol{a},\boldsymbol{x}) \tag{3.48}$$

其中，$\alpha$ 和 $\beta$ 为权重。通过求损失函数对输入像素的偏导 $\frac{\partial L_{total}}{\partial \boldsymbol{x}}$ 可以得到梯度，然后进行反向传播更新输入像素值，经过多轮迭代可以得到合成图像，如图 3.48 所示。例如，开始输入白噪声，经过正向传播计算得到损失，然后做反向传播调整输入像素值，调整完图片像素值再做正向传播并计算损失，重复多轮之后，损失将趋近于 0，就认为生成图像同时具

有内容和风格。

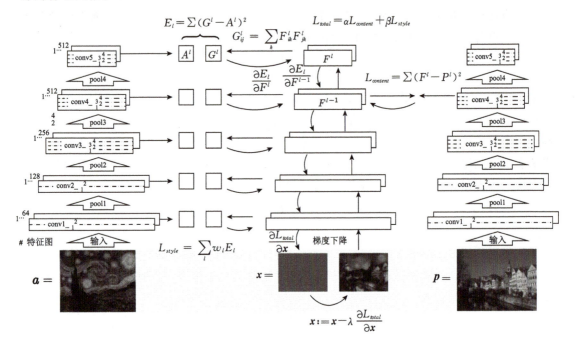

图 3.48　图像风格迁移算法流程[89]

参数 α 和 β 会影响损失函数的计算，进而影响训练过程。α/β 越大，生成图像内容越具象。理论上，如果 α=1，β=0，则生成图像与输入的内容图像一样。反之，如果 β 很大、α 很小，则生成图像可能看起来非常迷幻。

### 3.6.2　实时图像风格迁移算法

上述图像风格迁移的过程是一个复杂的训练过程，需要多次迭代，难以做到实时转换。本书的实验采用了文献［90］中提出的一种实时、快速的图像风格迁移方法。该方法将图像转换分为如图 3.49 所示的两个步骤：**训练过程**和**实时转换过程**。训练过程的目的是训练出一个图像转换网络。一旦训练好了图像转换网络，对每个输入图像只需要做一次图像转换网络的正向计算即可输出风格迁移后的图像，而不需要像文献［89］一样对每个输入图像做繁重的神经网络训练。

实时图像风格迁移的具体流程如图 3.50 所示。这里面包括**图像转换网络**和**损失网络**两个网络。在训练图像转换网络的过程中，输入图像（即内容图像）$x$ 送到图像转换网络进行处理，输出生成图像 $\hat{y}$；再将生成图像、风格图像 $y_s$、内容图像 $y_c=x$ 分别送到损失网络中提取特征，并计算损失。图像转换网络 $f_W$ 是一个深度残差网络，以便于训练。具体来说，这个**深度残差网络**参考了 DCGAN 的设计思想，用步长卷积和小数步长卷积取代池化；除了输出层，所有非残差卷积层后面都加了 BN（批归一化）和 ReLU，输出层使用 tanh 函数将输出像素值限定在 [0, 255] 范围内；第一层和最后一层卷积使用 9×9 卷积核，其他卷积层都使用 3×3 卷积核。

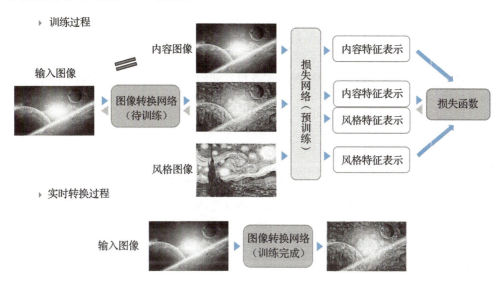

图 3.49　实时图像风格迁移过程

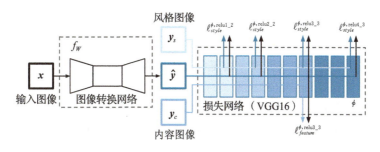

图 3.50　实时图像风格迁移算法流程[90]

损失网络采用在 ImageNet 数据集上预训练出来的 VGG16 网络。损失网络中定义的视觉损失函数由特征重建损失 $L_{feature}$ 和风格重建损失 $L_{style}$ 组成[90]：

$$L = \mathrm{E}_{x, y_c, y_s}[\lambda_1 L_{feature}(f_W(x), y_c) + \lambda_2 L_{style}(f_W(x), y_s)] \tag{3.49}$$

其中，$\lambda_1$ 和 $\lambda_2$ 是权重参数。特征重建损失用卷积输出的特征计算视觉损失[90]：

$$L_{feature}^j(\hat{y}, y) = \frac{1}{C_j H_j W_j} \|\phi_j(\hat{y}) - \phi_j(y)\|_2^2 \tag{3.50}$$

其中，$C_j$、$H_j$、$W_j$ 分别表示第 $j$ 层卷积输出特征图的通道数、高度和宽度，$\phi(y)$ 是损失网络中第 $j$ 层卷积输出的特征图，实际中选择第 7 层卷积的特征计算特征重建损失。而第 $j$ 层卷积后的风格重建损失为输出图像和目标图像的格拉姆矩阵的差的 F-范数[90]：

$$L_{style}^j(\hat{y}, y) = \|G_j(\hat{y}) - G_j(y)\|_F^2 \tag{3.51}$$

其中，格拉姆矩阵 $G_j(x)$ 为 $C_j \times C_j$ 大小的矩阵，矩阵元素为[90]

$$G_j(x)_{c,c'} = \frac{1}{C_j H_j W_j} \sum_{h=1}^{H_j} \sum_{w=1}^{W_j} \phi_j(x)_{h,w,c} \phi(x)_{h,w,c'} \tag{3.52}$$

风格重建损失为第 2、4、7、10 层卷积后的风格重建损失之和。

相对于文献 [89] 介绍的算法，文献 [90] 介绍的实时图像风格迁移算法生成图片的效果略差，但速度提升了 200~1000 倍。读者可以访问 Github[91] 找到实时图像风格迁移算法的参考代码。

## 3.7 本章小结

本章介绍了深度学习算法发展的前沿动态，包括卷积神经网络的基本思想、图像分类深度学习算法、图像目标检测深度学习算法、面向序列信息处理的循环神经网络，以及现在非常热门的生成对抗网络。最后介绍了基于卷积神经网络完成图像风格迁移的驱动范例。读者可以自行在相关网站上下载相关代码，进一步学习深度学习知识。

## 习题

3.1 计算 AlexNet、VGG19、ResNet152 三个网络中的神经元数目及可训练的参数数目。

3.2 计算习题 3.1 中三个网络完成一次正向过程所需要的乘法数量和加法数量。

3.3 简述错误率与 IoU、mAP 的关系。

3.4 简述训练过程中收敛、训练精度和测试精度之间的关系。

3.5 试给出 SVM 和 AlexNet 在解决 ImageNet 图像分类问题的过程中对于计算量的需求，并简述原因。

3.6 简述 R-CNN、Fast R-CNN 和 Faster R-CNN 的区别。

3.7 简述 LSTM 标准模型中三个门的主要作用，并给出计算公式。

3.8 简述 GAN 的训练过程。

3.9 简述图像风格迁移应用的基本过程。

*3.10 试在 MNIST 数据集上训练一个多层感知机网络，网络规模拓扑可自定义，要求模型精度达到 95% 以上。

*3.11 试改进标准的反向传播算法，提高训练速度，并给出训练提升的加速比（收敛情况下）。

*3.12 将习题 3.11 中你设计的新算法应用到 ImageNet 数据集上，得到的精度有没有受到影响？影响有多大？请调试你的算法保证精度。

CHAPTER 4
第 4 章

# 编程框架使用

随着深度学习应用在图像识别、语音处理、自然语言处理等多个领域的不断深入，各种深度学习算法层出不穷。这些深度学习算法形式多样，结构也越来越复杂。能够支持深度学习算法的设备和芯片种类很多，包括 CPU、GPU、深度学习处理器以及 FPGA 等，相应的编程方法也有很多种。为了更高效地实现深度学习算法，程序员需要兼顾应用需求、算法效率、硬件架构以及编程语言，这给算法实现增加了极大的难度，也给程序员增加了很多学习成本。而编程框架正是为了解决此问题而构建的。一方面，编程框架能够将算法中的常用操作封装成算子，供程序员直接调用，如卷积、池化等；另一方面，作为软硬件之间的界面，编程框架能够将硬件架构封装起来，从而降低深度学习算法编写或应用的复杂度及难度，提高算法的实现效率。

**编程框架**在整个智能计算系统中起到了承上启下的作用，在某种意义上就像信息产业里的操作系统。操作系统是软硬件之间的界面，用以管理计算机硬件与软件资源。程序或用户都通过操作系统来使用硬件。在智能计算系统中，编程框架为程序员提供了使用硬件和系统的界面，是智能计算系统中非常关键的核心枢纽。谷歌的 TensorFlow 是当前最流行的深度学习编程框架之一，用户使用时不需要考虑底层的 CPU、GPU 或者深度学习处理器如何工作。

本章首先介绍深度学习编程框架的概念及作用，随后介绍目前应用最广的编程框架 TensorFlow 的基本概念及编程模型，最后通过程序示例来介绍如何基于 TensorFlow 实现深度学习的预测（推断）和训练。

## 4.1 为什么需要编程框架

目前，深度学习算法受到广泛关注，越来越多的公司、程序员需要使用深度学习算法。然而，深度学习算法的理论非常复杂，涉及各种偏导、损失函数、激活函数的计算等，给程序员增加了很多学习成本。即使理解了深度学习算法的数学原理，其代码实现同样是非常复杂的事情。比如，仅仅使用 Python 来编程实现梯度下降法，代码就需要近百行。而梯度下降仅仅是深度学习算法中的一个步骤,如果是实现一个完整的算法,代码量可能会达到上万行甚至几十万行的量级。此外,即使能参考别人论文的思想编程实现一个深度学习算法,实现的精度结果也不一定尽如人意。很多时候,一篇论文中的深度学习算法的训练精度数据是 87%,而自己按照论文方法复现,却可能只做到 57%。一方面,这可能是由于论文篇幅有限,一些细节没写出来;另一方面,可能是自己的代码写错了。一旦写错了,想要调试深度学习算法的代码非常困难,因为其结果仅仅是一个在大量测试样本上平均出来的精度。这些都给程序员自己写代码实现深度学习算法增加了难度。

解决上述问题的一个非常重要的思路是**代码复用**。各种不同的深度学习算法中,还是存在一些共性运算的,比如基本都会用到卷积、池化、全连接等算子。这使得深度学习算法代码中可复用的地方很多。因此,有必要将算法中的常用操作封装起来。一方面可以减少重复实现,提高深度学习算法的实现效率;另一方面,封装后的算子可能只有几百个或者一千个左右,硬件程序员可以针对封装后的算子进行充分的优化,使其更好地支持上层用户,并达到更优的运行性能。因此,编程框架能够在智能计算系统中发挥很重要的承上启下的作用。

## 4.2 编程框架概述

### 4.2.1 通用编程框架概述

如前所述,将深度学习算法中的基本操作封装成一系列组件,帮助程序员更简单地实现已有算法或设计新的算法,这一系列深度学习组件即构成一套深度学习编程框架。这些深度学习组件就像乐高积木,可以用来搭建 AlexNet,也可以用来搭建 ResNet。这样就大幅减少了深度学习算法实现的工作量。

事实上,2013 年之前,深度学习领域都是各自编写神经网络程序。大多数程序的可扩展性、可移植性都不好。2014 年,伯克利视觉和学习中心(Berkeley Vision and Learning Center,BVLC)的学生贾扬清发布了编程框架 Caffe[92],因为其易用、稳健、高效等优点,发布后即被广泛用于深度学习算法的训练和预测。2015 年年底,谷歌发布并开源了编程框架 TensorFlow[93-94],该框架基于计算图进行数值计算,支持自动求导,不需要在反向传播过程中手动求解梯度,且具有灵活的可移植性,能够把训练好的模型方便地部署到多种硬件、操作系统平台上,因此一经发布就受到了广泛关注。此后还出现了 MXNet[95]、PyTorch[96-97]、PaddlePaddle[98]等深度学习框架,这些编程框架为程序员开发深度学习算法提供了便利,也积极推动了深度学习算法的发展。

### 4.2.2 TensorFlow 概述

目前常用的深度学习编程框架有十多种,包括 TensorFlow、PyTorch、MXNet 等。

其中 TensorFlow 是目前最主流、应用最广泛的编程框架，其比较知名的应用包括帮助 AlphaGo Master 在 2017 年击败了人类围棋世界冠军柯洁。TensorFlow 及其变种可以很容易地部署和工作在各种类型的异构系统上，包括手机、平板电脑等移动设备，以及数百台机器和数千种计算设备组成的大规模分布式系统。因此本书以 TensorFlow 为例介绍深度学习编程框架。

TensorFlow 的成就并非一夜之功。在发布 TensorFlow 之前，谷歌在 2011 年就设计了第一代分布式深度学习平台 DistBelief[99]。该平台是谷歌大脑项目的早期成果，可用于深度神经网络的训练和预测。谷歌团队基于 DistBelief 平台展开了各种各样的研究，包括无监督学习、图像分类、视频分类、语音识别、序列预测、行人检测、强化学习等。该平台将谷歌的语音识别率提高了 25%，在 Google Photos 中建立了图片搜索，并驱动了谷歌的图片字幕匹配实验。基于 DistBelief，谷歌还开展了著名的"猫脸识别"实验，该实验从 YouTube 视频中选取了 1000 万张图片，在没有任何外界干扰的条件下，通过自我学习识别出了猫脸[17]。

DistBelief 是一个十分成功的第一代产品级框架，但由于它与谷歌内部的基础产品联系紧密，导致其在实际配置和应用中存在不小的局限性。针对以上问题，谷歌又推出了第二代大规模机器学习系统 TensorFlow。

TensorFlow 是由谷歌团队开发并于 2015 年 11 月开源的深度学习框架，用于实施和部署大规模机器学习模型。相比 DistBelief，其在功能、性能、灵活性等方面具有诸多优势，能够支持深度学习算法在更广泛的异构硬件平台上的部署，并支持更大规模的神经网络模型。在本章中，我们将对 TensorFlow 的编程模型及使用方法进行简单的介绍，感兴趣的读者也可以访问 TensorFlow 官网[100]以及相关的课程网站[101-102]做进一步了解。

## 4.3　TensorFlow 编程模型及基本用法

在程序开发过程中，根据解决问题的不同思路，通常会采用不同的编程方式。常见的编程方式有两种：**命令式编程**（imperative programming）和**声明式编程**（declarative programming）。命令式编程关注程序执行的具体步骤，计算机按照代码中的顺序一步一步地执行具体的运算。在交互式界面程序或操作系统中，大多使用命令式编程，计算机根据代码指令的顺序逐步执行具体运算。声明式编程告诉计算机想要达到的目标，但不指定具体的实现步骤，只是通过函数、推论规则等来描述数据之间的关系。声明式编程适合用于深度学习算法的实现，在 TensorFlow 中使用了声明式编程方式。

在 TensorFlow 中，使用**计算图**来描述机器学习算法的计算过程，展示机器学习算法中所有的计算和状态。其中，各种类型的计算被定义为**操作**（operation），而所有的数据被建模成**张量**（tensor），张量在计算图的节点之间传递。在完成了计算图的构建后并不真的执行具体的运算，具体的运算操作要通过定义**会话**（session）来执行。对于计算图中像模型参数这样的有状态参数，则是通过变量（variable）来存储。与变量对应，TensorFlow 也提供了常量（constant，const），用来表示不可变的参数。此外，通过占位符（placeholder）将张量传递到会话中。TensorFlow 还提供了队列（queue），用来处理数据读取和计算图的异步执行等功能。本节将依次介绍计算图、操作、张量、会话、变量、占位符和队列这几个重要概念。

### 4.3.1 计算图

TensorFlow 用包含了一组节点和边的有向图来描述计算过程，这个有向图叫作计算图。图 4.1 中的计算图描述了 $x$ 和 $w$ 两个矩阵相乘，最后得到 $y$ 的计算过程。

计算图的本质是节点和边的关系。其中，节点可以表示数据的输入起点、输出终点、模型参数等，如图 4.1 中的 $x$、$w$ 和 $y$；也可以表示各类处理，包括数学运算、变量读写、数据填充等，如图 4.1 中的矩阵相乘（matmul）。边则表示节点之间的输入/输出关系。边有两种类型：一类是传递具体数据的边，传递的数据即为张量；还有一类是表示节点之间控制依赖关系的边，这一类边不传递数据，只表示节点执行的顺序，前序节点完成计算，后序节点才能开始计算。

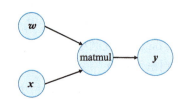

图 4.1　计算图示例

计算图的执行依照有向图的顺序，张量每通过一个节点时，就会作为该节点运算操作的输入被计算，计算的结果则顺着该节点的输出边流向后面的节点。

TensorFlow 程序简单来说包括两部分：构建计算图和执行计算图。TensorFlow 支持使用多种高级语言来构建计算图，包括 C++、Python 等。下面以图 4.2 中的代码为例进行说明。

```
1  import tensorflow as tf
2
3  # 定义两个常量
4  x = tf.constant([[3.,3.]])
5  w = tf.constant([[2.],[2.]])
6
7  y = tf.matmul(x,w)
8
9  with tf.Session() as sess:
10     result = sess.run(y)
11     print(result)
```

图 4.2　TensorFlow 示例代码

如图 4.2 中第 1 行代码所示，构建计算图时，首先加载 TensorFlow 库并命名为 tf。然后定义两个常量 x 和 w[①]，最后定义矩阵乘操作，具体程序如代码的第 4~7 行所示。通过这段代码，TensorFlow 会构造出图 4.1 中的计算图。该计算图是一个静态图，此时 TensorFlow 并没有真正执行计算，如果要计算出 y 的值，还需要通过创建会话来执行计算图。具体步骤是：首先用 tf.Session() 函数创建一个会话，然后将编译通过的计算图传递给该会话，TensorFlow 执行相关操作并返回计算结果，具体程序见图 4.2 中第 9~11 行代码。

通过计算图来描述深度学习算法具有诸多优势。首先，计算图将算法中多输入的复杂计算表达成了由多个基本二元（或一元）计算组成的有向图，简单直观，方便处理；其次，通过计算图来执行计算，可以方便地保留所有中间节点的计算结果，这有助于程序在反向传播时，利用链式法则进行自动求导，从而实现自动梯度计算。

## 4.3.2 操作

计算图中每个节点代表一个操作，表示一个局部计算。每个节点接收 0 个或多个张量作为输入，产生 0 个或多个张量作为输出。图 4.2 中示例程序的第 4 和 5 行是对常量定义及赋值的操作，这两个操作分别在图 4.1 所示计算图中创建了输入 *x*、*w* 这两个常量节点；第 7 行是 x 和 w 的矩阵乘操作，输出为 y，该操作在图 4.1 所示计算图中创建了 matmul 算子节点和输出 *y* 节点。

每个操作都有属性，用以标识操作执行时的相关信息，这些属性在构建计算图的时候要确定下来。常用属性包括：操作名称（name）、类型（type，如 add）、输入（inputs）、输出（outputs）、控制依赖列表（control_inputs）、执行该操作所使用的设备（device）、操作所属的计算图（graph）、自该操作创建以来的调用栈（traceback）等。

TensorFlow 中常见的操作如表 4.1 所示。对于标量运算，TensorFlow 提供了加减乘除、对数、指数等操作；对于矩阵运算，提供了矩阵乘、矩阵求逆等操作；对于神经网络运算，提供了卷积、最大池化、加偏置、softmax、sigmoid、ReLU 等操作；此外，还提供了逻辑操作、保存和恢复操作、初始化操作以及随机运算操作等。利用这些基本操作，可以很方便地根据需要设计程序，实现深度学习算法。

表 4.1 TensorFlow 中的一些常用操作

| 操作类型 | 常用操作 |
| --- | --- |
| 标量运算 | add、subtract、multiply、div、greater、less、equal、abs、sign、square、pow、log、sin、cos |
| 矩阵运算 | matmul、matrix_inverse、matrix_determinant、matrix_transpose |
| 逻辑操作 | logical_and、is_finite |
| 神经网络运算 | convolution、max_pool、bias_add、softmax、dropout、sigmoid、relu |
| 保存、恢复 | save、restore |
| 初始化操作 | zeros_initializer、random_normal_initializer、orthogonal_initializer |
| 随机运算 | random_gamma、multinomial、random_normal、random_shuffle |

---

[①] 本书约定，矩阵、张量、变量等的符号表示在编程语境下将遵从其在代码中的定义形式，即同代码中那样用普通正体字体，而非常规意义下的黑斜体或斜体。——编辑注

### 4.3.3 张量

TensorFlow 用**张量**表示计算图中的所有数据。张量在计算图的节点之间流动，但张量并没有实际保存数据，只是引用操作结果。

张量可以看作 N 维数组，而数组的维数就是张量的阶数。因此，0 阶张量对应标量数据；1 阶张量对应一维数组，也就是向量；2 阶张量对应二维数组，也就是矩阵；以此类推，N 阶张量对应 N 维数组。例如，一张 RGB 图像可以表示为 3 阶张量，而多张 RGB 图像构成的数据集可以表示为 4 阶张量。

每个张量都有一些常用属性，包括数据类型（dtype）、形状（shape）、张量在计算图中的名称（name）、计算出该张量的设备（device）、计算出该张量的操作（op）、包含该张量的计算图（graph）等，如表 4.2 所示。下面将详细介绍这些属性。

#### 4.3.3.1 张量的数据类型

张量的 dtype 属性表示数据类型。TensorFlow 中张量支持多种数据类型，包括有符号整数、无符号整数、浮点数、复数、布尔型、字符串以及量化的整数等，如表 4.3 所示。其中，bfloat16 是一种格式上介于 float16 和 float32 之间的数据类型[103]，由 1 位符号位、8 位指数位和 7 位小数位组成（float16 型的指数位为 5 位、小数位为 10 位；float32 型的指数位为 8 位、小数位为 23 位），该数据类型通过降低精度来获得更大的数值空间，目前在深度学习中被大量使用。

包含数据类型的张量定义的代码如图 4.3 所示。该代码定义了一个常量类型的 1 阶张量，张量的数据类型定义为单精度浮点数（float32），因此 TensorFlow 会按照 float32 类型来处理张量中的 2、3 这两个常量元素。

表 4.2 张量的常用属性

| 属性名称 | 含义 |
|---|---|
| dtype | 张量的数据类型 |
| shape | 张量的形状 |
| name | 张量在计算图中的名称 |
| op | 计算出该张量的操作 |
| device | 计算出该张量所用的设备名 |
| graph | 包含该张量的计算图 |

表 4.3 TensorFlow 中支持的张量数据类型

| TensorFlow 数据类型 | 说明 |
|---|---|
| int8/int16/int32/int64 | 8 位/16 位/32 位/64 位有符号整数 |
| uint8/uint16/uint32/uint64 | 8 位/16 位/32 位/64 位无符号整数 |
| float16/float32/float64 | 半精度/单精度/双精度浮点数 |
| bfloat16 | 截断的半精度浮点数 |
| bool | 布尔型 |
| string | 字符串 |
| complex64/complex128 | 64 位单精度复数/128 位双精度复数 |
| qint8/qint16/qint32 | 量化的 8 位/16 位/32 位有符号整数 |
| quint8/quint16 | 量化的 8 位/16 位无符号整数 |

```
1  a=tf.constant([2,3],dtype=tf.float32)
```

图 4.3 TensorFlow 声明一个 float32 类型的常量

在张量定义中,数据类型是可选参数。如果没有显式定义 dtype 类型,程序会根据输入自动判断其数据类型。例如,读入的数据如果没有小数点,则程序会默认是一个 int32 类型;如果有小数点,则默认是一个 float32 类型。程序在执行时会检查所有张量的数据类型,一旦发现类型不匹配就会报错。

#### 4.3.3.2 张量的形状

张量的形状对应张量的 shape 属性,表示张量各阶的长度。张量可以看作 N 维数组,张量的阶数可以理解为数组的维数,而张量中每一阶的长度用形状(shape)来表示。下面用图 4.4 来举例说明形状的概念。一个 0 阶张量对应一个标量数据,它的 shape 为空;一个 1 阶张量对应一个一维向量,其 shape 包含一个元素,元素值为向量的长度,所以示例中 1 阶张量的 shape 为(3);一个 2 阶张量对应一个矩阵,图中以 3×3 矩阵为例,则该 2 阶张量的 shape 为(3,3);一个 3 阶张量对应一个三维数组,其 shape 应包含 3 个元素,每个元素值分别对应每一阶的长度,因此示例中的 3 阶张量的 shape 为(2,3,3)。

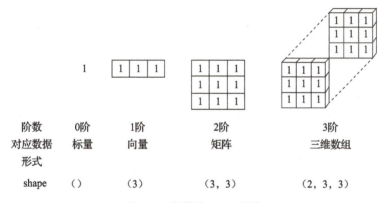

图 4.4 张量的 shape 属性

张量的形状在 TensorFlow 中是可选参数。如果程序中没有显式设置张量的形状,TensorFlow 会根据输入的张量值进行形状预测,以确保操作的正确执行。

#### 4.3.3.3 张量的 device 属性

TensorFlow 用 tf.device() 函数来指定计算出张量的设备名称,官方版本的 TensorFlow 计算张量的操作可以运行在 CPU 设备、GPU 设备。此外,用户也可以通过添加设备的方式增加深度学习处理器设备。

TensorFlow 不区分 CPU,因此所有的 CPU 都统一使用/cpu:0 作为设备名称;TensorFlow 可以指定操作运行在哪块 GPU 上,用/gpu:$n$ 表示第 $n$ 个 GPU 设备。在图 4.5 的程序示例中,第 3 行代码指定在 CPU 设备上执行第 4~5 行代码(即常量的定义),第 7 行代码指定在第 0 号 GPU 上执行第 8 行代码(即矩阵乘操作)。

```
1   import tensorflow as tf
2
3   with tf.device('/cpu:0'):
4     a = tf.constant([[3.,3.]])
5     b = tf.constant([[2.],[2.]])
6
7   with tf.device('/gpu:0'):
8     y = tf.matmul(a,b)
9
10  with tf.Session() as sess:
11    result = sess.run(y)
12    print(result)
```

图 4.5　TensorFlow 为操作指定设备

### 4.3.3.4　对张量的常用操作

表 4.4 列出了 TensorFlow 中张量的常用操作。更多的操作可以查询 TensorFlow 官网[100]了解。

表 4.4　对张量的常用操作

| 操作名称 | 功能 |
| --- | --- |
| tf.shape(tensor) | 返回 tensor 的 shape 值 |
| tf.to_double(x, name='ToDouble') | 将 x 转为 64 位浮点类型 |
| tf.to_float(x, name='ToFloat') | 将 x 转为 32 位浮点类型 |
| tf.to_int32(x, name='ToInt32') | 将 x 转为 32 位整型 |
| tf.to_int64(x, name='ToInt64') | 将 x 转为 64 位整型 |
| tf.cast(x, dtype) | 将 x 转为 dtype 类型数据 |
| tf.reshape(tensor, shape) | 将 tensor 的形状修改为 shape |
| tf.slice(input, begin, size) | 从由 begin 指定位置开始的 input 中提取一个尺寸为 size 的切片 |
| tf.split(value, num_or_size_splits, axis) | 沿着第 axis 阶对 value 进行切割，切割成 num_or_size_splits 份 |
| tf.concat(values, axis) | 沿着第 axis 阶对 values 进行连接操作 |

如果需要查看张量的属性，可以使用 print() 函数。图 4.6 中的程序定义了 4 个常量，分别是 t0、t1、t2、t3。程序的第 3～13 行对每个常量都进行了赋值。其中，t0 是一个 int32 类型的常量，t1 是一个 float32 类型的向量，t2 是一个 2×2 的字符串数组，t3 是一个 3 阶的整数型张量。对 t0、t1、t2、t3 直接调用 print() 函数，会打印出张量的三个属

性：计算出该张量的操作名称、张量形状、数据类型。如果要查看张量的值，则需要创建会话，在会话中执行 run() 函数。图 4.7 是获取张量值的代码示例及其输出结果。

```
1  import tensorflow as tf
2
3  #创建一个0阶整数型张量
4  t0 = tf.constant(9,dtype=tf.int32)
5
6  #创建一个1阶浮点数张量
7  t1 = tf.constant([3.,4.1,5.2],dtype=tf.float32)
8
9  #创建一个2*2的2阶字符串张量
10 t2 = tf.constant([['Apple','Pear'],['Potato','Tomato']],dtype=tf.string)
11
12 #创建一个2*3*1的3阶整数型张量
13 t3 = tf.constant([[[2],[2],[1]],[[7],[3],[3]]])
14
15 print(t0)
16 print(t1)
17 print(t2)
18 print(t3)
```

a）代码示例

```
1  Tensor("Const:0",shape=(),dtype=int32)
2  Tensor("Const_1:0",shape=(3,),dtype=float32)
3  Tensor("Const_2:0",shape=(2,2),dtype=string)
4  Tensor("Const_3:0",shape=(2,3,1),dtype=int32)
```

b）打印结果

图 4.6　TensorFlow 打印张量属性的代码示例及打印结果

```
1  with tf.Session() as sess:
2      print(sess.run(t0))
3      print(sess.run(t1))
4      print(sess.run(t2))
5      print(sess.run(t3))
```

a）代码示例

图 4.7　利用会话打印张量实际值的代码示例及打印结果

```
1  9
2  [3.  4.1 5.2]
3  [['Apple' 'Pear']
4   ['Potato' 'Tomato']]
5  [[[2]
6   [2]
7   [1]]
8
9   [[7]
10   [3]
11   [3]]]
```

b)打印结果

图 4.7 （续）

## 4.3.4 会话

TensorFlow 的计算图只是描述了计算执行的过程，并没有真正给输入赋值并执行计算，真正的计算过程需要在 TensorFlow 程序的会话中定义并执行。会话为程序提供了求解张量、执行操作的运行环境，将计算图转化为不同设备上的执行步骤。

一个会话的典型使用流程分为 3 步：**创建会话，执行会话，关闭会话**。图 4.8 是会话的代码示例，下面将分别介绍这 3 步使用流程。

```
1  #创建会话
2  sess = tf.Session()
3
4  #执行会话
5  sess.run(...)
6
7  #关闭会话
8  sess.close()
```

图 4.8 TensorFlow 会话 API

### 4.3.4.1 创建会话

TensorFlow 用 tf.Session() 函数来创建会话，程序示例如图 4.9 所示。

```
1  sess = tf.Session(target='',graph=None,config=None)
```

图 4.9 TensorFlow 创建会话 API

tf.Session() 的主要输入参数及其含义如表 4.5 所示。其中，参数 config 描述了会话相关的配置项，通过该参数可以定义执行计算的设备数量、并行计算线程数以及 GPU 的配置参数等内容，详细的配置参数可以参考文献 [104]。

表 4.5  tf.Session()的输入参数

| 参数 | 功能说明 |
| --- | --- |
| target | 会话连接的执行引擎，默认为进程内引擎 |
| graph | 执行计算时加载的计算图。默认值为当前代码中唯一的计算图。当代码中定义了多幅计算图时，使用 graph 指定待加载的计算图 |
| config | 指定相关配置项，如设备数量、并行线程数、GPU 配置参数等 |

#### 4.3.4.2 执行会话

执行会话是指基于计算图和输入数据来求解张量或执行计算。TensorFlow 中使用 run()函数来执行会话，该函数的主要输入参数及其含义如表 4.6 所示。

较为常用的是前两个参数 fetches 和 feed_dict。其中，通过 fetches 参数指定需要计算的张量或操作名称；通过 feed_dict 参数列出计算 fetches 参数时需要填充的张量或操作列表，以及需要填充的数据。

表 4.6  执行会话的输入参数

| 参数 | 功能说明 |
| --- | --- |
| fetches | 本会话需计算的张量或操作 |
| feed_dict | 指定会话执行时需填充的张量或操作及对应的填充数据 |
| options | 设置会话运行时的控制选项，如 tracing |
| run_metadata | 设置会话运行时的非张量信息输出 |

图 4.10 是一个使用 run()函数的具体示例。代码的第 2~6 行首先定义了张量 a 和 b，但并没有为 a 和 b 赋值，张量 c 等于张量 a 和 b 的乘积。随后创建会话 sess，并通过 sess.run()函数来执行计算。sess.run()函数中指定了需要计算的张量为 c，而为了计算 c 需要知道 a 和 b 的值，因此，通过 feed_dict={a:100, b:200}，对张量 a 和 b 进行数据填充，张量 a 的值填充为 100，张量 b 的值填充为 200，这样通过 sess.run()函数就可以计算出张量 c 的值 (20000)。第 8~13 行代码与此类似，给出了 2 阶张量做矩阵乘法时通过 feed_dict 填充数值的过程。feed_dict 参数是 TensorFlow 中一个比较常用的参数，在后面的 tensor.eval()函数以及占位符的使用中也会用到，用法与此处相同。

```
1  import tensorflow as tf
2  a = tf.placeholder(tf.int32)
3  b = tf.placeholder(tf.int32)
4  c = tf.multiply(a,b)
5  with tf.Session() as sess:
6      print(sess.run(c,feed_dict={a:100,b:200}))
7
8  x1 = tf.placeholder(tf.float32,[2,3])
9  x2 = tf.placeholder(tf.float32,[3,2])
10 x3 = tf.matmul(x1,x2)
11 with tf.Session() as sess:
12     print(sess.run(x3,feed_dict={x1:[[1,2,3],[4,5,6]],\
13                   x2:[[1,2],[3,4],[5,6]]}))
```

a) 执行会话示例

图 4.10  TensorFlow run()函数使用示例及输出结果

```
1  20000
2  [[22. 28.]
3   [49. 64.]]
```

b)输出结果

图 4.10(续)

#### 4.3.4.3 关闭会话

会话负责管理 TensorFlow 程序所有的运行资源,当所有计算完成后要关闭会话,从而完成关闭资源以及释放资源的工作。TensorFlow 提供以下两种关闭会话的方式:

(1) 使用 close() 显式关闭会话。程序示例如图 4.11 所示。

```
1  #创建会话
2  sess = tf.Session()
3  #执行会话
4  sess.run(...)
5  #使用close()方式关闭会话
6  sess.close()
```

图 4.11 TensorFlow 使用 close() 显式关闭会话

(2) 使用 with 语句隐式关闭会话。使用上下文管理器 with tf.Session() as sess 创建会话,然后通过 sess.run() 执行会话,上下文退出时上下文管理器会自动关闭会话并释放资源。程序示例如图 4.12 所示。

```
1  #创建会话
2  with tf.Session() as sess:
3      #执行会话
4      sess.run(...)
5  #上下文退出时自动关闭会话
```

图 4.12 TensorFlow 使用 with 隐式关闭会话

#### 4.3.4.4 求解张量值的方法

张量值的求解需在会话中完成,有两种计算方式:

(1) 通过调用 run() 函数求解张量。该方法见图 4.10 给出的示例程序。

(2) 使用 tensor.eval() 函数进行张量的计算。示例代码如图 4.13 所示。

tensor.eval() 和 run() 一样,都能完成张量值的求解计算。tensor.eval() 函数有 2 个输入参数:feed_dict 和 session。其中,feed_dict 参数与 run() 函数中的用法一致,用来指定需填充的张量或操作，并对其填充数据；session 参数指定求解此张量或操作的会话。

tensor.eval()和 run()的主要区别在于：tensor.eval()每次只能处理单个张量或操作，而 run()可以一次处理多个张量或操作。图 4.14 中的示例程序对比了二者使用时的差异。当需要计算张量 y1 和 y2 的结果时，如果用 tensor.eval()函数，则需要调用两次对张量逐个进行计算，如程序第 11~12 行所示；如果用 run()函数，则只需要调用一次就可以完成 y1 和 y2 两个张量的计算，如程序第 13 行所示。

```
1  import tensorflow as tf
2
3  a = tf.constant([[1.0,2.0]])
4  b = tf.constant([[3.0],[4.0]])
5  c = tf.matmul(a,b)
6
7  with tf.Session():
8      print(a.eval())
9      print(c.eval())
```

a）张量计算示例

```
1  [[1. 2.]]
2  [[11.]]
```

b）输出结果

图 4.13　利用 tensor.eval()方法计算张量值及输出结果

```
1   import tensorflow as tf
2
3   a = tf.constant([[1.0,2.0]])
4   b = tf.constant([[3.0],[4.0]])
5   c = tf.constant([[5.0],[6.0]])
6
7   y1 = tf.matmul(a,b)
8   y2 = tf.matmul(a,c)
9
10  with tf.Session() as sess:
11      y1.eval()
12      y2.eval()
13      sess.run([y1,y2])
```

图 4.14　求解张量的两种方法对比

### 4.3.5 变量

变量是计算图中的一种有状态节点,用于在多次执行同一计算图时存储并更新指定张量,常用来表示机器学习或深度学习算法中的模型参数。作为有状态节点,其输出由输入、节点操作、节点内部已保存的状态值共同决定。

变量的常用属性与张量类似,如表 4.7 所示。

表 4.7 变量的常用属性

| 属性名称 | 含义 |
| --- | --- |
| dtype | 变量的数据类型 |
| shape | 变量的形状 |
| name | 变量在计算图中的名称 |
| op | 产生此变量的操作 |
| device | 存储此变量所用的设备名 |
| graph | 包含此变量的计算图 |
| initialized_value | 变量的初始值 |
| initializer | 为变量赋值的初始化操作 |
| trainable | 是否在训练时被优化器更新 |

与张量类似,变量可以用于表示计算图中操作的输入,但变量的用法更为复杂:先要创建变量,再显式地初始化变量,然后才能运行使用该变量的操作。下面分别对变量的创建、初始化和更新进行介绍。

#### 4.3.5.1 创建变量

创建变量使用 tf.Variable() 函数,主要作用是确定变量的基本属性,包括变量初值、形状、数据类型等。变量初值可以是任意类型和形状。创建变量的方法包括下面三种:

(1) **使用 tf.Variable() 函数直接定义**。直接定义变量的初值、形状、数据类型等信息,定义方法与常量定义方法相同。示例程序如图 4.15 所示。

```
1  a = tf.Variable([1,2])
2  b = tf.Variable([[1,2,3],[4,5,6],[7,8,9]], dtype=tf.float32)
```

图 4.15 直接定义变量初值

(2) **使用 TensorFlow 内置的函数来定义变量初值**。使用 TensorFlow 内置的 tf.zeros()、tf.random_normal()等函数①来定义变量初值,定义的初值可以是常量,也可以是随机值。示例程序如图 4.16 所示。

```
1  #创建形状为(20,40)、标准差为0.35的正态分布随机数作为变量初值
2  c = tf.Variable(tf.random_normal([20,40], stddev=0.35))
3
4  #创建形状为(2,3)、所有元素值为0的常量作为变量初值
5  d = tf.Variable(tf.zeros([2,3]))
```

图 4.16 使用 TensorFlow 内置的函数来定义变量初值

---

① 此处对于程序员来说是函数,但在 TensorFlow 内部,这些函数会按照算子(op)来处理,以下同理。

**(3) 用其他变量的初值来定义新变量。** 也可以用其他变量的初值来定义当前变量，如图 4.17 中代码所示。首先用 tf.Variable() 函数创建变量 weights，然后使用 weights.initialized_value() 函数产生变量 weights 的初值，再利用此初值来定义新变量 w2 和 w_twice。

```
1  #创建形状为(30,60)、标准差为0.35的正态分布随机数作为变量初值，变量名称为weights
2  weights = tf.Variable(tf.random_normal([30,60],stddev=0.35),name="weights")
3
4  #用变量weights的初值作为当前变量w2的初值
5  w2 = tf.Variable(weights.initialized_value(),name="w2")
6
7  #用变量weights的初值*2作为当前变量w_twice的初值
8  w_twice = tf.Variable(weights.initialized_value()*2,name="w_twice")
```

图 4.17  使用其他变量来定义变量

表 4.8 列出了常用于定义变量初值的 TensorFlow 操作。利用这些操作可以灵活地定义变量的常数或随机数初值。

### 4.3.5.2  初始化变量

使用 tf.Variable() 函数创建变量，仅仅是完成了对变量初值、形状、数据类型等基本信息的定义。如果要真正将初值赋给变量，则还需要在会话环境中执行对变量的初始化操作。最常用的初始化方式是用 tf.global_variables_initializer() 函数来对前面定义的所有变量进行初始化，并在会话环境中执行该初始化操作。

表 4.8  常用于定义变量初值的 TensorFlow 操作

| 操作 | 说明 |
| --- | --- |
| tf.zeros() | 构建一个值全为 0 的张量 |
| tf.ones() | 构建一个值全为 1 的张量 |
| tf.random_normal() | 构建正态分布的随机数 |
| tf.truncated_normal() | 从截断的正态分布中输出随机数 |
| tf.random_uniform() | 构建平均分布的随机数 |
| tf.random_gamma() | 构建 Gamma 分布的随机数 |
| tf.fill() | 构建一个全为给定值的张量 |
| tf.constant() | 构建一个常量 |
| variable.initialized_value() | 产生一个变量的初值 |

图 4.18 是初始化变量的示例程序。第 3 行代码创建了一个变量 a，并定义变量的初值为 0.0。为了实现对该变量的初始化并将初值传递给 a，首先需要创建会话，然后在会话环境中运行 tf.global_variables_initializer() 函数，完成对变量 a 的初始化。接下来使用第 8 行代码来打印变量 a，即可输出变量 a 的初值。

### 4.3.5.3  更新变量

在使用 TensorFlow 进行深度学习算法的训练过程中，用变量来表示待训练的神经网络参数，并将这些参数对应的 trainable 属性设置为 True，就可以通过调用 TensorFlow 内置的多个优化器函数，如 tf.train.GradientDescentOptimizer()、tf.train.MomentumOptimizer()、tf.train.AdamOptimizer() 等，自动完成对这些变量的更新。但如果需要人工强制赋值更新某个变量的值,可以使用 tf.assign() 函数对变量赋一个新值,还可以用 tf.assign_add() 或 tf.assign_sub() 函数对变量做加法赋值或减法赋值。

```
1  import tensorflow as tf
2
3  a = tf.Variable(tf.constant(0.0),dtype=tf.float32)
4
5  #在会话中用 tf.global_variables_initializer()函数对所有变量初始化
6  with tf.Session() as sess:
7      sess.run(tf.global_variables_initializer())
8      print(sess.run(a))
```

a) 初始化变量

```
1  0.0
```

b) 输出结果

图 4.18 初始化变量示例程序

图 4.19 是更新变量的示例程序。首先创建一个变量 f,再调用 tf.assign 将 f+2.0 赋给变量 f,调用 tf.assign_add 对变量 f 的值加 3.0,调用 tf.assign_sub 对变量 f 的值减 1.5,然后创建会话,并在会话环境中初始化所有变量,最后执行变量的更新操作并打印更新结果。

```
1   f = tf.Variable(1.0)
2   f2 = tf.assign(f,f+2.0)
3   f3 = tf.assign_add(f,3.0)
4   f4 = tf.assign_sub(f,1.5)
5   with tf.Session() as sess:
6     sess.run(tf.global_variables_initializer())
7     print(sess.run(f))
8     print(sess.run(f2))
9     print(sess.run(f3))
10    print(sess.run(f4))
```

图 4.19 更新变量示例

## 4.3.6 占位符

如前所述,TensorFlow 中用计算图来表示深度学习算法的网络拓扑结构。在做深度学习训练时,每次均会有一个训练样本作为计算图的输入。如果每次的训练样本都用常量来表示,就需要把所有训练样本都作为常量添加到 TensorFlow 的计算图中,这会导致最后的计算图急速膨胀。为了解决该问题,TensorFlow 中提供了占位符机制。

**占位符**是 TensorFlow 中特有的数据结构,它本身没有初值,仅在程序中分配了内存。占位符可以用来表示模型的训练样本,在创建时会在计算图中增加一个节点,且只需在执行会话时填充占位符的值。

TensorFlow 中使用 tf.placeholder() 创建占位符，并需要用参数 dtype 指明其数据类型，即填充数据的数据类型。占位符的输入参数还有 shape（即填充数据的形状）以及 name（即该占位符在计算图中的名字）。其中，dtype 为必填参数，而 shape 和 name 均为可选参数。使用时需要在会话中与 feed_dict 参数配合，用 feed_dict 参数来传递待填充的数据给占位符。

图 4.20 是占位符的使用示例。首先定义占位符 x，并构建一个包含占位符操作的计算图，然后创建会话，在会话中计算张量 a。在计算张量 a 时需要首先获取占位符 x 的值，此处便使用 feed_dict 参数向占位符 x 填充数据 [0.7, 0.9]，从而完成后续对张量 a 的计算。

```
1  import tensorflow as tf
2
3  #创建变量
4  w1 = tf.Variable(tf.random_normal([1,2],stddev=1,seed=1))
5
6  #创建占位符
7  x = tf.placeholder(tf.float32,shape=(1,2))
8  a = tf.add(x,w1)
9
10 with tf.Session() as sess:
11   sess.run(tf.global_variables_initializer())
12   #计算a时需填充占位符x
13   y_1=sess.run(a,feed_dict={x:[[0.7,0.9]]})
14   print(y_1)
```

图 4.20  TensorFlow 中占位符的使用示例

### 4.3.7 队列

**队列**也是一种有状态的操作。TensorFlow 提供了多种队列机制，其中，FIFOQueue 是一种最简单的队列，该队列中的张量按照先进先出的顺序执行。FIFOQueue 支持**入队**（Enqueue）和**出队**（Dequeue）操作。入队操作将输入输出放到 FIFOQueue 队尾，出队操作将 FIFOQueue 队列中的首个元素取出。当队列为满时入队操作会被阻塞，当队列为空时出队操作会被阻塞。除了 FIFOQueue，TensorFlow 还提供了随机队列和优先级队列。使用队列可以在处理当前数据的同时对下一批输入数据进行预取（详见 4.5.1 节），也可以完成计算图不同子图的异步计算等。

## 4.4 基于 TensorFlow 实现深度学习预测

本节以图像风格迁移作为驱动范例，介绍如何基于 TensorFlow 用预训练的深度学习模型进行预测。

在图像风格迁移算法[89]中使用了 VGG19[47] 的 16 个卷积层和 5 个池化层，其网络结构如图 4.21 所示。通过 TensorFlow 提供的可视化工具 TensorBoard 画出该网络的计算图结构，如图 4.22a 所示。生成的计算图与实际的网络结构是对应的，由多个卷积层、池化层等逐层连接起来。TensorFlow 采用**命名空间**（namespace）来表示多个计算节点组成的有逻辑意义的子图。其中，池化节点 pool1 命名空间内的子图节点如图 4.22c 所示，输入数据经过最大池化操作（Maxpool）进行池化计算，计算输出的结果直接作为下一个节点 conv2 的输入数据。第二组卷积节点 conv2 命名空间内的子图节点如图 4.22b 所示，pool1 的输出首先和权重 weights 经过 Conv2D 操作计算卷积，再与偏置输入 biases 经过 BiasAdd 操作完成加偏置操作，最后通过 ReLU 操作输出卷积操作 conv2_1 的计算结果，该计算结果会作为卷积操作 conv2_2 的输入。以此类推，通过该方式，最初的输入数据经过逐层计算，最后输出计算的结果。

TensorFlow 支持多种预训练模型文件格式，包括 TensorFlow 前端 Keras 代码保存的 h5 文件格式、用 numpy 保存的 npy 或 npz 文件格式，以及默认的 ckpt 和 pb 文件格式等等。为简单起见，本例中使用的是 numpy 保存的非压缩 npy 文件格式的模型。

实现神经网络预测（推断）的基本流程如下：首先读取输入样本，随后基于 TensorFlow 提供的核心计算函数，定义神经网络的基本运算单元，然后利用已定义好的基本运算单元来构建神经网络模型，最后在会话中执行构建好的神经网络以计算输出。下面对每个步骤进行介绍。

### 4.4.1 读取输入样本

首先需要读取输入样本，并对样本进行相应的预处理，如图 4.23 中代码所示。首先用 OpenCV 读取一张图片，并将其大小缩放至 VGG19 所需的 $224\times224$，然后做归一化操作，最后将其按照 NHWC 的格式返回（NHWC 是 TensorFlow 中默认用于保存四维张量的数据存储格式，包含 batch、height、width、channel 四个元素）。

### 4.4.2 定义基本运算单元

接下来定义 basic_calc 函数，该函数描述了 VGG19 中可能用到的基本运算操作，如卷积、池化等，示例程序如图 4.24 所示⊖。如果当前层是卷积层，则计算输入 nin 和权重 inwb[0] 的卷积，再与 inwb[1] 相加计算出加偏置结果，最后通过 ReLU 函数计算出卷积层的输出结果。如果当前层是池化层，则计算输入 nin 经过池化操作后的输出结果。

---

⊖ 本节和 4.4.3 节、4.5.4 节的代码参考自 https://github.com/AaronJny/nerual_style_change、https://blog.csdn.net/qq_29462849/article/details/80442839 和 https://github.com/machrisaa/tensorflow-vgg。

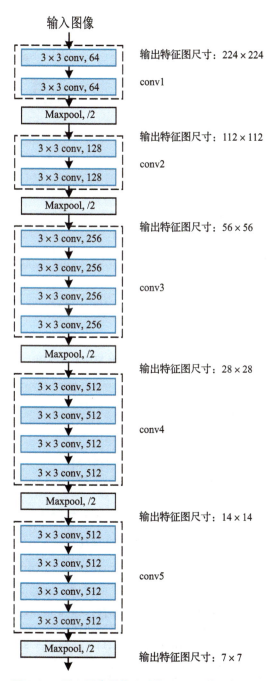

图 4.21 用于图像风格迁移的 VGG19 的网络结构

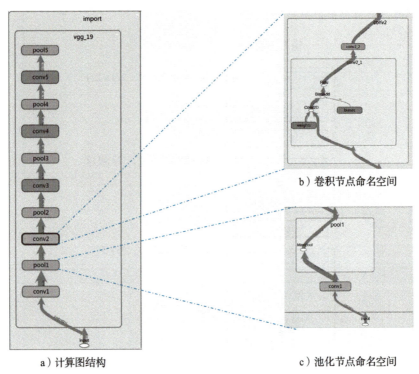

图 4.22 TensorFlow 生成的计算图及其子图[100]

```
1  import cv2
2  import numpy as np
3
4  def load_image(path):
5      img = cv2.imread(path, cv2.IMREAD_COLOR)
6      resize_img = cv2.resize(img, (224, 224))
7      norm_img = resize_img / 255.0
8      return np.reshape(norm_img, (1, 224, 224, 3))
```

图 4.23 读取输入图片

```
1  def basic_calc(caltype, nin, inwb=None):
2      if caltype=='conv':
3          # nin：本层输入； inwb：inwb[0],inwb[1] == weights,bias
4          return tf.nn.relu(tf.nn.conv2d(nin,inwb[0],\
5                          strides=[1,1,1,1], padding='SAME')+ inwb[1])
6      elif caltype=='pool':
7          return tf.nn.max_pool(nin, ksize=[1,2,2,1],\
8                          strides=[1,2,2,1], padding='SAME')
```

图 4.24 定义基本运算单元

用神经网络做预测时，需要从 VGG19 的模型文件中读取模型参数，即图 4.24 中的 inwb。读出的模型参数保存在数组 data_dict 中，后续计算时根据当前处理的层名 name，从 data_dict 中读取 name 层保存的权重和偏置。图 4.25 中的代码实现了从 data_dict 中读取权重和偏置参数值的功能。

```python
import numpy as np

def read_wb(vgg19_npy_path,name):
    #从vgg19_npy_path路径中读取模型参数到数组data_dict
    data_dict = np.load(vgg19_npy_path,encoding='latin1').item()
    weights = data_dict[name][0]
    weights = tf.constant(weights)
    bias = data_dict[name][1]
    bias = tf.constant(bias)
    return weights,bias
```

图 4.25 加载模型参数

在定义 basic_calc() 函数中的基本运算操作时，使用了 tf.nn 模块。该模块是 TensorFlow 中做深度学习计算的核心模块，提供了神经网络大量相关操作的函数，例如卷积、池化、激活操作以及损失计算等。

表 4.9 列出了 tf.nn 模块提供的卷积、池化、激活以及损失计算等相关函数。关于卷积操作，tf.nn 模块提供了比较常用的卷积函数 tf.nn.conv2d()，以及深度可分离卷积中常用的深度卷积函数 tf.nn.depthwise_conv2d() 和逐点卷积函数 tf.nn.separable_conv2d()。关于池化操作，tf.nn 模块提供了常用的池化函数，包括平均池化 tf.nn.avg_pool() 和最大池化 tf.nn.max_pool()。关于激活操作，tf.nn 模块提供了深度学习中常用的 ReLU 等函数。此外，还提供了常用的 $L^2$ 范数损失函数 tf.nn.l2_loss()，该函数对输入张量中的所有元素求平方和再除以 2，得到的结果作为损失值，该值通常情况下是作为一个惩罚项，乘以一个系数添加到损失函数定义中，以防止训练时可能出现的过拟合问题。

表 4.9 tf.nn 模块提供的部分卷积、池化、激活和损失函数

| | 函数 | 说明 |
| --- | --- | --- |
| 卷积函数 | tf.nn.conv2d(input, filter, strides, padding) | 计算张量 input 和 filter 的卷积 |
| | tf.nn.depthwise_conv2d(input, filter, strides, padding) | 深度卷积：每个输入通道和一个不同的卷积核独立做卷积，所有卷积结果连接起来作为输出 |
| | tf.nn.separable_conv2d(input, depthwise_filter, pointwise_filter, strides, padding) | 逐点卷积：深度卷积之后，做逐点卷积 |
| | tf.nn.bias_add(value, bias) | 对输入加上偏置 |

(续)

| 函数 | | 说明 |
|---|---|---|
| 池化函数 | tf.nn.avg_pool(value, ksize, strides, padding) | 对输入做平均池化 |
| | tf.nn.max_pool(value, ksize, strides, padding) | 对输入做最大池化 |
| | tf.nn.max_pool_with_argmax(input, ksize, strides, padding) | 对输入做最大池化，输出最大值及索引 |
| 激活函数 | tf.nn.relu(features) | 计算 ReLU 函数 |
| | tf.nn.elu(features) | 计算 ELU 函数 |
| | tf.nn.dropout(x, keep_prob) | 计算 dropout |
| 损失函数 | tf.nn.l2_loss(t) | 利用输入张量的 $L^2$ 范数来计算张量的误差值。结果为对输入张量的所有元素求平方和再除以 2 |

### 4.4.3 创建神经网络模型

完成基本运算单元的定义之后，就可以用其来构建神经网络模型。根据 VGG19 的网络结构，从输入图像开始逐层实现每一层的操作，并将操作结果作为下一层的输入，通过逐层计算和传递，得到最终结果。每一层的输出结果都保存在数组 models 中，程序示例如图 4.26 所示。在完成了 VGG19 网络模型的构建之后，TensorFlow 会自动生成类似图 4.22a 的计算图。

```
1   def build_vggnet(vgg19_npy_path):
2       models = {}
3       models['input'] = tf.Variable(np.zeros((1, 224, 224, 3)).astype('float32'))
4       models['conv1_1'] = basic_calc('conv',models['input'],read_wb(vgg19_npy_path,'conv1_1'))
5       models['conv1_2'] = basic_calc('conv',models['conv1_1'],read_wb(vgg19_npy_path,'conv1_2'))
6       models['pool1']   = basic_calc('pool',models['conv1_2'])
7       models['conv2_1'] = basic_calc('conv',models['pool1'],read_wb(vgg19_npy_path,'conv2_1'))
8       models['conv2_2'] = basic_calc('conv',models['conv2_1'],read_wb(vgg19_npy_path,'conv2_2'))
9       models['pool2']   = basic_calc('pool',models['conv2_2'])
10      models['conv3_1'] = basic_calc('conv',models['pool2'],read_wb(vgg19_npy_path,'conv3_1'))
11      models['conv3_2'] = basic_calc('conv',models['conv3_1'],read_wb(vgg19_npy_path,'conv3_2'))
12      models['conv3_3'] = basic_calc('conv',models['conv3_2'],read_wb(vgg19_npy_path,'conv3_3'))
13      models['conv3_4'] = basic_calc('conv',models['conv3_3'],read_wb(vgg19_npy_path,'conv3_4'))
14      models['pool3']   = basic_calc('pool',models['conv3_4'])
15      models['conv4_1'] = basic_calc('conv',models['pool3'],read_wb(vgg19_npy_path,'conv4_1'))
16      models['conv4_2'] = basic_calc('conv',models['conv4_1'],read_wb(vgg19_npy_path,'conv4_2'))
17      models['conv4_3'] = basic_calc('conv',models['conv4_2'],read_wb(vgg19_npy_path,'conv4_3'))
18      models['conv4_4'] = basic_calc('conv',models['conv4_3'],read_wb(vgg19_npy_path,'conv4_4'))
19      models['pool4']   = basic_calc('pool',models['conv4_4'])
20      models['conv5_1'] = basic_calc('conv',models['pool4'],read_wb(vgg19_npy_path,'conv5_1'))
21      models['conv5_2'] = basic_calc('conv',models['conv5_1'],read_wb(vgg19_npy_path,'conv5_2'))
22      models['conv5_3'] = basic_calc('conv',models['conv5_2'],read_wb(vgg19_npy_path,'conv5_3'))
23      models['conv5_4'] = basic_calc('conv',models['conv5_3'],read_wb(vgg19_npy_path,'conv5_4'))
24      models['pool5']   = basic_calc('pool',models['conv5_4'])
25      return models
```

图 4.26 构建 VGG19 网络模型

### 4.4.4 计算神经网络模型输出

上一步骤中生成的计算图是一个静态图,它并没有执行真正的计算。为了得到输入通过神经网络的输出,需要使用 tf.Session() 函数创建会话,在会话中实例化 build_vggnet() 函数,再通过 sess.run() 执行神经网络模型的计算,输出计算结果。程序示例如图 4.27 所示。

```
1  #模型文件路径,需要加载
2  vgg19_npy_path = './vgg_models.npy'
3  #获取输入的内容图像
4  img_content = load_image('./content.jpg')
5
6  with tf.Session() as sess:
7    sess.run(tf.global_variables_initializer())
8    models = build_vggnet(vgg19_npy_path)
9
10   sess.run(models['input'].assign(img_content))
11   res = sess.run(models['pool5'])
12
13   # res上的其他进程
14   ...
```

图 4.27 计算神经网络输出

## 4.5 基于 TensorFlow 实现深度学习训练

相对于预测,深度学习的训练更加复杂。基于 TensorFlow 实现深度学习训练的流程如图 4.28 所示,具体可以分为三个部分:

(1)加载数据并进行预处理。

(2)对模型进行迭代训练。启动会话初始化计算图,指定加载的输入数据和输出的结果节点,进行前向计算、反向梯度计算、参数更新等。模型训练通常会耗费较长的时间,在训练结果不理想的时候,可以调整训练策略或训练模型,随之也可能会调整数据集的预处理方式,如此迭代多次直到取得比较好的训练效果。

(3)在训练的过程中,可以借助 TensorFlow 的检查点机制来实时保存模型结果。

### 4.5.1 加载数据

加载输入数据并进行预处理是整个流程的第一步。TensorFlow 支持四种加载数据的方式:

- 注入(feeding):利用 feed_dict 直接传递输入数据;
- 预取(pre_load):利用 constant 和 Variable 直接读取输入数据;

- **基于队列 API**：基于队列相关的 API 来构建输入流水线（pipeline）；
- **tf.data API**：利用 tf.data API 来构建输入流水线。

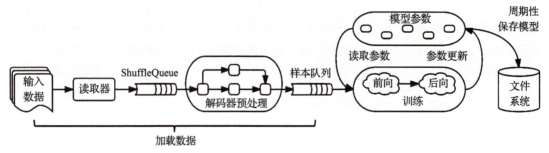

图 4.28　TensorFlow 框架训练流程示意图[94]

### 4.5.1.1　注入

输入数据为 numpy array 格式时，可以直接使用 feed_dict 注入填充数据，如图 4.29 中的代码所示[一]。

```
1  with tf.Session():
2    input = tf.placeholder(tf.float32)
3    classifier = ...
4    print(classifier.eval(feed_dict={input: one_numpy_ndarray}))
```

图 4.29　数据注入示例代码

### 4.5.1.2　预取

如果数据集比较小，则可以用 constant 或 Variable 直接读取全部输入到内存，从而提高执行效率。预取的方法包括利用 constant 和利用 Variable 两种。

图 4.30 是利用常量进行数据预取的程序示例。利用常量读取整个输入虽然简单，但由于常量是内联在计算图中的，如果多次使用的话会多次复制内部数据，造成内存浪费。因此 TensorFlow 又提供了借助 Variable 保存数据的方法。

```
1  training_data = ...    # 某些numpy array格式的数据
2  training_labels = ...
3  with tf.Session():
4    input_data = tf.constant(training_data)
5    input_labels = tf.constant(training_labels)
6    ...
```

图 4.30　利用常量进行数据预取

---

[一]　4.5.1.1～4.5.1.3 节的代码参考自 TensorFlow 官方文档，参考网址为 https://github.com/tensorflow/tensorflow/blob/r1.10/tensorflow/docs_src/api_guides/python/reading_data.md。

图 4.31 是利用 Variable 进行数据预取的程序示例。该方法需要在运行图计算之前初始化 Variable，且在创建 Variable 时将其 trainable 属性设为 False，在训练的时候就不会改变它的值，设置 collections＝[] 可以保证其不会被保存或恢复。

```
1  training_data = ...    # 某些numpy array格式的数据
2  training_labels = ...
3  with tf.Session() as sess:
4    data_initializer = tf.placeholder(dtype=training_data.dtype,
5                                     shape=training_data.shape)
6    label_initializer = tf.placeholder(dtype=training_labels.dtype,
7                                      shape=training_labels.shape)
8    input_data = tf.Variable(data_initializer, trainable=False, collections=[])
9    input_labels = tf.Variable(label_initializer, trainable=False, collections=[])
10   ...
11   sess.run(input_data.initializer,
12            feed_dict={data_initializer: training_data})
13   sess.run(input_labels.initializer,
14            feed_dict={label_initializer: training_labels})
15   ...
```

图 4.31　利用 Variable 进行数据预取

#### 4.5.1.3　基于队列 API 构建输入流水线

由于计算机上的内存空间有限，大型数据可能无法全部读入内存，因此需要分批读取。如果采用"读取 batch1-计算 batch1-读取 batch2-计算 batch2"的执行模式，计算和访存是串行处理的，二者的处理时间没有重叠（即没有流水），会导致计算效率低下。因此，TensorFlow 提供一组基于队列的 API 以实现高效的输入读取流水线，实现在计算的同时并发读取下一批输入的功能。

TensorFlow 中的队列支持入队、出队操作，以及对应的同步机制。当队列满时，入队线程会被挂起。同样，当队列为空时，出队线程挂起等待。典型的基于队列的输入流水线如图 4.28 中前半段所示。一般具有以下要素：

- 文件名称组成的列表；
- 保存文件名称的 FIFO 队列；
- 相应文件格式的读取器；
- 解码器；
- 生成的样本队列（ShuffleQueue）。

图 4.32 是基于队列加载数据的参考代码示例。第 2 行代码用 tf.train.string_input_producer 来生成文件的 FIFO 队列，调用该函数后，程序会创建队列，创建入队操作，并

使用 QueueRunner 操作创建一个线程来执行入队操作。第 5~6 行代码根据数据文件的格式选择相对应的读取器，第 9~12 行代码用解码器对数据文件进行预处理。如果是图片数据，预处理一般包括统一数据类型、归一化图片数值到 0~1 之间、统一图片大小等；如果是文本数据，则预处理可能是对齐文本、给文本编码等。第 18 行代码通过 start_queue_runners 来启动执行创建的入队线程，处理后的样本队列是 ShuffleQueue，可以为训练提供准备好的样本。

```python
1  #用来保存文件名称的FIFO队列
2  filename_queue = tf.train.string_input_producer(["file0.csv", "file1.csv"])
3
4  #根据csv文件选用的读取器，不同种类文件读取器种类也不同
5  reader = tf.TextLineReader()
6  key, value = reader.read(filename_queue)
7
8  #为处理出现空值情况设置的默认值，以及给定解码器输出的类型
9  record_defaults = [[1], [1], [1], [1], [1]]
10 col1, col2, col3, col4, col5 = tf.decode_csv(
11     value, record_defaults=record_defaults)
12 features = tf.stack([col1, col2, col3, col4])
13
14 with tf.Session() as sess:
15   #创建协调器
16   coord = tf.train.Coordinator()
17   #在调用run或eval执行读取之前，必须用tf.train.start_queue_runners来填充队列
18   threads = tf.train.start_queue_runners(coord=coord)
19
20   for i in range(10):
21     #拿到每次读取的结果
22     example, label = sess.run([features, col5])
23     print("example = ", example, ", label = ", label)
24
25   coord.request_stop()
26   coord.join(threads)
```

图 4.32　基于队列 API 加载数据的示例代码

假设 file0.csv 和 file1.csv 文件中的内容如图 4.33 所示，则该示例程序随机生成的样本队列如图 4.34 所示，当然每次运行结果不一定相同。

```
1  #file0.csv
2  111, 222, 333, 444, 555
3  222, 333, 444, 555, 666
```

图 4.33　file0.csv 和 file1.csv 文件中的内容

```
4  333,444,555,666,777
5  444,555,666,777,888
6
7  #file1.csv
8  555,444,333,222,111
9  666,555,444,333,222
10 777,666,555,444,333
11 888,777,666,555,444
```

图 4.33 （续）

```
1  example = [111  222  333  444] , label = 555
2  example = [222  333  444  555] , label = 666
3  example = [333  444  555  666] , label = 777
4  example = [444  555  666  777] , label = 888
5  example = [555  444  333  222] , label = 111
6  example = [666  555  444  333] , label = 222
7  example = [777  666  555  444] , label = 333
8  example = [888  777  666  555] , label = 444
9  example = [555  444  333  222] , label = 111
10 example = [666  555  444  333] , label = 222
```

图 4.34 随机生成的样本队列

进一步可以创建多个线程来进行数据的批量处理，如图 4.35 中代码所示。其中最关键的 API 是 tf.train.shuffle_batch，它主要负责：创建 RandomShuffleQueue 用来保存样本数据；利用 QueueRunner 类创建多个入队线程；创建一个 dequeue_many 的出队操作。

```
1  #和上个示例类似，依次读取样本
2  def read_my_file_format(filename_queue):
3    reader = tf.SomeReader()
4    key, record_string = reader.read(filename_queue)
5    example, label = tf.some_decoder(record_string)
6    processed_example = some_processing(example)
7    return processed_example, label
8
9  def input_pipeline(filenames, batch_size, num_epochs=None):
10   filename_queue = tf.train.string_input_producer(
11       filenames, num_epochs=num_epochs, shuffle=True)
12   example, label = read_my_file_format(filename_queue)
13   #出队操作后的所剩数据的最小值
```

图 4.35 数据批量处理示例代码

```
14    min_after_dequeue = 10000
15    #队列的容量
16    capacity = min_after_dequeue + 3 * batch_size
17    example_batch, label_batch = tf.train.shuffle_batch(
18        [example, label], batch_size=batch_size, capacity=capacity,
19        min_after_dequeue=min_after_dequeue)
20    return example_batch, label_batch
```

图 4.35 （续）

#### 4.5.1.4 tf.data API

tf.data API 和基于队列的输入流水线一样，适用于大型数据集的高效读取。tf.data API 的使用方法更加简单，主要包括两个基础类：Dataset 和 Iterator。

首先为输入数据创建数据集 Dataset。Dataset 是由相同类型元素组成的序列，每个元素由一个或多个张量组成。创建一个 Dataset 有两种方法：

（1）通过不同的 API 来读取不同类型的源数据，返回一个 Dataset。例如：
- Dataset.from_tensor_slices()：从内存中直接读取数据；
- tf.data.TextLineDataset()：读取 csv 文件；
- tf.data.FixedLengthRecordDataset()：读取二进制文件；
- tf.data.TFRecordDataset()：读取 TFRecord 类型的数据。

（2）在已有 Dataset 基础上通过变换得到新的 Dataset，包括 map、shuffle、batch 和 repeat 等。图 4.36 是从 MNIST 中读取 TFRecord 格式的数据集并做相应变换的示例[一]。

```
1   def decode(serialized_example):
2     #从 serialized_example 抓取 image 和 label
3     features = tf.parse_single_example(
4         serialized_example,
5         features={
6             'image_raw': tf.FixedLenFeature([], tf.string),
7             'label': tf.FixedLenFeature([], tf.int64),
8         })
9
10    #使用解码器对数据进行预处理
11    image = tf.decode_raw(features['image_raw'], tf.uint8)
12    image.set_shape((mnist.IMAGE_PIXELS))
```

图 4.36 从 MNIST 读取 TFRecord 格式的数据集

---

[一] 本节代码参考自 TensorFlow 官方文档，参考网址为 https://github.com/tensorflow/tensorflow/blob/r1.10/tensorflow/examples/how_tos/reading_data/fully_connected_reader.py。

```
13    label = tf.cast(features['label'], tf.int32)
14    return image, label
15
16 def inputs(train, batch_size, num_epochs):
17    filename = os.path.join(FLAGS.train_dir, TRAIN_FILE
18                            if train else VALIDATION_FILE)
19
20    with tf.name_scope('input'):
21        dataset = tf.data.TFRecordDataset(filename)
22
23        #map加载的是一个function,对每个样本进行同样的操作
24        dataset = dataset.map(decode)
25        #一些其他的预处理功能
26        dataset = dataset.map(augment)
27        dataset = dataset.map(normalize)
28        ...
29        dataset = dataset.shuffle(1000 + 3 * batch_size)
30        dataset = dataset.repeat(num_epochs)
31        dataset = dataset.batch(batch_size)
32        #此时,这些数据被打乱成大小为batch_size的batch,并重复num_epochs次
33
34        iterator = dataset.make_one_shot_iterator()
35    return iterator.get_next()
```

图 4.36 （续）

数据集 Dataset 创建完成后，可以利用 Iterator 类来读取创建好的 Dataset 中的数据。常用的迭代器包含四种，分别是：

- one-shot iterator
- initializable iterator
- reinitializable iterator
- feedable iterator

其中"one-shot iterator"是最简单的一种，所有元素只会被读取一次，其使用方法见图 4.36 示例中最后两行。其他的迭代器相对复杂，感兴趣的读者可以阅读 TensorFlow 官网资料进一步了解。

### 4.5.2 模型训练

在成功读取输入数据之后，首先要构建网络模型，其构建方法和预测所采用的方法一致；然后定义损失函数，并创建优化器，定义模型训练方法；最后迭代地执行模型的训练过程。

### 4.5.2.1 定义损失函数

TensorFlow 中提供了一些基本操作函数,以帮助程序员用不同的计算方法来定义损失函数,包括四则运算、科学计算、条件判断以及降维操作等,如表 4.10 所示。

表 4.10 自定义损失函数常用的一些基本操作

| 类别 | 基本函数及功能说明 |
| --- | --- |
| 四则运算 | tf.add(), tf.subtract(), tf.multiply() |
| 科学计算 | tf.abs(), tf.square(), tf.sin() |
| 比较操作 | tf.greater():返回 True 或 False |
| 条件判断 | tf.where(condition, x, y);condition 为 True 时返回 x,否则返回 y |
| 降维操作 | tf.reduce_sum(), tf.reduce_mean():对高维的矩阵元素做求和或求均值后输出一个数值 |

需要特别注意的是上表中列出的降维操作 tf.reduce_sum() 和 tf.reduce_mean(),这两个函数分别对高维的矩阵元素以求和或求均值的方式将输出转换为标量。图 4.37 是调用 tf.reduce_mean() 计算均方误差损失函数的程序示例,通过对计算输出值 y 和预测值 y_data 之间的差值求平方再求均值,将高维输出转换为标量数据。

```
1  #计算均方误差损失
2  loss = tf.reduce_mean(tf.square(y-y_data))
```

图 4.37 计算均方误差损失

除了自定义损失函数外,TensorFlow 还内置了四个交叉熵损失函数。

**1. softmax 交叉熵**

softmax 交叉熵损失函数的定义如图 4.38 所示。该损失函数有两个参数——labels 和 logits,logits 表示神经网络的计算输出,labels 是分类标记,即分类或检测问题中人为提供的标准答案。

```
1  tf.nn.softmax_cross_entropy_with_logits(labels, logits)
```

图 4.38 softmax 交叉熵

**2. 加了稀疏的 softmax 交叉熵**

加了稀疏的 softmax 交叉熵损失函数的定义和 softmax 交叉熵函数类似,仅在函数名前加了 sparse。该函数的参数与 softmax 交叉熵函数一致,也是 labels 和 logits,具体定义如图 4.39 所示。

```
1  tf.nn.sparse_softmax_cross_entropy_with_logits(labels, logits)
```

图 4.39 稀疏 softmax 交叉熵

**3. sigmoid 交叉熵**

sigmoid 交叉熵损失函数的用法、参数定义与 softmax 交叉熵函数类似，具体定义如图 4.40 所示。

```
1  tf.nn.sigmoid_cross_entropy_with_logits(labels,logits)
```

图 4.40　sigmoid 交叉熵

根据 2.3.3.2 节中交叉熵的定义，sigmoid 交叉熵损失函数计算的是 labels 和 logits 的 sigmoid 交叉熵：

$$\mathrm{loss} = -\mathrm{labels} \times \log(\mathrm{sigmoid}(\mathrm{logits})) - (1-\mathrm{labels}) \times \log(1-\mathrm{sigmoid}(\mathrm{logits})) \tag{4.1}$$

令 $x=\mathrm{logits}$，$z=\mathrm{labels}$，代入 sigmoid 函数的计算公式，则有[105]

$$\begin{aligned}
\mathrm{loss} &= -z \times \log(\mathrm{sigmoid}(x)) - (1-z) \times \log(1-\mathrm{sigmoid}(x)) \\
&= -z \times \log\left(\frac{1}{1+e^{-x}}\right) - (1-z) \times \log\left(\frac{e^{-x}}{1+e^{-x}}\right) \\
&= z \times \log(1+e^{-x}) + (1-z) \times \log\left(\frac{1+e^{-x}}{e^{-x}}\right) \\
&= z \times \log(1+e^{-x}) + (1-z) \times (\log(1+e^{-x}) - \log(e^{-x})) \\
&= \log(1+e^{-x}) + x(1-z) \\
&= x - xz + \log(1+e^{-x})
\end{aligned} \tag{4.2}$$

当 $x<0$ 时，为防止 $e^{-x}$ 项溢出，需要对 loss 计算做变换：

$$\mathrm{loss} = \log(e^x) - xz + \log(1+e^x) = -xz + \log(1+e^x) \tag{4.3}$$

通过上述变换，去掉了 $e^{-x}$ 项，只有 $e^x$。这样当 $x<0$ 时，loss 表达式（4.3）中的 $e^x$ 不会出现溢出。而当 $x>0$ 时，loss 表达式（4.2）中的 $e^{-x}$ 同样也不会出现溢出。综合以上两种情况，损失函数可以表示为

$$\mathrm{loss} = \begin{cases} x - xz + \log(1+e^{-x}) & \text{当 } x \geqslant 0 \\ -xz + \log(1+e^x) & \text{当 } x < 0 \end{cases} \tag{4.4}$$

因此，实际计算时，为了保证程序的稳定性并防止溢出，使用如下统一的表达式来处理 sigmoid 交叉熵损失函数：

$$\mathrm{loss} = \max(x,0) - xz + \log(1+e^{-|x|}) \tag{4.5}$$

**4. 加权的 sigmoid 交叉熵**

加权的 sigmoid 交叉熵损失函数计算的是具有权重的 sigmoid 交叉熵。当训练样本中正负样本的数量不均衡时，可以增加一个权重，通过调节权重来增加或减少正样本在计算交叉熵时的损失值，从而提高模型训练的效果。增加的权重即为函数中的第三个参数 pos_weight，具体定义如图 4.41 所示。

```
tf.nn.weighted_cross_entropy_with_logits(targets,logits,pos_weight)
```

图 4.41 加权 sigmoid 交叉熵

该函数的实现原理很简单:在传统的 sigmoid 交叉熵基础上,对正样本部分乘以权重 pos_weight,表达式为

$$\text{loss} = -\text{pos\_weight} \times \text{targets} \times \log(\text{sigmoid}(\text{logits})) - (1 - \text{targets}) \times \log(1 - \text{sigmoid}(\text{logits})) \tag{4.6}$$

为防止计算时发生溢出,对该函数的表达式进行变换。令 $x=\text{logits}$,$z=\text{targets}$,$q=\text{pos\_weight}$,代入加权 sigmoid 交叉熵函数的定义,则有[106]

$$\begin{aligned}\text{loss}&=-q \times z \times \log(\text{sigmoid}(x)) - (1-z) \times \log(1-\text{sigmoid}(x))\\ &=-qz \times \log\left(\frac{1}{1+\mathrm{e}^{-x}}\right) - (1-z) \times \log\left(\frac{\mathrm{e}^{-x}}{1+\mathrm{e}^{-x}}\right)\\ &= qz \times \log(1+\mathrm{e}^{-x}) + (1-z) \times \log\left(\frac{1+\mathrm{e}^{-x}}{\mathrm{e}^{-x}}\right)\\ &= qz \times \log(1+\mathrm{e}^{-x}) + (1-z) \times (\log(1+\mathrm{e}^{-x}) - \log(\mathrm{e}^{-x}))\\ &= (qz+1-z)\log(1+\mathrm{e}^{-x}) + x(1-z)\\ &= x - xz + (1+(q-1)z)\log(1+\mathrm{e}^{-x})\end{aligned} \tag{4.7}$$

上述表达式中也存在 $\mathrm{e}^{-x}$,采用与 sigmoid 交叉熵表达式相同的处理思路,实现时统一采用以下表达式:

$$\text{loss} = \max(x,0) - xz + l \times \log(1+\mathrm{e}^{-|x|}) \tag{4.8}$$

其中,$l=(1+(q-1)z)$。通过上述表达式,计算损失时不会发生程序溢出的情况。

#### 4.5.2.2 创建优化器

优化器的功能是实现优化算法,自动地为用户计算模型参数的梯度值。TensorFlow 中提供了一系列优化器函数,包括:

- tf.train.Optimizer:优化器。
- tf.train.GradientDescentOptimizer:梯度下降优化器。
- tf.train.AdadeltaOptimizer:Adadelta 算法优化器。
- tf.train.AdagradOptimizer:Adagrad 算法优化器。
- tf.train.AdagradDAOptimizer:Adagrad 对偶平均算法优化器。
- tf.train.MomentumOptimizer:动量梯度下降优化器。
- tf.train.AdamOptimizer:Adam 算法优化器。
- tf.train.FtrlOptimizer:Ftrl 算法优化器。
- tf.train.ProximalGradientDescentOptimizer:近似梯度下降算法优化器。
- tf.train.ProximalAdagradOptimizer:近似 Adagrad 算法优化器。

- tf.train.RMSPropOptimizer：RMSProp 算法优化器。

其中，tf.train.Optimizer 是整个优化器的基类。程序员不会直接使用这个类，但会使用其子类实例。常用的优化器函数包括 tf.train.GradientDescentOptimizer、tf.train.MomentumOptimizer 以及 tf.train.AdamOptimizer 等。

梯度下降优化器的参数是学习率 learning_rate，最后返回一个优化器。其函数形式如图 4.42 所示。

```
train = tf.train.GradientDescentOptimizer(learning_rate)
```

图 4.42　梯度下降优化器

Adam 算法优化器能够对每个参数动态调整学习率。传统的随机梯度下降法对所有参数采用相同的学习率，虽然也能够达到极小值，但算法运行时间可能会很长。为了提高训练速度或优化更深、更复杂的网络，需要采用能够自适应调整参数学习率的算法。Adam 算法综合了动量梯度下降法和 RMSProp 算法，根据损失函数对每个参数梯度的一阶矩估计和二阶矩估计，动态调整每个参数的学习率。Adam 算法优化器的定义如图 4.43 所示，输入参数是学习率，最后返回一个优化器。

```
train = tf.train.AdamOptimizer(learning_rate)
```

图 4.43　Adam 算法优化器

#### 4.5.2.3　定义模型训练方法

模型训练一般采用最小化损失函数（minimize）的方法，TensorFlow 为此提供了 minimize() 函数。该函数的定义如图 4.44 所示。

```
train_op = tf.train.Optimizer.minimize(loss, global_step=None, var_list=None)
```

图 4.44　最小化损失函数

执行 minimize() 函数时会依次调用计算梯度函数（tf.train.Optimizer.compute_gradients()）和应用梯度函数（tf.train.Optimizer.apply_gradients()）。二者的参数和功能如表 4.11 所示。其中，tf.train.Optimizer.compute_gradients() 会对函数参数 var_list 中列出的模型参数计算梯度。tf.train.Optimizer.apply_gradient() 会将 compute_gradients() 计算出来的梯度更新到模型参数上。

表 4.11　TensorFlow 中常用的训练操作

| 操作 | 说明 |
| --- | --- |
| tf.train.Optimizer.compute_gradients(loss, var_list=None) | 对 var_list 中列出的模型参数计算梯度，返回（梯度，模型参数）组成的列表 |
| tf.train.Optimizer.apply_gradients(grads_and_vars) | 将计算出的梯度更新到模型参数上，返回更新参数的操作 |

minimize()由 compute_gradients()和 apply_gradients()组合而成，可以直接用于模型训练，使用简单、有效。但对于模型层次比较多的网络，由于输入数据不合法，或求导精度限制等情况，可能会出现梯度爆炸或梯度消失的问题，使得模型训练无法快速收敛。这种情况下就需要对 compute_gradients()计算得到的梯度值进行处理，使梯度值控制在一定的范围内，然后再更新到模型参数中[70]。具体流程如下：

(1) 使用 compute_gradients()函数计算出梯度；
(2) 按需求处理梯度，如裁剪、归一化等；
(3) 使用 apply_gradients()函数将处理后的梯度值更新到模型参数中。

TensorFlow 中内置了一系列处理梯度的函数，如表 4.12 所示。包括对梯度的 $L^2$ 范数进行裁剪的函数（tf.clip_by_norm()）、对梯度的平均 $L^2$ 范数进行裁剪的函数（tf.clip_by_average_norm()）、对梯度的全局 $L^2$ 范数进行裁剪的函数（tf.clip_by_global_norm()）以及将梯度裁剪到给定范围的函数（tf.clip_by_value()）等。通过梯度裁剪，可以把梯度值控制在一定的范围内，从而缓解梯度爆炸或梯度消失的问题。

表 4.12　TensorFlow 中的梯度处理函数

| 函数 | 说明 |
| --- | --- |
| tf.clip_by_value(t,clip_value_min,clip_value_max) | 将梯度 t 裁剪到 [clip_value_min, clip_value_max] 区间 |
| tf.clip_by_norm(t,clip_norm) | 对梯度 t 的 $L^2$ 范数进行裁剪，clip_norm 为裁剪阈值 |
| tf.clip_by_average_norm(t,clip_norm) | 对梯度 t 的平均 $L^2$ 范数进行裁剪，clip_norm 为裁剪阈值 |
| tf.clip_by_global_norm(t_list,clip_norm) | 对 t_list 中所有梯度进行全局 $L^2$ 范数裁剪，clip_norm 为裁剪阈值 |
| tf.global_norm(t_list) | 计算 t_list 中所有梯度的全局 $L^2$ 范数 |

在表 4.12 中，tf.clip_by_norm(t, clip_norm) 函数表示对梯度的 $L^2$ 范数进行裁剪，使其值始终不超过 clip_norm。梯度的 $L^2$ 范数定义为所有梯度的平方和再开根号，即 $\|t\|_2 = \sqrt{\sum_i \mathrm{grad}(w_i)^2}$，其中 $w_i$ 表示模型参数，$\mathrm{grad}(w_i)$ 表示参数 $w_i$ 的梯度。为实现对梯度 $L^2$ 范数的裁剪，定义裁剪阈值 clip_norm，如果梯度的 $L^2$ 范数小于等于该阈值，梯度不变，否则梯度要乘以 $\dfrac{\mathrm{clip\_norm}}{\|t\|_2}$，即

$$\mathrm{grad}(w_i) = \begin{cases} \dfrac{\mathrm{clip\_norm}}{\|t\|_2}\mathrm{grad}(w_i) & \text{当 } \|t\|_2 > \mathrm{clip\_norm} \\ \mathrm{grad}(w_i) & \text{否则} \end{cases} \quad (4.9)$$

定义模型训练方法的代码示例如图 4.45 所示。采用 Adam 算法优化器，使用 compute_gradients()函数计算梯度，然后对梯度的 $L^2$ 范数进行裁剪，最后调用 apply_gradients()函数将处理过的梯度值更新到模型参数中。

```
1  #创建Adam算法优化器
2  optimizer = tf.train.AdamOptimizer(learning_rate)
3
4  #计算梯度
5  grads = optimizer.compute_gradients(loss)
6
7  #对梯度的$L^2$范数进行裁剪
8  grads = tf.clip_by_norm(grads,clip_norm)
9
10 #更新模型参数
11 train_op = optimizer.apply_gradients(grads)
```

图 4.45　定义模型训练方法示例代码

### 4.5.3　模型保存

在模型训练过程中，TensorFlow 采用**检查点机制**（checkpoint）周期地记录模型参数等数据，并存储到文件系统中，以便后续可以恢复模型来继续训练或使用。检查点机制由 saver 对象来完成，其主要功能有：

- 保存（Save）。
- 恢复（Restore）。

#### 4.5.3.1　保存模型

在模型训练过程中或当模型训练完成后，如果要保存会话中当前时刻的变量值，可以使用 tf.train.Saver() 函数。

图 4.46 是 tf.train.Saver() 函数的具体使用示例。首先创建两个变量 weights 和 w2，使用 tf.train.Saver() 函数来创建一个 saver 实例，管理模型中的所有变量；然后创建会话，初始化所有变量；随后迭代地进行模型训练，且每训练 1000 次，并使用 saver.save() 函数将此时的变量值保存到磁盘指定路径下的二进制检查点文件中。检查点文件是以专有格式将变量名映射到张量值的二进制文件，本示例中，检查点文件的名称为 my-model。saver 能够使用内置的计数器自动对检查点文件名进行编号，保证训练模型时可以在不同的步骤中保留多个检查点。为了避免磁盘内存耗尽，saver 可以管理检查点文件。例如，可以设置其只保留 $n$ 个最新的文件，或者每 $n$ 小时的训练就保留一个检查点等。

```
1  import tensorflow as tf
2  weights = tf.Variable(tf.random_normal([30,60],stddev=0.35),name="
       weights")
3  w2 = tf.Variable(weights.initialized_value(),name="w2")
4
```

图 4.46　保存模型

```
 5  #实例化saver对象
 6  saver = tf.train.Saver()
 7
 8  with tf.Session() as sess:
 9    sess.run(tf.global_variables_initializer())
10    for step in xrange(1000000):
11      #执行模型训练
12      sess.run(training_op)
13      if step % 1000 == 0:
14        # 将训练得到的变量值保存到检查点文件中
15        saver.save(sess, './ckpt/my-model')
```

图 4.46 （续）

#### 4.5.3.2 恢复模型

当需要恢复模型参数来继续训练模型或者预测时，可以用 saver 对象的 restore() 函数，从指定路径下的检查点文件中恢复出已保存的变量。

如果要从图 4.46 示例的文件中恢复模型，首先需要重新创建待恢复的变量 weights 和 w2，并再次实例化 saver 对象，然后创建会话，如图 4.47 所示。与保存模型过程不同的是，此时在会话中不需要对变量进行初始化，而是直接通过调用 restore() 函数将保存的变量从检查点文件中恢复出来。

```
 1  import tensorflow as tf
 2
 3  weights = tf.Variable(tf.random_normal([30,60],stddev=0.35),name="weights")
 4  w2 = tf.Variable(weights.initialized_value(),name="w2")
 5
 6  #模型路径只需要给出文件夹名称
 7  model_path = "./ckpt"
 8
 9  #实例化saver对象
10  saver = tf.train.Saver()
11
12  with tf.Session() as sess:
13    #找到存储变量值的位置
14    ckpt = tf.train.latest_checkpoint(model_path)
15    #恢复变量
16    saver.restore(sess, ckpt)
17    print(sess.run(weights))
18    print(sess.run(w2))
```

图 4.47 恢复模型

### 4.5.4 图像风格迁移训练的实现

4.5.1～4.5.3 节分别介绍了使用 TensorFlow 加载数据、训练模型、保存模型的方法，下面介绍基于 TensorFlow 实现图像风格迁移训练的步骤。

首先，根据 3.6 节的介绍，风格迁移的损失函数包括两部分：内容损失函数和风格损失函数。计算过程的程序示例如图 4.48 所示。

```python
import tensorflow as tf
import numpy as np

STYLE_LAYERS = [('conv1_1', 0.2), ('conv2_1', 0.2), ('conv3_1', 0.2),
    ('conv4_1', 0.2), ('conv5_1', 0.2)]

#定义损失函数
def loss(sess, models, img_content, img_style):
    #计算内容损失函数
    sess.run(models['input'].assign(img_content))
    #内容图像在conv4_2层的特征矩阵
    p = sess.run(models['conv4_2'])
    #输入图像在conv4_2层的特征矩阵
    x = models['conv4_2']
    M = p.shape[1] * p.shape[2]
    N = p.shape[3]
    content_loss = (1.0 / (4 * M * N)) * tf.reduce_sum(tf.pow(p - x, 2))

    #计算风格损失函数
    sess.run(models['input'].assign(img_style))
    style_loss = 0.0
    for layer_name, w in STYLE_LAYERS:
        #风格图像在layer_name各层的特征矩阵
        a = sess.run(models[layer_name])
        #输入图像在layer_name各层的特征矩阵
        x = models[layer_name]
        M = a.shape[1] * a.shape[2]
        N = a.shape[3]
        A = gram_matrix(a, M, N)
        G = gram_matrix(x, M, N)
        style_loss += (1.0 / (4 * N ** 2 * M ** 2)) * tf.reduce_sum(tf.pow(G - A, 2)) * w

    total_loss = ALPHA * content_loss + BETA * style_loss
```

图 4.48 定义图像风格迁移算法的损失函数

```
33     return total_loss
34
35 def gram_matrix(x, M, N):
36     x = tf.reshape(x, (M, N))
37     return tf.matmul(tf.transpose(x), x)
```

图 4.48 （续）

完成了损失函数的定义之后，接下来就需要定义实现 VGG19 网络的训练过程。在实现时，首先输入一张随机噪声图像，通过迭代的优化损失函数来调整该图像，最终得到在内容上与内容图像一致、在风格上与风格图像一致的风格迁移图像。程序示例如图 4.49 所示。

```
1  def get_random_img(img_content):
2      #生成噪声图像img_random，生成方法为内容图像叠加随机噪声
3      noise_image = np.random.uniform(-20, 20, [1, 224, 224, 3])
4      img_random = noise_image * NOISE + img_content * (1 - NOISE)
5      return img_random
6
7  def train_vgg():
8      sess = tf.Session()
9
10     #构建模型，使用与模型预测时相同的网络结构
11     models = build_vggnet(vgg19_npy_path)
12
13     #获取输入的内容图像、风格图像
14     img_content = load_image('./content.jpg')
15     img_style = load_image('./style.jpg')
16
17     #生成噪声图像img_random
18     img_random = get_random_img(img_content)
19
20     sess.run(tf.global_variables_initializer())
21
22     #定义损失函数
23     total_loss = loss(sess, models, img_content, img_style)
24
25     #创建优化器
26     optimizer = tf.train.AdamOptimizer(2.0)
27
28     #定义模型训练方法
```

图 4.49 训练 VGG19 网络

```
29        train_op = optimizer.minimize(total_loss)
30
31        sess.run(tf.global_variables_initializer())
32
33        #使用噪声图像img_random进行训练
34        sess.run(models['input'].assign(img_random))
35
36        ITERATIONS = 3000
37        for i in range(ITERATIONS):
38            #完成一次反向传播
39            sess.run(train_op)
40            if i % 100 == 0:
41                #每完成100次训练即打印中间结果,从而监测训练效果
42                img_transfer = sess.run(models['input'])
43                print('Iteration %d' % (i))
44                print('cost: ', sess.run(total_loss))
45
46        #训练结束,保存训练结果,显示图像
47        ...
48
49  if __name__ == '__main__':
50      train_vgg()
```

图 4.49 （续）

## 4.6 本章小结

本章主要介绍了深度学习编程框架的使用方法。首先介绍了深度学习编程框架的概念、作用。随后介绍了目前广泛使用的编程框架——TensorFlow,包括它的发展历程、编程模型及基本概念等。在此基础上,以图像风格迁移作为驱动范例,介绍了如何使用 TensorFlow 进行深度学习预测。最后介绍了 TensorFlow 的通用模型训练流程及相关使用方法。

## 习题

4.1 请创建一个常量,在屏幕上输出"Hello,TensorFlow!"。

4.2 请实现两个数的加法,即计算 A+B 并输出,其中 A 是常量,B 是占位符,数据类型自定。

4.3 请实现一个矩阵乘法,数据类型和规模自定,并分别使用 CPU 和 GPU 执行。

4.4 请重构本章中 build_vggnet()、read_wb()、basic_calc() 函数,使得在构建网络过程

中只需要打开一次权重文件。

4.5 请调研了解 OpenCV、Skimage 和 PIL 等图像处理库的 Python 层次接口。使用这些库读入图片数据，以默认参数读入常规彩色图片后，存储数据时在 Channel 维度分别是 RGB 顺序还是 BGR 顺序？这在数据预处理时需要注意什么？

4.6 请调研了解常用的图像数据预处理和数据增强方法。实现一个函数，从 ImageNet2012_val 数据集中选择一张图片文件并读入数据，调整为 (256, 256, 3) 大小的图片，然后居中裁剪为 (224, 224, 3) 大小的图片；再实现一个函数，读入数据后居中裁剪为 (0.875 * width, 0.875 * height, 3) 大小的图片，再调整为 (224, 224, 3) 大小的图片。

4.7 请调研了解 TFRecord 格式，尝试将图像数据集（例如 ImageNet2012_val 数据集）制作成该格式的文件，并从该类型文件读入数据。

4.8 在神经网络训练过程中有时需要使用动态学习率。已知初始学习率为 0.1，每进行 10 000 次迭代，学习率变为之前的 0.9 倍，使用梯度下降优化器和其他 API 实现该需求。

4.9 请计算 VGG19 网络在单 batch 且大小为 (224, 224, 3) 的输入情况下，经过每一个池化层后的张量形状大小。调研了解 TensorBoard 的使用方法，并使用 TensorBoard 将 VGG19 网络可视化，以查看网络信息并验证前面的计算。

*4.10 请调研并参考相关资料，使用 TensorFlow 实现线性回归、k 近邻等算法，在 MNIST 数据集上实现数字识别功能。

*4.11 请使用 TensorFlow 实现一个 LeNet-5 结构的神经网络，在 MNIST 数据集上实现数字识别。

*4.12 请自行设计一个用于 ImageNet 数据图像分类的卷积神经网络，并调试精度使其达到 85%（Top-5 精度）。

CHAPTER 5

# 第 5 章

# 编程框架机理

上一章以 TensorFlow 为例介绍了深度学习编程框架的使用，本章将详细介绍 TensorFlow 的内部原理和实现机制，以帮助读者理解大规模异构系统如何以计算图机制处理深度学习任务。具体而言，5.1 节介绍 TensorFlow 的设计原则，明确 TensorFlow 需要同时满足高性能、易开发、可移植等设计目标。5.2 节介绍 TensorFlow 内部核心的计算图机制，包括计算图的自动求导、模型训练的检查点机制、计算图的复杂控制逻辑，以及计算图的两种运行模式（本地模式及分布式模式）。5.3 节介绍 TensorFlow 实现架构与核心逻辑，支持在不同形态、不同规模设备上的高效开发和执行。5.4 节从多个维度对主流编程框架进行了对比。5.5 节对本章进行了总结。

## 5.1 TensorFlow 设计原则

TensorFlow 借鉴了数据流系统高层编程模型的基本思想[107-108]，期望用户通过简单的数据流编程来实现在不同形态、不同规模（异构）设备上的高效开发和执行。具体来说，TensorFlow 的设计原则主要集中在三方面：**高性能、易开发、可移植**。

### 5.1.1 高性能

TensorFlow 中集成的算子，在设计过程中已经针对底层硬件架构进行了充分的优化，因此能够很好地支持上层用户应用，达到较优的运行性能。同时，针对生成的计算图，TensorFlow 又提供了一系列的优化操作，以提升计算图的运行效率。此外，TensorFlow 调度器可以根据网络结构特点，并发运行没有数据依赖的节点，异步发射满足依赖关系的多个节点而不同步等待每个节点的中间结果。

图 5.1 中的代码描述了并发执行的示例。由于张量 c 的计算和张量 d 的计算不存在依赖关系，所以可以并发执行，从而得到较高的实现性能。

```
1   import tensorflow as tf
2
3   a = tf.constant(1.0)
4   b = tf.constant(2.0)
5   c = tf.sin(a)
6   d = tf.cos(b)
7   e = tf.add(c, d)
8
9   with tf.Session() as sess:
10      sess.run(e)
```

图 5.1　并发执行示例

### 5.1.2　易开发

TensorFlow 针对现有的多种深度学习算法，提取出了大量的共性运算，并将这些运算单元封装成 TensorFlow 中的各种算子，如卷积、最大池化、ReLU 等。用户在使用 TensorFlow 进行算法开发时，能够直接调用这些算子，从而方便地构建神经网络结构，实现深度学习算法。

### 5.1.3　可移植

TensorFlow 通过定义不同设备（包括 CPU、GPU、深度学习处理器等）的通用抽象，来实现应用程序的跨平台可移植目标。具体来说，对于新的硬件设备，其抽象执行模型至少需要实现以下方法：

（1）设备上待执行算子的启动方法；
（2）输入输出数据地址空间的分配方法；
（3）主机端与设备端的数据传输方法。

对每个算子（例如矩阵乘法）需提供在不同设备上的不同底层实现。通过上述机制，使得统一的用户程序可以在不同硬件平台上执行。

## 5.2　TensorFlow 计算图机制

计算图是 TensorFlow 运行的核心，涵盖了 TensorFlow 的各类功能，包括数据计算、数据存取、逻辑控制和设备通信等[93-94]。本节首先介绍计算图的核心机制，之后具体介绍计算图的两种执行模式，即本地执行和分布式执行。

## 5.2.1 一切都是计算图

本节重点介绍计算图的核心机制,包括模型训练时的自动求导及检查点机制,复杂计算中的控制流,以及计算图的主要执行模式。

### 5.2.1.1 自动求导(automatic differentiation)

深度学习中通常采用**梯度下降法**来更新模型参数,根据前向计算得到的结果和目标结果产生的损失函数值,通过计算梯度得到每个参数应调整的偏移量,最后进行参数调整。通常来说,求导有以下几种方法[109]:

**1. 手动求导**

手动求导即用链式法则求解出梯度公式,然后根据公式编写代码,代入数值计算得到梯度结果。其缺点在于无法通用或复用,每次修改算法模型都需要重新求解梯度公式、重新编写计算代码。

**2. 数值求导**

数值求导利用导数的原始定义求解(如公式(5.1)),当 $h$ 取极小值时,可以直接求解导数。其优点是可以向用户隐藏求解细节,但缺点也非常明显:首先是计算量大、运行速度慢;其次会引入**舍入误差**(roundoff error)和**截断误差**(truncation error)。即使可以通过某些近似手段来减少误差,但始终无法消除。

$$f'(x) = \lim_{h \to 0} \frac{f(x+h) - f(x)}{h} \tag{5.1}$$

**3. 符号求导**

符号求导利用求导规则对表达式进行自动操作,但也会遇到"**表达式膨胀**"(expression swell)的问题。以简单的表达式 $l_{n+1}=4l_n(1-l_n)$(其中 $l_1=x$)为例,如表5.1所示。当计算到 $n=3$ 时,符号求导结果相比手动求导结果已经出现表达式膨胀问题,导致最终求解速度变慢。

表 5.1 表达式膨胀示例,以 $l_{n+1}=4l_n(1-l_n)$(其中 $l_1=x$)为例[109]

| $n$ | $l_n$ | $\frac{\mathrm{d}}{\mathrm{d}x}l_n$ 符号求导结果 | $\frac{\mathrm{d}}{\mathrm{d}x}l_n$ 手动求导结果 |
|---|---|---|---|
| 1 | $x$ | 1 | 1 |
| 2 | $4x(1-x)$ | $4(1-x)-4x$ | $4-8x$ |
| 3 | $16x(1-x)(1-2x)^2$ | $16(1-x)(1-2x)^2 - 16x(1-2x)^2 - 64x(1-x)(1-2x)$ | $16(1-10x+24x^2-16x^3)$ |
| 4 | $64x(1-x)(1-2x)^2(1-8x+8x_2)^2$ | $128x(1-x)(-8+16x)(1-2x)^2(1-8x+8x^2)+64(1-x)(1-2x)^2(1-8x+8x^2)^2 - 64x(1-2x)^2(1-8x+8x^2)^2 - 256x(1-x)(1-2x)(1-8x+8x^2)^2$ | $64(1-42x+504x^2-2640x^3+7040x^4-9984x^5+7168x^6-2048x^7)$ |

### 4. 自动求导

当前主流深度学习框架都采用自动求导方法来进行梯度的自动计算。用户只需描述前向计算的过程，由编程框架自动推导反向计算图，完成导数计算。这是一种介于符号求导和数值求导之间的方法。符号求导的核心是先建立表达式，再代入数值计算；而数值求导最开始就代入了实际数据。介于这两者之间，自动求导首先实现了一批常用基本算子的求导表达式，比如常数、幂函数、三角函数等，然后代入数值计算，保留中间结果，最后求出整个函数的导数。自动求导不仅灵活，可以完全向用户隐藏求导过程，而且天然契合 TensorFlow 采用的计算图模型：计算图将多输入的复杂计算表示成了由多个基本二元计算组成的有向图，并保留了所有中间变量，有助于程序自动利用链式法则进行求导。

TensorFlow 的自动求导体现在实现每个算子的前向计算时，也会实现并注册其反向求导方法。图 5.2 中的代码注册了 Sin(x) 函数的反向求导方法。其中 grad 是上游节点传递的梯度，op 指当前操作，可以获取前向计算的输入和输出。

```
1  @ops.RegisterGradient("Sin")
2  def _SinGrad(op, grad):
3    """Returns grad * cos(x)."""
4    x = op.inputs[0]
5    with ops.control_dependencies([grad]):
6        x = math_ops.conj(x)
7    return grad * math_ops.cos(x)
```

图 5.2　TensorFlow 中注册 Sin(x) 函数的反向求导方法

TensorFlow 会自动生成对应的反向计算节点，并将其加入到计算图中。这个反向计算节点实际对应的是个局部子图，由算子的反向求导方法定义的函数所产生。整个网络梯度计算的最小粒度就是这些反向计算节点，以图 5.3 中代码为例，得到的计算图如图 5.4 所示。

```
1  v1 = tf.Variable(0.0, name="v1")
2  v2 = tf.Variable(0.0, name='v2')
3  loss = tf.add(tf.sin(v1), v2)
4  sgd = tf.train.GradientDescentOptimizer(0.01)
5  grads_and_vars = sgd.compute_gradients(loss)
```

图 5.3　反向传播计算代码示例

当每个算子都实现了求导函数之后，再应用链式法则，就可以求出最后的梯度。并且对于每一个参数，整个反向计算图的对应部分只需执行一次。

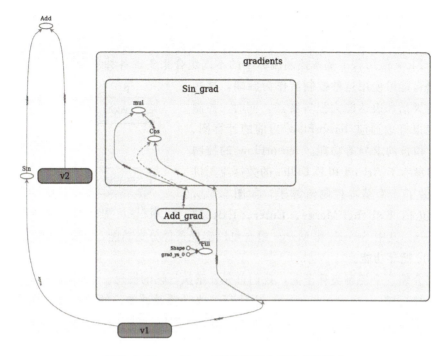

图 5.4　TensorFlow 中反向传播生成的求导节点

#### 5.2.1.2　检查点

模型训练过程中不可避免地涉及模型的保存和恢复。如图 5.5 所示，TensorFlow 通过向计算图中插入 Save 节点及其关联节点来完成保存模型的功能。其关联节点包括记录文件名的 Const 和 tensor_names 节点，分别用来指定检查点文件名以及所有需保存的 Tensor 列表；同样，在恢复模型时，也是通过在计算图中插入 Restore 节点及其关联节点来完成。Restore 通过**赋值**（Assign）节点来给待恢复的**变量**（Variable）进行赋值。

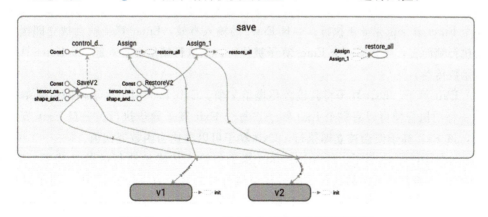

图 5.5　TensorFlow 保存和加载模型的计算图示例

### 5.2.1.3 控制流

TensorFlow 使用若干基本控制流算子的不同组合来实现各种复杂控制流场景[110]。为了让不同语言能够使用这种控制流作为后端，这些算子应具备灵活和表达能力强等特点。同时，控制流算子要能很好地适应 TensorFlow 当前的计算图、分布式执行和自动求导等功能。TensorFlow 的控制流设计原理参考了 Arvind 和 D. Culler 的数据流图机制[111]，提供了 5 个基本控制流算子，如图 5.6 所示，主要包括 Switch、Merge、Enter、Exit 和 NextIteration。其中 Switch 和 Merge 组合可以实现条件分支功能，而 5 个算子一起使用可以实现 while 循环功能。

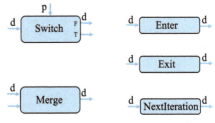

图 5.6 TensorFlow 中的典型控制流算子

在详细介绍 5 个控制流算子前，我们首先介绍执行帧的概念。TensorFlow 中每个算子都会在一个**执行帧**（execution frame）中执行，执行帧通过专门的控制流逻辑来创建和管理。例如，对每个 while 循环，控制流逻辑会创建一个执行帧，while 循环体中所有算子都在这个执行帧中执行。执行帧可以类比函数栈，支持嵌套等功能。在没有数据依赖的前提下，不同执行帧中的算子可以并行执行。

以下是各个控制流基本算子的具体功能：

（1）Switch 算子。Switch 算子根据输入条件，选择将输入数据输出到真/假两个不同的端口上。当输入数据和输入条件都有效时执行 Switch 算子。

（2）Merge 算子。Merge 算子有两个输入，同一时刻最多有一个输入数据为有效的。一旦某个输入数据有效，Merge 算子便会被执行，将有效输入数据传递到输出端口。正常情况下 Merge 算子的输入不可能同时有效。

（3）Enter 算子。Enter 算子会将输入数据传入名为 name 的执行帧中，格式为 Enter(name)。Enter 算子主要用于当前帧向子帧中传递输入数据，每个子帧可能有多个 Enter 算子，每个 Enter 算子都是异步执行。一旦 Enter 的输入有效，Enter 算子就会被立即执行。对于每个执行帧而言，当其第一个 Enter 算子被执行，该执行帧便会建立起来。Enter 算子可以类比为函数传参。

（4）Exit 算子。Exit 算子将其输入传递给父帧。Exit 算子用于将子帧的运算结果返回给父帧。每个执行帧可以有多个 Exit 算子，每个 Exit 算子异步执行。一旦 Exit 节点的输入有效，该 Exit 算子便会被立即执行。Exit 算子可以类比为函数返回值。

（5）NextIteration 算子。NextIteration 算子将输入传递给执行帧的迭代器。TensorFlow 运行时会跟踪执行帧的迭代情况。每个执行帧的算子有一个迭代 ID，用于描述执行帧中算子的迭代情况。由于在一个执行帧中可能存在多个 NextIteration 算子，TensorFlow 的执行帧会在遇到第一个 NextIteration 时增加迭代器计数。在第 $N$ 次循环计算时，TensorFlow 会在遇到第一个 NextIteration 时启动第 $N+1$ 次循环。随着越来越多的 NextIteration 执行结束，NextIteration 后面的很多节点也变成可执行状态。当输入数据为有效状态时，NextIteration 算子会立即执行。

基于上述算子，TensorFlow 可以实现如分支和循环等各种复杂控制流。同时，TensorFlow 在高层进一步封装了条件操作 cond 和循环操作 while_loop 两个控制流 API，它们在执行时会被翻译成由上述基本算子组成的控制流。这里将详细介绍条件操作 cond 和循环操作 while_loop 的具体实现原理。

**条件操作：cond**

条件操作的 API 格式是 cond(pred，true_fn，false_fn)。其具体含义是：如果 pred 为真，返回 true_fn 的运算结果，否则返回 false_fn 的运算结果。图 5.7 中的代码描述了从条件操作高级 API 转换成 TensorFlow 计算图的主要过程。对于 cond 的每个分支，我们都创建一个条件数据流环境，然后在环境中调用 true_fn 或 false_fn 来构造计算图，条件数据流环境可以自动捕捉到输入张量，并在合适位置插入 Switch 算子和 Merge 算子。Switch 算子保证只有满足输入条件的分支才能够在数据流中被执行。由于 TensorFlow 的异步执行机制，环境中每个输入张量都会对应插入一个 Switch 节点，以最大化实现计算图的并行。不同分支都会返回计算的输出张量（res_t 和 res_f），之后添加 Merge 算子将有效运算结果返回给执行帧。同样，由于每个输出结果是异步的，因此我们对每个输出张量都添加一个对应的 Merge 算子，以达到尽量并发的目的。

```
1  #添加Switch节点
2  switch_f, switch_t = Switch(pred, pred)
3  #创建Switch为真时的环境
4  ctx_t = MakeCondCtx(pred, switch_t, branch=1)
5  #创建Switch为真时的计算图
6  res_t = ctx_t.Parse(true_fn)
7  #创建Switch为假时的环境
8  ctx_f = MakeCondCtx(pred, switch_f, branch=0)
9  #创建Switch为假时的计算图
10 res_f = ctx_f.Parse(false_fn)
11 #将两个分支结果合并到一起
12 rets = [Merge([f, t]) for (f, t) in zip(res_f, res_t)]
```

图 5.7 条件操作 API 到计算图的转换

我们进一步以图 5.8 为例介绍上述转换过程。该条件语句有两个外部输入变量，即 x 和 y，控制流会对 x、y 分别插入一个 Switch 算子；对于 Switch 输出而言，仅有一个分支有效。当 x>y 为真时，只运行 Sub 算子（即 tf.subtract(x,y)）；当 x>y 为假时，只会运行 Add 算子（即 tf.add(x,x)）。最后 Merge 算子仅有一个有效输出，Merge 节点将有效节点输出给执行帧。Switch 和 Merge 算子有多种实现方式来支持 cond 的高级 API，TensorFlow 当前的做法主要是为了更简单地实现自动求导功能。

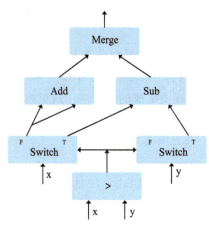

图 5.8　cond 高级 API 生成的计算图

**循环操作：while_loop**

循环操作的 API 格式是 while_loop(pred, body, loop_vars)。其具体含义是：在满足 pred 前提下，反复执行 body，其中 loop_vars 是父执行帧传递给循环控制执行帧的输入张量列表。图 5.9 中的代码描述了从 while_loop 高级 API 到 TensorFlow 计算图的转换过程。

```
1   #创建环境
2   while_ctx = WhileContext()
3   while_ctx.Enter()
4   #为每个循环变量添加一个Enter节点
5   enters = [Enter(x, frame_name) for x in loop_vars]
6   #添加Merge节点，Merge节点的第二个输入稍后会被更新
7   merges = [Merge([x, x]) for x in enters]
8   #构建循环子图
9   pred_results = pred(*merges)
10  #添加Switch节点
11  switchs = [Switch(x, pred_result) for x in merges]
12  #构建循环体
13  body_res = body(*[x[1] for x in switchs])
14  #添加NextIteration节点
15  nexts = [NextIteration(x) for x in body_res]
16  #构建循环迭代
17  for m, n in zip(merges, nexts):
18      m.op.update(1, n)
19  #添加Exit节点
20  exits = [Exit(x[0]) for x in switchs]
21  while_ctx.Exit()
```

图 5.9　循环操作 API 到计算图的转换

与 cond 高级 API 的转换过程类似，while_loop 到计算图的转换也要先建立相应环境。首先，对于 loop_vars 中的每个张量，都依次添加相应的 Enter 算子、Merge 算子和 Switch 算子。根据 Merge 算子的输出，我们可以构造出相应的条件子图，用于判断循环的终止条件。通过添加 Switch 算子，可以根据其输出构造相应循环体。由于循环体的运算结果需要进行下一次迭代，我们将添加 NextIteration 算子，并将其输出作为 Merge 的第二个输入。即在执行帧进行第一次循环时，使用 Enter 算子的输出，后面几次循环则直接使用 NextIteration 算子的输出。这样在执行时便可通过图中的环反复执行循环体。最后，通过添加 Exit 算子将循环体的运算结果返回给父执行帧。

同样地，所构建的环境也会自动捕获条件子图和循环体子图中的外部变量，并为每个外部变量都添加相应的 Enter 算子，从而使这些外部变量被纳入为循环的一部分，环境才能访问到它们。

图 5.10 展示了只有一个循环变量的情况下所转换生成的计算图。如果有多个循环变量，我们都要在计算图中分别加入对应的 Enter、Merge、Switch、NextIteration 和 Exit 算子。这样不仅能实现循环间并行，还能实现循环内并行。

上述的 cond 和 while_loop 等高级 API 转换成计算图的方法支持任意嵌套。例如，while_loop 循环体 body 可以调用一个新的 while_loop。TensorFlow 的转换机制可以递归实现循环的嵌套，转换逻辑可以保证每个循环都有唯一的帧名字。

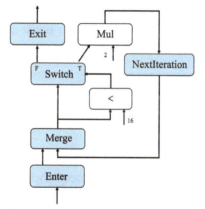

tf.while_loop(lambda i:i<16,lambda i:tf.multiply(i,2),[4])

图 5.10　while_loop 高级 API 生成的计算图

#### 5.2.1.4　执行模式

TensorFlow 的计算图执行通常包括客户端（client）、主控（master）进程以及一个或多个工作进程（worker process）。每个工作进程可以访问一个或多个计算设备（如 CPU 核或者 GPU 卡等），并在上面执行计算图。TensorFlow 提供了**本地执行**和**分布式执行**两种执行方式。其中本地执行主要指的是客户端、主控进程以及工作进程都在只有一个操作系统的单一物理机上运行，而分布式执行则可支持客户端、主控进程以及工作进程在不同机器上执行，具体如图 5.11 所示。对于本地执行，每个工作进程又可以包括单个设备或者多个设备。

总体而言，计算图中的节点将按照图中的依赖关系顺序执行。TensorFlow 调度器会持续监视未被执行的节点，一旦某个节点所依赖的前驱节点数量为 0（即入度为 0 时），该节点处于就绪状态，就会被立即放入预执行队列中。执行器会从预执行队列中取出节点，并根据节点信息,选择合适的设备创建相应算子交给设备端来执行。当某个节点执行结束后,所有依赖该节点的依赖信息将会被更新。

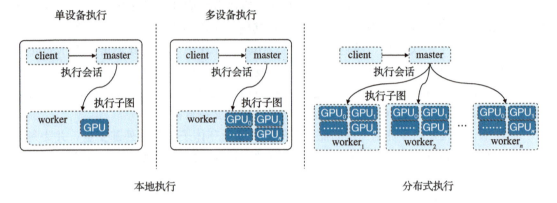

图 5.11 计算图的单设备执行、多设备执行与分布式执行[93]

### 5.2.2 计算图本地执行

计算图从创建到真正执行的过程中经历了多次处理,具体来说包括以下四个步骤:

(1) **计算图剪枝**(prune):根据输入输出列表在完整计算图上进行剪枝操作,从而得到本地执行所需的最小依赖计算图;

(2) **计算图分配**(placement):在最小依赖计算图上,根据特定设备分配规则及操作(Op)的设备约束对计算图中的节点进行设备分配;

(3) **计算图优化**(optimization):TensorFlow 对计算图做系列优化操作,以提高计算图的运行效率;

(4) **计算图切分**(partition):根据划分结果,对计算图进行切分,从而为每个设备创建自身的计算子图。

#### 5.2.2.1 计算图剪枝

计算图剪枝的目的是得到本地运行所需的最小子图,主要包括两部分:第一部分是去除计算图中与最终输出节点无关的边和节点,第二部分是给输入输出节点建立和外界的交互。以图 5.12 中代码为例,定义了 a~f 六个节点。由于最后计算 f 节点时,真正用于计算的节点只有 a、b、c 和 f,因此可以将无关节点去掉。而如何把 feed_dict 中的 a 和 b 的输入值传递到计算图中的 a 和 b 两个节点,以及 f 节点的值如何返回给 res,同样是计算图剪枝要解决的问题。

在本地执行模式下,TensorFlow 通过 FunctionCallFrame 函数调用帧来解决输入输出值传递的问题。其具体做法是在每个输入节点前插入 Arg 节点,在每个输出节点后面加入

RetVal 节点，方便使用 FunctionCallFrame 传递参数和抓取结果。最后，所有的输入节点连接到 Source 节点上，并通过控制依赖边相连；同样地，所有的输出节点连接到 Sink 节点上，也通过控制依赖边相连，最终形成完整的计算图。

```
1   import tensorflow as tf
2
3   a = tf.placeholder(dtype=tf.float32)
4   b = tf.placeholder(dtype=tf.float32)
5
6   c = tf.add(a, b)
7   d = tf.sin(a)
8   e = tf.multiply(c, d)
9   f = tf.cos(c)
10
11  with tf.Session() as sess:
12      res = sess.run(f, feed_dict={a:2, b:3})
13  print "res = ", res
```

图 5.12　计算图剪枝示例

去掉无关节点和边的过程，则是从输出节点开始进行宽度搜索遍历，对在遍历过程中没有接触到的节点和边进行删除。遍历完成之后可能会生成多个连通图，此时需要将每个连通图的入度为 0 的节点通过控制依赖边与 Source 节点相连，出度为 0 的点通过控制依赖边和 Sink 节点相连，从而形成完整的计算图。

在图 5.12 中的示例中，通过将 TensorFlow 的详细日志打印级别设置为 3（如图 5.13 所示），可以查看运行时打印出的详细日志，获取运行时的执行节点和执行顺序等信息。

```
1   export TF_CPP_MIN_VLOG_LEVEL=3
```

图 5.13　设置 TensorFlow 的日志级别为 3

#### 5.2.2.2　计算图分配

计算图分配解决的是在多设备运行环境中，计算图节点在哪个设备上执行的问题。用户可以自行指定某个操作的计算设备，也可以指定哪些计算节点需要绑定（co-locate）在同一个设备上。TensorFlow 在保证了这些确定的分配规则之后，对于未指定的计算节点，再利用特定算法自动将节点分配到不同设备上，提高计算效率。

为了获得最合适的设备分配方案，TensorFlow 中设计了相应的 **代价模型**（cost model），为划分算法策略提供数据支撑。代价模型中既有每个节点的输入输出数据量，也有每个节点的计算开销。其中计算开销既可以是通过模型估计出来的数据，也可以是通过历史运行信息得到的数据。

基础的设备划分算法采用贪心策略来对每个节点进行分配。从 Source 节点开始，算法模拟每个节点在支持该节点的所有不同设备上的执行情况，得到不同设备上该节点的执行开销。该算法不仅考虑代价模型中当前节点的计算开销，还包括输入数据拷贝到该节点的数据通信开销。设备分配算法将选择运行该节点代价最小的设备，然后再进行后续节点的分配。显然，由于该设备分配算法每次都只关注当前节点，导致得到的结果仅仅是局部最优，无法保证全局最优。为此，TensorFlow 提供了额外接口，使得用户可以给设备分配算法提供额外帮助信息或限制信息，以达到高效的设备分配。

### 5.2.2.3 计算图优化

TensorFlow 中的图优化由 Grappler 模块来实现，用户也可以利用此模块实现定制的优化方法。之所以选择在图这个层面进行优化，主要由于它相对于各个后端（如图 5.14 所示）是独立的，其结果可以被多个后端共享。通过图优化，我们可以根据不同的硬件结构调整计算调度策略，从而获得更快的计算速度和更高的硬件利用率。通过图优化也能减少预测过程中所需的峰值内存，从而运行更大的模型。

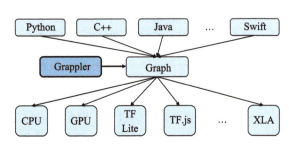

图 5.14　图优化模块 Grappler 所在层次

Grappler 中已经实现了多种优化方法。典型优化方法包括 ConstFold（包括常量折叠等优化）、Arithmetic（包括算术简化等）、Layout（包括布局优化等）和 Remapper（包括算子融合等）等，这些优化方法统一由 MetaOptimizer 调用运行[⊖]。下面针对上述方法进行详细介绍。

**1. ConstFold**

ConstFold 优化是在分析静态计算图的过程中，检测到有的常量节点可以被提前计算，用得到的结果生成新的节点来代替原来的常量节点，从而减少运行时计算量的方法。

TensorFlow 中的 ConstFold 优化主要由三个关键函数组成：

- MaterializeShapes：该函数中会处理与 Shape 相关的节点，比如 Shape、Size、Rank、ShapeN、TensorArraySize 等，通过静态计算图已有信息推算出形状结果后，用结果来代替原来的节点。
- FoldGraph：该函数则会对每个节点的输入进行检测，如果检测到输入均为常量节点，则提前计算出值来完整替换当前节点。

---

⊖ 更多的优化方法可以参考文献 [112]。

- SimplifyGraph：该函数则聚焦于简化节点中的常量运算，比如将 Mul(c1, Mul(tensor, c2)) 简化成 Mul(tensor, c1×c2)，将 Concat([tensor1, c1, c2, tensor2]) 简化成 Concat([tensor1, Concat([c1, c2]), tensor2])，将 Zeros(tensor_shape)−tensor1 简化成 Neg(tensor1) 等。

#### 2. Arithmetic

Arithmetic 优化主要包含两个部分：公共子表达式消除和算术简化，具体示例如下所示。
- tensor+tensor+tensor+tensor 转化成 4×tensor。
- AddN(tensor×c1, c2×tensor, tensor×c3) 转化成 tensor×AddN(c1+c2+c3)。
- (mat1+s1)+(mat2+s2) 转化成 (mat1+mat2)+(s1+s2)，其中 s1 和 s2 是标量。
- 当 g 指代取反或取倒数这类操作时，g(g(h)) 转化成 h 去除冗余计算。

#### 3. Layout

Layout 优化主要针对 GPU 运算。由于 TensorFlow 中的 Tensor 默认采用 NHWC 的格式，而在 GPU 中使用 NCHW 会更加高效，因此在布局优化时可以使用 NHWC2NCHW、NCHW2NHWC 这两个转换节点。在 GPU 上计算节点的前后加上 NHWC2NCHW、NCHW2NHWC 转换节点后，两个连续的 GPU 计算节点之间的连续 NCHW2NHWC 和 NHWC2NCHW 转换应互相抵消去除，如图 5.15 所示。

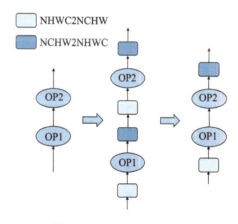

图 5.15 Layout 优化示意图

#### 4. Remapper

Remapper 优化一般指算子融合，即将出现频率较高的子图用一个单独算子来替代，提高计算效率。典型的可以进行单算子替换的例子包括：
- Conv2D+BiasAdd+Activation
- Conv2D+FusedBatchNorm+Activation
- MatMul+BiasAdd+Activation

算子融合的好处很多，融合成一个算子后，该部分子图的调度开销就被完全消除了，为提高指令级并行或向量化这类底层优化提供了操作空间。此外，诸如在计算 Conv2D+BiasAdd 时，Conv2D 的数据处理是分块进行的，融合后的 BiasAdd 可以在当前的数据块还在片上存储里时进行，充分利用了访存的时间和空间局部性。

### 5.2.2.4 计算图切分和设备通信

计算图切分，是在计算图的一系列优化完成之后，将计算图放到多个设备上计算，每个设备对应一个**切分子图**（partition graph）。此时需要解决设备间通信问题。

在新的子图中，所有跨设备的边都被替换成一对由 Send 和 Recv 组成的节点。在图 5.16 所示的例子中，左边的图出现了由节点 Y 到节点 X 的跨设备的边，表示在执行时需要进行跨设备的数据通信。在右边的图中将跨设备的边去掉，对于每条边都添加一对 Send/Recv 节点，其中 Y 的输出连接到 Send 节点，而 Recv 节点的输出连接到 X。

在运行时，Send/Recv 节点合作完成跨设备的通信。其中 Send/Recv 屏蔽了和设备相关的通信细节，简化了运行时的复杂性。出于性能的考量，我们限定所有使用目标张量的节点都使用同一个 Recv 节点，而不是每个使用目标张量的节点都对应一个 Recv 节点。这样可以保证每个需要传输的张量都只会进行一次跨设备数据传输。

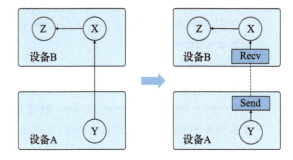

图 5.16 跨设备数据通信示例及 Send/Recv 节点插入

使用这种通信策略可以自然地将不同设备上的节点调度交给不同的工作机。Send/Recv 节点向不同的设备或者工作机传递数据通信的需求。在 Recv 没有得到有效数据之前，图的运行会被阻塞住。主控机只需要向不同的工作机传递运行请求，不需要负责不同工作机之间的同步问题。这使得 TensorFlow 系统有良好的可扩展性和更高效的执行策略。

### 5.2.3 计算图分布式执行

计算图的分布式执行与多设备计算图的本地执行类似。在图分配后为每个设备都创建了一个子图。在工作进程间通信的 Send/Recv 节点通过远程通信机制（如 TCP 或 RDMA 等）进行数据传输。针对分布式执行，我们重点讨论分布式通信和容错机制。

#### 5.2.3.1 分布式通信

并行任务的通信通常可以分为两类：**点到点通信**（point-to-point communication）和**集合通信**（collective communication）。相比点到点通信，集合通信实现略复杂，但是具有较高的通信效率。在 TensorFlow 中实现了集合通信的基本算子，包括：

- all_sum：将所有输入张量相加得到一个张量，并将其输出到每个输入张量对应的设备上。
- all_prod：将所有输入张量对应维度的元素相乘得到一个张量，并将其输出到每个输入张量对应的设备上。
- all_min：将所有输入张量对应维度的元素取最小值得到一个张量，并将其输出到每个输入张量对应的设备上。
- all_max：将所有输入张量对应维度的元素取最大值得到一个张量，并将其输出到每个输入张量对应的设备上。
- reduce_sum：将所有输入张量相加得到一个张量，并返回这个结果。
- broadcast：将输入张量广播给所有的设备。

### 5.2.3.2 容错机制

对于复杂模型，即使使用了大规模分布式系统进行训练，仍然需要较长时间。在长期的运行过程中，TensorFlow 系统可能遇到错误。为了确保分布式系统的稳定性，TensorFlow 中增加了错误检查和容错机制。一方面 TensorFlow 会检查 Send 和 Recv 节点传输的正确性；另一方面主控机会定期检查每个工作机的状态。当检查到系统发生错误时，整个计算图的执行过程会立即停止，然后可由用户重新启动执行。用户在训练过程中可以保存中间状态，用于立即恢复到出错前的状态。

## 5.3 TensorFlow 系统实现

本节介绍 TensorFlow 的具体实现，包括其系统架构与核心逻辑、计算图执行模块、设备抽象和管理、网络和通信以及具体的算子实现等。

### 5.3.1 整体架构

图 5.17 展示了 TensorFlow 运行时的整体架构。架构可以分为三个主要部分：第一部分是面向各种语言的语言包。TensorFlow 以 C API 为基础，封装了多种语言的语言包，方便用户使用。第二部分是 C/C++ API。基于 TensorFlow 的核心代码，使用 C 和 C++ 语言封装出了两套 API，主要面向有较高性能需求的用户。第三部分是 TensorFlow 的后端代码。由 C++ 代码实现，保证了可移植性和性能。TensorFlow 支持多种主流的操作系统，如 Linux、Windows、MacOS、Android 和 iOS 等，同时也支持多种主流的硬件，如 x86、ARM、GPU 和 MLU 等。

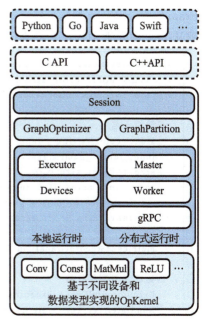

图 5.17 TensorFlow 实现的整体架构图

核心的后端代码从代码结构上大致可以分为以下几部分：

- core/common_runtime 和 core/distributed_runtime：运行时部分。分为本地运行时 common_runtime 和分布式运行时 distributed_runtime。在本地运行时中包括了执行器逻辑和设备管理等，在分布式运行时中包括了主控进程、工作进程以及远程通信等。

- core/framework：框架部分。主要包括 TensorFlow 的基本数据结构定义等，如 Graph、Node、function、OpKernel（计算核函数）等定义。

- core/graph：**计算图部分**。主要包括计算图的构建和切分等。
- core/grappler：**图优化部分**。主要包括计算图的优化以及计算图代价模型的建立等。
- core/kernels：**计算核函数部分**。主要包括计算核函数（如 Conv、MatMul 和 ReLU 等）的具体实现等。
- core/ops：**计算节点部分**。主要包括了计算节点注册逻辑等。

### 5.3.2 计算图执行模块

#### 5.3.2.1 Session 执行

Session 是用户和 TensorFlow 运行时的接口。在 Session 接收到输入数据时，便可开始运行。一般情况下，每个设备会有一个**执行器（Executor）**，负责本设备上计算子图的执行。执行器针对大型计算图做了很多优化。通过利用 CPU 上的多线程或 GPU 上的多 Stream 机制，执行器可以最大化地实现降低延迟、增加吞吐的目标。

Run 函数是 Session 执行的核心逻辑，在其中完成计算图的执行，包括传参、运行和返回。其具体代码逻辑在文件 tensorflow/core/common_runtime/direct_session.cc 的 Run 函数中。

图 5.18 中的代码描述了计算图执行前的传参过程。其中，函数调用帧（FunctionCallFrame）是 Session 和执行器进行交互的窗口，feed 和 fetch 分别是输入和输出参数。执行器从 feed 中获取输入，并将执行结果写入 fetch 中。

```
1  Status DirectSession::Run(const RunOptions& run_options, const NamedTensorList& inputs,
       const std::vector<string>& output_names, const std::vector<string>& target_nodes,
       std::vector<Tensor>* outputs, RunMetadata* run_metadata) {
2
3  // 提取输入名字
4      std::vector<string> input_tensor_names;
5      input_tensor_names.reserve(inputs.size());
6      size_t input_size = 0;
7      for (const auto& it : inputs) {
8          input_tensor_names.push_back(it.first);
9          input_size += it.second.AllocatedBytes();
10     }
11     metrics::RecordGraphInputTensors(input_size);
12
13 // 创建或者得到执行器
14     ExecutorsAndKeys* executors_and_keys;
15     RunStateArgs run_state_args(run_options.debug_options());
16     run_state_args.collective_graph_key = run_options.experimental().
           collective_graph_key();
17
18     TF_RETURN_IF_ERROR(GetOrCreateExecutors(input_tensor_names, output_names,
```

图 5.18 计算图执行前的传参过程

```
19                            target_nodes, &executors_and_keys, &run_state_args));
20     {
21         mutex_lock l(collective_graph_key_lock_);
22         collective_graph_key_ = executors_and_keys->collective_graph_key;
23     }
24
25 // 设置函数调用帧参数,TensorFlow使用feed和fetch字典来和执行器进行数据交互。
26 // feed可以认为是输入参数,fetch是输出参数
27     FunctionCallFrame call_frame(executors_and_keys->input_types, executors_and_keys->
     output_types);
28     gtl::InlinedVector<Tensor, 4> feed_args(inputs.size());
29     for (const auto& it : inputs) {
30         if (it.second.dtype() == DT_RESOURCE) {
31             Tensor tensor_from_handle;
32             TF_RETURN_IF_ERROR(ResourceHandleToInputTensor(it.second, &
     tensor_from_handle));
33             feed_args[executors_and_keys->input_name_to_index[it.first]] =
     tensor_from_handle;
34         } else {
35             feed_args[executors_and_keys->input_name_to_index[it.first]] = it.second;
36         }
37     }
38     const Status s = call_frame.SetArgs(feed_args);
39     ......
40 }
```

图 5.18 (续)

在准备好执行环境后,Session 会调用 RunInternal 函数开始执行计算。在其中会启动多个并行执行器,同时会创建执行器的 barrier,确保所有的执行器都执行完。RunInternal 函数的关键代码如图 5.19 所示。RunInternal 函数执行完毕后,返回到 Run 函数继续执行,处理计算图得到最终的运算结果。

```
1  Status DirectSession::RunInternal(int64 step_id, const RunOptions& run_options,
       CallFrameInterface* call_frame, ExecutorsAndKeys* executors_and_keys, RunMetadata*
       run_metadata, const thread::ThreadPoolOptions& threadpool_options) {
2
3      run_state.rendez = new IntraProcessRendezvous(device_mgr_.get());
4
5  // 开始并行执行器
6  // 由于执行器是异步执行的,首先创建执行器的 barrier,
7  // 确保能够知道执行器的结束状态。
8      const size_t num_executors = executors_and_keys->items.size();
9      ExecutorBarrier* barrier = new ExecutorBarrier(
```

图 5.19 RunInternal 函数

```
10      num_executors, run_state.rendez, [&run_state](const Status& ret) {
11          {
12              mutex_lock l(run_state.mu_);
13              run_state.status.Update(ret);
14          }
15          run_state.executors_done.Notify();
16      });
17
18      //异步启动执行器
19      for (const auto& item : executors_and_keys->items) {
20          thread::ThreadPool* device_thread_pool =
21          item.device->tensorflow_device_thread_pool();
22          if (!device_thread_pool) {
23              args.runner = default_runner;
24          } else {
25              args.runner = [this, device_thread_pool](Executor::Args::Closure c) {
26                  device_thread_pool->Schedule(std::move(c));
27              };
28          }
29          if (handler != nullptr) {
30              args.user_intra_op_threadpool = handler->AsIntraThreadPoolInterface();
31          }
32          item.executor->RunAsync(args, barrier->Get());
33      }
34
35      //等待执行器结束
36      WaitForNotification(&run_state, &step_cancellation_manager,
37      run_options.timeout_in_ms() > 0 ? run_options.timeout_in_ms() :
         operation_timeout_in_ms_);
38      ......
39  }
```

图 5.19 （续）

### 5.3.2.2 执行器逻辑

针对执行器，在 TensorFlow 中引入了**执行流**（stream）的概念，其定义是一个能够存储计算任务的队列，队列中的计算任务按照进入队列的顺序执行。为了实现并行，设备在执行计算任务时会存在不同的流。流与流之间的计算任务可以并行执行，流内的计算任务串行执行。对计算图中的每个节点，执行器将进行流分配。具体原则是有数据依赖的节点分配到同一流中，无数据依赖的节点分配到不同流中。这样做的目的是尽量减少流的同步次数，最大化实现流之间的并行。分配完流之后，执行器启动 ScheduleReady 函数开始异步执行计算图中的节点，执行器调用完 RunAsync 函数后，返回主逻辑，等待执行结束。执行器执行的逻辑在 tensorflow/core/common_runtime/executor.cc 的 RunAsync 中。

执行器核心的 ScheduleReady 函数逻辑较简单，如图 5.20 所示，主要是对队列中每个节点都调用 Process 方法进行处理，其中主要处理两个队列：ready 队列是预执行队列，inline_ready 是当前线程要处理的队列。如果 inline_ready 为空（执行器最开始时 inline_ready 为空），则使用新的线程分别处理 ready 中的每个节点。当 inline_ready 不为空时，若节点都是低开销的，则逐一放到 inline_ready 队列中。如果节点是高开销的，当 inline_ready 队列为空则将首个高开销的节点放入 inline_ready 队列中，否则高开销的节点都会使用新的线程去执行。

```cpp
void ExecutorState::ScheduleReady(const TaggedNodeSeq& ready, TaggedNodeReadyQueue*
    inline_ready) {
  if (ready.empty()) return;

  if (inline_ready == nullptr) {
  // 调度以运行线程池中所有ready队列的节点
      for (auto& tagged_node : ready) {
          runner_([=]() { Process(tagged_node, scheduled_nsec); });
      }
      return;
  }
  const TaggedNode* curr_expensive_node = nullptr;
  for (auto& tagged_node : ready) {
      const NodeItem& item = *tagged_node.node_item;
      if (tagged_node.is_dead || !item.kernel->IsExpensive()) {
          inline_ready->push_back(tagged_node);
      } else {
          if (curr_expensive_node) {
          // 对于高开销节点启动新的线程去执行
              runner_(std::bind(&ExecutorState::Process, this, *curr_expensive_node,
   scheduled_nsec));
          }
          curr_expensive_node = &tagged_node;
      }
  }
  if (curr_expensive_node) {
      if (inline_ready->empty()) {
          inline_ready->push_back(*curr_expensive_node);
      } else {
      // inline_ready不为空，将高开销节点放入其他线程中执行
          runner_(std::bind(&ExecutorState::Process, this, *curr_expensive_node,
   scheduled_nsec));
      }
  }
  ......
}
```

图 5.20　ScheduleReady 代码逻辑

在 Process 函数中会真正进行节点的运算，其中主要完成以下步骤：为 OpKernel 设置运行参数、为 OpKernel 准备输入、设置计算参数、调用设备计算、处理计算输出、传播

输出并更新节点间的依赖关系、完成后处理并可能启动新的 ScheduleReady 函数，如图 5.21 所示。

```
1   void ExecutorState::Process(TaggedNode tagged_node, int64 scheduled_nsec) {
2   // 为 OpKernel::Compute 准备输入和参数
3       TensorValueVec inputs;
4       DeviceContextVec input_device_contexts;
5       AllocatorAttributeVec input_alloc_attrs;
6       OpKernelContext::Params params;
7       params.step_id = step_id_;
8       Device* device = impl_->params_.device;
9       ......
10      bool completed = false;
11      inline_ready.push_back(tagged_node);
12      // 循环处理 inline_ready 中的每个节点,直到 inline_ready 为空
13      while (!inline_ready.empty()) {
14          tagged_node = inline_ready.front();
15          inline_ready.pop_front();
16          ......
17          // 准备输入数据,确保输入是有效的
18          s = PrepareInputs(item, first_input, &inputs, &input_device_contexts,
19                            &input_alloc_attrs, &is_input_dead);
20          ......
21          // 绝大部分 Op 是同步计算模式, Send/Recv 是异步计算模式
22          if (item.kernel_is_async) {
23          // 异步计算
24              ......
25          } else {
26              ......
27              //同步计算
28              device->Compute(op_kernel, &ctx);
29              //处理输出
30              ......
31              s = ProcessOutputs(item, &ctx, &outputs, stats);
32              //传播输出
33              ......
34              PropagateOutputs(tagged_node, &item, &outputs, &ready);
35              //后处理
36              ......
37              completed = NodeDone(s, item.node, ready, stats, &inline_ready);
38          }
39          ......
40      }
41      ......
42   }
```

图 5.21　Process 函数代码逻辑

在 Process 函数中需要注意的是，TensorFlow 的计算核函数有两种运行模式：同步和异步。其中绝大部分算子是同步计算模式，而 Send/Recv 算子则是异步计算模式。主要是因为 Send 和 Recv 算子的运行时间是高开销且不确定的，Process 如果等待 Send/Recv 至其执行完成会严重影响整体执行效率。实际上，类似 GPU 这种具有执行流（Stream）概念的设备，核函数并不真正同步运行，调用完 Compute 函数只表示计算任务已经下发到了执行流中。

### 5.3.3 设备抽象和管理

设备是 TensorFlow 运行时的实体，每个设备都负责一个子图的运算。TensorFlow 使用注册机制来管理设备，开发者可以通过注册接口支持自定义设备，如深度学习处理器等。

为了支持注册机制，TensorFlow 中定义了抽象的设备类。在 tensorflow/core/common_runtime/device.h 中基于 DeviceBase 基类定义了本地设备基类 Device。基于 Device 又进一步设计了 LocalDevice 类。本地设备如 CPU 和 GPU 等都会基于 LocalDevice 再创建自己的设备类，深度学习处理器也可以基于 LocalDevice 创建自己的设备类。我们以**深度学习处理器**（Deep Learning Processor，DLP）为例介绍添加设备的流程。首先我们要实现深度学习处理器设备的类，命名为 BaseDLPDevice。图 5.22 中的代码给出了 BaseDLPDevice 的类定义。

```
1  class BaseDLPDevice : public LocalDevice {
2    public:
3      BaseDLPDevice(const SessionOptions& options, const string& name,
4          Bytes memory_limit, const DeviceLocality& locality, const int device_id,
5          const string& physical_device_desc, Allocator* dlp_allocator,
6          Allocator* cpu_allocator, bool sync_every_op, int32 max_streams);
7
8  //是否需要记录访问过的Tensor
9      bool RequiresRecordingAccessedTensors() const override;
10
11 //为当前设备的计算图分配执行流，尽量地利用硬件资源
12     Status FillContextMap(const Graph* graph, DeviceContextMap* device_context_map)
         override;
13
14 //同步：以等到执行流中的计算任务全部结束
15     Status Sync() override;
16
17 //计算：将计算任务下发到执行流
18     void Compute(OpKernel* op_kernel, OpKernelContext* context) override;
19
20 //异步计算，直到真正的计算结束执行回调函数。只有Send和Recv是异步核函数
```

图 5.22 BaseDLPDevice 定义

```cpp
21      void ComputeAsync(AsyncOpKernel* op_kernel, OpKernelContext* context,
22                       AsyncOpKernel::DoneCallback done) override;
23      ......
24
25  //机器中可能包含多个智能设备,这个函数用于返回当前智能设备ID
26      int dlp_id() const { return dlp_id_; }
27  //深度学习处理器执行器,用来管理设备、控制深度学习处理器执行流
28      DLPStreamExecutor* executor() const { return executor_; }
29      ......
30
31    protected:
32  //内存分配器
33      Allocator* dlp_allocator_;  // not owned
34      Allocator* cpu_allocator_;  // not owned
35
36  //深度学习处理器的执行器
37      DLPStreamExecutor* executor_;  // not owned
38
39    private:
40  //执行流数组
41      vector<DLPStream*> streams_;
42  //设备环境
43      std::vector<DLPDeviceContext*> device_contexts_;
44  //设备信息
45      DLPDeviceInfo* dlp_device_info_ = nullptr;
46      ......
47  };
```

图 5.22 （续）

在实现 DLPDevice 后,我们便可以通过注册机制,将设备注册到 TensorFlow 运行时,系统便可在运行时使用深度学习处理器。

### 5.3.4 网络和通信

TensorFlow 中不同设备和机器间的通信都由 Send 和 Recv 节点进行,而 Send 和 Recv 使用 Rendezvous 机制完成数据交互。Rendezvous 是一个基于生产者-消费者模型设计的抽象类（生产者和消费者对应 TensorFlow 中的不同设备）。每个 Rendezvous 实例拥有一个通道表,其中记录了每对 Send/Recv 的关系和状态。不同的通道拥有唯一的键值,该键值是由生产者和消费者的信息产生的。生产者使用 Send 方法将数据传到特定通道,消费者使用 Recv 方法从特定通道中获取数据。生产者可以通过通道传输连续的多组数据,消费者可以按照发送顺序获得这组数据。消费者可以在任意时刻调用 Recv 方法来获取数据,也可以使用回调或者阻塞的方法来获取数据。不论哪种方法,消费者都能在数据有效时尽快得到数据。生产者在任何时候都不会被阻塞。

在 tensorflow/core/framework/rendezvous.h 中定义了 Rendezvous 抽象类。其关键代码如图 5.23 所示。

```cpp
class Rendezvous : public core::RefCounted {
    public:
        struct Args {
            DeviceContext* device_context = nullptr;
            AllocatorAttributes alloc_attrs;
            CancellationManager* cancellation_manager = nullptr; // not owned.
        };

//创建一个rendezvous键值
        static string CreateKey(const string& src_device, uint64 src_incarnation,
            const string& dst_device, const string& name,
            const FrameAndIter& frame_iter);

//解析rendezvous 键值,得到源和目的设备等信息
        struct ParsedKey {
            StringPiece src_device;
            DeviceNameUtils::ParsedName src;
            uint64 src_incarnation = 0;
            StringPiece dst_device;
            DeviceNameUtils::ParsedName dst;
            StringPiece edge_name;

            ParsedKey() {}
            ParsedKey(const ParsedKey& b) { *this = b; }
            ......
        };

//发送函数是纯虚函数
        virtual Status Send(const ParsedKey& key, const Args& args, const Tensor& val,
            const bool is_dead) = 0;
        typedef std::function<void(const Status&, const Args&, const Args&,
            const Tensor&, const bool)> DoneCallback;
//异步接收函数是纯虚函数
        virtual void RecvAsync(const ParsedKey& key, const Args& args, DoneCallback done
            ) = 0;

//使用RecvAsync封装出的同步接收函数
        Status Recv(const ParsedKey& key, const Args& args, Tensor* val, bool* is_dead,
            int64 timeout_ms);
        Status Recv(const ParsedKey& key, const Args& args, Tensor* val, bool* is_dead);
        ......
};
```

图 5.23 Rendezvous 实现的核心代码

Rendezvous 类中很多方法都有具体实现,但是发送和接收相关的函数都是纯虚函数。

- **发送方法**(Send):Tensor 的生产者会在 Send 节点中调用 Rendezvous 的 Send 方法,将 Tensor(val)和状态(is_dead)等信息发送到特定的键值通道上。其中,val 和 is_dead 是一组绑定在一起的数据,is_dead 通常是由控制流相关算子来设置的变量。参数 args 是 Send 节点传给 Recv 节点的一些信息,通常该信息只有当 Send 和 Recv 节点在一个工作进程(worker)中时才有效。
- **接收方法**(Recv):由于 Recv 节点不知道何时数据才是有效的,因此采用异步回调模式。一旦读取的 Tensor 有效,回调函数便会被调用,完成 Recv 节点后续操作。

### 5.3.4.1 本地通信:LocalRendezvousImpl

LocalRendezvousImpl 是给本地运行时使用的,代码实现在 tensorflow/core/framework/rendezvous.cc 中。在这个类中主要功能是实现了具体的 Send 和 Recv 函数。

Send 函数的实现逻辑较简单,如图 5.24 所示。如果队列(即上文提到的键值通道)为空或者队列中只有 Send 节点的信息,则继续把新的信息放入队列;如果队列中有 Recv 节点的信息,则直接把这个 Send 节点信息通过 Recv 节点的回调函数传给 Recv 节点。

```
1  Status Send(const ParsedKey& key, const Args& send_args, const Tensor& val, const bool
        is_dead) override {
2      uint64 key_hash = KeyHash(key.FullKey());
3      ItemQueue* queue = &table_[key_hash];
4      if (queue->empty() || queue->front()->IsSendValue()) {
5  //如果队列为空或者队列里的第一项是Send信息
6  //则继续将Send信息放到队列中
7          Item* item = new Item;
8          item->value = val;
9          item->is_dead = is_dead;
10         item->send_args = send_args;
11         if (item->send_args.device_context) {
12             item->send_args.device_context->Ref();
13         }
14         queue->push_back(item);
15         mu_.unlock();
16         return Status::OK();
17     }
18 //队列里已经有Recv放入的信息
19 //说明我们的Send正是这个Recv需要的,直接把这个Recv信息处理掉
20     Item* item = queue->front();
21 //如果队列里只有一项,在表中把这个键值删除
22     if (queue->size() == 1) {
23         table_.erase(key_hash);
```

图 5.24 LocalRendezvousImpl 中的 Send 函数

```
24          } else {
25              queue->pop_front();
26          }
27      mu_.unlock();
28
29  //通知 waiter 执行回调函数
30      item->waiter(Status::OK(), send_args, item->recv_args, val, is_dead);
31      delete item;
32      return Status::OK();
33  }
```

图 5.24 （续）

Recv 函数的主要逻辑是 RecvAsync，其处理逻辑和 Send 类似，如图 5.25 所示。如果队列中已经有 Send 节点信息，那么直接把该 Send 节点信息处理掉；如果队列为空或者只有 Recv 节点信息，则继续将本次 Recv 节点信息放入队列。

```
1   void RecvAsync(const ParsedKey& key, const Args& recv_args, DoneCallback done) override
    {
2       uint64 key_hash = KeyHash(key.FullKey());
3       ItemQueue* queue = &table_[key_hash];
4       ......
5       if (queue->empty() || !queue->front()->IsSendValue()) {
6   //队列为空或者只有Recv信息，则继续入队
7           Item* item = new Item;
8           ......
9           item->waiter = std::move(done);
10          item->recv_args = recv_args;
11          item->cancellation_token = token;
12          if (item->recv_args.device_context) {
13              item->recv_args.device_context->Ref();
14          }
15          queue->push_back(item);
16          mu_.unlock();
17          return;
18      }
19  //队列中已经存在一个Send信息，Recv可以立即处理掉这个信息
20      Item* item = queue->front();
21      ......
22  //调用完成函数
23      done(Status::OK(), item->send_args, recv_args, item->value, item->is_dead);
24      delete item;
25  }
```

图 5.25　LocalRendezvousImpl 中的 RecvAsync 函数

### 5.3.4.2 远程通信：RemoteRendezvous

在 tensorflow/core/distributed_runtime/rpc/rpc_rendezvous_mgr.cc 中定义了 RpcRemoteRendezvous，主要用于远程数据的交互。RpcRemoteRendezvous 和 LocalRendezvous 在主要逻辑上是一致的，也是使用 Send 和 Recv 两个方法进行交互。在 TensorFlow 中使用了 RPC 通信机制实现远程通信。

RpcRemoteRendezvous 类继承于 BaseRemoteRendezvous。在 BaseRemoteRendezvous 中定义了 RecvAsync 的实现，其具体代码逻辑如图 5.26 所示。如果源和目的是同一个工作进程，则调用本地的 RecvAsync，否则调用远程 Recv 方法。

```
1  void BaseRemoteRendezvous::RecvAsync(const ParsedKey& parsed,
2      const Rendezvous::Args& recv_args, DoneCallback done) {
3      ......
4      if (IsSameWorker(parsed.src, parsed.dst)) {
5  //如果源和目的是同一个 worker
6          local_->RecvAsync(......);
7      } else {
8  //调用 RpcRemoteRensezvous 的 RecvFromRemoteAsync 方法
9          RecvFromRemoteAsync(parsed, recv_args, std::move(done));
10     }
11     ......
12 }
```

图 5.26 BaseRemoteRendezvous 中的 RecvAsync 函数

RpcRemoteRendezvous 中使用 RPC 远程调用方法获得远端的数据。图 5.27 中的代码展示了其中 RecvFromRemoteAsync 的具体实现。RecvFromRemoteAsync 的核心是准备并启动 RpcRecvTensorCall 类型的过程调用，用于获取远程 Tensor。其中最终会调用 worker 的 RecvTensorAsync 发起相应请求。

```
1  void RpcRemoteRendezvous::RecvFromRemoteAsync(const Rendezvous::ParsedKey& parsed,
2      const Rendezvous::Args& recv_args, DoneCallback done) {
3      CHECK(is_initialized());
4      Status s;
5  //准备一个 RecvTensor 过程调用
6      RpcRecvTensorCall* call = get_call_freelist()->New();
7      ......
8      WorkerSession* sess = session();
9      WorkerInterface* rwi = sess->worker_cache()->GetOrCreateWorker(call->src_worker_);
10     Device* dst_device;
11     if (s.ok()) {
12         s = sess->device_mgr()->LookupDevice(parsed.dst_device, &dst_device);
```

图 5.27 RpcRemoteRendezvous 中的 RecvFromRemoteAsync 实现

```
13        }
14     ......
15  //初始化过程调用
16     call->Init(rwi, step_id_, parsed.FullKey(), recv_args.alloc_attrs, dst_device,
17             recv_args, std::move(done));
18
19  //开始过程调用
20     Ref();
21     call->Start([this, call]() {
22         call->ReleaseWorker(session()->worker_cache());
23         call->done()(s, Args(), call->recv_args(), call->tensor(), call->is_dead());
24         get_call_freelist()->Release(call);
25         Unref();
26     });
27  }
```

图 5.27 （续）

### 5.3.5 算子实现

算子是 TensorFlow 的基本单元。每个算子都有自己的属性,可以由用户设置,也可以在建立 Graph 时由上下文推导而来。其中最常见的属性是设置算子的数据类型。OpKernel 是算子的特定执行,依赖于底层硬件。基于不同设备、不同数据类型,算子可以由不同的 OpKernel 实现:既可以使用底层硬件提供的高性能库,也可以采用特定的编程语言。例如,在 CPU 上的 OpKernel 函数通常借助于 Eigen 来实现,针对多核 CPU 提供了优化的高性能库。针对量化的数据类型,可以采用 gemmlowp 等低位宽库来实现运行时加速[113]。在 GPU 上也可以采用 CUDA C 编程语言来实现,而在深度学习处理器上则可以采用后面介绍的智能编程语言实现并优化相应算子。TensorFlow 通过注册机制来支持不同的算子和相应的 OpKernel 函数。

为了支持 OpKernel 注册机制,TensorFlow 定义了 OpKernel 抽象类。在 tensorflow/core/framework/op_kernel.h 中定义了 OpKernel 基本类。图 5.28 给出了 OpKernel 的基本定义。

```
1  class OpKernel {
2    public:
3      explicit OpKernel(OpKernelConstruction* context);
4      virtual ~OpKernel();
5  //同步运算方法
6      virtual void Compute(OpKernelContext* context) = 0;
```

图 5.28 OpKernel 类定义

```
 7  //异步运算方法
 8      virtual AsyncOpKernel* AsAsync() { return nullptr; }
 9  //当前OpKernel是不是高开销的
10      virtual bool IsExpensive() { return expensive_; }
11  //一些访问数据的方法
12      const NodeDef& def() const { return *def_; }
13      const string& name() const;
14      const string& type_string() const;
15      const string& requested_device() const;
16      bool is_internal() const { return is_internal_; }
17      int num_inputs() const { return input_types_.size(); }
18      DataType input_type(int i) const { return input_types_[i]; }
19      const DataTypeVector& input_types() const { return input_types_; }
20      ……
21  private:
22      const std::unique_ptr<const NodeDef> def_;
23      const DataTypeVector input_types_;
24      const MemoryTypeVector input_memory_types_;
25      const DataTypeVector output_types_;
26      const MemoryTypeVector output_memory_types_;
27      const int graph_def_version_;
28      const bool is_internal_;
29      NameRangeMap input_name_map_;
30      NameRangeMap output_name_map_;
31      bool expensive_;
32      ……
33  };
```

图 5.28 （续）

OpKernel 的计算可以是同步的也可以是异步的，但所有 OpKernel 的 Compute 方法都必须要保证线程安全，因为同一个图可能被同时执行多份。大部分 OpKernel 是同步计算的模式，这些 OpKernel 应继承 OpKernel 类并覆写 Compute 方法，在 Compute 方法中完成需要做的工作便立即返回，表示该算子已结束计算。和通信相关的 OpKernel，如 Send 和 Recv，则需要采用异步执行方式。这些 OpKernel 需继承 AsyncOpKernel 并覆写 ComputeAsync 方法。以上所有的 OpKernel 在实现 Compute 或者 ComputeAsync 方法时，都是从 OpKernelContext 中得到输入输出信息，并将运行状态设置到 OpKernelContext 中。

下面我们以 MaxPool 算子为例，介绍添加 DLP 算子的过程。首先我们需要基于 OpKernel 实现 DLP 的 OpKernel 类，具体如图 5.29 所示。

```
1  class DLPMaxPoolOp : public OpKernel {
2    public:
3      explicit DLPMaxPoolOp(OpKernelConstruction* context) : OpKernel(context) {
4  //根据context信息进行初始化参数以及参数检查
5        ......
6      }
7      void Compute(OpKernelContext* context) override {
8  //使用DLP编程语言实现的MaxPool运算逻辑
9        ......
10     }
11     ......
12 };
```

图 5.29　面向 DLP 实现 MaxPool 的 OpKernel

实现完 DLPMaxPoolOp 后，还需要将 DLP OpKernel 注册到 TensorFlow 系统中。如图 5.30 所示，使用 REGISTER_KERNEL_BUILDER 这个宏进行 OpKernel 的注册。

```
1  REGISTER_KERNEL_BUILDER(Name("MaxPool")              //Op名字
2                          .Device(DEVICE_DLP)          //设备类型
3                          .TypeConstraint<T>("T"),     //数据类型
4                          DLPMaxPoolOp<T>);            //OpKernel对象
```

图 5.30　DLPMaxPoolOp 的注册

## 5.4　编程框架对比

**深度学习编程框架**提供了用于深度学习设计、训练、验证等功能的基本模块。使用框架提供的高级 API，用户可以简单方便地实现各种深度学习以及机器算法。目前，市面上有很多流行的开源框架，每个框架都有自己的用户群和优缺点。几乎所有的框架都支持 CPU 和 GPU 设备，使用了常见的基于设备的加速库，如 BLAS、cuBLAS[114]、NCCL[115]等。本节我们选取 TensorFlow、PyTorch、Caffe、MXNet 这四个相对有代表性的框架进行全面的对比。

首先我们统计了各框架在社区的活跃程度⊖，如图 5.31 所示。从开源社区 Github 上统计了各框架的星标（Star）数、仓库复制（Fork）数、讨论帖（Issue）数和代码提交请求（Pull Request）数。这四个指标大致反映了一个框架的受欢迎程度和活跃程度。其中，TensorFlow 在三项中都具有明显的优势。PyTorch 的代码提交请求数排第一，说明它也是一个非常活跃的有着众多用户的框架。

---

⊖　统计时间截至 2019 年 10 月 26 日。

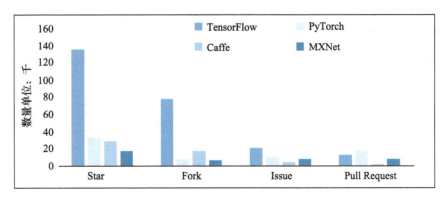

图 5.31 四个框架的社区活跃程度

表 5.2 中列出了这些框架的其他比较项,包括主要维护团体、框架支持的前端语言、支持的操作系统平台、编程模式以及现阶段辅助工具生态等。下面我们从这些角度分别讨论各个框架的情况。

表 5.2 主流开源编程框架的对比

| 框架名称 | 主要维护团体 | 前端支持语言 | 支持平台 | 编程模式 | 辅助工具生态 |
| --- | --- | --- | --- | --- | --- |
| TensorFlow | Google | Python、C/C++、Java、Go、JavaScript、R、Julia、Swift | Linux、MacOS、Windows、iOS、Android | Graph:声明式 Eager:命令式 | TensorBoard、Profiler、TFLite、TF-serving、tfdbg、官方模型库 |
| PyTorch | Facebook | Python、C++ | Linux、MacOS、Windows | 命令式 | TorchVision、官方模型库 |
| MXNet | Amazon | Python、C++、Go、Julia、Matlab、R、JavaScript、Scala、Perl、Clojure | Linux、MacOS、Windows、iOS、Android | MXNet:声明式 Gluon:命令式 | mxboard、官方模型库 |
| Caffe | 官方不再维护 | Python、C++、Matlab | Linux、MacOS、Windows | 声明式 | 官方模型库 |

## 5.4.1 TensorFlow

TensorFlow 是一个规模较大的框架,在开源之前就已经在 Google 内部得到了广泛的应用。开源后很快成为社区最受欢迎的框架之一。

TensorFlow 功能强大,覆盖面广,支持众多常见的前端语言,覆盖云端到终端几乎所有的平台,同时也有众多的辅助工具来支持多平台多设备使用。例如,可视化计算图工具 TensorBoard 既可以让用户查看计算图结构,也能让用户追踪训练过程,如 loss 收敛情况等;TFLite 则可以将训练好的模型导出为终端设备使用的轻量模型,方便手机或嵌入式设备使用;Profiler 则是性能剖析工具,可以帮助使用者分析和优化模型性能。

TensorFlow 社区力量强大，文档完善，对初学者较为友好。从图 5.31 中我们就能看到，TensorFlow 的使用者非常多，这些用户在 Github、StackOverflow、CSDN、Medium 等社区网站留下了大量的教程和使用经验，初学者很容易就能查到之前遇到的问题。此外，TensorFlow 自身也提供了丰富的教程和开源模型库（tensorflow/models），帮助大家更好地学习和使用。

当然，TensorFlow 也有很多广为使用者诟病的缺点，如 API 较为混乱、声明式编程不方便调试等。因此，在最新版的 TensorFlow 2.0 中对于众多 API 做了系统性梳理，去掉了一些冗余重复的 API。更重要的是，TensorFlow 在 2.0 版本中默认采用适合快速开发和调试的命令式编程（即 Eager 模式），不需启动会话（Session）即可逐条执行程序员编写的命令，得到结果。Eager 模式还高度集成了更高层的 Keras API，使用起来更加方便。当然命令式编程无法对于整个计算图做全局优化，执行速度较低。因此，在大规模部署的生产环境下，建议采用基于 Session 的声明式编程。通过提供两种编程模式，TensorFlow 2.0 既能满足学术研究人员即写即用、方便调试、快速验证想法的灵活性需求，又能继续提供工业界大型项目所需的高效性和高可靠性。

### 5.4.2 PyTorch

PyTorch 目前主要由 Facebook 维护。相对于 TensorFlow，PyTorch 显得小而灵活。

PyTorch 前端支持 Python 和 C++，尤其是对 Python 用户非常友好。PyTorch 支持的自动求导和 TensorFlow 不同，后者在添加新算子时需要自己实现求导函数，但 PyTorch 不用。此外，PyTorch 的模块化编程方法对复用网络架构特别适用，可以极大提高开发效率。PyTorch 一直支持动态图命令式的编程模式，虽然牺牲了静态图优化的运行效率优势，但更加好用（比如在复杂循环网络）和方便调试（比如直接使用 Python 的调试工具 pdb），因此广受欢迎。

PyTorch 的辅助工具也非常多，除了自身提供的可视化工具 TorchVision 之外，也支持模型在 TensorBoard 上的可视化，同时也提供了丰富的模型库。随着使用人数的增加，社区内容也日趋完善。基于上述优点，在小规模的使用场景和学术界，PyTorch 使用者数量迅猛增长，有赶超 TensorFlow 的趋势。

此外我们也看到，目前 PyTorch 无法全面支持各种平台，这意味着训练好的模型不能很方便地转移到其他平台或设备上使用，因此对生产环境来说，PyTorch 目前还不是首选。

### 5.4.3 MXNet

MXNet 是一款针对效率和灵活性而设计的深度学习框架。它和 TensorFlow 一样，既支持声明式编程，也支持命令式编程（MXNet Gluon），用户可以混用声明式编程和命令式编程以最大化开发效率。MXNet 支持的语言很丰富，如 R、Julia 和 Go 等。MXNet 的总体框架类似 TensorFlow，但是后端代码比 TensorFlow 轻量得多。MXNet 基于动态依赖调度器，并且能够高效支持多设备和多机器。

### 5.4.4 Caffe

Caffe 是出现最早的框架之一,最开始由加州大学伯克利分校所开发,后由开源社区维护。

相对于 TensorFlow 的计算图以算子为单位,Caffe 的计算以层(layer)为粒度,对应神经网络中的层。Caffe 为每一层给出了前向实现和反向实现,并采用 prototxt 格式表示网络结构的层次堆叠。相对于 TensorBoard 里呈现的分散算子,如果 TensorFlow 在实现网络时没有很好地组织命名空间,则很难看出网络结构和功能,而 Caffe 的 prototxt 就非常直观和简单。Caffe 的这些特性,使得使用者能很快掌握深度学习基础算法的内部本质和实现方法,并由此开发出自己的 Caffe 变种,完成自定义功能。

然而,正是由于它使用层的粒度来描述网络,缺少灵活性、扩展性和复用性。同时,由于 Caffe 早期是为卷积神经网络设计的,在功能上有很多局限性,对 RNN 类的网络支持很有限,同时也不支持多设备和多机器的使用场景。虽然早期的 Caffe 版本已经不再维护更新了,但 Caffe 依旧能够为深度学习的初学者提供一个了解深度学习计算本质(而不仅是停留在使用各种高层 API 上)的工具和平台。

## 5.5 本章小结

本章主要以 TensorFlow 为例介绍了编程框架的运行机理。为了满足编程框架的高性能、易开发和可移植等设计目标,主流编程框架都采用了基于计算图的机制。其中包括了计算图的自动求导、模型的检查点机制以及计算图上的控制逻辑等。为了支持大规模模型训练,计算图也同时支持本地运行和分布式运行。针对 TensorFlow 的具体实现,其主要架构包括计算图的执行逻辑、设备抽象和管理、网络和通信,以及算子的实现等。最后,我们对主流的编程框架,包括 TensorFlow、PyTorch、Caffe、MXNet 等,从多个角度进行了对比。

## 习题

5.1 请调研学习 Eager API 的使用。使用 Eager API 实现两个数的加法和矩阵乘法。

5.2 现有常见的编程框架的执行模式分为静态图模式和动态图模式,说明这两种执行模式各有什么优缺点。

5.3 使用 GPU 计算时,试分析在单机单卡、单机多卡、多机多卡的设备下训练卷积神经网络流程上的区别。其中哪些步骤是可以并行的,哪些步骤是必须串行的?

5.4 查看 TensorFlow 源码,在 python/keras 中,查找关于 ImageNet 数据集数据预处理相关的代码,学习几种常用的数据预处理方法,并列举出 keras 里实现的数据预处理方法。

5.5 查看 TensorFlow 源码，在 python/ops 中，查找涉及注册 sin 算子梯度计算和 max-pool 算子梯度计算的代码，查看相关文件里注册其他算子的代码，学习了解注册 Python 层算子。

5.6 查看 TensorFlow 源码，在 core/ops 中，查找涉及 conv 算子的代码，请简述算子注册流程。

5.7 查看 TensorFlow 源码，在 core/kernel 中，查找涉及 conv 算子的代码，请简述卷积的具体实现。

5.8 TensorFlow 使用 SWIG（Simplified Wrapper and Interface Generator），使得 Python 语言能调用底层 C/C++ 的接口。学习了解 SWIG 的基本原理，并在源码中找到和 SWIG 有关的部分。请列出 SWIG 的一个使用实例。

5.9 现在常见的几种机器学习框架均支持混合精度（Mixed Precision）训练方法，该方法采用半精度浮点做正向传播计算，使用单精度浮点做反向传播计算，在训练时需要同时存储半精度和单精度两份数据。调研了解 Mixed Precision 的具体实现方法，并借鉴此思想，简述如何实现稀疏卷积神经网络模型的训练。**注**：稀疏卷积神经网络模型一般指卷积层和全连接层的权重中有很多 0 元素的模型。稀疏模型采用稠密矩阵或者稀疏矩阵方法存储均可。

*5.10 使用 TF_CPP_MIN_VLOG_LEVEL 环境变量，设置级别为 3。试运行课本中数据流图剪枝相关程序，查看并分析输出日志。

*5.11 试分析算子融合比非融合提高计算效率的原因。在常见的分类网络中，算子融合对具有哪些特征的网络带来的加速比更大？

*5.12 在 MNIST 数据集上，不使用常见的机器学习框架，可以借助 Numpy 等计算库，实现一个三层的全连接网络的预测与训练。进一步地，使用习题 5.9 中的方法，实现一个稀疏全连接网络的训练，建议每一层的稀疏度为 50%，且稀疏度可以随着训练过程从 0% 逐渐到达 50%。**注**：卷积层和全连接层的稀疏度指权重中 0 元素的占比。

CHAPTER 6

# 第 6 章

# 深度学习处理器原理

在深度学习编程框架中，用户编写的深度学习算法最终体现为算子（即框架提供的函数）的组合。这些算子的实际执行，最终要落在具体芯片上。深度学习处理器的任务就是高速度、低能耗地执行深度学习算子。

TensorFlow 中有上千个算子，算子之间计算、访存和控制的模式也有很大的不同。设计一款能广泛支持各种深度学习算法、全功能的工业级深度学习处理器是非常复杂的。但是，实现图像风格迁移所涉及的算子并不多，不超过 20 个。因此，本章重点介绍深度学习处理器的基本原理，希望能引导读者设计出一个简单的具备有限功能的深度学习处理器，能很好地支持图像风格迁移所用的常见基本算子。我们称这个深度学习处理器为 DLP（即 Deep Learning Processor 的首字母组合）。具体来说，本章主要包括以下部分：深度学习处理器概述、目标算法分析、深度学习处理器结构、优化设计以及性能评价。

## 6.1 深度学习处理器概述

### 6.1.1 深度学习处理器的意义

70 多年来，神经网络算法从最初只有输入和输出层的感知机，发展到包含一个隐层的多层感知机，再到深度神经网络。在此过程中，神经网络的层数及规模在不断增长。最早的**感知机**模型只有一个神经元，只有输入和输出，没有隐层，也没有复杂的激活函数，因此无法解决非线性可分问题。为突破感知机的局限性，出现了多层感知机。**多层感知机**通常有一或多个隐层，隐层和输出层通常有几十个神经元。而**深度神经网络**可能有数百或者上千层，每一层可能有几十万个神经元，突触的数量则更多。大规模的深度神经网络甚至可以有几十亿甚至上百亿个突触。

随着神经网络的层数、神经元数量、突触数量的不断增长，CPU 和 GPU 等传统芯片已经很难满足神经网络不断增长的速度和能效需求。例如，2016 年谷歌的 AlphaGo 与李世石对弈时，用了 1202 个 CPU 和 176 个 GPU[18]，每盘棋需要消耗上千美元的电费，与之对应的是李世石的功耗仅为 20 瓦。传统芯片的速度和能效难以满足大规模深度学习应用的需求。因此，没有高性能、低能耗的新型深度学习处理器，智能应用无法广泛普及，人类社会也不可能真正进入智能时代。换言之，未来智能时代，每台智能服务器、每台智能手机、每个智能摄像头，都可能需要深度学习处理器。

## 6.1.2 深度学习处理器的发展历史

深度学习处理器的前身是神经网络计算机/芯片。在第一次人工智能热潮中，D. Hebb 提出 Hebb 学习法则之后不久，M. Minsky 就在 1951 年研制出了国际上首台神经网络模拟器 SNARC；F. Rosenblatt 提出感知机模型后不久，就在 1960 年研制出国际上首台基于感知机的神经网络计算机 Mark-I，它能用无隐层的单层感知机完成简单的任务，并能连接到照相机上进行图像处理。在第二次人工智能热潮中，神经网络的研究取得了一些重要突破，如反向传播算法的提出使浅层神经网络的训练变得比较有效。在算法发展的推动下，20 世纪 80 年代和 90 年代初，很多大公司、创业公司和研究机构（包括国外的 Intel、摩托罗拉、IBM 和德州仪器等，以及国内的中科院半导体所和中科大等）也开展了神经网络计算机/芯片的研制，包括 ETANN[116]、CNAPS[117]、MANTRA I[118] 和预言神[119] 等。1989 年，国家科委（现在已改称国家科技部）依托中科院计算所成立了国家智能计算机研究开发中心，作为我国研制智能计算机的总体单位。

然而，这些早期的神经网络计算机/芯片只能处理很小规模的浅层神经网络算法，未能取得工业实践中的广泛应用。首先，当时的浅层神经网络算法缺乏"杀手级"应用，而大规模的深层神经网络算法并没有合适的训练算法。其次，当时的主流集成电路工艺还是 1 微米工艺（今天的主流集成电路工艺已达到 0.007 微米），在一个芯片上只能放非常少的运算器。例如，如图 6.1 所示，Intel 的 ETANN 芯片中集成的硬件神经元数目只有 64 个。最后，当时的体系结构技术还没有发展成熟，无法用有限的硬件神经元支持大规模的算法神经元。

随着日本的五代机计划的失败，第二次人工智能热潮结束，整个人工智能发展都陷入一个低谷。在此大环境下，从 20 世纪 90 年代中期开始，神经网络计算机/芯片方向的创业公司纷纷破产，大公司裁掉该方向的人员，各个国家也暂停了这个方向的科研资助。

2006 年，G. Hinton、Y. LeCun 和 Y. Bengio 等人推动了深度学习技术的兴起，引发了第三次人工智能热潮。此后不久的 2008 年，中科院计算所陈云霁、陈天石等人（即后来的寒武纪团队○）开始了人工智能和芯片设计的交叉研究。2013 年，中科院计算所和法国 Inria 的 O. Temam 合作设计了国际上第一个深度学习处理器架构 DianNao[19]。DianNao 和过去的神经网络芯片不同，它不再受到神经网络规模限制，可以灵活、高效地处理上百层、千万神经元、上亿突触的各种深度学习神经网络（甚至更大），且相对传统通用 CPU，DianNao 可以取得两个数量级（甚至更高）的能效优势。随后中科院计算所和法国 Inria 又设计了国际上首个多核深度学习处理器架构 DaDianNao[20] 和首个机器学习处理器架构

---

○ 在生命科学中，寒武纪是生物大爆发的时代。以"寒武纪"为芯片团队取名，则寄予了对于智能大爆发的期盼。

PuDianNao[21]。进一步,中科院计算所提出了国际上首个深度学习指令集 Cambricon[23]。

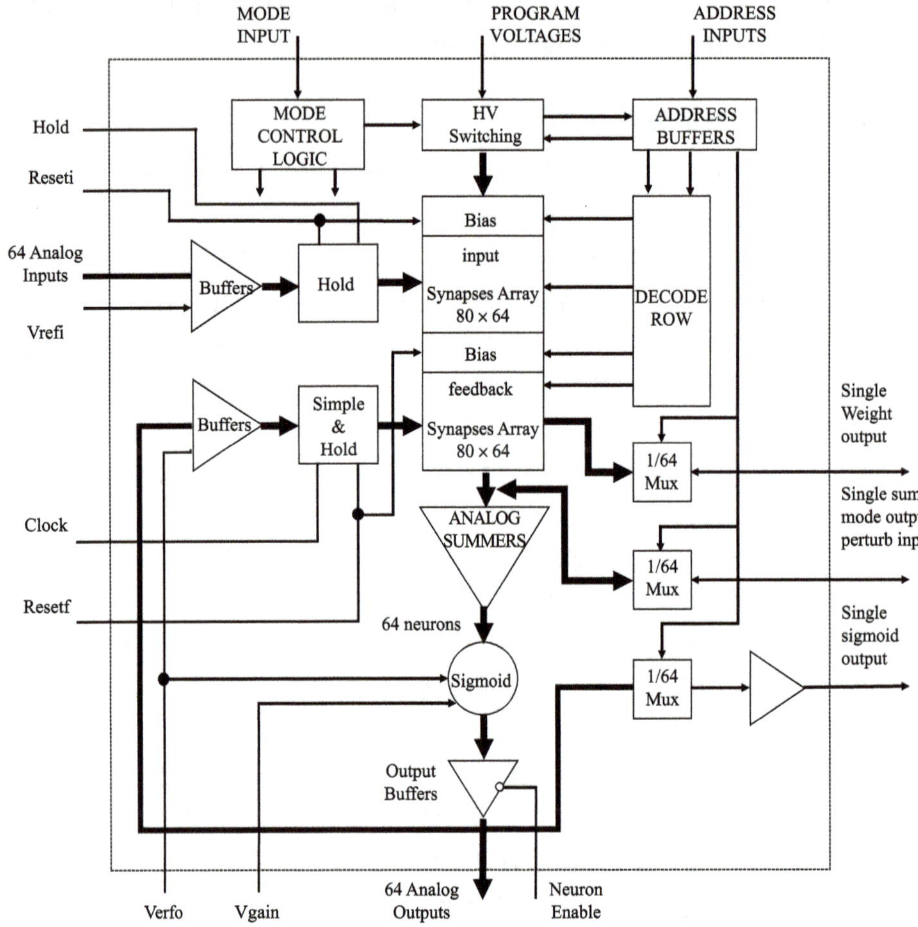

图 6.1　Intel 的模拟电路神经网络芯片 ETANN[116]

中科院计算所还研制了国际上首款深度学习处理器芯片"寒武纪 1 号"。目前寒武纪系列处理器已实用于近亿台智能手机和服务器中,推动了深度学习处理器从理论走向实际,普惠大众。

中科院计算所寒武纪团队及其合作者的工作推动了深度学习处理器体系结构方向从无到有,成为整个国际计算机体系结构领域的学术研究热点。例如,2016~2018 年的国际计算机体系结构年会(International Symposium on Computer Architecture,ISCA)有近 1/4 的论文引用寒武纪团队的论文,开展深度学习处理器相关研究。目前,寒武纪团队成员的论文已经受到全球五大洲 30 个国家/地区的 200 个机构(包括哈佛、斯坦福、麻省理工、普林斯顿、加州大学伯克利分校、哥伦比亚、谷歌、英特尔、英伟达等)的广泛跟踪引用。因此,*Science* 杂志刊文评价寒武纪为深度学习处理器的"开创性进展",并评价寒武纪团队在深度学习处理器研究中"居于公认的领导者行列"[120]。

和之前的早期神经网络芯片相比，**深度学习处理器**的蓬勃发展主要得益于三个方面：

（1）深度学习有广泛的实际应用。目前，图像识别、语音识别、自然语言处理等应用已成为各种计算设备上的主流负载。从超级计算机到数据中心，从手机到车载计算机，各种计算设备对于深度学习处理器有非常迫切的需求。

（2）集成电路工艺发展放缓。由于摩尔定律逐渐趋近停滞，近十年来，通用 CPU 的性能增长速度非常慢，而深度学习计算需求每年都在以指数增长。因此，深度学习处理器相对传统芯片能取得足够大的速度和能效优势。

（3）计算机体系结构技术的发展。早期神经网络芯片将算法神经元一对一映射到硬件神经元上，因此无法支持大规模神经网络。深度学习处理器则是在指令集的控制下时分复用运算单元（即一个硬件运算单元可以在不同时刻处理不同的算法神经元），因此不再受到神经网络规模的约束，从而能灵活、高效地支持海量的不断演进的深度学习应用[19]。

### 6.1.3 设计思路

深度学习处理器是近年来计算机体系结构研究方向的最主要的热点之一。从冯·诺依曼机以来，计算机体系结构设计重点关注两个方面：能效和通用性。**能效**是指单位功耗内能做多少运算，**通用性**是指能覆盖多大的应用面。

体系结构研究有两个极端：专门定制的芯片 ASIC（Application Specific Integrated Circuit，专用集成电路）和通用处理器 CPU。ASIC 的能效非常高，现在面向特定应用的 ASIC 芯片的能效可以做到 1000 TOPS/W（Tera Operations per Second per Watt），即每秒每瓦可进行千万亿次操作，超过通用 CPU 多个数量级；但 ASIC 芯片通常只能支持一个特定的算法。而通用 CPU 理论上能够完成所有可计算的任务，但是其能效甚至不到 0.1TOPS/W，只有 ASIC 芯片的万分之一左右，如图 6.2 所示。这里面主要的原因是，CPU 为了满足通用性，采用了非常繁重复杂的指令流水线、功能部件和缓存，运算器只占不到 10% 的芯片面积。而 GPU 的能效比 CPU 高 10～100 倍，同时具有一定的通用性。早期的 GPU 只能做图形处理，但在英伟达和 AMD 等

图 6.2 不同类型处理器的能效及通用性

GPU 厂商的不断推动下，现代 GPU 已经可以高效地完成矩阵乘等科学计算操作。进一步，有很多研究者把 GPU 应用领域扩展到深度学习。但是，相对于专门的深度学习处理器，GPU 在深度学习处理上的能效依然有较大差距⊖。

---

⊖ 为此，英伟达开始在 GPU 中集成 Tensor Core 这样的深度学习处理器。

通用性和灵活性之间存在一定的矛盾。深度学习处理器必须在二者之间取得平衡，既要能效高，又要能对深度学习应用有全面的支持。这是因为深度学习并不是一个特定算法，而是面向多种应用场景、模式各异的成千上万种深层神经网络算法组成的集合。传统 ASIC（一款芯片加速一个特定算法）需要成千上万款芯片才能满足所有深度学习应用需求，这是不现实的。而且，深度学习算法还在以月为单位不断地快速演进。如果花两年时间研制一款只能支持一个特定深度学习算法的 ASIC 芯片，这个芯片刚刚问世，它和它支持的算法可能就已经因算法演进而被淘汰了。因此，深度学习处理器要在能效上接近 ASIC，同时又具有一定的通用性，能够比较好地支撑深度学习领域的已有算法和未来的新算法。这和计算机体系结构数十年的发展思路是一脉相承的。体系结构研究中经典的冯·诺依曼机最核心的特点是存储程序，即在切换功能时不需要改变硬件，只需要修改软件程序（即编程）。深度学习处理器也应该秉承该原则，具备可编程的能力，通过编程来支持 TensorFlow、Caffe 和 MXNet 等编程框架中各种已有的深度学习算子，甚至是未来的算子。

因此，设计深度学习处理器时，首先要分析算法的**计算特性**和**访存特性**，然后根据算法特性，确定深度学习处理器的**微体系结构**，包括指令集、流水线、运算部件、访存部件。

## 6.2 目标算法分析

在本章中，我们以贯穿全书的驱动范例为例，对其中使用的深度神经网络进行算法分析。我们已经在前面分析过，图像风格迁移算法[89]中使用的网络主要是基于 VGG19 的卷积神经网络，因此我们主要针对 VGG19 进行分析。

### 6.2.1 计算特征

卷积神经网络的正向传播过程和反向传播过程在计算模式上是相似的。本节以正向传播过程为例，分析其计算特征，重点分析神经网络计算中是否存在固定重复的计算模式，即找到计算模式的最大公约数。如果能够找到固定重复的计算模式，就可以为这种计算模式设计运算指令和运算器。

具体而言，卷积神经网络 VGG19 中有三种典型层，分别是卷积层、池化层以及全连接层。相应地，这三种层涉及三种常见算子——全连接、卷积和池化。

**首先分析全连接算子。** 在全连接计算中，输入和输出一般分别是两组向量。全连接意味着输出向量中任何一个具体的输出神经元都由全部的输入神经元来决定，具体运算可以表示为输入向量和一组突触权重向量之间的内积，再加上偏置，然后通过激活函数输出，可以形式化地表示为：

$$y[j] = G\left(b[j] + \sum_{i=0}^{N_i-1} W[j][i] \times x[i]\right) \quad (6.1)$$

图 6.3 是全连接层的 C 代码实现。在该代码中，x[i] 表示第 i 个输入神经元，y[j] 表示

第 j 个输出神经元，W[j][i] 表示这两个神经元间的突触，b[j] 表示第 j 个输出神经元的偏置，G 表示激活函数。Ni 个输入神经元与一组对应权重做向量内积，再加上偏置，然后经过激活函数得到一个输出神经元，重复该计算过程可以计算出 No 个输出神经元。可以看到，全连接层的核心计算是向量内积，即输入与权重做向量内积操作；然后是非线性激活函数，每个变量都要通过激活函数处理，该处理过程是向量的逐元素操作。

```
1  //x是输入神经元，y是输出神经元，W是权重
2  y(all) = 0; //初始化所有输出神经元
3  for (j=0; j<No; j++)
4      for (i=0; i<Ni; i++){
5          y[j]+=W[j][i]*x[i];
6          if (i==Ni)
7              y[j]=G(y[j]+b[j]);
8      }
```

图 6.3　全连接层的代码实现

**其次分析卷积算子。** 卷积算子指的是用卷积核在输入图像或者输入特征图上对局部神经元做卷积操作，即输出神经元是连接到部分输入神经元上的，而不是全部的输入神经元，这一点与全连接不同。卷积在整个卷积神经网络计算中时间占比最高。例如，在我们所使用的 VGG19 网络中，在通用 CPU 上卷积层总共的执行时间要占到全部时间的 90% 以上。其中，VGG19 中共有 16 层卷积层，包括卷积核为 3×3、输出特征图为 64 幅的卷积层两层，卷积核为 3×3、输出特征图为 128 幅的卷积层两层，卷积核为 3×3、输出特征图为 256 幅的卷积层四层，卷积核为 3×3、输出特征图为 512 幅的卷积层八层。

以下对卷积计算模式做具体分析，假设卷积窗口大小为 $K_r \times K_c$，有 $N_{if}$ 个 $N_{ir} \times N_{ic}$ 大小的输入特征图 $\boldsymbol{X}$，$N_{of}$ 个 $N_{or} \times N_{oc}$ 大小的输出特征图 $\boldsymbol{Y}$。由 $N_{if}$ 个输入特征图卷积计算出一个输出特征图的具体计算过程为：每个 $N_{if} \times K_r \times K_c$ 大小的输入块与 $N_{if} \times K_r \times K_c$ 大小的卷积核做卷积运算，再加上偏置，然后通过激活函数 $G$ 决定输出。卷积运算可以形式化地表示为：

$$\boldsymbol{Y}[nor][noc][j] = G\Big(\boldsymbol{b}[j] + \sum_{i=0}^{N_{if}-1}\sum_{k_c=0}^{K_c-1}\sum_{k_r=0}^{K_r-1}\boldsymbol{W}[k_r][k_c][j][i] \times \boldsymbol{X}[r+k_r][c+k_c][i]\Big)$$

(6.2)

卷积层的核心计算是卷积和激活函数。图 6.4 所示是卷积层的 C 代码实现。其中，X[r][c][i] 表示第 i 个输入特征图上 (c,r) 位置的神经元；Y[nor][noc][j] 表示第 j 个输出特征图上 (noc,nor) 位置的神经元，其中 nor 和 noc 的取值范围分别是 [0, Nor−1] 和 [0, Noc−1]；W[kr][kc][j][i] 表示这两个神经元间的突触；G 表示激活函数。Nif 个 Kr×Kc 大小的输入神经元矩阵与相应的卷积核做卷积，再加上偏置，然后经过激活函数得到一个输出神经元，重复该计算过程可以计算出 Nof×Nor×Noc 个输出神经元。卷积核层的核心计算是卷积，即输入与权重做矩阵内积；激活函数操作与全连接层一样。

```
1  nor = 0;
2  for (r=0; r<Nir; r+=sr) {  //sr是垂直方向的卷积步长
3      noc = 0;
4      for (c=0; c<Nic; c+=sc) {//sc是水平方向的卷积步长
5          for (j=0; j<Nof; j++)
6              sum[j]=0;
7          for (kr=0; kr<Kr; kr++)
8              for (kc=0; kc<Kc; kc++)
9                  for (j=0; j<Nof; j++)
10                     for (i=0; i<Nif; i++)
11                         sum[j]+=W[kr][kc][j][i]*X[r+kr][c+kc][i];
12         for (j=0; j<Nof; j++)
13             Y[nor][noc][j]=G(sum[j]+b[j]);
14         noc++;}
15     nor++;
16 }
```

图 6.4 卷积层的代码实现

**最后分析池化算子。** 池化算子主要用于对特征进行进一步的过滤抽取，主要包括最大池化和平均池化。最大池化输出一个池化窗口内的最大值，平均池化输出一个池化窗口内的平均值。假设池化窗口大小为 $K_r \times K_c$，则最大池化运算可以形式化地表示为：

$$Y[nor][noc][i] = \max_{0 \leqslant k_c < K_c, 0 \leqslant k_r < K_r} (X[r+k_r][c+k_c][i]) \tag{6.3}$$

平均池化可以形式化地表示为：

$$Y[nor][noc][i] = \frac{1}{K_c \times K_r} \sum_{k_c=0}^{K_c-1} \sum_{k_r=0}^{K_r-1} X[r+k_r][c+k_c][i] \tag{6.4}$$

图 6.5 是池化层的 C 代码实现。池化层的输入和输出特征图与卷积层类似，但没有卷积核。每个输出特征图单元由 $K_r \times K_c$ 个输入特征图元素来决定，如果是平均池化则输出这些元素的均值，如果是最大池化则输出这些元素的最大值。池化层主要是向量的元素操作。

```
1  nor = 0;
2  for (r=0; r<Nir; r+=sr) {//sr是垂直方向的池化步长
3      noc = 0;
4      for (c=0; c<Nic; c+=sc) {//sc是水平方向的池化步长
5          for (i=0; i<Nif; i++)
6              value[i]=0;
7          for (kr=0; kr<Kr; kr++)
8              for (kc=0; kc<Kc; kc++)
9                  for (i=0; i<Nif; i++) {
```

图 6.5 池化层的代码实现

```
10                    //for average pooling
11                    value[i]+=X[r+kr][c+kc][i];
12                    //for max pooling
13                    value[i] = max(value[i], X[r+kr][c+kc][i]);}
14        for (i=0; i<Nif; i++)
15            //for average pooling
16            Y[nor][noc][i]=value[i]/Kr/Kc;
17            //for max pooling
18            Y[nor][noc][i]=value[i];
19        noc++;}
20     nor++;
21 }
```

图 6.5 （续）

表 6.1 总结了卷积层、池化层、全连接层中的计算类型及操作个数。以上三种层中所涉及的三种基本算子都是向量或者矩阵（高维向量）的操作，即**可向量化**操作。例如，当我们把偏置当成输入固定为 1 的神经元上的权重时，全连接层可以简单写成矩阵形式 $y = Wx$，即一个矩阵乘向量的操作。同样，卷积层和池化层都可以转换成这样的向量和矩阵操作。事实上，深度神经网络的操作基本上都是向量和矩阵的操作。对于主流的神经网络，矩阵和向量操作占据总计算时间的比例基本在 99% 以上。更重要的是，这些矩阵和向量操作提供了非常高的数据并行度，而且通常相应的计算只有非常简单的控制（例如两个或者几个大循环，没有复杂的控制流）。综上，图像风格迁移计算过程中所用的主要操作都是矩阵和向量操作，具有非常强的共性，提供了非常高的数据并行度，可以为它们设计针对性的计算指令和硬件加速模型。

表 6.1 不同层的计算特点

| 层 | 计算类型 | 乘加操作个数 | 激活函数操作个数 |
|---|---|---|---|
| 卷积层 | 矩阵内积，向量的元素操作 | $N_{if} \times N_{of} \times N_{or} \times N_{oc} \times K_r \times K_c$ 个乘加 | $N_{of} \times N_{or} \times N_{oc}$ |
| 池化层 | 向量的元素操作 | $N_{if} \times N_{or} \times N_{oc} \times K_r \times K_c$ 个加法或比较 $+ N_{if} \times N_{or} \times N_{oc}$ 个除法操作（平均池化） | 无 |
| 全连接层 | 矩阵乘向量，向量的元素操作 | $N_o \times N_i$ 个乘加 | $N_o$ |

### 6.2.2 访存特征

根据深度学习计算特征为深度学习处理器设计专门的、强大的计算指令和计算模块，并不一定会带来速度的显著提升。这是因为除了计算能力，访存能力也可能制约处理速度。直观上看，一个芯片里能放的运算器数量是和芯片面积成比例增长的，而一个芯片的访存带宽是和芯片周长成比例增长的。它们增长的速度是不匹配的。也就是说，随着计算能力的增强,访存一定会成为新的瓶颈。因此需要分析深度学习的访存特征,提升数据访问的局部性,以降低访存带宽需求,匹配深度学习处理器强大的计算能力。

深度学习网络中访存有两个重要的特性,分别是**可解耦性**和**可重用性**。可解耦性指的是神经网络计算中权重、输入神经元和输出神经元的访存行为完全不一致,从而可以单独拆分出不同的访存数据流。可重用性指的是神经网络中的权重、输入神经元和输出神经元(中间结果)在计算过程中都可以被多次使用。

以全连接层为例。图 6.3 中全连接层的代码实现,对输入神经元遍历一遍计算出第 j 个输出神经元后,再遍历一遍所有输入神经元以计算出第 j+1 个输出神经元。因此只有在计算下一个输出神经元时,第 0 个输入神经元 x[0] 才会被读进来重新使用,重用距离很长。在该计算过程中,权重(突触)是不重用的,但 y[j] 能够很好地重用。在内层循环中,y[j] 的重用距离非常短,每循环一次 y[j] 被重用一次,直到计算完激活函数、内层循环结束、y[j] 被输出。在这个计算过程中,我们会发现输入神经元需要被反复不断地连续访问(遍历所有输入神经元);输出神经元的计算是连续的,在计算完成后完全不需要被再次访问;权重则不会被重复使用,所以权重都是一次性访问。这也意味着对于这三种不同的数据,我们可以利用它们的可解耦性分开进行访存,从而防止三种不同的访存行为互相干扰。

另外,由于处理器的片上缓存空间有限,没有重用性或**重用距离**[①]很大的数据所需的访存带宽很高。图 6.6b 描述了原始程序运行在通用 CPU 上时突触权重、输入神经元和输出神经元的访存带宽。由于权重被多次访问,其所需的访存带宽很高;输入神经元的重用距离很长,基本没有重用,所需访存带宽也很高;而输出神经元的重用距离很短,重用性很高,所需访存带宽很低。

为了降低访存带宽,一个常见的技巧是对程序进行变换来改变数据的重用性。**循环分块**(loop tiling)技术通过对循环做分块处理,可以在不增加计算量、不改变程序语义的情况下改变数据的重用距离。其基本思想是,将输入神经元(和输出神经元)划分为小块,每次取部分输入数据计算多个输出神经元的部分值。这就意味着我们可以更好地利用神经网络当中数据的可重用性,尽可能提高数据的重用次数,降低无效重复的访存次数。

利用神经网络访存的可解耦性和可重用性的特性,结合循环分块的方法,我们具体来分析全连接层、卷积层和池化层的访存特征。图 6.6a 是对输入神经元进行循环分块的全连接层的代码实现。对输入神经元增加了外层循环,将输入神经元划分为多个大小为 Ti 的块,每次取 Ti 个输入数据来计算所有输出数据。未采用循环分块前,输入神经元 x[i] 每隔 Ni 次乘加操作之后才会被重用一次;如果输入神经元数量很大,重用距离会非常长,而且片上缓存空间有限无法放下 Ni 个神经元,因此输入神经元共需要 No×(Ni+1) 次访存。而采用循环分块后 Ti 大小的输入数据块可以放在片上缓存内,用于所有输出神经元的计算,因此输入神经元只需要 Ni+1 次访存。假设 $N_i=16\,384$,则输入神经元共需要 64KB

---

[①] 对同一个数据的两次访问之间的内存访问次数。

的存储空间，采用循环分块后可以减少46.7%的访存，如图6.6b所示。另外，在全连接层中，权重没有可重用之处，因此循环分块前后的访存带宽需求都很高。

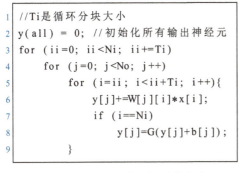

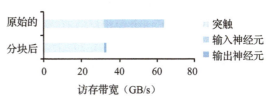

a）全连接层做循环分块的伪代码        b）访存带宽（$N_i$=16 384)

图6.6　全连接层循环分块及其对访存的影响

当全连接层的输出神经元的数量非常多，难以全部放在片上存储器上时，可以针对处理器中的多层存储层次，对输入/输出神经元做更多层次的划分，以充分利用多层存储器的局部性。图6.7是对输入/输出神经元做了两层循环分块的示例。首先将输出神经元和输入神经元分别划分为多个Tjj大小和Tii大小的块；随后进一步将每个Tjj大小的输出块划分为若干个Tj大小的子块，并对其进行初始化，再将每个Tii大小的输入块划分为若干个Ti大小的子块；然后用Ti大小的输入子块计算Tj大小的输出子块，在计算过程中，每个Ti大小的输入子块取进来之后会被重用Tj次。循环分块会对内外循环的次序略有调整，但基本功能没有变化，现在的编译器可以自动做一部分循环分块的工作。

```
1  for (jjj=0; jjj<No; jjj+=Tjj) { //对输出神经元进行分块，Tjj和Tj是两层分块大小
2      for (jj=jjj; jj<jjj+Tjj; jj+=Tj) {
3          for (j=jj; j<jj+Tj; j++)
4              y[j]=0;
5          for (iii=0; iii<Ni; iii+=Tii) { //对输入神经元进行分块，Tii和Ti是两层分块大小
6              for (ii=iii;ii<iii+Tii;ii+=Ti)
7                  for (j=jj;j<jj+Tj; j++)
8                      for (i=ii; i<ii+Ti; i++)
9                          y[j] += W[j][i]*x[i];}
10         for (j=jj;j<jj+Tj;j++)
11             y[j]=G(y[j]+b[j]);
12 }}
```

图6.7　全连接层做两层循环分块的伪代码

下面再来分析卷积层，卷积层在运算时，输入、输出、权重都可以重用。假设一个卷积层有$N_{if}$个$N_{ir} \times N_{ic}$大小的输入特征图，$N_{of}$个输出特征图，$N_{if} \times N_{of}$个$K_c \times K_r$大小的

卷积核。每一个输入特征图都会用于计算 $N_{of}$ 个输出特征图,因此其至少重用 $N_{of}$ 次。由于每个输出特征图都需要用 $N_{if}$ 个输入特征图进行计算,因此其会被重用至少 $N_{if}$ 次。对第 $i$ 个输入特征图做卷积计算第 $j$ 个输出特征图的过程中,该特征图上不同位置的卷积核是共享的,因此卷积核也会被重用。采用类似全连接层中的循环分块方法,卷积计算过程可以转变为图 6.8 中的伪代码所示。在最外层循环,首先将输入特征图划分为多个 Tc×Tr 大小的块,每个块可以重用 Kc×Kr 大小的卷积核,并且每个输入块可以在 Nof 个输出特征图上进行重用。由于一个卷积层共有 Nif×Nof×Kc×Kr 个卷积系数,难以放到第一级片上缓存(L1 cache,参见附录 A.2)上,需要对输出特征图的通道进行分块(每块为 Tjj 大小),每块对应 Nif×Tjj×Kc×Kr 个卷积系数;如果 Nif 和 Tjj 太大,分块后的卷积系数仍然难以放到 L1 cache 上,可以对 Nif 和 Tjj 进行分块(每块对应 Ti 个输入神经元、Tj 个输出神经元)。在内层循环,利用 Ti 个输入特征图计算 Tj 个输出特征图上同一位置的结果。通过多层循环分块可以提高卷积层的数据重用性,降低访存带宽。

```
1  for (rr=0; rr<Nir; rr+=Tr) { //对输入特征图的垂直方向进行分块
2    for (cc=0; cc<Nic; cc+=Tc){ //对输入特征图的水平方向进行分块
3      for (jjj=0; jjj<Nof; jjj+=Tjj){ //对输出特征图的通道进行分块,Tjj 为外层循环分块
         大小
4        nor = 0;
5        for (r=rr; r<rr+Tr;r+=sr){
6          noc = 0;
7          for (c=cc; c<cc+Tc; c+=sc){
8            for (jj=jjj; jj<jjj+Tjj; jj+=Tj){ //对输出特征图的通道进一步分块,Tj
               为内层循环分块大小
9              for (j=jj; j<jj+Tj; j++)
10               sum[j]=0;
11             for (kr=0; kr<Kr; kr++)
12               for (kc=0; kc<Kc; kc++)
13                 for (ii=0; ii<Nif; ii+=Ti) //对输入特征图的通道进行分块
14                   for (j=jj; j<jj+Tj; j++)
15                     for (i=ii; i<ii+Ti; i++)
16                       sum[j]+=W[kr][kc][j][i]*X[r+kr][c+kc][i];
17             for (j=jj; j<jj+Tj; j++)
18               Y[nor][noc][j]=G(sum[j]+b[j]);}
19           noc++;}
20         nor++;
21  }}}}
```

图 6.8 卷积层做循环分块的伪代码

相较于卷积层,池化层的计算比较简单,因此本书不做展开。需要注意的是,池化层在计算时,如果池化窗口大于步长,部分输入可以重用,否则没有重用数据。图 6.9 是做了循环分块处理的池化层的伪代码,对滑动窗口内的数据进行了重用。

```
1   for (rr=0; rr<Nir; rr+=Tr) { //对输入特征图的垂直方向进行分块
2       for (cc=0; cc<Nic; cc+=Tc){ //对输入特征图的水平方向进行分块
3           for (iii=0; iii<Ni; iii+=Tii){ //对输入特征图通道进行分块，Tii为外层循环分块大小
4               nor = 0;
5               for (r=rr; r<rr+Tr; r+=sr){
6                   noc = 0;
7                   for (c=cc; c<cc+Tc; c+=sc){
8                       for (ii=iii; ii<iii+Tii; ii+=Ti){ //对输入特征图的通道进一步分块，Ti为内层循环分块大小
9                           for (i=ii; i<ii+Ti; i++)
10                              value[i]=0;
11                          for (kr=0; kr<Kr; kr++)
12                              for (kc=0; kc<Kc; kc++)
13                                  for (i=ii; i<ii+Ti; i++) {
14                                      //for average pooling
15                                      value[i]+=X[r+kr][c+kc][i];
16                                      //for max pooling
17                                      value[i] = max(value[i], X[r+kr][c+kc][i]);}
18                          for (i=ii; i<ii+Ti; i++)
19                              //for average pooling
20                              Y[noc][nor][i]=value[i]/Kc/Kr;}
21                              //for max pooling
22                              Y[noc][nor][i]=value[i];
23                      noc++;}
24                  nor++;
25  }}}}
```

图 6.9 池化层做循环分块的伪代码

表 6.2 总结了卷积层、全连接层、池化层中数据的可重用情况。需要说明的是，如果做**批处理**（batch）⊖，全连接层的权重还可以在 batch 内重用，进一步降低访存带宽需求。综上，图像风格迁移可以通过循环分块显著降低访存带宽的需求。因此，深度学习处理器的访存模块应当对循环分块提供支持。由于神经网络中神经元和突触的重用特性不同（即便是输入神经元和输出神经元的分块方式也不同），因此，深度学习处理器的访存模块应当能对不同数据提供不同的通路。在这点上，深度学习处理器和 CPU、GPU 非常不同⊜。

表 6.2 不同层的重用特点

| 层 | 可重用 | 不可重用 |
| --- | --- | --- |
| 卷积层 | 输入神经元、输出神经元、突触权重 | 无 |
| 池化层 | 当池化窗口大于步长时，部分输入神经元可重用 | 池化窗口小于等于步长时，输入神经元、输出神经元都不可重用 |
| 全连接层 | 输入神经元、输出神经元 | 突触权重 |

---

⊖ 同时计算多个输入样本，batch size 即是输入样本的个数。
⊜ CPU 和 GPU 对于不同数据提供的是统一的通路。例如，在 CPU 上处理深度学习时，各种不同数据都是走同样的寄存器堆——一级缓存-二级缓存-内存通路。

## 6.3 深度学习处理器 DLP 结构

本节介绍如何根据计算和访存分析结果，进行深度学习处理器 DLP 的指令集、流水线、运算部件以及访存部件的设计。

### 6.3.1 指令集

为了使一个芯片能支持深度学习算法中不同的算子（或层），业界一般有硬连线和指令集两种方案。**硬连线方案**为每个神经网络层提供专门的硬件控制逻辑。这种方案无法支持新的神经网络层。而**指令集方案**则是把各种神经网络层或算子拆分成一些基本的操作，每个操作由一条指令来完成。如果指令集覆盖了各种深度学习算子的最大公约数，新的神经网络层就能由这些指令拼接组合出来（类似于我们可以用加减乘除和跳转拼接组合出所有科学计算）。因此，指令集方案就能兼顾能效和通用性。

深度学习处理器采用指令集方案。指令集是深度学习处理器体系结构的核心，是面向程序员的深度学习处理器底层抽象，是软硬件之间的界面。

在设计深度学习处理器的指令集时，最关键的地方在于如何提升并行性。如上一节所分析，深度学习算法中有很多循环，主要的操作都是**可向量化**的，非常适合做并行化。对于指令集设计来说，两种常见的思路是数据级并行和指令级并行。**数据级并行**是指一条指令中同时处理多个数据。向量指令就是典型的数据级并行，在编程时就静态指定好了一条指令内部的多个数据进行并行处理。数据级并行的优点在于指令数较少，因而指令流水线功耗、面积开销都小。数据级并行的缺点在于灵活性不足。而**指令级并行**是通用 CPU 设计中的常用技术，每条指令只输出一个数，但是 CPU 可以在运行时动态调度几十条指令在 CPU 中同时执行。关于 CPU 指令集这部分内容可以参考附录 A.1。指令级并行的优点在于灵活性高，缺点在于指令流水线控制通路复杂，功耗、面积开销都很大。由于深度学习中主要是规整的向量、矩阵操作（尤其是卷积层和全连接层），行为可控，且深度学习处理器迫切需要提升效率、降低功耗及面积开销，因此深度学习处理器应尽可能简化控制通路，不适合采用复杂的流水线结构，应当采用数据级并行的指令集。

具体来说，本书中的 DLP 深度学习处理器采用图 6.10 中的 DLP 指令集。该指令集采用 load-store 结构，只能通过 load-store 指令访问主存。对于标量，有 64 个 32 位的通用寄存器 (General-Purpose Register, GPR)。该指令集主要包含四类指令，即计算、逻辑、控制和数据传输。数据传输指令和计算指令分别有针对矩阵、向量和标量的指令，逻辑指令包括向量逻辑指令和标量逻辑指令。所有指令长度均为 64 位，但完成的功能是变长的。例如一条指令既可以完成 $1000 \times 1000$ 大小的矩阵乘以 $1000 \times 1000$ 大小的矩阵运算，也可以完成 $100 \times 100$ 大小的矩阵乘以 $100 \times 100$ 大小的矩阵运算。由于每条指令的功能是变长的，所以每一条指令的执行时间也是变长的。该指令集比较灵活、简洁，利用这种简洁的指令集可以方便地实现大规模的深度学习应用。

| 指令类型 | | 例子 | 操作对象 |
|---|---|---|---|
| 控制指令 | | 跳转（JUMP），条件分支（CB） | 寄存器（标量值），立即数 |
| 数据传输指令 | 矩阵（Matrix） | 矩阵取（MLOAD）/存（MSTORE）/移动（MMOVE） | 寄存器（矩阵地址/大小，标量值），立即数 |
| | 向量（Vector） | 向量取（VLOAD）/存（VSTORE）/移动（VMOVE） | 寄存器（向量地址/大小，标量值），立即数 |
| | 标量（Scalar） | 标量取（SLOAD）/存（SSTORE）/移动（SMOVE） | 寄存器（标量值），立即数 |
| 计算指令 | 矩阵（Matrix） | 矩阵乘向量（MMV），向量乘矩阵（VMM），矩阵乘标量（MMS），外积（OP），矩阵相加（MAM），矩阵相减（MSM） | 寄存器（矩阵或向量地址/大小，标量值） |
| | 向量（Vector） | 向量基本运算［加（VAV）、减（VSV）、乘（VMV）、除（VDV）］，向量超越函数［指数（VEXP）、对数（VLOG）］，内积（IP），随机向量（RV），向量最大值（VMAX），向量最小值（VMIN） | 寄存器（向量地址/大小，标量值） |
| | 标量（Scalar） | 标量基本运算，标量超越函数 | 寄存器（向量地址/大小，标量值） |
| 逻辑指令 | 向量（Vector） | 向量比较［大于（VGT）、等于（VE）］，向量逻辑操作［与（VAND）、或（VOR）、取反（VNOT）］，向量最值归约（VGTM） | 寄存器（向量地址/大小，标量值） |
| | 标量（Scalar） | 标量比较，标量逻辑运算 | 寄存器（标量值），立即数 |

图 6.10　DLP 指令集

**1. 控制指令**

控制指令包括**跳转指令（JUMP）**和**条件分支指令（CB）**，如图 6.11 所示。跳转指令通过立即数或通用寄存器来指定偏移量。条件分支指令用通用寄存器来存放条件，用通用寄存器或立即数来指定分支地址偏移量。

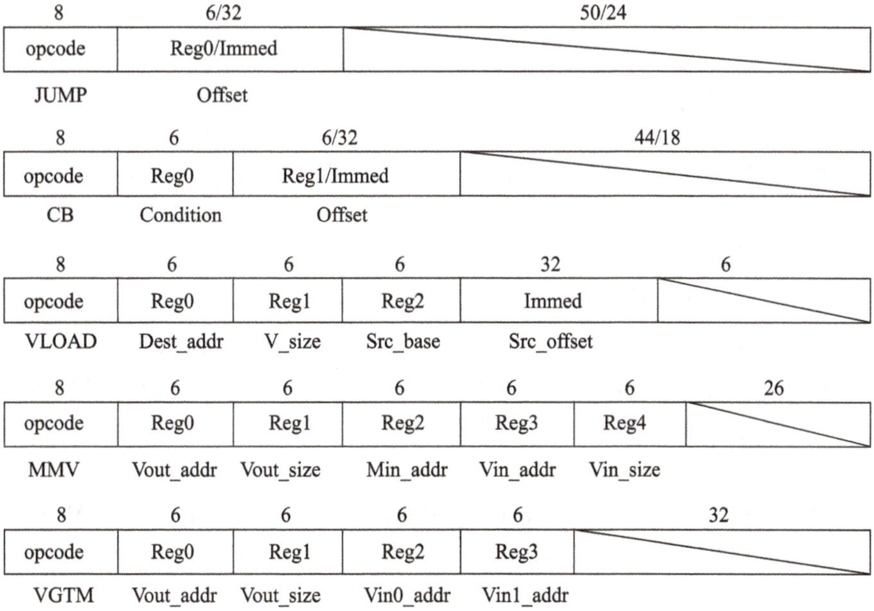

图 6.11　部分指令示例

**2. 数据传输指令**

数据传输指令支持变长数据的传输，从而能够支持矩阵和向量的计算或逻辑指令。数据传输指令通过操作数来指定读入/读出数据的大小。图 6.11 是一个向量 load（VLOAD）指令，可以将内存中的向量装载到片上存储中，源数据的地址是基地址和立即数之和。其他向量 store（VSTORE）指令、矩阵 load/store（MLOAD/MSTORE）指令与 VLOAD 指令类似。

**3. 计算指令**

如上一节所分析的，神经网络中绝大部分计算都是对向量或矩阵操作。例如，GoogLeNet 中有 99.992% 的算术操作都是向量操作，而且 99.791% 的向量操作都是矩阵操作（如向量矩阵乘）。正如本书驱动范例图像风格迁移所使用的卷积神经网络中，我们可以看到全连接层单个输出神经元的计算为向量内积，而多个输出神经元聚合在一起时的计算就变成矩阵向量乘。因此，深度学习的计算指令可以包括矩阵指令、向量指令、标量指令三类。

矩阵指令主要是为了完成卷积或全连接运算中的矩阵向量乘（$y=Wx$）这一类操作。如图 6.11 所示，DLP 指令集提供了矩阵向量乘（Matrix-Multiply-Vector，MMV）指令。Reg0 指定输出向量在片上存储的基地址，Reg1 表示输出向量的大小，Reg2、Reg3、Reg4 分别指定输入矩阵的基地址、输入向量的基地址、输入向量的大小。MMV 指令支持任意大小的矩阵向量乘法，只要输入和输出数据能够存放在片上存储中。MMV 指令还需要一些变种。例如，采用反向传播训练神经网络时，计算梯度向量需要做向量乘以矩阵的操作。如果用 MMV 指令，需要额外的指令来实现矩阵转置。为避免额外的数据搬移，DLP 还提供了向量矩阵乘（Vector-Multiply-Matrix，VMM）指令，该指令的操作数设计与 MMV 基本一致。

向量操作主要是为了完成卷积或全连接运算中 $y+b$ 这一类操作。为此，DLP 指令集设计了向量内积（Inner-Production，IP）指令、向量加向量（Vector-Add-Vector，VAV）指令、向量乘向量（Vector-Multiply-Vector，VMV）指令、向量减向量（Vector-Substract-Vector，VSV）指令以及向量除向量（Vector-Divide-Vector，VDV）指令。为了支持激活函数（例如 sigmoid 函数）计算，DLP 指令集集成了向量指数（Vector-Exponential，VEXP）指令和向量对数（Vector-Logarithm，VLOG）指令。此外，在神经网络做 Dropout 或随机采样等处理时，需要用到随机向量生成，因此 DLP 指令集还集成了随机向量（Random-Vector，RV）指令来生成 [0，1] 区间均匀分布的随机数向量。

在 GoogLeNet 这样的神经网络中只有 0.008% 的算术操作需要用标量指令。但是为了功能完备性，DLP 指令集也提供了基本的算术运算、标量超越函数，如图 6.10 所示。

**4. 逻辑指令**

为了支持最大池化中的比较操作，DLP 指令集设计了向量最值归约（Vector-Greater-Than-Merge，VGTM）指令。如图 6.11 所示，该指令比较向量 Vin0 和 Vin1 中对应元素的大小，取较大值存入输出向量 Vout 中，即 Vout[i] = (Vin0[i] > Vin1[i])? Vin0[i]: Vin1[i]。此外，DLP 指令集还设计了向量大于（Vector-Greater-Than，VGT）指令、向量等于（Vector-Equal，VE）指令、向量与/或/非（VAND/VOR/VNOT）指令、标量比较和标量逻辑指令来处理分支条件。

**5. 代码示例**

利用 DLP 指令集，可以很简便地实现神经网络中代表性的卷积层、全连接层、池化层。图 6.12 是全连接层和最大池化层的代码示例。该代码计算最大池化时，将所有输入特征图（$N_i$）同一位置的数值放在同一个输入向量中，每条 VGTM 指令并行完成两个 $N_i$ 维向量的对应元素比较。卷积层和全连接层计算相似，不再单独列出。

```
1  Fully connection code:
2  //$0: 输入特征向量大小；$1: 输出特征向量大小；$2: 权重矩阵大小
3  //$3: 输入特征向量地址；$4: 权重地址
4  //$5: 偏置地址；$6: 输出特征向量地址
5  //$7-$10: 临时变量地址
6  VLOAD   $3, $0, #100         // 从地址（100）读取向量数据到片上存储地址 $3
7  MLOAD   $4, $2, #300         // 从地址（300）读取权重矩阵到片上存储地址 $4
8  MMV     $7, $1, $4, $3, $0   // Wx
9  VAV     $8, $1, $7, $5       // t = Wx + b
10 VEXP    $9, $1, $8           // e^t
11 VAS     $10, $1, $9, #1      // 1 + e^t
12 VDV     $6, $1, $9, $10      // y = e^t /(1 + e^t)
13 VSTORE  $6, $1, #200         // 输出向量存入地址（200）
14
15 Pooling code:
16 //$0: 特征通道数 N；$1: 输入特征图大小 N_{ic} × N_{ir} × N_i
17 //$2: 输出数据大小；$3: 池化窗口大小 - 1
18 //$4: 水平方向循环次数；$5: 垂直方向循环次数
19 //$6: 输入地址；$7: 输出地址
20 //$8: 输入特征图垂直方向步长
21     VLOAD   $6, $1, #100      // 从地址（100）读取输入特征图到片上存储地址 $6
22     SMOVE   $5, $3            // 初始化 $5 = K_r - 1
23 L0: SMOVE   $4, $3            // 初始化 $4 = K_c - 1
24 L1: VGTM    $7, $0, $6, $7
25 // feature map m, output[m]=(input[c][r][m]>output[m])? input[c][r][m]:output[m]
26     SADD    $6, $6, $0        // 更新输入向量地址
27     SADD    $4, $4, #-1       // c--
28     CB      #L1, $4           // if(c>0) goto L1
29     SADD    $6, $6, $8        // 更新输入向量地址
30     SADD    $5, $5, #-1       // r--
31     CB      #L0, $5           // if(r>0) goto L0
32     VSTORE  $7, $2, #200      // 输出向量存入地址（200）
```

图 6.12 全连接层和最大池化层代码示例

与之相对，CPU 的指令集缺乏对于神经网络的针对性，因此往往需要大量的指令才能完成一个神经网络。如图 6.12 所示，实现相同的神经网络，DLP 指令集需要的代码数仅为 x86 的 10.15%。

### 6.3.2 流水线

DLP 的一条指令执行主要经历 7 个流水线阶段：取指、译码、发射、读寄存器、执行、写回、提交，如图 6.13 所示。取指和译码之后，一条指令被送入一个顺序发射队列。从标量寄存器堆中成功取到操作数（标量数据、向量/矩阵数据的地址或大小）之后，一条指令被送入不同的功能部件。与通用 CPU 类似，控制指令和标量计算/逻辑指令被送到标量功能部件直接处理。

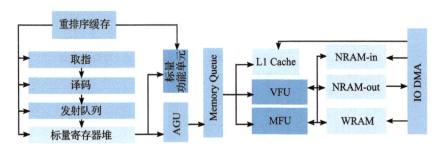

图 6.13　DLP 深度学习处理器架构

数据传输指令、向量/矩阵计算指令和向量逻辑指令，可能会访问不同的片上存储，所以需要送入地址生成单元（Address Generation Unit，AGU）计算具体的访存地址。这些指令需要在一个顺序的存储队列中等待以解析与队列中之前指令间潜在的访存相关。然后，标量数据传输指令的 load/store 请求会被送到 L1 cache，向量的数据传输/计算/逻辑指令将被送到向量功能单元（Vector Functional Unit，VFU），矩阵的数据传输/计算指令会被送到矩阵功能单元（Matrix Functional Unit，MFU）。一条指令执行完并写回后，如果是重排序缓存（Reorder Buffer）中最老的未提交的指令，则从重排序缓存中提交，退出执行流水线。

### 6.3.3 运算部件

DLP 指令集提供了多种向量和矩阵运算指令。在 DLP 中，完成这些指令的功能部件 VFU 和 MFU 主要是基于向量 MAC（Multiply-Accumulator，乘加运算器）改造得到的，如图 6.15 所示。

#### 6.3.3.1　向量 MAC

最基本的标量 MAC 单元的功能是完成一个乘加操作。它的输入是两个标量 $a$ 和 $b$，它的输出为两个标量的乘积加上原始值 $c$，即 $a \times b + c$。

标量 MAC 的输入是两个标量。而向量 MAC 的输入则是两个向量 $\boldsymbol{a} = [a_1; a_2; a_3; \cdots; a_N]$ 和 $\boldsymbol{b} = [b_1; b_2; b_3; \cdots; b_N]$，输出为两个向量的内积再加上原始值 $c$，即

$$\sum_{i=1}^{N} a_i \times b_i + c \tag{6.5}$$

输入为两个 $N$ 维向量的 MAC，每个时钟周期可以完成一个 $N$ 输入 1 输出的神经网络全连接层的计算（除去激活函数）。如果 DLP 集成了 $M$ 个这样的向量 MAC，那它每个时钟周期就能处理完成一个 $N$ 输入 $M$ 输出的神经网络全连接层的计算（除去激活函数）。可以看出，向量 MAC 是非常适合神经网络操作的。

#### 6.3.3.2 对向量 MAC 单元的扩展

简单地组织多个向量 MAC 单元并不能支撑深度学习。单个向量 MAC 单元本质上完成了一个向量内积操作，即图 6.10 中的 IP 指令；而把多个向量 MAC 单元组织起来也只是完成了矩阵向量乘的功能，即 MMV 指令。深度学习计算虽然是以向量内积为核心，但也需要做一些其他的计算。如果这些计算得不到运算部件的支持，DLP 就无法完成完整的深度学习处理。例如，不支持向量基本运算（如 VAV 指令）就无法完成激活函数的计算，不支持比较操作（VMAX 和 VMIN）就无法完成池化层的计算。因此需要对图 6.14 中的向量 MAC 计算单元进行扩展，使其能够支撑前面所设计的深度学习指令集。

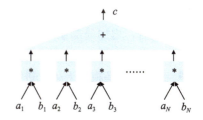

图 6.14 向量 MAC 计算单元

我们以驱动范例中的卷积神经网络的三个典型算子（卷积、池化、全连接）为例，分析如何对向量 MAC 单元进行扩展，设计出 DLP 中真正使用的向量功能单元 VFU 和矩阵功能单元 MFU。具体来讲，对于式（6.1）中的全连接运算，首先做向量内积，再加上一个偏置，然后是激活函数；在图 6.12 实现的全连接层所使用的计算指令中，MMV 指令可以被向量 MAC 直接支持，而其余的 VAV、VEXP、VAS 和 VDV 则无法在向量 MAC 单元上实现。对于式（6.2）中的卷积运算，方式和全连接运算类似，不再赘述。对于式（6.3）中的池化运算，只有求最大值操作，没有向量内积操作，在图 6.12 实现的池化层的计算指令中，VGTM 指令无法在向量 MAC 单元上实现。

简而言之，仅仅是支持驱动范例中的卷积神经网络，我们就需要在向量 MAC 的基础上做一些微调，增加一些功能。

首先，要增加激活函数处理单元。在 2.3.2 节介绍了几种典型的激活函数，此外还有很多各种各样的激活函数，这些激活函数的计算差异很大，而且大多很复杂。标准的 ReLU 激活函数比较简单，如果输入小于 0，输出为 0，否则输出等于输入。因此，标准的 ReLU 激活函数很容易用硬件实现。但 sigmoid、tanh 等激活函数比较复杂，sigmoid 函数

需要计算 $1/(1+e^{-x})$,tanh 函数需要计算 $(e^x-e^{-x})/(e^x+e^{-x})$,其中的指数运算非常复杂。如果不调用数学函数库,直接用 C 程序做泰勒展开来实现指数运算是比较复杂的。在设计专门的深度学习处理器时,硬件实现不能太复杂,否则会影响性能。在 DLP 中,可以用查找表来实现激活函数计算[19]。查找表的方法是,将激活函数曲线分成很多个小线段,输入一个 $x$,判断其落在哪个小线段 $[x_i, x_{i+1})$ 里,然后用线性插值($f(x)=a_i\times x+b_i$)计算出来。一般分成 16 个线段做线性插值,其精度损失可以忽略不计。在硬件上做一个查找表或者做一个插值电路可以很快实现 sigmoid 激活函数,而不需要精细地计算 $e^{-x}$。在实践中,我们需要处理的激活函数远不止 sigmoid 这一个,可能还有 tanh 等很多,因此,查找表需要支持可配置。也就是说,该查找表的每一行的区间段是可配置的,例如 [0, 0.3]、[0, 0.2]、[0, 0.1] 等;一旦输入落到某个区间段,如何做插值也是可配置的。现有的可重构电路中有很多现成的技术可以参考。通过可配置的查找表可以实现激活函数,而且面积不会太大。

其次,增加对池化操作的支持。现在常用的池化操作是平均池化和最大池化。平均池化很简单,例如 2×2 的平均池化是对输入的 4 个数加起来除以 4,很容易实现。最大池化也比较简单,例如 2×2 的最大池化是从输入的 4 个数中选出最大值。过去有些算法中用几何平均做池化,复杂度非常高,现在极少用。

最后,增加局部累加器来支持向量内积后加偏置的运算。

通过对向量 MAC 单元进行上述三个改进,就能够支持 VGG19 网络前向计算的所有算子。图 6.15 是根据上述改进方案设计的 DLP 运算器。具体来讲,该运算器基于向量 MAC 单元做了以下改进。

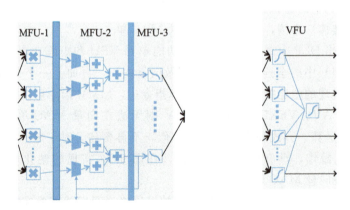

图 6.15 MFU 和 VFU

(1) 增加了可重构的非线性激活函数的运算部件。该运算部件的个数与向量 MAC 的个数一致。

(2) 增加了局部累加器,支持加偏置的运算。

（3）增加了 MFU-1/MFU-2/MFU-3 的退出通路以支持池化计算。最大池化不需要做乘法，只需要比较大小，因此不需要通过 MFU-1 中的乘法部分。平均池化则需要将池化窗口内的神经元的和乘以池化窗口内神经元个数的倒数，即需要 MFU-1 的乘法。然而两者都不需要后面部分，可以提前退出 MFU。

通过对原始的向量 MAC 单元进行改造，增加激活函数、局部累加器，增加 MFU-1/MFU-2/MFU-3 的退出通路，就可以支持卷积层、池化层、全连接层的所有运算。

### 6.3.3.3　MFU 和 VFU

在 DLP 中，我们真正设计完成的计算单元为 MFU 和 VFU，分别用于支持矩阵指令和向量指令。图 6.15 中的 MFU 是基于向量 MAC 单元扩展而来的，为了支持块长度为 $T_n$ 的循环分块计算，在 DLP 的 MFU-1 部件中需要有 $T_n \times T_n$ 个 16 位的乘法器，用于全连接和卷积层计算；在 MFU-2 部件中需要有 $T_n$ 个加法树（每个加法树有 $T_n-1$ 个加法器）以支持全连接层、卷积层和池化层的平均池化计算，另外还要有 16 输入的移位器和最大比较器以支持池化层；在 MFU-3 部件中有 $T_n$ 个 16 位的乘法器和 16 个加法器，用于全连接层、卷积层以及部分池化层的计算。另外，MFU 除了支持矩阵向量乘指令 MMV、向量矩阵乘指令 VMM、矩阵标量乘指令 MMS、外积乘指令 OP 外，还支持矩阵加矩阵指令 MAM 和矩阵减矩阵指令 MSM。

VFU 则是为了支持神经网络算法当中单纯的一维向量操作指令。这些操作如果完全实现在 MFU 上，而不是单独采用一个 VFU，一是会极大地增加 MFU 的复杂度，从而增加开销，二是丧失了向量操作的灵活性。因此 DLP 中保留了一个基于单个向量 MAC 单元扩展而来的向量功能单元 VFU。VFU 支持向量基本运算指令（加指令 VAV，减指令 VSV，乘法指令 VMV，除法指令 VDV）、向量超越指令（指数 VEXP，对数 VLOG）、内积指令 IP、随机数向量生成指令 RV 和最值指令（最大 VMAX，最小 VMIN）。

### 6.3.4　访存部件

现在的一个通用 CPU 核里通常有几十个运算器，例如 Intel 最先进的通用 CPU，一条指令可以做 32 个 16 位乘加。但是一个深度学习处理器核里就有上千个乘加，比 Intel 的 CPU 做的运算多几十倍，甚至上百倍。处理器的运算能力提升之后，访存很有可能会供不上数。通用 CPU 近二十年来一直受到访存的困扰⊖，深度学习处理器也必须要解决访存的困扰。

因此，本节主要介绍如何解决深度学习处理器中向运算部件供数的问题。

由于输入神经元、输出神经元和权重的访问特性及重用性不同，如果采用通用处理器中的 cache 方案，三种类型的数据的访问效率很低。而深度学习处理器采用 Scratchpad Memory（SPM，便笺式存储器）方案，可以把这三类数据放在不同的片上存储器上（可

---

⊖　关于通用 CPU 上的访存层次的内容可以参见本书附录 A.2。

解耦性），三者可以独立访问，从而达到比较高的访问效率。

将已设计的运算器和存储器组合起来就形成了一个深度学习处理器的架构，如图 6.13 所示。片上存储器 NRAM-in (Input Neuron RAM，输入神经元缓存)、NRAM-out (Output Neuron RAM，输出神经元缓存) 和 WRAM (Weight RAM，权重缓存) 中分别存放输入神经元、输出神经元和权重。用于卷积、全连接、池化计算的向量 MAC 单元接收片上存储器 NRAM-in 和 WRAM 中的数据，运算之后的数据送到 NRAM-out⊖。

根据深度学习基本算子做循环分块处理，全连接运算时每个子块的输入是 $T_n$ 个数据，输出是 $T_n$ 个数据，权重是 $T_n \times T_n$ 个。如果向量 MAC 计算采用 16 比特数据，则片上存储 NRAM-in 和 NRAM-out 的宽度应设为 $T_n \times 2$ 字节，WRAM 的宽度应设为 $T_n \times T_n \times 2$ 字节。

### 6.3.5 算法到芯片的映射

输入/输出神经元可能是 100 个，也可能是 1 万个，也可能是几十万个，甚至上亿个。算法的大小几乎是无限的，而硬件的规模总是有限的，迄今没有任何单个芯片能够放下 100 万个乘法器（硬件神经元），因此在计算过程中硬件运算单元必须时分复用。硬件运算单元的时分复用机制是指，硬件在每个计算周期仅用一小块输入数据计算一小块输出数据，下一个计算周期计算下一小块输出数据，从而用小规模的电路实现大规模的神经网络算法。

对于一个全连接层，每次取 $T_i$ 个输入特征数据、$T_i \times T_j$ 个权重分别放到片上存储 NRAM-in 和 WRAM 的一行中，然后在向量 MAC 运算器中做乘累加运算，计算结果存放到片上存储 NRAM-out 中。然后继续取 $T_i$ 个输入特征数据和 $T_i \times T_j$ 个权重，重复上述过程，直到完成 $N_i$ 个输入特征数据的计算，再对计算结果在向量 MAC 单元中做非线性激活函数得到最终的 $T_j$ 个输出结果。重复上述过程并取不同的权重，就可以计算得到全连接层的所有输出，如图 6.16a 所示。

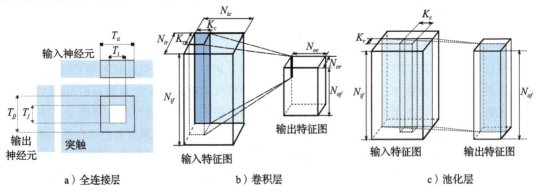

a) 全连接层　　　　b) 卷积层　　　　c) 池化层

图 6.16　算法到硬件的映射

---

⊖ 因为输入神经元和输出神经元的数据不属于同一层，它们的读写不会互相干扰，硬件上也可以将 NRAM-in 与 NRAM-out 合并成一个 NRAM 用于神经元访存。

对于一个卷积层，可以将图 6.8 中算法的最内层循环映射到向量 MAC 运算器上进行计算，如图 6.16b 所示。首先，每次对输入特征图的 $(c, r)$ 位置取 $T_i$ 个通道的数据（即沿 $N_i$ 方向取 $T_i$ 个数据），与 $T_i \times T_j$ 个卷积系数做卷积计算得到 $T_j$ 个中间结果 sum。实际使用时 $T_i$ 和 $T_j$ 通常取相同值，且 $T_i$ 个数据刚好可以放到片上存储 NRAM-in 或 NRAM-out 的一行中，而 $T_i \times T_j$ 个卷积系数刚好可以放到片上存储 WRAM 中，$T_i$ 个输入数据和相应的卷积系数送到 MAC 向量单元中进行计算。随后，对该位置沿 $N_i$ 方向再取 $T_i$ 个数据，做卷积计算并将结果累加到中间结果 sum 中，直到计算完 $N_i$ 个输入特征图。然后，取输入特征图 $(c+sc, r)$ 位置的数据重复上述过程，直到完成 $K_c \times K_r$ 个输入特征图位置的计算，再对中间结果做非线性激活函数得到最终的输出特征图 $(noc, nor)$ 位置上的 $T_j$ 个数据。为了计算得到所有输出特征图，只需沿 $T_j$ 方向、水平方向、垂直方向依次移动并重复上述过程。

池化层的计算与卷积层类似，如图 6.16c 所示。每次取 $K_c \times T_i$ 个输入放到片上存储 NRAM-in 中，然后用向量 MAC 单元进行池化计算，得到 $T_i$ 个输出的中间结果。通过沿垂直方向移动 $K_r$ 次，可以得到 $T_i$ 个输出的最终结果。然后分别沿 $N_i$ 方向、水平方向、垂直方向移动，可以计算得到所有输出特征图。

### 6.3.6 小结

将指令集、流水线、运算部件和访存部件组合起来，就形成了一个简单但完整的深度学习处理器。针对卷积层、全连接层、池化层，可以采用循环分块的方式把不同的网络层映射到深度学习处理器上，并充分复用数据。

本节以卷积神经网络为例，介绍了如何设计深度学习处理器。DLP 对于 VGG19 这样比较规整的卷积神经网络的前向计算支持较好，但是对于现在像 Faster R-CNN 中的 ROI pooling 等这样复杂的操作是难以应对的。但读者可以借鉴设计思想，进行功能扩展设计。对于未来新的热门应用，如果需要设计计算系统或处理器，读者可以采用类似的思路，分析应用中的共性的核心运算是什么、共性的访存特征是什么，然后就可以设计出相应的运算部件、访存部件、指令集，以及算法到硬件的映射，从而设计出一个专门的体系结构或处理器。

## *6.4 优化设计

前面介绍了一个基本的 DLP 的设计流程。学术界还提出了很多其他设计方案。本节将分别从运算部件、稀疏化、低位宽等方面介绍相关的设计方案。

### 6.4.1 基于标量 MAC 的运算部件

6.3.3 节介绍了一种基于向量 MAC 的运算部件的设计，本节介绍基于标量 MAC 的运算部件的设计。

标量 MAC 每次读取两个标量输入,然后做乘积并加上原始值。为了充分利用数据或运算中的并行性,通常将多个标量 MAC 组合成二维或者三维的 MAC 阵列来提供大规模的并行运算。做卷积运算并行化时,为了减少频繁的片外访存,多个卷积窗口(即并行处理单元)之间可以复用数据。在卷积运算中,通常有三种数据复用方式:卷积复用、输入特征图复用、卷积核复用。卷积复用通常用于只有一个输出特征图的情况,即只有一组卷积核,如图 6.17a 所示。对于每个输入特征图,多个卷积窗口复用相同的卷积核,并且相邻的卷积窗口可以复用部分输入特征图的数据。输入特征图复用可用于有多个输出特征图(即有多组卷积核)的情况,如图 6.17b 所示,一个卷积窗口内的输入特征图可以与多组卷积核做卷积运算。卷积核复用可用于批处理的情况,即对多个输入图像同时处理,如图 6.17c 所示。多个输入图像采用相同的卷积核组进行处理,因此卷积核可以复用。

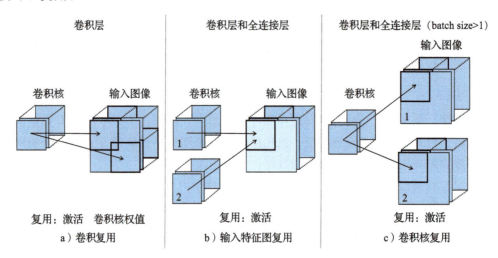

图 6.17 卷积运算中的可复用性[121]

对于卷积运算中存在的多种数据可复用性,设计基于标量 MAC 的运算单元时需要有效地利用这些特性。对于图 6.18a 中的 $4\times4$ 大小的输入特征图,采用 $3\times3$ 大小的卷积核做卷积运算,得到 4 个输出神经元。图中用蓝色实线、黑色实线、黑色虚线、蓝色虚线框标示出来的不同卷积窗口中,有很多可复用的数据,例如蓝色实线框和黑色实线框内有 6 个可复用的数据($x_{1,0}$,$x_{2,0}$,$x_{1,1}$,$x_{2,1}$,$x_{1,2}$,$x_{2,2}$)。如果设计一个由 $2\times2$ 个标量 MAC 组成的二维运算部件,如图 6.18a 所示,运算部件中的每个处理单元(Processing Element,PE)对应一个标量 MAC,并负责处理一个卷积窗口内的操作,例如 $PE_{0,0}$ 处理蓝色实线框内的卷积运算,$PE_{1,0}$ 处理黑色实线框内的卷积运算,$PE_{0,1}$ 处理黑色虚线框内的卷积运算,$PE_{1,1}$ 处理蓝色虚线框内的卷积运算。

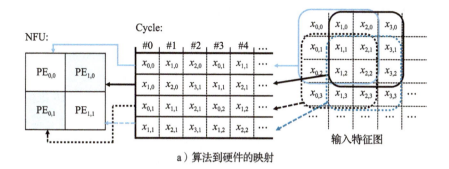

a）算法到硬件的映射

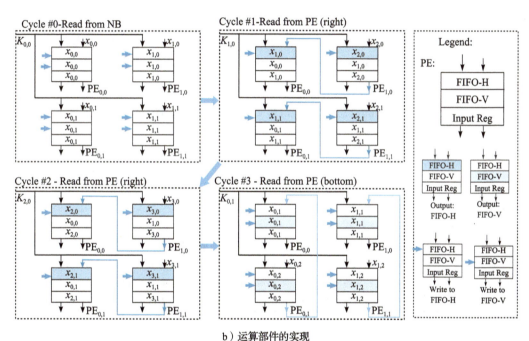

b）运算部件的实现

图 6.18　基于标量 MAC 的运算部件[22]

运算部件内 2×2 组织的 4 个 PE 计算出来的输出神经元对应输出特征图上的 2×2 相邻的输出神经元。在第一个时钟周期，每个 PE 拿到其卷积窗口内的第一个数据，即 $x_{0,0}$，$x_{1,0}$，$x_{0,1}$，$x_{1,1}$。拿到第一个输入数据后，每个 PE 分别可以完成 3×3 卷积计算中第一个输入相关的乘加计算。在第二个时钟周期，每个 PE 需要获取第二个输入数据，此时 $PE_{0,0}$ 需要的数据是 $X_{1,0}$，而该数据在第一个时钟周期已经被 $PE_{1,0}$ 获得。因此，$PE_{0,0}$ 只需向 $PE_{1,0}$ 发送获取数据 $X_{1,0}$ 的请求，而不需要从片上 RAM 或片外 DDR 获取该数据。通过 PE 间的数据传递来获得所需要的数据，可以有效减少片外访存带宽，缓解访存压力。经过多轮上述取数和计算，可以完成一个卷积层的运算。图 6.18b 画出了每个时钟周期，每个 PE 如何从存储器或 PE 间获取数据，以及做哪些运算的示意。

除了上述基于标量 MAC 的实现方式,还有很多其他的方案,读者可以阅读相关的文章进一步了解。

表 6.3 中我们比较了同样规模的基于向量 MAC 实现的计算单元和基于标量 MAC 实现的计算单元之间的一些特性。同样有 256 个乘法器的两个部件,基于向量 MAC 实现的计算单元所包含的加法器实际上是更少的,只有 240 个,这是因为每个 16 维的向量 MAC 单元中把 16 个输入完全加起来需要 $8+4+2+1=15$ 个加法器就足够了[⊖]。然而由于基于标量 MAC 的计算单元通常采用类似本节介绍的计算方式(脉动阵列,systolic array),它每拍对于带宽的需求相较于基于向量 MAC 的计算单元就极大地降低了。然而这也是以牺牲灵活性为代价的。相对而言,基于标量 MAC 的计算单元在支持其他算子特性时,要么比较低效(如计算激活函数),要么无法支持(比如后面提到的稀疏特性)。总而言之,两种实现方式都有其相应的优势和劣势,这需要体系结构设计人员根据实际需要仔细取舍、考量,从而选择合适的实现方式。

表 6.3 基于向量 MAC 的计算单元(16 个 16 维)和基于标量 MAC 的计算单元(256 个 MAC,16×16 阵列)比较

| | 基于向量 MAC 计算单元 | 基于标量 MAC 计算单元 |
| --- | --- | --- |
| 大小 | 16 个 16 维向量 MAC | 256 个 MAC,16×16 阵列 |
| 乘法器个数 | 256 | 256 |
| 加法器个数 | 240(16×15) | 256 |
| 每拍需求外部操作数 | 512 | 32 |
| 操作粒度 | 向量、矩阵 | 向量、矩阵 |
| 卷积层映射 | 输入神经元复用、输出神经元复用 | 输入神经元复用、输出神经元复用、权重复用 |
| 优点 | 高效支持矩阵向量映射,灵活性高 | 专用数据流高效支持卷积,带宽需求降低 |
| 缺点 | 依赖外部数据排布,带宽需求高 | 灵活性差,支持其他算子、其他特性困难 |

## 6.4.2 稀疏化

前面介绍的示例中,将神经网络中的卷积层和全连接层都作为稠密矩阵进行计算。然而神经网络中存在一定的冗余性,可以去掉一些对整个输出结果(几乎)没有影响的神经元或权重,即稀疏化。稀疏化之后的神经网络的精度变化不大,但是计算量和数据量都大大下降,图 6.19b 和 c 分别是权重稀疏化和神经元稀疏化。此外,神经网络中还存在动态稀疏化,见图 6.19d。例如,采用 ReLU 激活函数,当输入小于 0 时输出为 0。假设神经网络中的神经元的值为均匀分布,则有 50% 的神经元的值小于 0,换言之有 50% 的神经元的输出结果为 0,对后续的计算没有任何贡献。这种计算结果与输入紧密相关,网络的拓扑

---

⊖ 这里是一种等价的说法,实际电路实现中会采用更加高效的方式将 16 个数加起来,如华莱士树,而不是采用一个个二输入加法器组成的加法树。

会随着输入发生变化的稀疏，称为动态稀疏。

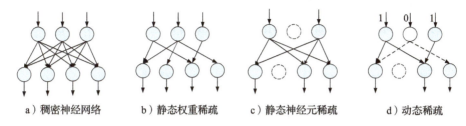

a）稠密神经网络　　b）静态权重稀疏　　c）静态神经元稀疏　　d）动态稀疏

图 6.19　不同类型的稀疏

稀疏化后的神经元或权重是不需要参与计算的，为了利用稀疏化的特点，有很多稀疏化方面的架构设计成果，如文献 [24] 等。利用稀疏的基本思路有两个，一个是只计算非稀疏的部分，一个是在计算中直接跳过稀疏部分。前一种思路需要在计算前先对稀疏数据做处理，把当中的零都去掉，从而把稀疏数据变成稠密的数据，这样硬件单元在计算的过程中全部的计算都是有效数据。这个思路能高效地利用稀疏，既能加快运算速度，又能获得高能效，然而这样的方案需要对硬件做较大的改动，也会影响整个计算的流程[24]。后一种思路则更加简单直接，硬件改动简单，只需要在硬件计算单元前面加一个简单的判断逻辑，判断输入当中是否包含零。以两输入的乘法单元为例，如果任意一个输入为零，则计算结果直接为零，该乘法器可以被关掉，直接输出零即可。这种思路的好处是只需对硬件做很小的改动，就能获得能效上的收益，不影响计算的过程。

为了进一步利用神经网络稀疏化的特点来降低存储和访存带宽，可以把稀疏和量化压缩结合起来，如图 6.20 所示。稀疏化后的神经网络中的神经元和突触权重已经比较少了，可以对权重进行量化，把连续分布的突触权重量化为几个固定的值。更进一步，对量化后的数据进行熵编码，把出现次数多的权重用较少位数表示，把出现次数少的权重用较多位数表示，从而再次压缩。经过稀疏和量化压缩，神经元和权重所需的片上存储空间和访存带宽可以减少到十分之一左右[122]。

图 6.20　稀疏后的压缩流程

### 6.4.3　低位宽

很多神经网络算法在计算时采用 32 位的单精度浮点数，而实际上 16 位定点数或者 8 位定点数已经完全能够满足应用需求，对算法精度的影响很小。因此，在处理器设计时可以采用更低位宽的运算器。针对低位宽数据，需要设计相应的存储单元来存储更低位宽的数据。软硬件协同设计时，可以根据算法进行定点数的位宽设计。32 位的单精度浮点数由 1 位符号（sign）、8 位指数（exponent）、23 位尾数（mantissa）组成，而动态定点数可以设计为多种格式。例如，图 6.21b 左侧的 8 位动态定点数由 1 位符号 $s$ 和 7 位尾数 $x$ 组成，其中尾数分为两部分，$(7-f)$ 位整数和 $f$ 位分数，每个数的值为 $n=(-1)^s 2^{-f} m$。神经网络中的值具有不同的范围，如果值都比较小，尾数可以全部是分数，如图 6.21b 右侧的 8 位动态定点数，其中包括 1 位符号位 $s$ 和 9 位分数位。

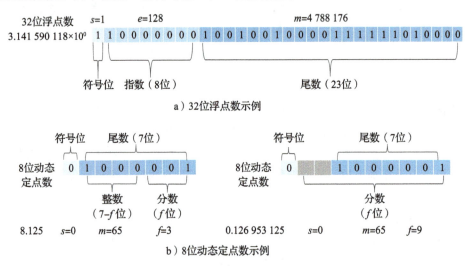

图 6.21 不同精度的数据格式[123]

当神经网络中的数据和计算采用低位宽数据表示时，计算单元也要适应这些低位宽的数据，一种方法是可以直接设计低位宽的运算器，另一种可行的方案是采用串行运算器，如串行乘法器[124]。这里以乘法器为例进行简单的分析。在直接设计方案中，8 位的定点乘法器只需要支持 8 位的乘法，而原来 32 位的单精度浮点数硬件乘法器需要对 8 位指数位做加法操作，对 23 位尾数位做乘法操作。相应地，8 位定点乘法器的硬件开销约为 32 位浮点乘法器的八分之一。然而，直接固定位宽的运算器只能用于特定位宽，不能支持其他位宽的数据进行计算。采用串行乘法器则可以避免只能用于特定位宽的问题，灵活的适配各种不同的数据位宽。以两个 16 位数据 $A$ 和 $B$ 的乘法为例，串行乘法器将数 $A$ 从高位到低位依次串行输入，如果当前时刻的输入位为 0，则当前时刻输出为 0，否则输出为 $B$，然后加上前一时刻的输出左移一位后的值作为当前输出，重复 16 个时钟周期就可以完成 $A \times B$ 的计算。用形式化的方式可以表示为，第 $i$ 个时钟周期的计算为 $C = A[15-i] \times B + (C \ll 1)$。如果 $A$ 采用低精度数据来表示，比如 4 位，则串行乘法器只需要 4 个时钟周期就可以完成 $A \times B$ 的乘法计算。如果不采用串行乘法器，要么仍然采用 16 位乘法器，在硬件上就失去了低位宽表示的意义；要么改成 4 位乘法器，但 $A$ 用其他位宽表示时，就难以适用了。图 6.22 是采用串行乘法器做向量内积的示例，$C = A_0 \times B_0 + A_1 \times B_1$。$A_0$ 和 $A_1$ 从高位到低位串行输入，每个时刻的输入位分别与 $B_0$ 和 $B_1$ 相乘，再进行加和，最后加上前一时刻的输出左移一位后的值作为当前时刻的输出。串行乘法器把乘法从时间维度展开，对于不同的低精度表示,可以用同一个运算器进行计算,具有很高的灵活性。相对于并行乘法器,为了保证性能,串行乘法器的数量更多,但其硬件逻辑非常简单。例如,对于 8 位乘法器,并行乘法器需要 64 个全加器,一拍算完;串行乘法器需要 8 个全加器,8 拍算完。而实践中,由于第一种方案缺乏灵活性,第二种方案控制复杂,所以一个较为实用的方案是只支持有限几种位宽的数进行计算。这种折中的方案能够兼顾两种方案的优点,既具有一定的灵活性,也不引入较复杂的控制开销。

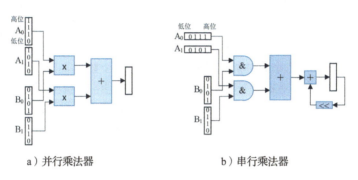

图 6.22　采用串行乘法器做向量内积[124]

## 6.5　性能评价

从体系结构的角度,深度学习处理器的性能评价标准包括计算能力、访存能力以及功耗。从应用的角度,可以用机器学习的公开测试基准程序对深度学习处理器进行性能评价。

### 6.5.1　性能指标

与通用处理器类似,深度学习处理器衡量计算能力的常用指标是 TOPS(Tera Operations Per Second),即每秒执行多少万亿次操作。由于神经网络计算时可能会采用浮点操作、32 位定点操作、16 位定点操作等不同格式的数据,因此统一用操作数来衡量。TOPS 反映了处理器的峰值计算能力,与处理器中乘法单元的数量、加法单元的数量以及处理器主频 $f_c$ 相关:

$$\text{TOPS} = f_c \times (N_{\text{mul}} + N_{\text{add}})/1000 \tag{6.6}$$

其中,处理器主频 $f_c$ 的单位是 GHz,$N_{\text{mul}}$ 和 $N_{\text{add}}$ 分别表示每个时钟周期执行多少乘法或加法操作。例如,对 DLP 中的 MFU 进行分析,假设 $T_n=16$,每个数据采用 16 位表示,则 NRAM-in 和 NRAM-out 的宽度都是 256 位。对于全连接层和卷积层,MFU-1 和 MFU-2 的所有运算器每个时钟周期都工作,每个时钟周期有 $256+16\times15=496$ 个定点操作。当处理器时钟主频为 1GHz 时,对应的计算能力为 496GOPS。在每一层的最后需要做激活函数处理,MFU-3 也会同时工作,此时每个时钟周期可以处理 $496+2\times16=528$ 个定点操作,对应的计算能力为 528GOPS。

处理器的实际性能不仅受到峰值计算能力的影响，还受到访存带宽 BW 的影响，包括访问外存的带宽、访问多级片上存储的带宽等。近年来，深度学习处理器以及通用处理器的性能瓶颈主要是访存带宽。访存带宽 BW 与存储器的主频 $f_m$、存储位宽 $b$、访存效率 $\eta$ 有关：

$$\text{BW} = f_m \times b \times \eta \tag{6.7}$$

其中，存储器主频 $f_m$ 的单位是 GHz，$b$ 是每个时钟周期存取的位宽，访存效率 $\eta$ 与存储器结构和应用的访存行为有关。设计处理器时，需要做好计算能力和访存能力的平衡。例如，在 DLP 中，当处理器的访存能力与计算能力匹配时，处理效率最高。因此，存储器 NRAM-in 和 NRAM-out 每个时钟周期都要提供 $T_n$=16 个数据，而权重存储器 WRAM 每个时钟周期要提供 $T_n \times T_n$=256 个数据。如果 DLP 中采用 16 位数据，在 1GHz 下，那么内部访问缓存带宽最低需要 1GHz * ((256+16) * 16bit) * 1 = 544GB/s（假设效率为 1）。这远远高于常见的存储器如 DDR 的访存带宽（通常为几十 GB/s）。

此外，无论是功耗敏感的终端，还是大规模的云端服务器，都对深度学习处理器的功耗有要求。一套智能系统的功耗可能来源于内存、处理器、硬盘，也可能来源于制冷系统。AlphaGo 与李世石下一盘棋，需要花费上千美元的电费。芯片中的功耗主要包括开关功耗、短路功耗和耗电功耗。为了降低功耗，可以从系统级、算法级、门电路级等进行优化。功耗通常用瓦（W）来表示。

### 6.5.2 基准测试

TOPS 和 BW 只是反映了处理器的计算和访存的峰值能力，处理器的实际性能要取决于运行某个程序所花费的时间以及消耗的功耗。为了更全面合理地评价深度学习处理器的性能，2018 年谷歌、百度、Intel、AMD、哈佛大学与斯坦福大学联合发布了基准测试 MLPerf[125]。MLPerf 包括训练基准和推断基准，分别用来衡量一个系统训练机器学习模型的速度、一个系统用训练好的模型做机器学习推断的速度，如表 6.4 和表 6.5 所示。目前，MLPerf 只是评估运行不同应用程序的运行时间，没有衡量功耗，未来将会加上功耗度量。

表 6.4 MLPerf 训练基准

| 应用程序 | 数据集 | 质量目标 | 用途 |
| --- | --- | --- | --- |
| Resnet-50 v1.5 | ImageNet（224×224） | 75.9% Top-1 精度 | 图像分类 |
| SSD-ResNet34 | COCO 2017 | 23% mAP | 目标检测（轻量级） |
| Mask R-CNN | COCO 2017 | 0.377 Box min AP，0.339 Mask min AP | 目标检测（重量级） |
| GNMT | WMT 英语-德语 | 24.0 BLEU | 循环翻译 |
| Transformer | WMT 英语-德语 | 25.0 BLEU | 非循环翻译 |
| Mini Go | 预训练的监测点 | | 强化学习 |

表 6.5 MLPerf 推断基准

| 应用程序 | 数据集 | 质量目标 | 用途 |
| --- | --- | --- | --- |
| Resnet-50 v1.5 | ImageNet(224×224) | 达到单精度浮点 99% 的精度（76.46% 的 Top-1 精度） | 图像分类 |
| MobileNets-v1 224 | ImageNet(224×224) | 达到单精度浮点 98% 的精度（71.68% 的 Top-1 精度） | 图像分类 |
| SSD-ResNet34 | COCO(1200×1200) | 达到单精度浮点 99% 的精度（0.20 mAP） | 目标检测 |
| SSD-MobileNets-v1 | COCO(300×300) | 达到单精度浮点 99% 的精度（0.22 mAP） | 目标检测 |
| GNMT | WMT16 | 达到单精度浮点 99% 的精度（23.9 BLEU） | 机器翻译 |

### 6.5.3 影响性能的因素

深度学习处理器的性能就是完成一个深度学习任务所需要的时间，它由任务需要的乘、加等操作的数量乘以完成每个操作需要的时钟周期数再除以处理器主频来得到。任务需要的乘、加操作数量与深度学习算法相关；每个操作执行的时钟周期数与操作的功能、微结构设计等相关；处理器主频与处理器结构、电路、物理工艺等相关。一个深度学习任务的运行时间可以写为：

$$T = \sum_i N_i \times C_i / f_c \tag{6.8}$$

其中，$N_i$ 表示该任务中第 $i$ 类操作的数量，$C_i$ 表示完成第 $i$ 类操作所需要的时钟周期数，$f_c$ 表示处理器的主频。这些操作包括乘、加等算术运算，以及访存操作。

为了减少深度学习任务的处理时间，可以从以下几个方面入手：

**首先，减少经常出现的操作的执行周期数**。例如，深度学习中频繁出现的乘加操作。假设乘加操作占 80% 的运行时间，相关操作的执行速度提高一倍，则总的性能可以提升 $1/(20\%+80\%/2)=1/0.6=1.67$ 倍。

**其次，利用数据局部性**。数据的局部性包括时间局部性和空间局部性。**时间局部性**表示：访问过地址 A 的数据之后，过多久会再来访问该地址。如果访问过地址 A 的数据之后的下一拍又访问地址 A 的数据，则时间局部性非常好。**空间局部性**表示：访问过地址 A 之后还会不会访问地址 A+1，或者 A+2，或者 A+3。根据访存行为设计存储结构，充分开发数据局部性，可以提高访存效率。

**最后，多级并行**。针对深度学习，可以从运算部件级并行、数据级并行、任务级并行进行优化来提高性能。**运算部件级并行**可以通过流水线来发掘时间并行性，通过设计多个并发的功能部件来发掘空间并行性。**数据级并行**在通用处理器中主要指单指令多数据流结构，在深度学习处理器中也可以采用类似思想。**任务级并行**，包括多批次图像处理间的并行、多个应用任务间的并行等。

## 6.6 其他加速器

除去本章所设计的深度学习专用处理器 DLP，现有的可用于深度学习的主要加速设备还包括 GPU 和 FPGA 两类。

## 6.6.1 GPU 架构简述

GPU（Graphic Processing Unit）是**单指令多线程**（Single Instruction Multiple Thread，SIMT）的矩阵加速设备。GPU 在过去主要用于图形计算，为 3D 图形渲染、游戏图像渲染等任务加速，然而因其远高于 CPU 的并行处理能力，也逐渐被开发者用于深度学习中。

这里我们从计算、存储和控制三个方面对 GPU 所采用的架构进行简单的介绍，帮助读者认识 GPU。从计算单元来看，GPU 由成百上千个简单的计算核心组成。这些核心通常不具有分支预测等复杂的程序流控制单元，因此对于分支较多、控制复杂的程序，效率会差一些。从架构来看，GPU 事实上是**单指令多数据流**（Single-Instruction Multiple-data，SIMD）的硬件架构。相较于 CPU 的 SIMD 单元，GPU 通常具有多个 SIMD 处理单元，并通过硬件上的支持，使其 SIMD 单元能够支持大量的 SIMD 线程运行，也就是所谓的 SIMT 编程模型；其次，GPU 的多个 SIMD 单元共享同一块存储，从而简化了控制的复杂度。

从存储构成来看，GPU 具有多层存储层次，如独立的 GPU 通常具有大容量、高带宽的板上缓存（如 GDDR），供所有 SIMT 单元访问的全局存储，供 SIMT 单独使用的本地存储和供 SIMT 单元线程使用的共享缓存等。特别是深度学习所使用的 GPU，通常具有较大的板上缓存，以减少 CPU 端和 GPU 端的数据交互次数，为其内部大量的计算单元提供数据。程序开始运行时，GPU 都需要把数据从 CPU 的内存搬运到其板上缓存，后面的运行就可以通过板上缓存提供高带宽的高速数据访问。例如，在英伟达最新的 GPU V100 中，其片上就具有高达 32GB 的 DRAM 缓存，能够提供高达 900GB/s 的访问带宽。

从控制来看，由于 GPU 采用了 SIMD 的架构，其控制也就是基于定长的向量/矩阵运算指令。而为了高效运行，GPU 在一个 SIMD 单元上通过调度执行多个线程来掩藏单个线程上的存储器访问延迟。实际上，针对深度学习任务，GPU 的设备提供商花费了大量的人力物力去优化并行编程的算子库。例如，GPU 厂商英伟达 2014 年年底发布了专用于深度学习的加速库 cuDNN，并一直持续更新，目前的最新版本是 10.1。

## 6.6.2 FPGA 架构简述

FPGA 是用途较为广泛的通用可编程的加速设备。在深度学习加速中，FPGA 也常常用来实现各种不同的架构设计，也常常用于架构设计的前期验证。

我们同样通过计算、存储和控制三个方面来简单介绍 FGPA。在计算单元上，FPGA 采用了大量基本的**可配置逻辑单元模块**（Configurable Logic Block，CLB），这些模块通过**查找表**（Loop-Up Table，LUT）的方式实现各种功能。简单来说，LUT 的基本思想就是把所有输入组合对应的输出情况保存在查找表中，然后根据输入的值通过查表输出相应的值。例如，对于实现一个异或 XOR 基本逻辑，LUT 需要把整个真值表存储下来（四行，输入组合为 00，01，11，10 的情况）。在使用的时候，由于单个 CLB 的计算能力极其有限，FPGA 需要通过编程决定 CLB 的自身功能和相互之间的互联方式，从而通过联合多个 CLB（包括多个互联模块和存储模块）来完成复杂的功能。

在存储方面，出于灵活性的考虑，通常 FPGA 在片内提供了很多存储资源，可以配置成不同的形式来使用。例如 Xilinx 公司的 FPGA 在内部集成了很多**块存储**（Block RAM），专门实现数据暂存功能，且每个时钟区域都布置了若干个 BlockRAM。通过将这些 Block RAM 组织、配置成所需要的存储模块，FPGA 可以提供例如单端口 ROM、RAM 或者双端口 ROM、RAM 等功能。

在控制上，FPGA 则需要设计者通过配置 CLB 的方式来控制和使用片内的资源。在实际使用中，FPGA 开发工具会帮助用户把他们所编程的电路切分成小的模块，然后把这些模块映射到 FPGA 的 CLB 上。通过对 FPGA 内部可编程连线资源进行配置，这些 CLB 就可以有机地组织联合成完整的电路，包括时序电路。

### 6.6.3 DLP 与 GPU、FPGA 的对比

在表 6.6 中，针对智能计算领域，我们对深度学习处理器的 DLP、通用可编程的 FPGA 和 SIMT 架构矩阵加速的 GPU 从速度、能效和灵活性等方面进行了对比。与 GPU 相比，深度学习专用的架构 DLP 所实现的处理器速度快，特别是在能效上有更好的表现，例如英伟达 2017 年 12nm 工艺的产品 Tesla V100 的能效不到 500GOPS/W（16 位浮点），而 2014 年 65nm 工艺的 DianNao 架构的能效有 932GOPS/W[19]（16 位定点），最新的一些深度学习处理器的能效甚至接近 100TOP/W。这其中一个很重要的原因是 GPU 的 SIMT 计算架构是为矩阵运算所设计的，正如 6.3.3 节中的分析，深度学习并不只是矩阵运算，而 DLP 面向深度学习的运算器能更好地适配深度学习应用。另外一个很重要的因素是 GPU 的硬件上没有为深度学习中不同特征的访存数据流（输入神经元、输出神经元和权重）设计专用的通路，访存效率较低。而 DLP 中对片上存储资源进行划分，用于不同的访存数据流，片上数据控制完全交给程序员来管理，这大大降低了不同访存数据流之间的互扰，提高了访存的效率。和 FPGA 相比，除了灵活性，深度学习处理器 DLP 在速度和能效上都占优，这主要是因为，FPGA 为了追求灵活性，使每个最基本的 CLB 都必须可配置，造成了大量冗余，所以效率不高。

表 6.6 DLP 和其他加速器的比较

| 类别 | 目标 | 速度 | 能效 | 灵活性 |
| --- | --- | --- | --- | --- |
| DLP | 深度学习专用 | 高 | 高 | 深度学习领域通用 |
| FPGA | 通用的可编程电路 | 低 | 中 | 通用 |
| GPU | SIMT 架构矩阵加速 | 中 | 低 | 矩阵类应用通用 |

## 6.7 本章小结

本章以一个图像风格迁移所用的卷积神经网络（VGG19）的正向传播为例，介绍了如何设计一个基本的深度学习处理器，进而介绍了深度学习处理器的一些优化技术，以及性能评价方法。

## 习题

6.1 深度学习处理器和 20 世纪 80 年代的早期神经网络芯片有何区别？

6.2 假设存在一个深度学习处理器，相较于 CPU，它只能加速卷积层 10 倍，加速全连接层 2 倍，其他层不加速，那么对于 AlexNet 它整体的加速比为多少？

6.3 假设设计一个深度学习处理器，它通过 PCIe 和 DDR3 的内存相连。假设带宽为 12.8GB/s，那么和只有一个 ALU 的深度学习处理器相比，最理想情况下全连接层的加速比能有多少？

6.4 简述为什么指令级并行在深度学习处理器中一般情况下作用不大。什么情况下指令级并行也能在深度学习处理器中发挥作用？

6.5 请设计一个深度学习专用的指令集，并采用所设计的指令集实现一个卷积神经网络。

6.6 请针对习题 6.5 中设计的指令集，写出其解码单元的工作逻辑（可以画状态转移图表示）。

6.7 假设采用习题 6.6 中设计的解码单元，请问每条指令的负载是否平衡？如果不平衡应当怎么改进？请针对改进后的指令集或者工作逻辑重新完成习题 6.5 和习题 6.6。

6.8 对于本章所设计的 DLP，假设片内带宽给定为 12.8GB/s（忽略片外带宽限制），请以 AlexNet 为例，计算出其计算单元的利用率（非空置时间），并给出利用率随着计算单元大小改变的变化，并请画图表示。

6.9 其他条件同习题 6.8，假设采用 6.4.1 节中基于标量 MAC 的计算架构，请重新计算上题。

*6.10 Roofline 模型是一种常用的评估硬件能力的方法，请针对本章所设计的 DLP 画出 Roofline 图。

*6.11 对于一个卷积层，请写出其循环表示的代码，并给出至少三种不同的分块方法（代码），请画图表示你所提出的三种不同分块所对应的计算过程。

*6.12 习题 6.11 中的循环表示方式，对于深度学习处理器设计来说有什么不足？应该如何改进？请你提出一种能更好地被深度学习处理器设计所使用的新的卷积表示方法，并解释其原因。

*6.13 请针对本章的 DLP 设计并实现一个周期精确的模拟器，要求能够支持至少三个不同类型的网络。请将三个网络的数据标注在习题 6.10 所完成的 Roofline 图上。

CHAPTER 7
第 7 章

# 深度学习处理器架构

上一章介绍了如何设计一款基本的深度学习处理器（DLP）。该 DLP 是一个基本架构，要能满足工业界的实际需求，还需做进一步优化。本章首先介绍一款面向终端智能应用的**单核深度学习处理器**（Deep Learning Processor-Singlecore，DLP-S）体系结构。该处理器在 DLP 的基础上对控制部件、运算部件和存储部件做进一步的优化，在降低能耗的同时提升性能，从而能满足工业界对终端智能应用的需求。为了进一步满足云端智能应用的需求，本章还将介绍一款**多核深度学习处理器**（Deep Learning Processor-Multicore，DLP-M）体系结构。DLP-M 在 DLP-S 的基础上进行多核扩展，将多个 DLP-S 核通过片上网络（Network-on-Chip，NoC）进行互联，采用单播、多播、核间同步等协议进行核间通信，以完成云端深度学习任务。

## 7.1 单核深度学习处理器

随着人工智能理论和技术的日益成熟，其在智能终端领域的应用越来越广泛，如智能手机、平板电脑、智能电视、智能心电仪等。智能终端的应用有两个显著的特性：低延迟和高能效比。而 DLP 存在不支持指令级并行、不支持低位宽运算、不支持稀疏神经网络模型、访存延迟过大等缺点，因此 DLP 尚无法完全满足智能终端低延迟和高能效比的需求。DLP-S 在 DLP 的基础上进行了优化，使其能满足智能终端应用的需求，具体优化主要体现在如下四个方面：

（1）在控制模块中设计了多发射队列，使没有依赖关系的指令可以并行发射，从而支持指令级并行。

（2）在向量运算单元中支持更丰富的运算操作组合，提高性能和灵活性。

（3）在矩阵运算单元中采用低位宽的运算器，并且支持稀疏数据，减少运算能耗。

（4）在存储模块中采用快速转换缓存（Translation Lookaside Buffer，TLB）和最后一级缓存（Last Level Cache，LLC）减少访存的延迟。

本节我们将首先介绍 DLP-S 的总体架构，然后分别介绍控制模块、运算模块和存储模块，在各个模块中我们会着重介绍性能和功耗的优化手段。

### 7.1.1 总体架构

图 7.1 为 DLP-S 的总体架构示意图。DLP-S 包括三大模块，分别是**控制模块**、**运算模块**和**存储模块**。其中控制模块用来控制运算模块和存储模块的协调工作，完成深度学习的任务；运算模块完成深度学习中的计算任务；存储模块用来存储或搬运相关的数据。

控制模块包括**取指单元**（Instruction Fetch Unit，IFU）和**指令译码单元**（Instruction Decode Unit，IDU）。IFU 用于从片外 DRAM（即通俗所说的内存条）获取指令，IDU 将指令译码后发送给运算模块和存储模块进行执行。运算模块包括**向量运算单元**（Vector Function Unit，VFU）和**矩阵运算单元**（Matrix Function Unit，MFU）。VFU 进行向量运算，可支持向量乘、加、非线性变换等复杂运算。MFU 负责深度学习算法的核心计算——矩阵乘和卷积。存储模块包括**直接内存存取单元**（Direct Memory Access，DMA）、**神经元存储单元**（Neuron RAM，NRAM）和**权重存储单元**（Weight RAM，WRAM）。NRAM 用于存储深度学习网络的输入神经元、输出神经元、中间结果等数据。WRAM 用于存储深度学习网络的权重。DMA 通过总线连接处理器内部高速缓存和芯片存储，负责芯片存储与处理器内部高速缓存之间的数据搬运。

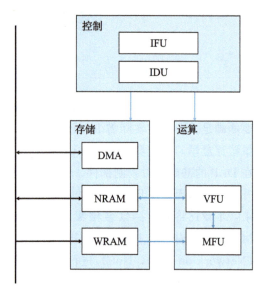

图 7.1 DLP-S 总体架构

DLP-S 执行一次完整的深度学习运算的流程分为以下七个步骤：

（1）IFU 通过 DMA 从 DRAM 中读取程序指令，然后经过 IDU 进行译码后分发给 DMA、VFU 和 MFU。

（2）DMA 接收到指令后从 DRAM 读取神经元至 NRAM，读取权重至 WRAM。

（3）VFU 接收到指令后从 NRAM 中读取神经元数据，并对神经元数据进行预处理（如边界扩充等），然后发送给 MFU。

（4）MFU 接收到指令后从 VFU 接收经过预处理的神经元数据，并从 WRAM 中读取权重数据，完成矩阵运算后将结果发送给 VFU。

（5）VFU 对输出神经元进行后处理（如激活、池化等）。

（6）VFU 将运算结果写回 NRAM。

（7）DMA 将输出神经元从 NRAM 写回到 DRAM。

从 DLP-S 的整个执行流程中我们可以提取出神经元的数据流的走向为 DRAM→NRAM→VFU→(MFU→VFU→)NRAM→DRAM，权重的数据流的走向为 DRAM→WRAM→MFU。值得注意的是，当数据只执行向量运算时（例如两组神经元的向量数据相加），不需要经过 MFU。

### 7.1.2 控制模块

控制模块相当于整个 DLP-S 的大脑，它协调 DLP-S 中所有其他模块的工作，从而完成计算任务。控制模块需要支持两个基本功能，即从 DRAM 中取指令和翻译指令，这两个功能由 IFU 和 IDU 完成。其中 IFU 的主要功能是从片外 DRAM 中按程序的指令流顺序将指令取回，并将取回的指令发送给 IDU。IDU 完成指令译码和指令分发的工作，IDU 接收到 IFU 的指令后，对指令进行译码后得到其指令类型，根据指令类型将指令分发给对应的执行单元，包括将控制指令和标量运算指令发送给算术逻辑单元（Arithmetic and Logic Unit，ALU），将向量运算指令发送给 VFU，将矩阵运算指令发送给 MFU，将访存指令发送给 DMA。下面我们将详细描述 IFU 和 IDU 的设计原则和基本结构。

#### 7.1.2.1 取指单元

如图 7.2 所示，IFU 由**地址生成器**（Address Generator Unit，AGU）、**指令高速缓存**（Instruction Cache，ICache）、**指令回填单元**（Refill Buffer，RB）和**指令队列**（Instruction Queue，IQ）组成。

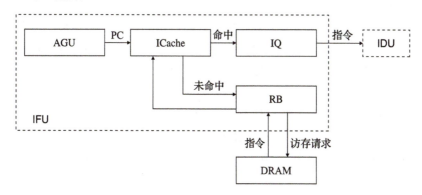

图 7.2　IFU 的抽象视图

其中 AGU 的作用是产生程序计数器（Program Counter，PC），PC 指向指令所在的存储单元的地址。PC 的来源主要有三个：第一个是软件配置，当 DLP-S 启动时，将软件配置的第一条指令的起始地址作为 PC 值；第二个是 PC 顺序自增操作，即 PC＝PC+1，也就是下一条指令的地址是当前指令地址加 1，其中 1 的单位是指令的位宽；第三个是 IDU，当 IDU 解析出跳转指令时，会将跳转指令的目的地址返回给地址生成器。

ICache 用来缓存从 DRAM 中加载的指令，从而加快 IFU 取指令的速度。当地址生成器产生的 PC 在 ICache 中命中（Hit）时，会从 ICache 中正常读出指令；当在 ICache 中未命中（Miss）时，会将指令 PC 和预取指令条数发送给 RB。

RB 接收来自 ICache 的指令预取请求，向 DMA 发送指令回填请求，DMA 根据 PC 从 DRAM 对应的地址中读取指令回填到 ICache 中。

IQ 用来缓存 PC 和指令，解耦 IFU 和 IDU 的流水线，即将 IFU 和 IDU 的控制信号分隔开，使其互不影响。

#### 7.1.2.2 指令译码单元

图 7.3 给出了 IDU 的抽象视图。如图所示，IDU 中包含**译码单元**（Decoder）、**三个指令发射队列**（Issue Queue）和**算术逻辑单元**（ALU）。

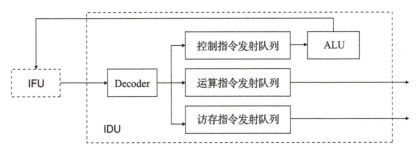

图 7.3 IDU 的抽象视图

**1. Decoder**

Decoder 接收来自 IFU 的指令并进行译码，然后根据指令类型发送给对应的指令发射队列。我们将指令分为三大类，分别是控制指令、运算指令和访存指令。控制指令包括标量运算指令和跳转指令；运算指令包括向量运算指令和矩阵运算指令；访存指令包括 LOAD、STORE、MOVE 等。这三大类指令在没有依赖的情况下可以并行执行。在 Decoder 译码结束后，控制指令被发送到控制指令发射队列（Control Instruction Issue Queue），运算指令被发送到运算指令发射队列（Compute Instruction Issue Queue），访存指令被发送到访存指令发射队列（Memory Access Instruction Issue Queue）。

**2. Issue Queue**

我们在 IDU 中设计了三个指令发射队列，分别用来缓存这三种不同类型的指令。三个指令发射队列中的指令可以并行发射，因此从整体上看指令是乱序发射的，但是在每个指令发射队列内部的指令是顺序发射、顺序执行的。

由于指令是乱序发射的，因此指令之间的依赖可能会导致程序执行结果出错。这里我们讨论两种产生指令依赖的情况：

- 第一种情况，两条相同类型的指令产生依赖。这两条指令会被发送到同一个发射队列中，而同一个发射队列中的指令是顺序发射的，因此不会导致程序执行结果出错。例如指令 A1 和指令 A2 是两条连续的指令，且 A2 依赖于 A1。由于 A1 与 A2 都属于 A 类指令，因此 A1 和 A2 会被依次发送到 A 指令发射队列。由于 A 指令发射队列中的指令是顺序发射、顺序执行的，那么 A1 和 A2 就能够顺序执行，保证 A1 先执行完，再执行 A2，从而保证程序执行的正确性。

- 第二种情况，两条不同类型的指令之间产生依赖。这两条指令会被发送到两个不同的指令发射队列中，此时指令可能会乱序执行，可能导致程序执行结果出错。例如指令 A1 和指令 B1 是两条连续的指令，且 B1 依赖于 A1。A1 与 B1 经过 Decoder 后，A1 被发送到 A 指令发射队列，B1 被发送到 B 指令发射队列。由于 A 指令发射队列和 B 指令发射队列中的指令可以并行发射，我们就无法预知 A1 与 B1 的执行顺序，如果 B1 先被发射执行，那么程序执行结果会产生错误。

为了保证第二种情况下程序执行的正确性，我们在 DLP 原有指令集的基础上添加同步指令（SYNChronization instruction，SYNC）。当两条不同类型的指令之间存在依赖时，例如 A1 与 B1 产生依赖，必须在两者之间插入 SYNC（A1，B1）。当 Decoder 检测到 SYNC 指令时，必须等到 A 指令发射队列中的指令全部发射且全部提交后，才能将 B1 指令发送到 B 指令发射队列中。

图 7.4 展示了指令间依赖的示例，其中箭头描述了指令之间的依赖关系。例如，指令 B 和指令 C 依赖指令 A 的结果，而指令 E 依赖指令 D 的结果。指令 E 和指令 F 之间无依赖关系。在单个队列里，所有指令串行执行，所以 A 和 B 之间以及 C 和 D 之间的依赖可以忽略，因此我们重点需要关注的是如何解决 A 和 C 之间以及 D 和 E 之间的依赖。通过插入同步指令 S（即 SYNC 指令）可以达到同步的目的，如图 7.5 所示。控制指令发射队列中的 A 指令会在运算指令发射队列为空时才发射执行，而运算指令发射队列中的 D 指令会在访存指令发射队列为空时才开始发射执行，这样我们就保证程序在不同指令队列之间是保序的；同时，同一个指令队列中的指令是顺序发射的，天然保序。因此，最终能够保证整个程序执行的正确性。这种插入同步指令的方式能够减小硬件的开销，同时不牺牲性能，只需要为编程人员多写几条同步指令（也可以由编译器或者汇编器自动插入同步指令）。

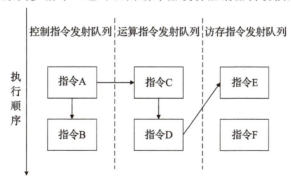

图 7.4 指令间的依赖关系

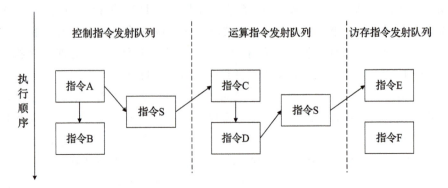

图 7.5  通过插入同步指令 S 来达到同步的示意图

**3. ALU**

ALU 用来完成标量运算和分支跳转等功能。ALU 支持的标量运算包括算术四则运算、比较操作、超越函数等。ALU 支持的分支跳转指令包括三类，分别是直接跳转、间接跳转和条件跳转：当 ALU 执行到直接跳转时，其从寄存器或立即数里获取相应目的地址，并将目的地址发送到 IFU 的 AGU 中作为下一条指令的 PC；当 ALU 执行到间接跳转时，其从寄存器或立即数里获取用于计算目的地址的操作数（一般是基址和偏移），然后将基址和偏移相加得到目的地址，再将目的地址发送到 IFU 的 AGU 中；当 ALU 执行到条件跳转时，其按照直接跳转或间接跳转方式获得目的地址，与前两种方式不同的是，该指令需要进行条件判断，比如将两个操作数（立即数或寄存器）进行比较，根据比较结果来决定是否将目的地址发送到 IFU 的 AGU 中。

### 7.1.3 运算模块

DLP-S 中的运算模块包括 VFU（向量运算单元）和 MFU（矩阵运算单元），分别用来完成向量运算和矩阵运算。

#### 7.1.3.1 向量运算单元

VFU 是 DLP-S 中不可或缺的计算模块，主要负责完成输入神经元的前处理（如边界扩充等）和输出神经元的后处理（如激活、池化等）。VFU 中的向量流水单元支持多种数据类型的多种运算模式，可支持查表、加法、乘法、池化、采样、边缘扩充、向量比较、向量求最值、数据格式转换等多种常见运算。VFU 支持的数据类型包括 INT8、INT16、INT32、FP16 和 FP32 等。

**1. 向量流水单元**

向量流水单元将处理流程拆分为 8 级（stage）运算步骤，采用 8 级流水线结构来实现，如图 7.6 所示，相邻两级运算步骤的中间结果写入寄存器。流水线中的 stage1 和

stage2 完成查表（Lookup Table）操作，stage3 和 stage4 完成乘法操作，stage5 和 stage6 完成加法操作，stage7 和 stage8 完成数据格式转换操作（该操作进行两种不同类型的数据格式的转换，例如 FP32 类型数据转换为 FP16 等）。第 1、3、5、7 级流水能够接收输入数据，第 2、4、5、6、7、8 级流水能够输出数据。

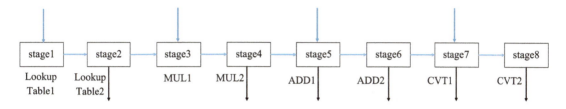

图 7.6  向量流水单元

向量流水单元的一个重要特点是通过组合多级运算器和寄存器来实现某一个功能需求。例如我们可以在 stage1 输入数据，依次激活 stage1～stage6，输入的数据经过查表、乘法和加法三个操作后完成激活操作，最后的结果在 stage6 输出。此外，并非所有运算操作均需完整地顺序经过每一级寄存器和其间的组合逻辑，在具体实现过程中，可以跳过不参与运算的逻辑级和寄存器组，以降低不必要的寄存器翻转和延迟。例如，向量浮点加法操作只需要激活 stage5 和 stage6 两个流水级即可。

向量流水单元的这种设计结构可能出现指令超车，即后执行的运算指令比先执行的指令执行得更快。图 7.7 是一个产生超车的示例，向量流水单元中连续输入的三条指令 op1～op3，指令 op1 的运算顺序经过 stage1～stage5，指令 op2 的运算顺序经过 stage5～stage7，指令 op3 的运算顺序经过 stage3～stage4。如果我们不采取任何策略来处理这种情况，会出现以下两个问题：

- 第一个问题是 op2 会比 op1 先执行完成，导致指令超车；
- 第二个问题是 op2 与 op3 会同时执行完成，导致指令超车。

我们通过两条规则来解决指令超车问题：

- **规则 1**  当某条指令需要从第 $n$ 个 stage 输入数据时，该指令会等第 1～$n$ 个 stage 的输入寄存器清空后，再允许输入数据进入目标流水级；
- **规则 2**  当某条指令需要从第 $m$ 个 stage 输出数据时，会等第 $(m+1)$～8 个 stage 中的寄存器清空后，再允许数据输出。

上述策略应用于图 7.7 时，根据规则 1，op2 的输入进入 stage5 之前，需等待 stage1～stage5 流水级的输入寄存器为空，即 op1 在 stage5 执行结束后才会发送 op2 的输入，从而解决 op1 与 op2 之间的指令超车问题；根据规则 2，在 op3 从 stage4 输出前会等待 stage5～stage8 的寄存器清空，即保证 op2 在 stage7 输出后，op3 的运算结果再从 stage4 输出，从而解决了 op2 与 op3 之间的指令超车问题。

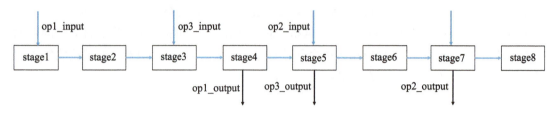

图 7.7 向量运算指令超车示例

#### 7.1.3.2 矩阵运算单元

如图 7.8 所示,MFU 由 $M$ 个 PE(Processing Element)构成,$M$ 个 PE 之间采用 H 树的方式进行连接,PE 位于 H 树的叶节点。H 树中任意一条线段代表的数据位宽是次一级线段代表的数据位宽的 2 倍。PE 采用向量 MAC 的方式进行组织,每个 PE 单元由 $N$ 个乘法器和一个 $N$ 输入的加法树组成。输入神经元通过 H 树广播到 H 树的所有 PE 中,每个 PE 接收到不同输出神经元对应的不同的权重,最终各个 PE 计算得到不同的输出神经元。

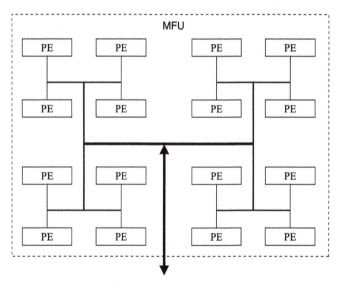

图 7.8 MFU 示意图

MFU 完成深度学习算法中卷积层和全连接层的运算,这部分的计算量占了整个神经网络算法的 90% 以上,因此 MFU 是整个 DLP-S 的功耗的瓶颈,如何在 MFU 的设计中减少功耗将是首要考虑的因素。我们采用低位宽运算策略减少 MFU 的功耗。

根据 6.4.3 节所述,INT16 或者 INT8 已经能够满足神经网络的应用需求,因此 MFU 中的运算单元均采用低位宽定点运算器,其中乘法器采用并行乘法器的方案进行设计,支持 INT16×INT16、INT8×INT8 和 INT8×INT4 这三种工作模式。根据神经网络应用的精度需求,程序员可以选择不同的工作模式。相比于 32 位浮点运算器,低位宽运算器能够减少大量的面积和能耗。根据 6.4.2 节所述，神经网络具有稀疏性的特点，我们还支持对为零的权重或神经元进行稀疏处理的操作，从而减少大量的运算能耗开销。

### 7.1.4 存储单元

DLP-S 存储单元主要包括 NRAM、WRAM 和 DMA 三个部分。其中 NRAM 和 WRAM 分别用来存储神经网络中的神经元和突触权重。DMA 单元负责将 IDU 发送的访存指令转换为访存请求发送到存储总线上，从而协调 NRAM、WRAM 和片外 DRAM 之间的数据交互。

**1. 存储管理**

DLP-S 可以访问的存储资源通常包含多种不同的物理存储器，各种物理存储器的介质、性能、功耗、空间大小、访问方式以及访存时间都不相同。如果我们为各种存储资源单独设计指令，这种设计方案会增加指令集的复杂度，且不具有可扩展性，因此，我们将 DLP-S 内部的 SRAM（包括 NRAM 和 WRAM）与 DLP-S 外部能够访问的 DRAM 统一编址，称为**虚拟地址**（Virtual Address，VA），利用虚拟地址可以直接实现内部 SRAM 的高速访问和外部 DRAM 的间接访问。

DLP-S 的 SRAM 的**物理地址**（Physical Address，PA）与其虚拟地址相同，不需要虚实地址转换。DLP-S 对 DRAM 进行访问则需要进行虚实地址映射，这个功能由**存储管理单元**（Memory Management Unit，MMU）完成。MMU 中存储了虚实地址映射表（即页表），根据虚拟地址查找页表后即可查询到对应的物理地址。

**2. 降低访问延迟**

DLP-S 对于内部 SRAM 的访存延迟是固定的，然而它对片外 DRAM 的访问延迟则是不确定的，所以 DRAM 访存就很容易成为整个深度学习处理器的性能瓶颈。DLP-S 为了减少对 DRAM 的访存开销，使用了两种方法：

(1) **TLB 缓存常用页表**。虚实地址转换时，优先查找 TLB 页表进行虚拟地址匹配，不用再从海量的页表中寻找匹配的页表项，然后再进行地址映射，从而减少虚实地址转换时查询与访问页表的时间开销。

(2) **LLC 缓存经常访问的 DRAM 数据**。LLC 命中的请求直接访问，不用再发送到访问时间长且不稳定的 DRAM，从而降低直接访问 DRAM 的频次，减少平均访问开销。

### 7.1.5 小结

DLP-S 主要面向终端智能应用，为了满足终端智能应用低延迟和高能效比的需求，DLP-S 在 DLP 的基础上，对性能和功耗均进行了优化。为了提升性能，DLP-S 在控制模块中设计了多发射队列，使没有依赖关系的指令可以并行发射，从而支持指令级并行。而且 DLP-S 在向量运算单元中支持了更丰富的运算操作集合，使得卷积＋激活等复杂运算的神经网络操作可以用一条指令一次完成，减少了与存储系统的交互，从而提高了性能。最后，DLP-S 在存储模块中采用 TLB 和 LLC 减少 DRAM 的访存开销，从而提升性能。在功耗上，DLP-S 在矩阵运算单元中采用低位宽运算器，支持低位宽运算及稀疏数据，从而减少计算的能耗。

## 7.2 多核深度学习处理器

深度学习技术在云端智能应用领域（如视频结构化、广告推荐、智能翻译等）有了越来越广泛的应用，云端智能应用的一个显著特点是输入数据量庞大，对平台的存储能力和计算能力有很高的需求，因此面向云端智能应用的处理器必须有庞大的片外存储（如 100~1000GB 的 DRAM）、片上存储（如 100~1000MB 的 SRAM）和强大的计算能力（如 100~1000TFLOPS 的计算峰值）。显然，DLP-S 无法满足云端应用的需求。

为了进一步提升 DLP-S 的计算能力，一种直接的方法是在 DLP-S 中堆叠计算单元和存储单元，但是这种方法会使处理器的面积不断增大，内部数据传输的距离也会急剧增长，最终导致额外的走线面积和较高的传输延时。当传输延时较大时，相邻两个寄存器之间的建立时间变长，最终导致处理器的主频降低。因此，单纯在单个深度学习处理器核上堆积算力，即使消耗大量面积，往往也会因为主频的限制，导致性能提升不及预期。为了突破单个深度学习处理器核在可扩展性上的约束，可以在一个芯片中集成多个深度学习处理器核，以此获取全芯片更高的计算峰值。

本节将介绍多核深度学习处理器体系结构 DLP-M。DLP-M 不是多个 DLP-S 的简单堆叠，需要考虑 DLP-S 之间的互联和通信方式等。DLP-M 最主要的特征包括以下两点：

（1）在 DLP-M 中设计了多层片上存储结构，用以逐级缓存数据，降低数据访问延迟，提高多核深度学习处理芯片的访存性能。

（2）定义了一套完整的多核协同的通信机制和同步机制，使 DLP-M 能够匹配深度学习算法中的通信需求，同时减少传输数据的开销。

本节我们首先介绍 DLP-M 的总体架构，然后介绍多核架构中的通信机制和同步机制，最后介绍多核架构中的互联结构。

### 7.2.1 总体架构

DLP-M 采用多核处理器分层结构设计，如图 7.9 所示。DLP-M 可以分为 Chip-Cluster-Core 三个层级，即一个 DLP-M 由多个 DLP-C（Deep Learning Processor-Cluster）互联构成，一个 DLP-C 又由多个 DLP-S 构成。

如图 7.9a 所示，在 Chip 层级，DLP-M 包含五个部分，分别是外部存储控制器、外设通信模块、片上互联模块、同步模块（Global Barrier Controller，GBC）以及四个 DLP-C。其中外部存储控制器接收深度学习处理器核发出的访存请求，然后访问外部存储设备（如 DRAM），从中读取数据或者写入数据。外设通信模块接收外部控制信息，启动 DLP-M 进行工作。片上互联模块将外部存储控制器、外设通信模块以及四个 DLP-C 连接起来,并在各个模块之间传输数据和控制信息。同步模块负责接收各个模块的同步信息并进行同步。DLP-C 是核心计算单元,可以高效地执行深度学习算法。

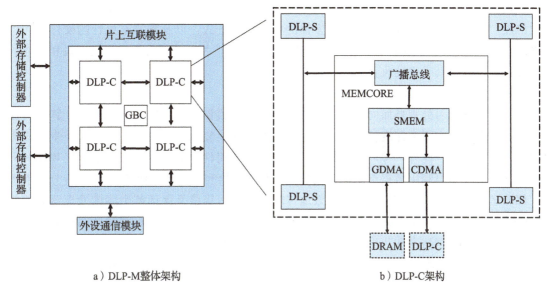

图 7.9 DLP-M 架构

在 Cluster 层级,一个 DLP-C 由四个 DLP-S 和一个存储核(MEMory CORE,MEM-CORE)构成,如图 7.9b 所示。其中 MEMCORE 不具备运算功能,它的主要功能是存储和通信,即 MEMCORE 需要存储四个 DLP-S 的共享数据,同时 MEMCORE 需要完成 DLP-C 与片外 DRAM 之间的通信、DLP-C 与 DLP-C 之间的通信以及多个 DLP-S 之间的通信。

## 7.2.2 Cluster 架构

DLP-C 的架构如图 7.9 所示,包含四个 DLP-S 和一个 MEMCORE。MEMCORE 是 DLP-C 的核心单元,用来完成存储和通信的功能。MEMCORE 包含共享存储模块(Shared MEMory,SMEM)、广播总线(broadcast bus)、Cluster 直接内存访问模块(Cluster Direct Memory Access,CDMA)和全局直接内存访问模块(Global Direct Memory Access,GDMA)。其中 SMEM 用以存放共享数据,而广播总线、CDMA 和 GDMA 分别解决了 DLP-C 的三个核心问题:

(1)DLP-C 内部的 DLP-S 如何通信。
(2)DLP-C 之间如何传输数据。
(3)DLP-C 与外部 DRAM 之间如何传输数据。

接下来我们将依次介绍广播总线、CDMA 和 GDMA,最后我们将介绍多核同步模型如何解决访存冲突的问题。

#### 7.2.2.1 广播总线

广播总线用于完成 DLP-C 内的 DLP-S 之间的高速通信,广播总线支持的核间通信方式包括广播和多播。我们首先简单介绍广播和多播的概念与设计动机;然后从数据通路结构出发,分别介绍单播读、单播写和多播的核间通信方式,以及支撑其执行的硬件架构广播总线;最后以一个 DLP-C 执行大规模卷积运算时的广播和多播为例,介绍广播和多播的执行过程,分析其带来的收益。

**1. 设计动机和基本概念**

云端深度学习处理器面向的任务对象主要是大规模深度神经网络。由于其计算密集性和存储密集性,大规模深度神经网络的模型数据需要反复从片外搬运,因此片外带宽成为主要的性能瓶颈。此外,神经网络具有高度的数据重用性,适配多核深度学习处理器的上层软件,往往需要利用数据重用性对大规模运算进行恰当的拆分,使各个 DLP-S 分别承担一部分运算。因此,将被重用数据高效地传输给各个运算核是保证整个多核处理器高效并行的前提。综上,为了保证多核深度学习处理器的整体性能,根据深度神经网络运算的特点,减少片外数据访存和片内的核间数据通信非常重要。

为了减少片外访存,MEMCORE 中的 SMEM 承担起高性能数据中转站的角色。在不同 DLP-S 中被重用的数据并非由各 DLP-S 直接从片外 DRAM 获得,而是经 SMEM 中转,使数据不需要被重复地从片外搬运。MEMCORE 需要将重用数据从 SMEM 迅速分发给多个 DLP-S,即保证核间通信的效率。因此,一种能高效节省核间通信及数据访存的通信方式势在必行,广播和多播以及支撑其执行的硬件架构——广播总线应运而生。多播和广播都发生在 DLP-C 内部,是以 DLP-S 为主体、由 MEMCORE 协同调度的核间通信方式。多播指将一份数据从 SMEM 传输到多个 DLP-S 的通信方式;而广播是将一份数据从 SMEM 传输到所有 DLP-S 的通信方式,是多播的一个特例。为了简单起见,后面我们将广播和多播统称为多播。

**2. 工作原理**

广播总线是 DLP-C 内核间通信的数据通路的一部分,位于 SMEM 内部,负责对四个 DLP-S 发出的通信请求进行仲裁和调度。如果将核间通信请求比作快递包裹的话,那么广播总线则担任快递分拣中心的角色,负责将各包裹高效、有序地发往目的地。值得注意的是,由于多播的存在,允许将从分拣中心取出的一份包裹复制多份发往不同的目的地。下面我们在介绍广播总线功能时,将同时明确快递包裹的运送路线,即核间通信的数据通路;以及这个快递分拣中心对寄包裹的客户(4 个 DLP-S)有哪些业务,即 DLP-S 会发起怎样的核间通信。

核间通信的通路如图 7.10 所示,包括广播总线与每个 DLP-S 相连的请求通道和数据通道,以及广播总线与 SMEM 相连的请求通道和数据通道。值得注意的是,数据通道为双向通道包括读数据通道和写数据通道。为简单起见,由 DLP-S 发往广播总线的读写请求大致分为 3 种:单播写、单播读和多播。

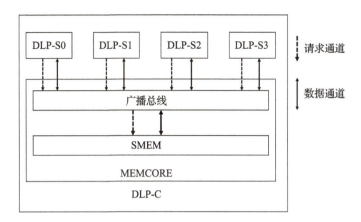

图 7.10 DLP-C 核间通信的通路

如图 7.11a 所示,单播写请求 w_req 伴随着写数据 w_data 由 DLP-S 发出,经由请求通道和数据通道到达广播总线。广播总线可以同时接收 4 个 DLP-S 的 w_req 和 w_data,并通过向与 SMEM 相连的请求通道发送写请求 write_req 的方式,将写数据 w_data 通过数据通道按顺序写入 SMEM 中。

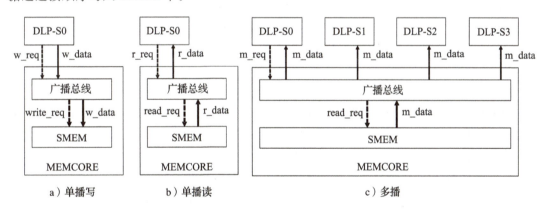

图 7.11 DLP-S 发往广播总线的读写请求

如图 7.11b 所示,单播读请求 r_req 由 DLP-S 发出,经由请求通道到达广播总线。广播总线根据 r_req 中的读地址生成发往 SMEM 的读请求 read_req,通过与 SMEM 相连的读数据通道读取数据。最后,广播总线通过与 DLP-S 相连的写数据通道将读取的数据 r_data 写回 DLP-S。

如图 7.11c 所示,多播请求 m_req 由 DLP-C 内的一个 DLP-S 发出,经由请求通道到达广播总线,主要包括读地址和写地址。广播总线通过读数据通道读取 SMEM 的读地址上的数据,并将读取的数据 m_data 通过写数据通道发送到所有目的 DLP-S 的同一写地址。

值得注意的是 DLP-S 与广播总线通信的数据位宽是广播总线与 SMEM 通信的数据位宽的 1/4。以单播写为例,正常情况下,广播总线将来自同一个 DLP-S 的 4 个单播写请求拼合成 1 个写请求发往 SMEM。这样的数据位宽设定保证了 4 个 DLP-S 能同时满带宽传输。

**3. 多播的应用**

下面将以一个 DLP-C 执行大规模卷积运算为例,介绍多播的应用和收益。

对于一个大规模神经网络的卷积层,每个 DLP-S 的 NRAM 中已经存放了不同的输入数据,而权重存放在片外 DRAM 中。现在我们需要将相同的权重载入(Load)到 DLP-C 内所有 DLP-S 的 WRAM 中,使得 4 个 DLP-S 能够并行对不同的输入数据进行卷积运算。由于卷积计算需要等待权重载入完毕后才能开始,所以访存时间将极大地影响整个 DLP-C 的效率。

对于上述场景,DLP-C 内的指令配置和执行过程如下:

- 首先,SMEM 通过执行访存指令,驱动其核内的 DMA 将权重从片外载入 SMEM 中;
- 然后,其中一个 DLP-S 执行广播指令,驱动其核内的 DMA 向广播总线发送多播请求,广播总线读取 SMEM 上相应的权重,并将其广播,写入 DLP-C 内所有 DLP-S 的 WRAM 中;
- 最后,等待广播完成后,4 个 DLP-S 执行卷积运算指令。

如果没有 SMEM,则相同的权重数据需要重复 4 次从 DRAM 读出,片外访存的数据量变为原来的 4 倍;如果使用 SMEM 但不使用广播,则相同的权重数据也需要重复 4 次从 SMEM 读出,对 SMEM 访存的数据总量变为原来的 4 倍。在访存带宽固定时,多播节省了搬运权重数据的时间,减少了整个神经网络的运行时间。

### 7.2.2.2 CDMA

DLP-C 通过 CDMA 与其他 DLP-C 进行通信。如图 7.12 所示,黑色实线标记了各个单元之间的数据流走向,当 DPL-C0 中的 DLP-S0 需要将数据写入 DLP-C1 中的 DLP-S0 时,需要经过以下三个步骤:

(1) DLP-S0 发送单播写请求将数据写入本地 SMEM0 中。

(2) DLP-C0 将本地 SMEM0 中的数据通过 CDMA0 发送到 DLP-C1 的 SMEM1 中。

(3) DLP-C1 中的 DLP-S0 发送单播读请求将数据从 SMEM1 中读取出来。

在第 2 步中,其中一个 DLP-C0 中的 CMDA0 作为 Master(主)端,DLP-C1 中的 CDMA1 作为 Slave(从)端,Master 端直接向 Slave 端推送写请求,Master 端需要实现写地址(简记为 AW)和写数据(简记为 W),Slave 端需要实现写响应(简记为 B)。

如果 DLP-C0 向 DLP-C1 搬运数据,那么 DLP-C0 充当 Master 的角色,它接收的访存指令中应当包括:

(1) 目标 Cluster 号,即 DLP-C1;

(2) 源地址,即 DLP-C0 的 SMEM0 中的地址;

(3) 目的地址,即 DLP-C1 的 SMEM0 中的地址;

(4) Data Size,即数据大小。

根据上述指令域，DLP-C0 中的 CDMA0 拆解出一定数量的访存请求，向 DLP-C1 中的 CDMA1 推送多个 AW 和 W 请求，总的请求数据量为 Data Size，DLP-C1 完成后返回写响应信号，最终完成 DLP-C 之间的数据搬运。

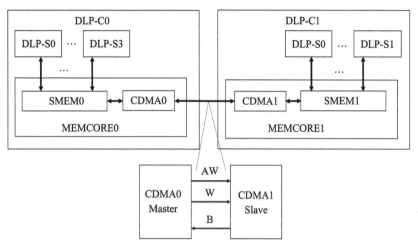

图 7.12　DLP-C 间访存数据流图

#### 7.2.2.3　GDMA

GDMA 负责 DLP-C 的片外访存，它有以下几点特殊之处：

（1）每个 DLP-C 可能对应多个 DRAM 控制器，因此 GDMA 发出的请求地址需要进行路由；

（2）GDMA 发出的请求地址是虚拟地址，需要使用 MMU 进行虚实地址转换；

（3）GDMA 会利用 TLB 加速虚拟地址到物理地址的转换；

（4）GDMA 会利用 LLC 缩短片外访存的平均延时。

#### 7.2.2.4　多核同步模型

不难发现，如果两个核同时访问同一地址区域，可能产生访存冲突。例如在同一时刻独自运行的两个处理器核都需要写 DRAM 上的同一地址区域，此时会发生"写后写（Write-After-Write，WAW）"访存冲突。为了解决多核访存冲突的问题，我们在 DLP-S 的指令集中新增一条 BARRIER 指令。BARRIER 指令的功能类似于一个关卡，每个处理器核执行到该指令时会暂停执行，等待需要与其同步的核都执行到了带有相同标记的 BARRIER 指令处后，才能释放这些核的关卡，继续执行。

如图 7.13 所示，BARRIER 指令一般包含如下指令域。Barrier_ID 用来标识同一个任务中的 BARRIER 序号，因为一次任务中可能出现多次同步，每次同步必须通过 Barrier_ID 来标识，否则同步处理模块无法区分各个同步事件。Task_ID 用来标识需要同步的任务的编号，因为多核架构下只有执行相同任务的核之间才需要进行同步，因此我们需要用 Task_ID 来标志任务的编号，处于执行不同任务（即 Task_ID 不同）的核不需要进行同步。Sync_Count 域用来标识当前的 BARRIER 指令需要同步的处理器核的数目。如果 Sync_Count 小于等于 1，则同步处理模块不会阻挡当前处理器核的执行；否则同步处理模块会暂停当前核的执行，等待具有同样 Barrier_ID 和 Task_ID 的 BARRIER 指令出现，直到累积数目达到 Sync_Count，才释放这些核的关卡，让它们继续执行。

| BARRIER | Barrier_ID | Task_ID | Sync_Count |

图 7.13　BARRIER 指令域

下面以两个处理器核的指令流为例说明多核协同完成深度学习任务时，各个指令流之间的行为。如图 7.14 所示，DLP-S0 和 DLP-S1 在起始时刻同时开始执行指令，DLP-S0 执行了一条 DMA 指令，完成对 DRAM 地址 0 的写，此时 DLP-S1 执行 BARRIER 指令，根据指令信息可知，DLP-S1 需要等待 DLP-S0 出现匹配的 BARRIER 指令才可以继续执行下一条指令。如果没有 BARRIER 指令，DLP-S0 执行写 DRAM 地址 0 会与 DLP-S1 读 DRAM 地址 0 产生冲突，同样 DLP-S1 执行写 DRAM 地址 1 会与 DLP-S0 读 DRAM 地址 1 产生冲突。从该示例可以看出，使用 BARRIER 指令可以解决访存冲突问题。

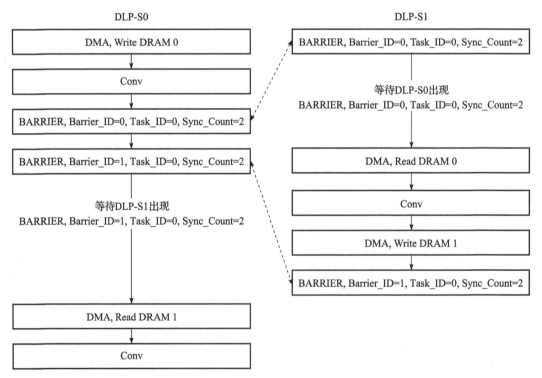

图 7.14　双核协同指令流

## 7.2.3 互联架构

在多核深度学习处理器架构中,每个核都有完备的深度学习任务的处理能力,可以各自独立执行计算任务。然而考虑实际的应用需求,多个核之间的协同处理是必要的:一方面,多核之间可以通过数据共享来减少对片外 DRAM 的访问,从而在片外访存带宽受限的情况下提高整体的性能;另一方面,多核协同能提高处理单个任务时的计算能力,从而降低任务的计算延时。

在整个架构中,各个核之间可以在任务执行过程中进行实时的数据交换。实现多核协同的一种天然方式是所有的核都访问公共的片外 DRAM,当需要核 A 发送数据到核 B 时,由核 A 将要发送的数据写入片外 DRAM,等到写操作完成后,由核 B 从片外 DRAM 的相同地址读取数据。这种方式有延时和带宽两方面的缺陷,每次数据交换需要对片外 DRAM 进行一次读和一次写,既增加了片外 DRAM 的访问压力,而且需要进行两次片外 DRAM 访问才能完成数据交换。为了实现快捷且直接的数据交换,需要在核间增加用于直接进行数据交换的通路,从而支持不同核之间的直接访问,即实现多核之间的互联。

### 7.2.3.1 核间互联的拓扑结构

与任意并行系统中多个处理机之间的互联类似,片上多核之间的互联有多种可能的拓扑结构,几种典型的拓扑结构如图 7.15 所示。

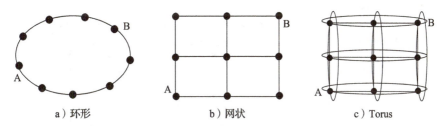

图 7.15 多核处理器片上互联拓扑结构

多核之间的互联拓扑的设计目标是:

(1)所有的核之间对称,不同的核到同一个核的延时相同。这样可以提供所有核完全对等的编程模型,方便软件编写和性能优化,另一方面也使得多核系统在调度时可以做任意的任务分配。

(2)核间的互联通路尽量稠密,这样可以减少单个通路的负载,同时降低访问延时。理论上,只有多核之间对称的全连接拓扑才能完全满足上述要求。

### 7.2.3.2 互联方式

对多个核进行互联的方式主要有两种:总线互联和片上网络。

#### 1. 总线互联

传统的总线互联方式即所有核都连接到公共的数据通信干线，总线连接所有的发送端和接收端，在内部实现发送端和接收端的互联。

总线互联的优势在于各对端口之间独立，不易发生死锁问题。然而随着核数量的增加，总线结构在通信性能、全局时钟同步、物理实现等方面面临着巨大的挑战。

#### 2. 片上网络

片上网络（Network on Chip，NoC）是由芯片上的通信节点和它们之间的互联通路构成的网络，通过路由和分组实现多核之间的连接。片上网络一般采用分层可扩展的架构，能够支持复杂的用户定义的网络拓扑，并且在逻辑上实现任意的点对点连接。相对于总线互联，片上网络在性能和功耗上都有一定优势；此外，片上网络能显著降低物理链路的复杂度，节约实现成本；同时具有更好的可扩展性和可重用性，降低开发成本。

### 7.2.3.3 DLP-C 之间的互联

如图 7.16 所示，DLP-C 之间采用 NoC 进行互联，各个 DLP-C 之间均有通路可以进行通信。这是因为 DLP-M 是一个复杂的片上系统（System on Chip，SoC），全局同步的总线已经不再适用，甚至会引入许多功耗和性能上的问题，而 NoC 架构的**全局异步、局部同步**的时钟机制能够显著地提高性能，因此 DLP-M 以 NoC 为基础实现片上通信子系统。

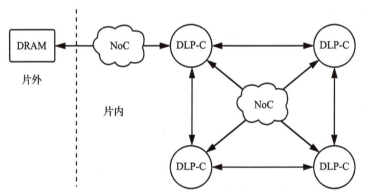

图 7.16 DLP-C 的互联结构

## 7.2.4 小结

DLP-M 主要面向云端智能领域的应用，相比于 DLP-S，DLP-M 有两个显著的特点，即分层结构和通信模型。DLP-M 可以分为三个层级，自顶向下分别是 Chip 级、Cluster 级和 Core 级。分层设计的主要目的是减少从 DLP-S 到片外的访存延时，Cluster 层级中 SMEM 用来缓存来自片外 DRAM 的数据，然后 DLP-S 再访问 SMEM 中的数据，这种分层存储结构能够显著降低数据访问延时，提高多核深度学习处理芯片的访存性能。

DLP-M 中的一个核心问题是如何实现 DLP-S 间的通信、DLP-C 间的通信，以及 DLP-

C 与片外 DRAM 之间的通信。我们在 Cluster 中设计了一个专门处理通信问题的单元，即 MEMCORE。MEMCORE 中设计了一套完整的多核协同的通信机制和同步机制，使其能够匹配深度学习算法中的通信需求，同时减少 DLP-S 间、DLP-C 间以及 DLP-C 与片外 DRAM 之间传输数据的开销。

## 7.3 本章小结

本章分别介绍了单核深度学习处理器 DLP-S 和多核深度学习处理器 DLP-M 的架构。

单核深度学习处理器是智能计算系统的最基本组件，决定了整个智能计算系统在功能、性能和功耗等维度的表现。为了设计一个深度学习领域内较为通用的处理器，本章介绍的单核架构借鉴了较多通用处理器（CPU）的设计思路，整个系统分为控制子系统、运算子系统和访存子系统。控制子系统包括取指单元和指令译码单元等组件，基本的控制指令和标量指令的定义也参考了 CPU 的指令集设计。进一步，在保证领域通用性的同时，还需要兼顾处理器架构在深度学习应用领域的能效指标，这主要体现在运算子系统和访存子系统的设计中。运算子系统包括了标量、向量、矩阵三个组成部分，它们的通用性递减，运算能力递增，能效也递增。访存子系统也充分考量了深度学习算法的访存特征，做了较多定制化设计。实际上，设计一个深度学习处理器的过程是在通用处理器和全定制硬件（ASIC）之间寻找在通用性和能效比两个维度上的最佳平衡点的过程，是处理器架构师结合具体应用需求和体系结构技术不断迭代改进的过程。

多核深度学习处理器架构主要解决的是深度学习处理器的可扩展性问题。背后的动机和多核 CPU 是类似的，当单核 CPU 的主频难以进一步提升时，多核 CPU 自然成了必要的选择。多核深度学习处理器的动机也一样，当在单个深度学习处理器无法以较高效率堆积更多运算器时，多核深度学习处理器自然就成了必要的选择。不同于单核，多核情况下主要考量的是数据通信和同步的问题，为避免核数过多带来的可扩展性问题，分层的结构设计是常见做法。本章介绍的多核架构引入了 Cluster 层（即 DLP-C），在 DLP-C 内部的多个 DLP-S 之间以及 DLP-C 之间采用了不同的互联拓扑和功能定义。在 DLP-C 内部提供了单播、多播和广播的通信原语，而在 DLP-C 间又通过灵活的 NoC 拓扑实现了可扩展性的进一步增强。

## 习题

7.1 列举出目前市场上至少三种品牌和型号的人工智能加速装置的峰值算力、带宽和功耗。

7.2 本章所介绍的单核深度学习处理器的片内存储和传统 CPU 的片上缓存有什么区别？

7.3 本章所介绍的单核深度学习处理器的访存行为与传统 CPU 有什么区别？

7.4 本章所介绍的单核深度学习处理器的指令译码过程与传统 CPU 体系结构有什么区别？

7.5 怎样改进才能使本章所介绍的单核深度学习处理器能够支持乱序执行的功能？从应

用的角度考虑，深度学习处理器是否有必要支持乱序执行功能？

7.6 请简述 DMA 的工作过程及其关键要点。

7.7 假设有一个单核的神经网络处理器，包含用于存放权重的片上存储 WRAM 共 256KB，用于存放输入/输出神经元数据的片上存储 NRAM 共 128KB，一个矩阵运算单元每个时钟周期内可完成 256 个 32 位浮点乘累加运算，该芯片运行频率为 1GHz，片外访存总带宽为 64GB/s。假设运算器利用率为 100% 且不考虑延迟，访存带宽利用率为 100% 且不考虑延迟。可以使用以下几种简化的指令：

**move ram_type1 ram_type2 size**，用于从 ram_type1 向 ram_type2 传输 size 个字节的数据。其中，ram_type 可选 DRAM、NRAM 和 WRAM。

**compute compute_type num**，用于执行总运算量为 num 的 compute_type 类型的运算。其中，compute_type 可选 MAC_32、MAC_16、ADD_32、ADD_16、SUB_32、SUB_16、MUL_32、MUL_16、DIV_32、DIV_16 等。

**loop loop_time...endloop**，用于表示执行循环体 loop_time 次。

**sync**，同步指令，表示在此之前的指令必须都执行完成才能继续执行后续的指令。

请用上述指令完成以下任务，并估算执行时间：一个全连接层，其输入神经元的个数为 1×256，权重矩阵的大小为 256×1，所有数据均为 32 位宽的浮点数。

7.8 利用习题 7.7 所述的处理器和指令完成以下任务，并估算执行时间：一个全连接层，其输入神经元的个数为 32×256，权重矩阵的大小为 256×128，所有数据均为 32 位宽的浮点数。

7.9 利用习题 7.7 所述的处理器和指令完成以下任务，并估算执行时间：一个全连接层，其输入神经元的个数为 1024×256，权重矩阵的大小为 256×128，所有数据均为 32 位宽的浮点数。

7.10 对于习题 7.9 的情况，假设权重和输入数据具有一定的稀疏性，权重可以经过稀疏编码被压缩为原来体积的 1/4，输入神经元数据可以被压缩为原来体积的 1/2。重新估算习题 7.9 的执行时间。

*7.11 假设有一个四核神经网络处理器，每个核都与习题 7.7 中的单核神经网络处理器相同（除了片外访存带宽）。除此之外，这四个完全相同的核组成的 Cluster 还包含一个由四核共享的片上存储 SharedRAM，大小为 2MB。这个芯片的片外访存总带宽为 128GB/s，SharedRAM 与每一个单核处理器之间的带宽均为 1TB/s。该芯片所支持的指令与习题 7.7 相同，并在其基础上增加 SharedRAM 作为一种新的 ram_type。请用所述指令完成以下任务，并估算执行时间：一个全连接层，其输入神经元为 32×256，权重矩阵的大小为 256×128，所有数据均为 32 位宽的浮点数。

*7.12 利用习题 7.11 所述的多核处理器和指令完成以下任务，并估算执行时间：一个全连接层，其输入神经元的个数为 1024×256，权重矩阵的大小为 256×2048，所有数据均为 32 位宽的浮点数。

CHAPTER 8
第 **8** 章

# 智能编程语言

2017 年图灵奖得主 J. L. Hennessy 和 D. A. Patterson 在《计算机架构的新黄金时代》中提到"领域专用语言是编程语言设计者、编译器设计者以及领域专用架构师都非常感兴趣的研究领域"[126]。面向人工智能领域,作为连接智能编程框架和智能计算硬件的桥梁,智能编程语言既是实现编程框架算子(operator)的基础,也是对智能计算硬件高效编程的核心用户入口。本章将从智能计算系统抽象架构、编程模型、语言基础、编程接口、功能调试、性能调优以及系统级开发等方面展开介绍。具体而言,8.1 节介绍传统编程语言对新型智能计算系统进行编程的局限性,并由此明确智能编程语言的核心要求,即**高开发效率**(productivity)、**高性能**(performance)、**高可移植性**(portability)。8.2 节介绍智能计算系统的硬件抽象架构。8.3 节介绍基于智能计算系统硬件抽象的编程模型及编程方法。8.4 节以 BANG C Language(BCL)为例介绍智能编程语言基础,包括语法、类型、语句及编程示例等。8.5 节介绍智能编程语言编程所需的接口及调用方法。8.6 节介绍对智能程序进行功能调试所需的方法、接口、工具及示例。8.7 节介绍对智能程序进行性能调优的方法、接口、工具及示例。8.8 节介绍基于智能编程语言的系统级开发,包括如何开发高性能库算子和编程框架算子,以及如何进行系统级优化。

## 8.1 为什么需要智能编程语言

传统通用计算平台上发展出了多种不同的编程语言,包括面向特定硬件架构的底层汇编语言(如 x86 汇编语言、ARM 汇编语言及 RISC-V 汇编语言等)、方便用户编程的高级语言(如 C/C++、Java 及 Python 等),以及面向逻辑推理的逻辑式编程语言 Prolog 等。这些编程语言在以深度学习处理器为代表的智能计算系统上面临诸多问题。如图 8.1 所示,传统编程语言和智能计算系统间存在三方面的鸿沟:一是

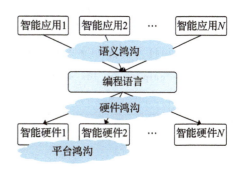

图 8.1 传统编程语言面对智能计算系统出现的三大鸿沟

**语义鸿沟**，传统编程语言难以高效地描述高层智能计算语义，导致智能应用程序的开发效率较低；二是**硬件鸿沟**，传统编程语言难以高效地抽象智能计算硬件特性，导致最终生成的代码执行效率较低；三是**平台鸿沟**，智能计算硬件平台种类繁多且在不断增长，针对特定平台优化的程序难以实现跨平台可移植，即在不同平台上都可以正常执行并达到较高的计算效率。

## 8.1.1 语义鸿沟

传统编程语言如 C/C++ 等是以面向通用计算的加、减、乘、除等基本标量操作为基础的，通常不具有和具体任务及应用场景相关的高层语义。这导致针对新的、不断涌现的智能计算操作原语[⊖]的开发效率较低。考虑到以深度学习为代表的诸多智能计算任务，其核心都是向量和矩阵运算，能够直接提供向量和矩阵计算语义描述的编程语言如 Python 和 Matlab 等在一定程度上提高了编程效率，但其能表达的更高层智能计算语义仍十分有限。以深度学习中最为核心的卷积运算为例，在编程语言中嵌入高层语义后开发效率有显著提升。如图 8.2 所示，使用纯标量计算的 C++ 语言编写的卷积运算包含 7 重循环，而采用具有向量（即 array）语义的 Python 语言编写的卷积运算只需要 4 重循环即可完成。如果采用具有 Conv 语义和 Tensor 类型的编程语言实现卷积运算则只需要一条语句即可完成，降低了代码量，提高了开发效率。

```cpp
//声明C++ array类型
T input = new T[ni * ci * (hi + 2 * pad) * (wi + 2 * pad)];
T filter = new T[co * ci * hk * wk];
T bias = new T[co];
int ho = (hi + 2 * pad - hk) / stride + 1;
int wo = (wi + 2 * pad - wk) / stride + 1;
T output = new T[ni * co * ho * wo];
//计算
for (int ni_idx = 0; ni_idx < ni; ni_idx++) {
  for (int co_idx = 0; co_idx < co; co_idx++) {
    for (int ho_idx = 0; ho_idx < ho; ho_idx++) {
      for (int wo_idx = 0; wo_idx < wo; wo_idx++) {
        T sum = T(0);
        for (int ci_idx = 0; ci_idx < ci; ci_idx++) {
          for (int hk_idx = 0; hk_idx < hk; hk_idx++) {
            for (int wk_idx = 0; wk_idx < wk; wk_idx++) {
              int hi_idx = ho_idx * stride + hk_idx;
              int wi_idx = wo_idx * stride + wk_idx;
              sum += input[((ni_idx * ci + ci_idx) * (hi + 2 * pad) + hi_idx) * (wi + 2 * pad) + wi_idx] * filter[((co_idx * ci + ci_idx) * hk + hk_idx) * wk + wk_idx];
            } } 
          output[((ni_idx * co + co_idx) * ho + ho_idx) * wo + wo_idx] = sum + bias[co_idx];
        ]; 
    } } }
```

a) C++语言

图 8.2 使用不同语言实现的卷积运算示例

---

⊖ 以 TensorFlow 为例，随着版本的迭代，其算子数也在不断增加。

```
1  #声明numpy array类型
2  input = numpy.array(padded_input_data_list).reshape(ni, ci, hi+2*pad, wi+2*pad)
3  filter = numpy.array(filter_data_list).reshape(co, ci, hk, wk)
4  bias = numpy.array(bias_data_list).reshape(1, co, 1, 1);
5  ho = (hi + 2 * pad - hk) / stride + 1
6  wo = (wi + 2 * pad - wk) / stride + 1
7  output = numpy.array([0,]*(ni*co*ho*wo)).reshape(ni, co, ho, wo)
8  #计算
9  for ni_idx in range(ni):
10   for co_idx in range(co):
11     for ho_idx in range(ho):
12       for wo_idx in range(wo):
13         hi_idx = ho_idx * stride
14         wi_idx = wo_idx * stride
15         output[ni_idx, co_idx, ho_idx, wo_idx] = np.sum(input[ni_idx, :, hi_idx:hi_idx+hk
        , wi_idx:wi_idx+wk] * filter[co_idx, :, :, :]) + bias[0, co_idx, 0, 0]
```

b）Python语言

```
1  //声明tensors类型
2  Tensor input(ni, ci, hi, wi);
3  Tensor filter(co, ci, hk, wk);
4  Tensor bias(1, co, 1, 1);
5  Tensor output(ni, co, (hi+2*pad-hk)/stride+1, (wi+2*pad-wk)/stride+1);
6  //计算
7  conv(input, filter, bias, output, pad, stride)
```

c）具有Conv语义的语言

图 8.2 （续）

为进一步提高开发效率，除了直接提供智能计算核心操作（算子）级别的高层操作语义，智能编程语言的抽象层次还在不断提高，向高层次和专用化的方向发展，如面向语音识别的编程语言 Kaldi[127] 和面向自动驾驶测试场景生成的编程语言 Scenic[128] 等。图 8.3 提供了 Scenic 编程语言的示例。Scenic 本质上是一种面向特定领域智能任务（即自动驾驶测试场景生成）的**概率编程语言**（probability programming language），可以通过指定概率分布的方式来生成满足约束的物理世界及智能体。在这个例子中通过 3 行代码即可以生成一个典型的测试场景：车辆停在马路边缘左侧 0.5m 处，同时车头与马路边缘呈 10°～20°夹角。当然，上述语言仅面向特定应用场景（即语音和自动驾驶），无法满足各种不同智能应用场景的普适需求。

```
spot = OrientedPoint on visible curb
// OrientedPoint是内建class，包含位置和朝向等信息；
// visible curb是内建类型，指定了区域（region），
// 要求OrientedPoint在该区域中随机分布。
badAngle = Uniform(1.0, -1.0) * (10, 20) deg
// badAngle指定了10°~20°的随机角度。
Car left of spot by 0.5, \
    facing badAngle relative to roadDirection
// 输出结果：车辆停在马路边缘左侧0.5m处，车头与马路边缘
// 呈10°~20° 夹角分布
```

图 8.3 面向自动驾驶测试场景生成的编程语言 Scenic 的示例代码

## 8.1.2 硬件鸿沟

与传统通用处理器相比,智能计算硬件在控制、存储及计算等逻辑上都有其显著特点。上述特点导致传统(高级)编程语言难以对硬件进行有效抽象并传递给编译器进行针对性优化。

针对控制逻辑,传统通用处理器以 RISC 和 CISC 的多级指令流水线为典型代表,通过对指令(或微码)的翻译,产生相应的控制信号。具体控制逻辑并没有在传统编程语言如 C/C++ 中暴露给用户,而是通过编译优化及硬件架构优化来充分挖掘代码的并行度(如指令级并行及数据级并行等),填补用户程序和底层硬件特性间的鸿沟。对于智能计算硬件而言,其指令以高度并行、相对规整的向量指令或宏指令为主。因此传统编程语言中的控制流、大量标量运算,以及相对耗时的片外访存等都极容易带来流水线的"气泡",影响运算单元阵列的计算效率。针对传统编程语言的这些问题,需要智能编程语言为用户提供更多的底层硬件特性,例如:特殊的控制流指令以降低分支控制的开销[○];让用户直接采用底层硬件所支持的特殊向量或宏指令实现的计算函数来编写程序,而不是编写大量标量运算,然后通过开发难度高、执行效率低的编译器自动并行来完成优化;提供高层语言特性,让用户更容易地控制计算和访存之间的平衡,使计算和访存尽量并行,掩盖访存带来的额外开销。图 8.4 提供了不同层次编程语言以及不同硬件特性(包括特殊硬件指令所实现的函数,以及计算访存平衡)能带来的性能提升。针对简单的矩阵乘法(规模为 4000×4000),采用更接近底层硬件的 C 语言实现相比 Python/Java 等更高层次的编程语言具有更简单的指令控制流,从而可以带来 47 倍的性能提升。而在考虑了底层硬件所提供的并行度、存储层次以及向量指令后,所实现的程序相比原始程序性能提升了 62 806 倍,效率也从初始的接近 0% 提升到了 40%[129]。

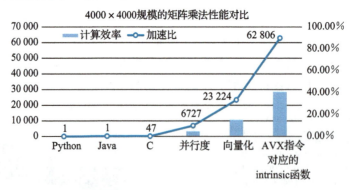

图 8.4 不同层次编程语言以及考虑不同硬件特性(如并行度、存储层次及向量指令等)后的矩阵乘法性能对比[129]

---

○ 如 TensorFlow 中引入了控制流算子。

针对**存储逻辑**，特别是片上存储，传统通用处理器以硬件管理下对程序员透明的 cache 为主，辅以程序员可见的（逻辑）寄存器。在编程语言（特别是高级语言）中并不需要显式地看到上述存储层次，只需直接对内存中的数据进行访问即可。然后，编译器（如采用数据预取和寄存器分配等）和硬件架构（如 cache 管理和动态流水线调度等）充分利用片上存储来缓解"存储墙"问题[○]。然而，这种方式在以深度学习处理器为代表的智能计算硬件上无法最大限度地发挥底层硬件的计算性能。最主要的原因在于：一是给编译器的优化和代码生成带来了极大的负担，要求编译器能够自动地最大化片上存储的利用率；二是极大地增加了硬件控制逻辑的开销，降低了单位面积的计算能力。通常而言，智能计算硬件采用由程序员显式管理的 SPM（ScratchPad Memory，便笺式存储器）[○]来降低硬件开销并提高灵活性。由于 DRAM 和片上 SPM 的带宽和延迟存在较大差距，是否采用 SPM 编程在执行效率上有数量级的差异。

针对**计算逻辑**，传统通用处理器主要提供算术逻辑单元（Arithemtic Logic Unit，ALU）和浮点运算单元（Floating-Point Unit，FPU），一般不具有面向智能计算特性的定制运算单元，如低位宽运算器等。图 8.5 给出了当前常见的运算单元的格式对比，包括 32 位 IEEE-754 标准的单精度浮点（FP32）、16 位 IEEE-754 标准浮点（FP16）、Brain 浮点（BF16）、16 位定点（INT16）以及 8 位定点（INT8）。可以采用低位宽运算器的主要原因在于智能计算应用具有一定误差容忍度，在很多场景下并不需要太高精度的运算器。以视觉处理场景下的推断任务为例，很多场景下（如图片分类和目标检测等）8 位定点运算器的精度就可以很好地满足任务需求。如图 8.6 所示，针对典型的深度学习算法，与 32 位浮点运算器相比，8 位定点和 16 位浮点的精度损失几乎可以忽略。以典型的分类网络 ResNet50 为例，INT8 和 FP16 的 Top-1 精度损失仅有 0.1% 和 0.2%。此外，如表 8.1 所示，低位宽的运算器不但精度没有损失，其面积和功耗都得到了极大的降低。以 INT8 运算器为例，和 FP32 运算器相比，其面积和功耗开销分别减少了 85.54% 和 85.73%[130]。

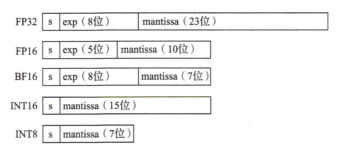

图 8.5 常见运算单元数据格式对比。其中 s 代表符号位，exp 代表指数位，mantissa 代表尾数位

---

○ "存储墙"问题指的是计算逻辑和内存之间的处理速度存在不断增大的差距，导致片外访存成为整个处理的瓶颈。

○ 寄存器堆也可以看作特殊的 SPM。

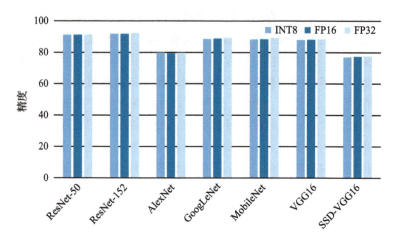

图 8.6 FP32、FP16 及 INT8 数据格式针对典型深度神经网络算法的精度对比

表 8.1 低位宽运算器与 FP32 运算器的面积和功耗对比[130]

| 运算器类型 | 面积降低 | 功耗降低 |
| --- | --- | --- |
| FP16 | 55.01% | 60.72% |
| BF16 | 60.96% | 66.27% |
| INT16 | 62.72% | 63.97% |
| INT8 | 85.54% | 85.73% |

正是由于传统通用处理器中缺少面向智能计算特性的定制运算单元,传统编程语言中主要提供的是 INT 和 FP32 等数据类型,导致难以利用智能计算系统中更加丰富和高效的运算单元,如 FP16 和 BF16 等,甚至 INT4、INT2 以及 Binary 数据类型。

显然,越高层的编程语言,其对硬件的抽象层次越高,硬件特性也屏蔽得更加彻底。我们希望理想的智能编程语言**既可以对特定智能任务有较高层次的抽象,又可以向用户提供足够丰富的硬件细节**。这需要在抽象层次和硬件细节中寻找平衡点,同时满足高开发效率和高性能的需求。

### 8.1.3 平台鸿沟

由于人工智能和机器学习技术的快速发展,新的智能计算硬件也在不断涌现。目前在传统 CMOS 工艺上已经有包括 CPU、GPU、FPGA 和 ASIC 等在内的多种不同形态。新型计算器件(如数模混合计算器件、光电混合计算器件以及忆阻器和非易失相变存储器件等)的出现,进一步丰富了底层的智能计算硬件。硬件平台的多样性导致在特定平台上优化得很好的程序,在新的硬件平台上可移植性(包括功能和性能可移植性)存在很大挑战。针对**功能可移植性**,如果采用特定平台专用的语言(如调用特殊指令对应的 intrinsic

函数）编写的程序在别的平台上无法运行，可以考虑以下解决方法：以图 8.4 为例，其中的矩阵乘法是在 Intel x86 平台上进行的优化，最终调用了 AVX 指令对应的 intrinsic 函数，如果在没有 AVX 支持的平台（如 ARM 处理器）上，该程序将无法执行，带来可移植性的问题；还可以通过提升语言的抽象层次，例如定义与算法语义更接近的 API 函数（如常用的 BLAS（Basic Linear Algebra Subroutine）函数），而不是直接用底层指令的 intrinsic 函数，可以在一定程度上填补不同平台的鸿沟。但是，这一解决方案又给**性能可移植性**（performance portability）带来了挑战，即在特定平台上优化好的程序，在新的硬件平台上执行效率可能会急剧下降。仍以 BLAS 接口为例，如果要达到良好的性能可移植性，要求专家程序员在不同的平台（如 x86、ARM 以及 GPU 等）上都进行专门的定制优化，在语言层面只暴露定义良好、广泛接受的 API 接口给用户使用。在不同平台上的专门手工优化显然带来了极大的开发代价。此外，由于不同的智能计算硬件在架构、工艺和器件等层面都存在很大差异，进一步给统一的跨平台性能优化带来了巨大挑战。为了缓解这一问题，理想的编程语言需要**抽取不同硬件平台的共性特征**，并在此基础上提取性能关键特征作为语言特性提供给用户。这需要编程语言设计人员、编译器设计人员及领域专用架构人员的大量努力，在硬件抽象层次和性能间寻找最佳平衡点。

### 8.1.4 小结

本节分析了面向传统通用处理器的编程语言在以深度学习处理器为代表的智能计算系统上面临的三大挑战：语义鸿沟、硬件鸿沟和平台鸿沟。传统通用编程语言难以同时满足高开发效率、高性能和高可移植性的需求，图 8.7 中我们对典型的编程语言能否满足上述三方面的需求进行了总结。显然，抽象层次越高的编程语言（如 Python 等），其开发效率和可移植性越好，但是性能会面临很大的挑战；抽象层次越低的编程语言（如 C 语言和汇编语言等），能够充分挖掘底层硬件的性能，但是开发难度和可移植性都存在问题。领域专用语言是同时满足上述三大需求的重要技术途径，现有的领域专用语言如面向逻辑推理的 Prolog、面向图像处理的 Halide[131] 以及面向深度学习的 RELAY/TVM[132] 等，遵循前述智能编程语言的设计原则，力图同时对特定领域的应用和硬件进行抽象。具体而言，Prolog 以谓词逻辑为理论基础，针对特定问题（如约束求解、定理证明以及专家系统等）有较高的开发效率，然而由于其主要以搜索和回溯等方式来求解问题，运行效率是非常大的挑战。Halide 将计算逻辑与优化逻辑相分离，需要专家程序员针对不同的硬件编写复杂的调度策略，如循环变换、分块（tiling）以及线程绑定等，才能在特定平台上达到较好的性能，因此其开发效率仍然面临挑战，特别是针对种类繁多的底层硬件平台。最近的 RELAY/TVM 本质上对深度学习处理器架构进行了一定程度的统一抽象，定义了包括并行、张量化以及延迟隐藏等在内的核心调度原语。基于这些调度原语，采用机器学习的方法（而不是手工实现的方式）自动搜索最优的调度策略。这一思路提升了开发的抽象层次，性能也得到一定程度的保证。但是，随着人工智能算法和深度学习处理器的快速演进，其对智能算法以及硬件架构调度原语的抽象粒度/层次是否最为合理,是否是同时具备高开发效率、高性能和高可移植性(特别是性能可移植性)的理想智能编程语言,仍然是需要进一步深入探索的问题。

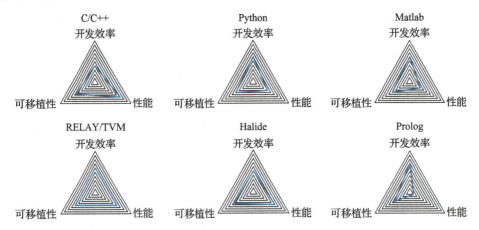

图 8.7 传统通用编程语言、领域专用编程语言在开发效率、性能和可移植性三大设计原则方面的对比

## 8.2 智能计算系统抽象架构

针对智能编程语言的挑战,需要对智能计算系统的硬件进行抽象,得到合适的抽象硬件架构。本节首先讨论层次化的抽象硬件架构,其中每个层次都包括抽象的控制、计算和存储模型。基于该抽象架构,我们对典型智能计算系统进行了映射,说明该抽象架构的有效性。最后详细介绍控制、计算和存储模型。

### 8.2.1 抽象硬件架构

由于传统编程语言在智能计算系统上面临语义、硬件和平台等挑战,我们期望设计出同时满足高开发效率、高性能和高可移植性的智能编程语言。为了满足上述目标,前提是对各种不同规模、不同尺度及不同形态的智能计算系统进行合适的硬件抽象,并在此基础上为用户提供简洁统一的编程接口。

我们观察到不同规模的计算系统可以整体抽象成存储、控制和计算三大部分。以典型的多核处理器系统为例,整体上由包含控制和计算的处理器芯片以及代表存储的片外 DRAM 组成。其中处理器芯片的计算部分又由包括控制和计算逻辑的计算核以及代表存储的片上缓存组成。对于每个计算核,其中又包括了微体系结构控制路径(如流水线控制)和计算单元(如 ALU 和 FPU 等),以及代表存储的私有 cache 和寄存器等。基于上述观察,我们引入了层次化的智能计算系统硬件抽象。智能计算系统中的每一层都包含存储单元、控制单元和若干个计算单元。其中每个计算单元又进一步分解为子控制单元、子计算单元和子存储单元三部分。整个系统就以这样的方式递归构成,如图 8.8 所示。在最底层,每个叶节点都是具体的加速器,用于完成最基本的计算任务。

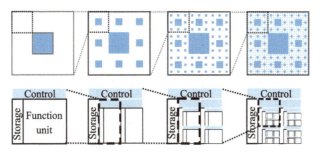

图 8.8 层次化的智能计算系统的抽象硬件架构

### 8.2.2 典型智能计算系统

深度学习处理器（Deep Learning Processor，DLP）可以用于加速各种类型的深度学习应用。当作为服务器的加速卡使用时，通过 PCIe 总线和主机端 CPU 进行数据交换。通过多个 DLP 板卡构建的智能计算系统可以用层次化硬件模型来进行抽象。如图 8.9 所示，多卡的 DLP 服务器可以抽象为五个层次，即服务器级（Server）、板卡级（Card）、芯片级（Chip）、处理器簇级（Cluster）和处理器核级（Core）。在最顶层，整个服务器系统包含若干 CPU 构成的控制单元，以及本地 DDR 构成的存储单元，由 PCIe 总线互连的若干 DLP 板卡作为该层的计算单元。第二层是板卡级，每块 DLP 板卡上包含本地 DDR 存储，每个处理器芯片作为计算和控制单元；第三层为芯片级，每个处理器芯片包含多个多处理器作为计算单元；第四层的每个多处理器包含多个加速器核作为控制和计算单元，另外还有共享存储 SRAM 作为存储单元；第五层则为叶子节点，每个加速器核包含本地存储及本地处理单元阵列。该架构可以很方便地通过增加 Card、Chip、Cluster 或者 Core 等方式提升整个系统的计算能力。

针对 DLP 智能计算系统所提供的"Server-Card-Chip-Cluster-Core"五个层次，对用户编程而言，最核心的是管理好各层次的存储模型。其中用户可见的包括主机端全局内存、设备端板卡全局内存、Cluster 上的 SRAM（Shared RAM）、Core 上的 NRAM（Neuron RAM）、WRAM（Weight RAM）以及寄存器（Register）等。用户可以通过高层的<u>宏指令</u>或<u>高性能计算库</u>的形式利用板卡上的计算资源，在不同存储层次之间的数据搬移及资源划分等将由底层代码来完成（对于主机端和设备端的数据搬移仍然需要显式控制）。对于专家用户而言，如果期望获得更好的性能，可以显式地控制 Card 以下各层次间的数据搬移以及访存/计算间的平衡。在编程模型中应该同时提供上述两种不同的编程方式以满足不同类型用户的使用需求。

下面详细讨论各不同层次的控制、计算和存储模型。

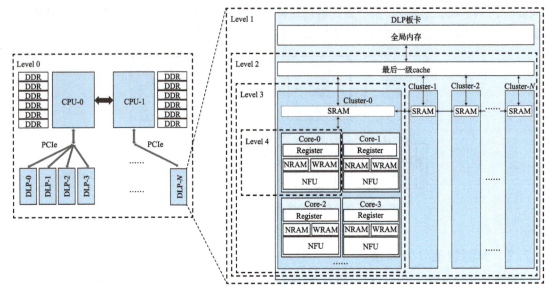

图 8.9 典型智能计算系统的层次化抽象

### 8.2.3 控制模型

指令是实现对计算和存储进行控制的关键。为了设计高效的指令集，需要充分分析智能领域的典型计算模式，提炼最具代表性的操作，并在架构设计中进行针对性加速。这些操作对于用户而言可以表示为宏指令，具有较高的抽象层次，其编程效率也会显著提高。例如，在智能计算系统中，使用一条指令就可以实现不同规模的矩阵乘法，而在通用处理器上实现同样的操作则需要数十甚至上百条指令。

通过对智能算法进行抽象可以得到四类典型操作：控制、数据传输、计算和逻辑操作。其中计算操作又可以细分为标量、向量和矩阵运算三类；逻辑操作细分为标量和向量运算两类，具体可以参考图 6.10 所示的 DLP 指令集。上述抽象操作既可以保证灵活性（通过对细粒度操作编程组合实现更加复杂的操作），也可以保证高效性（一条硬件指令完成复杂运算）。

计算与存储的交互同样是控制模型关注的重点。考虑到"存储墙"问题的存在，为了隐藏访存的延迟，应尽可能将计算与存储并行，例如可以将控制计算和访存的指令分开在不同的队列中发射执行，以提高并行度。在层次化结构中，下层节点的控制模块是上层节点的子集。以图 8.9 为例，Level 2 的控制和计算模块是多个 Cluster，Level 3 的控制和计算模块则是单个 Cluster，而 Level 4 的控制和计算模块则是 Cluster 中的 Core。

### 8.2.4 计算模型

在程序员可见的计算模型抽象方面，我们重点讨论定制计算单元和并行计算架构。

### 8.2.4.1 定制运算单元

智能应用的典型特点是具有一定的误差容忍度，如允许统计意义上有一定的误差。通过利用智能应用误差容忍的特性，一般在智能计算系统中会采用定制的低位宽运算单元（如 FP16、INT8、BF16 甚至 INT4 等）以提升处理能效。如 8.1.2 节所述，和传统的浮点运算单元（FP32 和 FP64）相比，采用低位宽定制运算单元完成的智能任务，其精度几乎没有损失，还能获得良好的性能和能效收益。

由于智能应用的多样性和复杂性，目前对于哪种低位宽运算器最为合适并未形成统一结论。例如推断和训练对于精度的要求不一样，图像/视频类应用和语音类应用对于精度的要求也不一样。考虑到各类智能计算系统间需要兼容，同时更要和传统计算系统兼容（例如在 GPU 上训练出来的模型的数据类型一般是 FP32 的），在智能编程语言中需要有和各种定制运算单元相对应的数据类型，既为用户提供灵活性，又保证硬件资源的充分利用。

### 8.2.4.2 并行计算架构

智能计算系统通常是并行计算架构，如图 8.9 所示，在单个 Chip 上可以包括多个 Cluster，每个 Cluster 中有多个 Core。这要求程序员对任务进行切分，将任务尽量均衡地分配到大量并行计算单元上执行。对于每个层次中的计算单元，需要有相应的计算同步机制，以保证切分后任务间的依赖关系。例如在 Cluster 内部不同 Core 之间以及 Chip 内部不同 Cluster 之间都需要不同粒度（即 Core 之间或 Cluster 之间）的同步机制，保证灵活性和正确性。

## 8.2.5 存储模型

智能应用中存在大量数据密集的内存访问，因此合理组织存储层次与计算单元设计同样重要，需要两者协同设计以平衡计算与访存，实现高效智能计算。在层次化的抽象架构中，存储统一分为**全局存储**和**本地存储**。最顶层包含大的全局存储，用于存放输入输出数据，该存储器对程序员是可见的。每个智能计算节点内部还有本地存储，用于缓存数据，而这部分本地存储又成为子节点的共享全局存储。整个抽象架构同样以层次化方式管理存储资源。

典型的全局存储是处理器片外存储，如 DDR 等。处理器通过片上的存储控制单元（如 DDR 控制器），基于总线协议来访问片外存储。在整个过程中可以将处理器核内部发出的读写请求转换为符合总线协议要求的外部读写请求，完成总线交互和协议转换等工作。片外存储有两个重要发展趋势：一是在传统器件基础上向更低延迟、更高带宽方向发展；二是通过新型存储器件来大幅度提升处理效率。第一个趋势体现在 DDR 带宽在不断提高，从 DDR3 到 DDR4，再到三维堆叠的 HBM。第二个趋势的典型代表是 PCM、

ReRAM 等非易失存储也越来越多地用作片外存储。当然，DDR 可以看作芯片这个层次的全局存储，在更低的层次（如片内处理器核），共享的片上存储（如共享 cache 或者 SPM）则可以看作每个处理器核的全局存储。

典型的本地存储是处理器的片上存储资源。传统处理器的存储资源，特别是片上存储如 cache 等，是对程序员透明的，以此来简化编程。但在智能计算系统中，为了最大化处理效率，一般需要程序员显式地管理片上存储。通过各种类型的片上缓存（如 cache、SPM 和寄存器等）之间的相互配合，支撑智能计算所需的大规模、高并发的数据访问。

针对智能处理的片上存储，通常会根据智能应用特点进行专门定制，以进一步提升处理效率。以卷积计算为例，由于输入输出神经元以及权重具有不同的数据重用模式，需考虑在抽象存储模型中定义不同类型的存储单元，如专门针对神经元和权重类型数据的片上存储。另外，考虑到神经网络计算过程中有大量中间数据，需要尽可能地把每层计算的中间结果都放在片上缓存中，从而进入下一层计算时能快速获取相应输入数据。考虑到片上缓存资源通常非常有限，如何合理地组织和使用将成为算法设计与优化的关键。为了高效地利用时间和空间局部性，程序员需要合理地组织数据，使其按照特定顺序进入计算单元参与运算。对于大规模神经网络来说，通常需要对网络层进行分块处理。

## 8.3 智能编程模型

如 8.2 节所述，在层次化抽象中，典型智能计算系统中需要异构 CPU 的参与。图 8.10 展示了四种典型的异构智能计算系统，分别是以 GPU 为计算核心的 DGX-1、以 TPU 为计算核心的 TPU Pod、以 FPGA 为计算核心的 Brain Wave 和以 DLP 为计算核心的智能计算系统。在本节中我们首先介绍通用异构编程模型，之后介绍基于前述层次化抽象架构的通用智能编程模型。

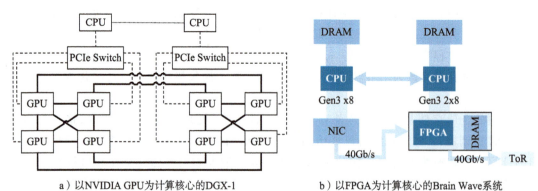

a）以 NVIDIA GPU 为计算核心的 DGX-1　　b）以 FPGA 为计算核心的 Brain Wave 系统

图 8.10　典型的异构智能计算系统

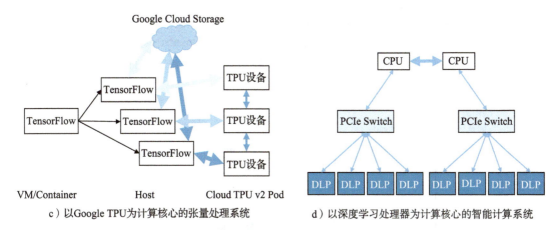

c）以Google TPU为计算核心的张量处理系统　　d）以深度学习处理器为计算核心的智能计算系统

图 8.10　（续）

### 8.3.1　异构编程模型

本节针对通用异构编程模型，重点介绍其编程及编译的基本流程、编译器支持以及运行时支持。

#### 8.3.1.1　概述

异构计算系统通常由通用处理器和多个领域专用处理器组成：**通用处理器**作为控制设备（简称主机端），负责复杂控制和调度等工作；**领域专用处理器**作为从设备（简称设备端），负责大规模的并行计算或领域专用计算任务。二者协同完成计算任务。对于这类异构计算系统，原有的同构并行编程模型已不再适用。因此，异构并行编程模型逐步成为学术界和工业界关注的重点。如 NVIDIA CUDA[133]、OpenCL[134] 以及 OpenACC[135] 等都是面向异构系统的并行编程模型。

异构并行编程模型从用户接口的角度大致可分为两类：一是构建全新的异构并行编程语言，二是对现有编程语言进行异构并行扩展[136]。图 8.11 展示了典型异构并行编程模型的对比。其中用浅色和深色分别表示新的异构并行编程语言和对现有语言的异构并行扩展（如采用库函数或编译制导等形式）。纵坐标表示编程语言的抽象层次，而横坐标则体现了编程接口需要关注的具体内容。如果是屏蔽了较多硬件细节的编程接口，只须重点关注任务划分，否则还需要关注数据分布、通信与同步等。具体而言，Copperhead[137] 和 Lime[138] 属于抽象层次较高的编程语言，类似于 Python 和 Java。这类语言无须用户进行显式的数据分布、通信与同步。同样，Intel 的 Merge（类 MapReduce 的异构并行编程语言）[139] 和微软的 C++ AMP[140] 等都属于屏蔽了较多硬件细节的编程接口，这两种语言更接近 C/C++ 的语法形式。另外一大类则需要用户关注更多硬件细节。其中 OpenACC 基于 C/Fortran，通过在串行程序中添加制导命令来进行扩展；NVIDIA CUDA 则是对 C 语言的异构扩展，通过单程序流多数据流（Single Program Multiple Data，SPMD）方式来实现数据并行。由于

CUDA 需要程序员显式进行任务划分、数据分布与通信以及任务同步等，编程难度较大。为了简化 CUDA 编程难度，先后提出了如 hiCUDA[141] 和 OpenStream[142] 等改进的异构并行编程模型。OpenCL 是另一种广泛使用的编程模型，通过将各类硬件平台抽象为统一的平台模型，力图实现跨平台的异构并行编程。

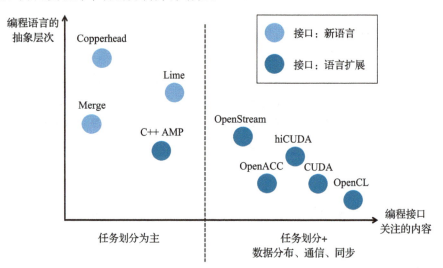

图 8.11　典型异构并行编程模型对比

下面介绍以 CUDA 和 OpenCL 为基础抽象的异构编程模型流程及特点。

#### 8.3.1.2　基本流程

异构编程包括主机端和设备端两部分。对于主机端而言，主要包括设备获取、数据/参数准备、执行流（Stream，可以类比编程框架中提到的执行流概念：流内的任务串行执行，流间的任务并行执行）创建、任务描述、Kernel 函数⊖启动及输出获取等。设备端的程序入口为 Entry 函数，其中会调用各个函数。设备端程序使用上述异构编程模型中 C/C++ 语言扩展，由设备端专用编译器编译生成二进制文件。

图 8.12 描述了异构程序的编译和链接流程。整体采用分离式编程的方式，即主机端程序和设备端程序分别放在不同的文件中（即 host 和 kernel 文件中）。异构并行程序的主机端程序和设备端程序需要分别使用各自的编译器进行编译。具体来说，主机端的程序可以是普通的 C/C++ 程序，用户可以使用任意的 C/C++ 编译器进行编译，如 GCC/CLANG 等。而设备端程序同样可以是基于 C/C++ 语言扩展的程序，其对应的编译器为设备端专用编译器。在得到主机端和设备端目标文件后，再使用主机端链接器将两份目标文件及运行时库等文件链接在一起形成可执行程序。

---

⊖ Kernel 函数是在设备上运行的程序。以 GPU 为例，Kernel 是 GPU 上每个线程运行的程序。

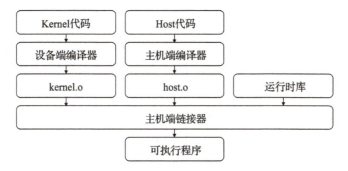

图 8.12 异构编程模型的编译和链接过程

### 8.3.1.3 编译器支持

编译器是异构并行编程模型的核心工具,它将程序员编写的异构代码编译为可执行文件。编译器可以为程序员提供合理的异构架构抽象,使程序员合理利用异构计算资源,同时又保证接口的易用性,避免程序员陷入复杂的硬件细节中。为此,异构并行编程语言编译器需要为**任务划分**、**数据分布**、**数据通信**和**同步机制**等提供底层支持,使程序员更专注于所编写应用的处理逻辑本身。

**1. 任务划分**

编程模型需要向程序员提供并行编程接口,方便程序员定义和划分任务。编译器则负责底层的任务划分,使得程序可以并行地高效执行。

设备端一般有多个并行处理单元。以 CUDA 为例,编程概念 thread 是 GPU 基本处理单位,每个由一个 SP (Streaming Processor) 执行。编程概念 block 是由多个 thread 组成的线程块,block 内的线程通过三维坐标 (dim3) 索引 (可退化成一维)。block 内的线程可以通过 SM (Streaming Multiprocessor) 内的共享内存通信,通过__syncthreads 进行线程同步。不同 block 间不能进行线程同步。此外,GPU 不保证 block 间执行的先后顺序。编程概念 grid 是由多个 block 组成的线程网格,grid 内的 block 通过 dim3 索引。一个 grid 内的所有线程被调度到同一个 GPU 上执行。简而言之,CUDA GPU 是细粒度并行,以细粒度的 thread 为基本处理单位,支持大量 thread 并行。以完成 16 384 长的向量相加为例,CUDA 运行时启动 16 384 个线程,每个线程完成 1 次标量加法,程序如图 8.13 所示。

```
1  #define N 16384
2  __global__ void add(float* x, float* y, float* z)
3  {
4      int index = threadIdx.x + blockIdx.x * blockDim.x;
5      z[index] = x[index] + y[index];
6  }
```

图 8.13 CUDA 的向量加法示例程序

上述过程需要编译器和运行时系统完成指令到 thread 和 block 等的映射和调度。

**2. 数据分布**

卷积神经网络中特征图通常使用四维数组保存，各维度分别是批量大小（N）、特征图高度（H）、特征图宽度（W）以及特征图通道（C）。由于数据只能线性存储，所以各维度有对应的顺序。不同的语言以及框架会按照不同的顺序存储特征图数据：以编程框架 Caffe 为例，默认排列顺序为 NCHW；而在 TensorFlow 中，默认排列顺序为 NHWC。NCHW 更适合需要对每个通道单独做运算的操作，如神经网络中的池化层；而 NHWC 更适合需要对每个通道同一像素做某种运算的操作。对于编译器和底层运行时系统而言，需要根据算法和硬件架构的特点，通过最合适的数据分布指导后续编译和运行时优化。

**3. 数据通信**

由于设备端通常有多级存储空间，编译器需要支持各种地址空间声明，以方便程序员显式控制存储数据的地址空间。在主机端，包括 cache 在内的多级存储层次通常对编译器和程序员是不可见的；而在设备端，为了高效地完成计算任务，很多存储层次对编译器和程序员是可见的。在数据通信方面，不仅要支持数据共享存储，还要增加显式数据传输迁移机制以方便用户进行性能优化。编译器也要对设备端数据迁移提供支持——如隐式数据迁移以方便用户使用。设备端与主机端之间的数据传输通信则由程序员调用运行时接口显式完成。

**4. 并行同步**

设备端的编程模型一般要求感知多个核的并行处理，因此需要提供对同步机制的支持。编程模型提供的同步接口可以控制对并行执行的设备端处理器核进行同步，只有当所有核都达到某个同步点后才能继续执行。以 CUDA 编程模型为例，GPU 同一个线程块内的 thread 可以同步，而线程块间的 thread 不能同步。CUDA 的同步原语是 __syncthreads()。

### 8.3.1.4 运行时支持

异构运行时的主要任务是保证任务映射及调度，即任务具体在哪个设备或计算单元上以何种顺序执行。异构运行时机制也分主机端和设备端。其中控制部分和串行任务多在主机端执行，计算部分和并行任务多在设备端执行。运行时提供了上述异构执行流程中主机端的 API 接口，便于主机端调用以启动设备。主机端运行时接口可以通过流（Stream）来管理要执行的任务。运行时不断把任务放到流中，一旦硬件资源有空闲，运行时就从执行流中取出一个任务执行。

设备端运行时调度可以由软件也可以由硬件来完成，目标是保证在不同架构的处理器上能够充分地利用硬件资源。

## 8.3.2 通用智能编程模型

相对于前面介绍的典型异构编程模型，本节重点介绍针对前述五级"Server-Card-

Chip-Cluster-Core"抽象架构所对应的深度学习处理器 DLP 需要提供的通用智能计算系统编程模型。

#### 8.3.2.1 Kernel 函数

通用智能编程模型建立在异构编程模型的基础上，这里重点介绍 Kernel 定义，包括 Entry 函数、Device 函数和 Func 函数的定义及使用。

**1. Kernel 及 Entry 函数**

与典型异构编程模型类似，DLP 上执行任务的程序叫 Kernel。在资源允许的情况下 DLP 可以同时执行多个并行的 Kernel。每个 Kernel 有一个入口函数，在典型编程语言中使用 __dlp_entry __ 指定（对应 Entry 函数），下面是一个具体示例。

```
1  __dlp_entry__  void L2LossKernel(half* input, half* output) {
2    ...
3  }
```

图 8.14　DLP 上 Kernel 的入口函数示例

Kernel 的启动需要调用运行时 API 的 InvokeKernel 函数，图 8.15 为在主机侧启动上述 L2LossKernel 函数的示例代码。

```
1  ret = InvokeKernel((void *)(&L2LossKernel), dim, params, ft, pQueue);
```

图 8.15　在主机侧启动上述 L2LossKernel 函数的示例

**2. Device 函数**

Device 函数是设备端程序默认的函数类型，有一定的函数调用开销（可以由编译选项决定是否使用 inline 优化），以内置关键字 __dlp_device __ 来修饰。图 8.16 给出了具体示例。

```
1  __dlp_device__  void CreateBox(half* box, half* anchor_,
2                                 half* delt_, int A, int W,
3                                 int H, half im_w, half im_h)
```

图 8.16　Device 函数示例

Entry 函数可以调用 Device 函数，Entry 和 Device 函数中的语句分别使用上面介绍的 C/C++ 语言及其扩展形成的智能编程语言。

**3. Func 函数**

Func 函数是默认带 inline 属性的 Device 函数，当不需要实现递归函数时可以选用 Func 函数来提高性能，以内置关键字 __dlp_func __ 来修饰。图 8.17 给出了具体示例。

```
1  __dlp_func__ void CreateBox(half* box, half* anchor_,
2                              half* delt_, int A, int W,
3                              int H, half im_w, half im_h)
```

图 8.17  Func 函数示例

Entry 函数同样可以调用 Func 函数，Device 函数和 Func 函数之间可以互相调用。

#### 8.3.2.2 编译器支持

针对前述 "Server-Card-Chip-Cluster-Core" 五级抽象的智能计算架构，编译器支持在任务划分、数据通信、同步支持和内建运算等方面具有其独特性。

**1. 任务划分**

针对单个芯片内的 Cluster 和 Core，用户可以使用内建变量 clusterDim、clusterId、coreDim、coreId 分别表示 Cluster 和 Core 的维度和 ID。此外，每个硬件计算核执行一个任务，用户通过 Dim3_t 类型指定 Kernel 任务的规模。任务规模一般有 $x$、$y$、$z$ 三个维度，用户可以根据应用的需求进行指定，图 8.18 中的例子表示任务在 $x$ 维度上拆分为 4 份。

```
1  Dim3_t dim;
2  dim.x = 4;
3  dim.y = 1;
4  dim.z = 1;
```

图 8.18  任务在 x 维度上拆分为 4 份

程序表示任务（task）的内建变量主要有：taskDim、taskDimX、taskDimY、taskDimZ、taskIdX、taskIdY、taskIdZ、taskId。其中每个 task 映射到一个计算核，即每个 task 由一个 Core 执行，是 DLP 的基本处理单位。一个 Kernel 可以由多个 task 组成，task 用 Dim3_t 数据结构进行三维索引。

智能编程语言将每个计算核 Core 对应为一个 BLOCK 类型任务。BLOCK 是编程模型层的基本调度单位，表示 Kernel 中的 task 会被调度到单个 Core 上执行。每个 Cluster 则对应一个 UNION1 类型任务，两个 Cluster 组成一个 UNION2，依此类推。我们将这种划分称为任务类型。任务类型明确了一次 Kernel 启动所需的硬件核数，即在 Kernel 的执行周期内需要一直占用多少物理核。BLOCK 类型的任务为单核任务，UNION 类型的任务为多核并行任务。

以完成 16 384 长的向量相加为例，假设所启动任务的任务类型为 UNION4，可以设置 dim.x=16。通过 16 个 task，每个 task 完成 $N=1024$ 的一次向量加，最终实现 dim.x * $N$ = 16 384 长的向量加。设备端的具体程序代码如图 8.19 所示。其中 __nram__ 表示片上的神经元缓存，__vec_add 用于完成向量加法。

```
1  #define N 1024
2  __dlp_entry__ add(float* x, float* y, float* z) {
3    __nram__ float x_tmp[N];
4    __nram__ float y_tmp[N];
5    // GDRAM2NRAM 表示在全局DDR存储和神经元存储NRAM之间的数据搬移，后续会详细介绍
6    __memcpy(x_tmp, x + taskId * N, N * sizeof(float), GDRAM2NRAM);
7    __memcpy(y_tmp, y + taskId * N, N * sizeof(float), GDRAM2NRAM);
8    __vec_add(x_tmp, x_tmp, y_tmp, N);
9    __memcpy( z + taskId * N, x_tmp, N * sizeof(float), NRAM2GDRAM);
10 }
```

图 8.19 深度学习处理器上的向量加法示例

**2. 数据通信**

编译器还提供了数据搬移功能。隐式数据搬移由编译器自动完成，不需要程序员参与。深度学习处理器一般要求所有标量计算都在通用寄存器（GPR）中进行，当定义在 DRAM/NRAM/WRAM 上的标量进行计算时，编译器会自动插入 Load/Store 指令将数据搬移到 GPR 上进行计算，在计算完成之后编译器再将 GPR 上的结果写回到 DRAM/NRAM/WRAM，整个数据搬移的过程由编译器自动完成。针对张量计算，为了提高性能，一般尽可能要求都在片上的 NRAM/WRAM 中进行，而张量数据的搬移则可以由程序员显式管理：DLP 提供 __memcpy 接口进行数据搬移。数据通信还可以通过共享存储空间来实现，例如 Cluster 内的 task 可以通过内部共享的 SRAM 进行通信。

**3. 同步支持**

考虑到抽象的硬件架构中有 Cluster 层次，可以提供两种不同类型的同步操作：

__sync_all：使用 __sync_all 同步执行任务的所有核，只有所有核到达同步点时才继续往下执行。参与同步的核数由任务类型确定，例如当任务类型为 UNION1 时，只有 4 个核参与同步（假定一个 Cluster 内包含 4 个核），当任务类型为 UNION2 时，参与同步的核数为 8。

__sync_cluster：使用 __sync_cluster 同步一个 Cluster 内部的所有核，当一个 Cluster 内所有核都达到同步点时才继续往下执行。而 CUDA 中，GPU 同一个线程块内的 thread 可以同步，但线程块间的 thread 无法同步。

**4. 内建运算**

考虑到智能应用实际需求，通用智能编程语言提供并实现了 __conv 和 __mlp 等内建函数接口，分别对应卷积和全连接等典型神经网络运算。这些接口是对 C/C++ 语言的扩展，深度学习处理器端 Kernel 程序编写时可以调用这些接口，通过编译器将这些接口翻译为底层的硬件指令。与 CUDA 相比，通用智能编程模型直接实现了神经网络计算的接口和指令，能够更好地支持智能应用。

### 8.3.2.3 运行时支持

智能编程模型采用粗粒度的调度策略：以 BLOCK 或 UNIONx 为调度单位将 Kernel 中的任务在时间或空间维度展开。调度单位需要用户在编程时指定。运行时只有当空闲的硬件资源数大于调度单位时，Kernel 才会被调度。一般来说，可以通过控制处理一个 Kernel 的硬件资源数来控制单个 Kernel 的时延，这需要用户在运行时指定调度单位。运行时调度器按照任务的优先级及任务规模分配资源，执行完成的任务更新任务状态并释放资源。运行时根据处理器核空闲情况以及任务类型等，进行任务映射和调度。

通用的异构编程模型中提供了执行流的概念来对运行时任务进行管理，在智能编程模型中对这一概念进行了泛化和抽象，将其抽象为执行队列（Queue）。队列管理需要执行的任务，队列既可以单独工作，也可以协同工作。队列遵循 FIFO（First In First Out，先入先出）原则，运行时（或硬件）不断把任务放到队列中，一旦硬件计算资源有空闲，就会从队列中取出一个任务执行。

图 8.20 通过 3 个 Kernel 的具体示例详细说明运行时任务映射和调度流程。

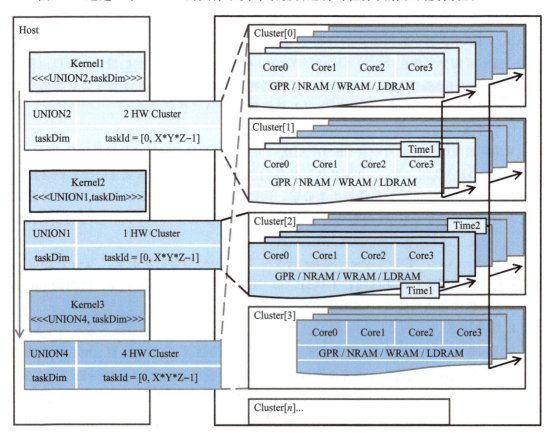

图 8.20　深度学习处理器任务映射及调度示例

（1）主机端异步发射 3 个 Kernel 到队列中。用户根据同步和通信需要，在三次发射之间或之后任意位置调用运行时的队列同步接口 SyncQueue，等待队列中的任务全部完成后再继续执行主机端 SyncQueue 后面的程序。

（2）Kernel1 在 Time1 被发射后立即进入队列中，设备端发现当前全部核心都是空闲的，则立即执行 Kernel1。因 Kernel1 的任务类型为 UNION2，会从 Time1 开始占用 2 个 Cluster 去执行计算。

（3）因没有调用 SyncQueue，所以主机端发射 Kernel1 后立即发射 Kernel2，设备端调度器在调度执行 Kernel1 后发现队列有了新的 Kernel2，在 Time1 时刻同样开始执行 Kernel2。因 Kernel2 的任务类型为 UNION1，会从 Time1 开始占用 1 个 Cluster 执行计算。

（4）假设 Kernel1 和 Kernel2 的任务并行总规模 taskDim 超过了任务类型表示的核数（例如 Kernel1 是 UNION2 则需要占用 8 个核心），则调度器会将同一份 Kernel 程序在时间序上执行多次。

（5）假设 Kernel1 和 Kernel2 几乎同时被调度器执行且同时在 Time2 时刻结束。

（6）回到第 4 步中主机端的执行流程，当 Kernel2 被发射后，因为没有执行同步，所以 Kernel3 也会立即被发射。此时刻也为 Time1。

（7）Kernel3 的任务类型是 UNION4，则需要 4 个 Cluster。由于 Time1 时刻到 Time2 时刻硬件的 4 个 Cluster 被占用了 3 个（假设只有 4 个 Cluster），那么设备端调度器会一直等待 Time2 时刻有 4 个 Cluster 空闲时才会真正开始执行 Kernel3。

以上流程说明了典型深度学习处理器的任务映射和调度情况，用户可以通过控制任务类型、启动时机和任务同步等来优化应用的整体执行性能。

## 8.4 智能编程语言基础

基于上述智能计算系统抽象架构及相应的编程模型，考虑到智能编程语言的三大设计原则，本节将介绍具体的智能编程语言示例（该智能编程语言命名为 BANG C Language，简称 BCL），并进一步阐述如何基于该编程语言进行智能计算系统应用程序（包括串行和并行应用）的开发。

### 8.4.1 语法概述

主流编程语言有不同种类，如过程式语言、函数式语言和逻辑式语言等。这里介绍的智能编程语言 BCL 重点考虑基于过程式的语言，主要有两个原因：一是当前大多数语言是过程式的，可以减少用户学习成本，二是当前主流人工智能算法可以描述为明确的过程，适合采用过程式语言描述。

参考经典的过程式语言 C/C++，我们所定义的智能编程语言同样具有**数据**和**函数**两个基本要素。其中数据是被处理的对象,包括传统编程语言中的数字、字符、结构体、联合体、指针等。创建(声明)数据的语法描述如图 8.21 所示。

```
[attribute] dataType dataName [= initialValue] [, dataName2 = initialValue2];
```

图 8.21　创建(声明)数据的语法

例如,声明整数 3,可以表示为:

```
int a=3;
```

如果不赋初值,将使用该数据类型的默认初始值或内存中的原始值。声明的属性可以加 const 关键字,标记该数据为常数。对于已声明的数据赋值的语法如图 8.22 所示。

```
dataName = value;
```

图 8.22　对于已声明的数据赋值

函数则描述了处理数据的过程。一个函数的声明由函数名、传入参数、返回值等组成,其语法如图 8.23 所示。

```
returnDataType functionName([dataType param1, dataType param2, ...]);
```

图 8.23　函数声明

例如,声明整数加法的函数如下:

```
int add_func (int a, int b);
```

函数的定义即函数体,用于记录函数内部行为。其语法是在函数声明后用大括号包起来,在其中写具体的函数处理逻辑。例如定义上述 add_func 函数的函数体如图 8.24 所示。

```
1  int add_func (int a, int b) {
2      int c = a + b;
3      return c;
4  }
```

图 8.24　定义 add_func 函数的函数体

在函数体内可以支持顺序、循环、分支等基本程序控制流,更多的语法细节可以参考 C/C++ 的描述。

## 8.4.2　数据类型

智能编程语言支持的数据类型主要有两类:一是运算器层次的不同精度的数据类型

（如定点、浮点类型等），这种类型更加贴近硬件细节，方便用户进行底层优化；二是高层的带语义信息的数据类型（如 Tensor 张量、特定类型等），这种类型更贴近高层应用的表达，方便用户进行描述和编程。

#### 8.4.2.1 精度类型

智能编程语言支持的数据精度类型包括定点型、浮点型以及布尔型等。

**1. 定点型**

采用一串二进制数表示十进制数，分为无符号整数和有符号整数。不同位宽的二进制数所表示的十进制数范围不同，典型用于智能计算的定点数表示范围如表 8.2 所示。

表 8.2 不同位宽的定点数类型及其所表示的十进制数范围

| 定点数类型 | 可表示的十进制最小值 | 可表示的十进制最大值 |
| --- | --- | --- |
| uint4(unsigned int4) | 0 | 15 |
| int4 | −8 | 7 |
| uint8(unsigned char) | 0 | 255 |
| int8(char) | −128 | 127 |
| uint16(unsigned short) | 0 | 65 535 |
| int16(short) | −32 768 | 32 767 |
| uint32(unsigned int) | 0 | 4 294 967 295 |
| int32(int) | −2 147 483 648 | 2 147 483 647 |

**2. 浮点型**

如图 8.5 所示，通过将二进制数划分为符号位、指数位和尾数位，可以表示不同范围和精度的浮点数。其中 FP32、FP16 是符合 IEEE 754 标准的浮点数表示方法，而 BF16（Brain Float）则是面向智能算法需求所提出的特殊数据类型。

**3. 布尔型**

布尔型只有 true(1) 和 false(0) 两种值，传统编程语言中主要用于条件判断。在人工智能的算法中，针对某些应用场景，1 位的权重仍然可以在统计意义上保证计算的精度，因此也可以用于神经网络的计算。

基于上述基本的精度类型，可以定义出更复杂的组合数据类型，如数组类型（array）等。

#### 8.4.2.2 语义类型

根据智能应用的特点，可以定义具有一定高层语义特点的数据类型。由于机器学习计算中主要是针对大量张量的计算，所以可以定义张量（Tensor）类型。同时，针对神经网络计算的特点，还可以进一步定义更高层语义的数据类型，如神经元（Neuron）类型和权重（Filter）类型等。

**1. Tensor**

多维张量 Tensor 可以看作机器学习的基础类型，能够满足不同类型计算表达的需求。例如在 TensorFlow 这种高层深度学习框架中就是以 Tensor 为基本数据类型。另外，在深度神经网络中，计算量最大的是卷积和全连接运算，具有突触（权重）和神经元两类数据类型。一批神经元只被使用一次，而权重会被复用多次，与多批神经元进行计算。因此在 BCL 中，两种数据具有不同的数据复用特征，片上缓存也可以分为神经元缓存和权重缓存两大类，便于使用不同的复用策略。同时，为了充分发挥硬件的计算性能，也需要根据硬件架构特点对数据进行布局（layout）优化，例如 NCHW 和 NHWC 对于 GPU 等有不同的计算效率。所以可以将智能算法中的 Tensor 类型进一步分为 Neuron 类型和 Filter 类型。

**2. Neuron 与 Filter**

Neuron 和 Filter 具有三种基本特征属性：数据精度、维度顺序及各维度值。数据精度描述了该数据的精度类型，如 FP16、INT8 等。维度顺序则指定了包含哪些维度，各维度的存放顺序如何。例如 RGB 图像有高度（H）、宽度（W）和通道（C）三个维度，除此之外常用的还有：N 代表批量数；D 代表时间序列上的连续多张图片，常用于 3D 卷积；T 代表时间维度，常用于循环神经网络 RNN 等。各维度值对应数组各维度的大小。

### 8.4.3 宏、常量与内置变量

这些概念都属于常量，其中宏和常量由用户定义，而内置变量是语言本身就带的。

**1. 宏和常量**

宏不仅可以定义常量数据，也可以定义一段代码，在预编译阶段将宏定义内容复制到宏调用处。在智能处理器中，通常会定义和架构相关的宏，以满足兼容性的需求。常量是不可修改的数据，只能在初始化时被赋值。通常常量在定义时会在数据精度类型前加 const 前缀，表明该数据是常量。

**2. 内置变量**

内置变量是编程语言本身包含的常量和变量，不需要用户定义即可直接使用。在智能处理器中，为了充分利用硬件资源并提升性能，专门基于 DLP 的硬件架构和编程模型提供了相应的内置变量。根据 8.3.2 节中描述的内容，表 8.3 提供了部分内置变量的示例。

表 8.3 部分内置变量示例

| 内置变量名 | 具体含义 |
| --- | --- |
| coreId | DLP 中核的逻辑编号 |
| clusterId | DLP 中簇的编号 |
| taskId | 程序运行时分配的任务编号 |

### 8.4.4 I/O 操作语句

如 8.2 节所介绍的，不同层次的智能处理节点都有各自的本地存储，实现了多级的存储层次。为了方便用户编程并提高处理效率，智能编程语言也需提供各不同存储层次间的数据搬移。

我们以图 8.25 所示的四层（Card-Chip-Cluster-Core）深度学习处理器存储架构为例，

详细介绍编程语言、编译器和运行时等不同层次提供的 IO 操作。在该抽象架构中，第 0 层的板卡层有两个物理内存（DDR0 和 DDR1），且芯片上有两个存储控制器分别独立控制上述内存。该结构是典型的 NUMA（Non-Uniform Memory Access，非统一内存访问）架构，不同处理核对不同位置存储器的访问速度不同。对于核 0 而言，其访问设备内存 DDR0 的速度比访问 DDR1 的速度更快。DDR0 相对于核 0 而言是本地存储（Local DRAM，LDRAM），而 DDR1 则是远程存储，属于整个全局存储（Global DRAM，GDRAM）的一部分。针对片上存储，除了前面所提到的单核内的神经元存储（NRAM）和权重存储（WRAM），还有一类共享存储（Shared RAM，SRAM），可用于簇内的多核共享。因此，在上述典型架构中，三种片上存储、两种设备内存，可以有多种不同的数据搬移操作类型，具体如表 8.4 所示。

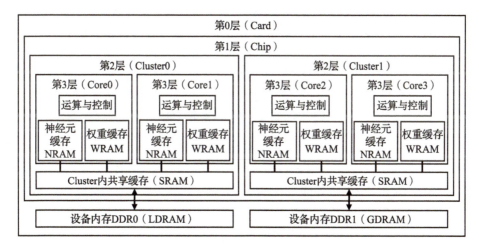

图 8.25　抽象的四层深度学习处理器架构

表 8.4　常用数据搬移操作类型

| | | | |
|---|---|---|---|
| NRAM | NRAM <-> GDRAM | SRAM | SRAM <-> GDRAM |
| | NRAM <-> LDRAM | | SRAM <-> LDRAM |
| | NRAM <-> SRAM | | SRAM <-> SRAM |
| WRAM | WRAM <-> GDRAM | NRAM | NRAM <-> NRAM |
| | WRAM <-> LDRAM | | |
| | WRAM <-> SRAM | | |

针对上述搬移操作类型，可以在智能编程语言中定义相应的内建函数 __memcpy，方便用户进行不同类型的数据搬移，具体如图 8.26 所示。

```
1  void __memcpy(void* dst, void* src, int bytes, dlpMemcpyDirection_t dir);
```

图 8.26　memcpy 函数

### 8.4.5 标量计算语句

标量即单个数据的计算，标量计算是编程语言的基本功能。智能编程语言的标量计算语句有两种形式：运算符号（如 +、-、*、/等）和内建函数（如 abs、max、min 等）。智能编程语言的标量计算语句会由编译器映射到处理器上的标量计算单元，虽然吞吐上不及张量运算，但具有良好的通用性和灵活性。

### 8.4.6 张量计算语句

张量计算是智能编程语言的主要特点，可以通过内建函数直接映射到处理器上的张量计算单元。张量计算主要直接对精度类型和语义类型等数据进行操作。其基本语法格式如图 8.27 所示。其中包括输入输出数据的指针，也包含了定义本计算操作的必要参数，如卷积操作的卷积核大小及滑动步长等。表 8.5 给出了常见张量计算语句示例。

```
1  returnValue __funcName(DataType1* tensor1, DataType2* tensor2, ..., paraType1
       param1, paraType2 param2);
```

图 8.27  张量计算的基本语法格式

表 8.5  常见张量计算语句示例

| 张量计算语句 | 具体功能 |
| --- | --- |
| __vec_add(float * out, float * in1, float * in2, int size) | 向量对位加 |
| __vec_sub(float * out, float * in1, float * in2, int size) | 向量对位减 |
| __vec_mul(float * out, float * in1, float * in2, int size) | 向量对位乘 |
| __conv(half * out, int8 * in, int8 * weight, half * bias, int ci, int hi, int wi, int co, int kh, int kw, int sh, int sw) | 卷积运算 |
| __mlp (half * out, int8 * in, int8 * weight, half * bias, int ci, int co) | 全连接运算 |
| __maxpool (half * out, half * in, int ci, int hi, int wi, int kh, int kw, int sh, int sw) | 最大池化运算 |

### 8.4.7 控制流语句

与通用编程语言一样，智能编程语言同样需要有分支和循环等控制流语句。

#### 8.4.7.1 分支语句

智能编程语言的分支语句用于处理程序的选择逻辑，由判断条件与分支代码段组成，与传统编程语言类似。

### 8.4.7.2 循环语句

智能编程语言中的循环语句用于处理程序循环逻辑,由循环执行条件和循环代码段组成,与传统编程语言类似。

### 8.4.7.3 同步语句

同步语句主要用于多核中,以解决多核间并行数据依赖问题,这是保证最终计算结果正确的必要方法。同步语句主要分为两类——Cluster 内同步与全局同步,如表 8.6 所示。其中 Cluster 内同步只保证一个 Cluster 内的所有核同步,而全局同步则是芯片内所有 Cluster、所有核都进行同步。

表 8.6 同步语句

| 同步类型 | 编程 API |
|---|---|
| Cluster 内同步 | __sync_cluster |
| 芯片内同步 | __sync_all |

### 8.4.8 串行程序示例

根据前面所介绍的语法、特性、设计原则、内建函数与变量等,图 8.28 给出了用智能编程语言编写的单核程序示例。该例子对向量内所有数求平方,主要采用向量乘法来进行运算,每次计算 64 个数。函数参数列表中的两个指针都是 GDRAM 上的数,因此需要先把它们搬到 NRAM 上,然后原地计算乘法,再搬回 GDRAM。考虑到片上存储 NRAM 的大小,我们选择 64 个数作为每次搬移和计算的基本单位。前面 for 循环用于处理整数段,后面的 if 语句用于处理余数段。NRAM 上临时空间的申请需要加 "__nram__" 前缀。

```
1  #define BASE_NUM 64
2  void __dlp_entry__ mySquare(float* in, float* out, int size) {
3    int quotient = size / BASE_NUM;
4    int remainder = size % BASE_NUM;
5    __nram__ float tmp[BASE_NUM];
6
7    for (int i = 0; i < quotient; i++) {
8      __memcpy(tmp, (in + i * BASE_NUM), (BASE_NUM * sizeof(float)), GDRAM2NRAM);
9      __vec_mul(tmp, tmp, tmp, BASE_NUM);
10     __memcpy((out + i * BASE_NUM), tmp, (BASE_NUM * sizeof(float)), NRAM2GDRAM);
11   }
12
13   if (remainder != 0) {
14     __memcpy(tmp, (in + quotient * BASE_NUM), (remainder * sizeof(float)), GDRAM2NRAM);
15     __vec_mul(tmp, tmp, tmp, remainder);
16     __memcpy((out + quotient * BASE_NUM), tmp, (remainder * sizeof(float)), NRAM2GDRAM);
17   }
18 }
```

图 8.28 对向量内所有数求平方的单核程序示例

## 8.4.9 并行程序示例

通过利用 DLP 上的多核计算资源,可以进一步提升处理效率。这里我们考虑一个矩阵乘法的例子,将其拆分到 4 个核上并行计算。每个核上所执行的程序如图 8.29 所示。

```
1  void __dlp_entry__ mm(int* left, int* right, int* out) {
2    if (taskID == 0) {
3      __nram__ int tmp[4][32];
4      __write_zero(tmp, 4*32);
5      __memcpy(out, tmp, 4*32*sizeof(int), NRAM2GDRAM);
6    }
7
8    __sync_all();
9    for (int j = 0; j < 32; j++) {
10     for (int k = 0; k < 32; k++) {
11       out[taskIdX * 32 + j] += left[taskIdX * 32 + k] * right[k * 32 + j];
12     }
13   }
14 }
```

图 8.29 单核矩阵乘法示例程序

在该程序中,由于每个核上的代码都是一样的,我们需要在主机运行时进行任务的划分,其中主机端运行时的程序如图 8.30 所示(详细的运行时 API 在 8.5 节介绍)。其中采用了 dim.x 来指定任务的规模,即指定产生多少个执行矩阵乘法(即上述 mm 函数)的任务,而每个任务会对应一个 taskId。我们在 InvokeKernel 中填写参数 UNION1,表示这些任务会被 1 个 Cluster(假定包含 4 个核)执行,而每个核都会分配到一个任务,共同完成矩阵乘法的运算。

```
1  Dim_t dim; dim.x = 4; dim.y = 1; dim.z = 1;
2  int left[4][32]; int right[32][32]; int out[4][32];
3
4  //初始化计算矩阵
5  void* left_dev, right_dev, out_dev;
6  devMalloc(&left_dev, 4*32*sizeof(int));
7  devMalloc(&right_dev, 32*32*sizeof(int));
8  devMalloc(&out_dev, 4*32*sizeof(int));
9
10 Memcpy(left_dev, left, 4*32*sizeof(int), HOST2DEV);
11 Memcpy(right_dev, right, 32*32*sizeof(int), HOST2DEV);
12
```

图 8.30 主机端运行时程序关键代码

```
13  KernelParamsBuffer_t params;
14  GetKernelParamsBuffer(&params);
15  KernelParamsBufferAddParam(params, &left_dev, sizeof(void*));
16  KernelParamsBufferAddParam(params, &right_dev, sizeof(void*));
17  KernelParamsBufferAddParam(params, &out_dev, sizeof(void*));
18
19  Queue_t queue;
20  CreateQueue(&queue);
21
22  //启动4个核并行执行矩阵乘法
23  InvokeKernel((void*)(&mm), dim, params, UNION1, queue);
24  SyncQueue(queue);
25
26  Memcpy(out, out_dev, 4*32*sizeof(int), DEV2HOST);
27  ……
```

图 8.30 （续）

## 8.5 智能应用编程接口

机器学习应用既可以直接采用多种编程框架（如 TensorFlow 和 PyTorch 等）进行开发，也可以直接使用智能编程语言来开发，同时调用智能应用编程接口操作智能计算硬件。智能应用编程接口提供了一套面向智能计算设备的高层接口，主要可以分为两大类：Kernel 函数接口和运行时接口。Kernel 函数接口重点关注任务切分及硬件映射，即如何将复杂任务切分成并发执行的多个任务并将其映射到底层硬件架构上；运行时接口重点关注设备管理、队列管理以及内存管理等。其中设备管理提供管理设备相关接口，如设备初始化、设备设置以及设备销毁等；队列管理提供队列创建、同步以及销毁等接口；内存管理主要提供内存分配和释放等接口。

### 8.5.1 Kernel 函数接口

用户在 Kernel 函数内部采用智能编程语言实现自定义逻辑。基于异构编程模型，为了有效利用资源，用户需要在 Kernel 函数内部对任务进行有效切分，同时在主机端配置和调用相应的 Kernel 函数接口启动任务执行。

#### 8.5.1.1 概述

我们仍以典型的 "Server-Card-Chip-Cluster-Core" 抽象硬件架构对应的智能计算系统为例，首先介绍和核函数内部任务切分相关的概念、内置变量以及相应 API。

- Queue（队列）。用户开发的多核 Kernel 函数可以绑定在同一个队列上交给任务调度器去调度执行。在队列内部的 Kernel 函数按照被绑定的顺序，在本队列内部顺序执行；不在同一个队列中的 Kernel 函数按照运行时库的调度规则异步发射执行。
- coreDim（核维数）。智能编程语言内置变量，等于单个 Cluster 内部的计算核个数。
- coreId（核序号）。智能编程语言内置变量，对应每个硬件计算核在 Cluster 内的逻辑 ID，取值范围为 $[0, \text{coreDim}-1]$。
- clusterDim（簇维数）。智能编程语言内置变量，启动 Kernel 时指定的 UNION 类型任务调用的 Cluster 个数。
- clusterId（簇序号）。智能编程语言内置变量，对应程序运行所在 Cluster 的逻辑 ID，取值范围为 $[0, \text{clusterDim}-1]$。
- taskDim（任务维数）。智能编程语言内置变量，等于当前用户指定任务的总规模，$\text{taskDim} = \text{taskDimX} \times \text{taskDimY} \times \text{taskDimZ}$。
- taskDimX（X 维度任务维数）。智能编程语言内置变量，每个 Kernel 被调用前需要指定本次任务的逻辑规模，共有 $(X, Y, Z)$ 三个维度，其中 taskDimX 的值等于 $X$ 方向的规模。
- taskDimY（Y 维度任务维数）。智能编程语言内置变量，每个 Kernel 被调用前需要指定本次任务的逻辑规模，共有 $(X, Y, Z)$ 三个维度，其中 taskDimY 的值等于 $Y$ 方向的规模。
- taskDimZ（Z 维度任务维数）。智能编程语言内置变量，每个 Kernel 被调用前需要指定本次任务的逻辑规模，共有 $(X, Y, Z)$ 三个维度，其中 taskDimZ 的值等于 $Z$ 方向的规模。
- taskIdX（X 维度任务序号）。智能编程语言内置变量，对应程序运行时所分配的逻辑规模 $X$ 维度上的任务 ID，取值范围为 $[0, \text{taskDimX}-1]$。
- taskIdY（Y 维度任务序号）。智能编程语言内置变量，对应程序运行时所分配的逻辑规模 $Y$ 维度上的任务 ID，取值范围为 $[0, \text{taskDimY}-1]$。
- taskIdZ（Z 维度任务序号）。智能编程语言内置变量，对应程序运行时所分配的逻辑规模 $Z$ 维度上的任务 ID，取值范围为 $[0, \text{taskDimZ}-1]$。
- taskId（任务序号）。智能编程语言内置变量，对应程序运行时所分配的任务 ID，取值范围为 $[0, \text{taskDim}-1]$。taskId 的值对应逻辑规模降维后的任务 ID，即 $\text{taskId} = \text{taskIdZ} \times \text{taskDimY} \times \text{taskDimX} + \text{taskIdY} \times \text{taskDimX} + \text{taskIdX}$。

### 8.5.1.2　API 介绍

智能应用编程接口可以将智能编程语言编写的程序加载到深度学习处理器上执行。与核函数相关的编程接口主要关注 Kernel 参数设置和 Kernel 调用。

- GetKernelParamBuffer(KernelParamsBuffer_t * params); 获取 Kernel 中的 params，成功返回 RET_SUCCESS，否则返回相应的错误码。
- CopyKernelParamsBuffer(KernelParamsBuffer_t dstbuf, KernelParamsBuffer_t srcbuf); 拷贝 srcbuf 到 dstbuf，成功返回 RET_SUCCESS，否则返回相应的错误码。
- KernelParamsBufferAddParam (KernelParamsBuffer_t params, void * data, size_t bytes); 向 KernelParamsBuffer_t 中增加常量参数，成功返回 RET_SUCCESS，否则返回相应的错误码。
- DestroyKernelParamsBuffer(KernelParamsBuffer_t params); 销毁 KernelParamsBuffer_t 变量，成功返回 RET_SUCCESS，否则返回相应的错误码。
- InvokeKernel(const void * function, Dim3_t dim, KernelParamsBuffer_t params, FunctionType_t funcType, Queue_t queue); 通过给定的参数块，调用 Kernel，成功返回 RET_SUCCESS，否则返回相应的错误码。如 8.3.2.2 节所介绍的，其中 FunctionType_t 包含 BLOCK 和 UNION$x$（如 UNION1 和 UNION2，取决于系统的规模）等类型，分别表示单核任务和多核并行任务。

由于调用 InvokeKernel 时，会有函数参数从主机端到设备端的拷贝过程，所以当追求高性能时，要尽可能减少 InvokeKernel 的调用次数。

### 8.5.2 运行时接口

运行时接口一般包含设备管理、队列管理和内存管理等。本节主要给出主机端程序常用的运行时接口列表以及功能说明。

#### 8.5.2.1 设备管理

设备操作主要涉及初始化、设备设置、设备销毁等一系列操作。
- Init(unsigned int flag); 用于在当前系统中初始化设备的运行时环境。标识位 flag 可以表示不同类型的设备，例如当 flag 设置为 1 时，则初始化真实设备，当 flag 为 0 时可以初始化假设备，可以用于设备模拟。

该接口可在进程开始调用一次，也可以在每个线程中调用。但调用要和 Destroy 调用次数相匹配，在使用设备资源前调用此方法。具体来说，整个进程在开始调用一次 Init，结束时调用一次 Destroy；如在每个线程调用一次 Init，则在线程结束时同样需要调用一次 Destroy。注意调用任何运行时函数前都需要调用此函数的初始化环境，保证线程安全。
- GetDeviceCount(unsigned int * dev_num); 调用上述接口获取系统中的设备数量，dev_num 为输出参数，其值为设备数目。
- GetDeviceHandle(Dev_t * pdev, int ordinal); 通过给定的设备序号获取设备句柄。注意在调用该接口前必须初始化设备，且设备号要在 [0, GetDeviceCount()−1]

之间。
- SetCurrentDevice(Dev_t dev); 设置当前线程上下文所使用的设备。被调用后，该线程后续所有与设备有交互的接口都会在指定的设备上执行。所有调用设备接口开始之前需要调用本接口。
- GetCurrentDevice(Dev_t * pdev); 获取当前线程设备句柄。被调用前，要调用 GetCurrentDevice 来获取当前线程使用的设备。
- Destroy(void); 该接口会释放设备内存并关闭设备。调用此接口前要调用 Init 来进行设备初始化。此接口可在进程退出时调用一次，也可以在每个线程中调用，但调用要和 Init 调用次数相匹配。注意最后调用此接口将销毁设备上的所有资源，包括关闭设备。

#### 8.5.2.2 队列管理

队列是用于执行任务的环境。计算任务可以下发到队列中执行，同一个队列可以容纳多个任务。具体来说，队列具有以下属性。

（1）串行性：下发到同一个队列中的任务，按下发顺序串行执行。

（2）异步性：任务下发到队列是异步过程，即下发完成后程序控制流会回到主机，主机程序继续往下执行。运行时环境提供队列的同步接口用于等待整个队列中所有任务完成。任务同步需要主动调用同步接口发起。

（3）并行性：不同队列中的任务并行执行。

如果希望任务间并行执行，用户可以创建多个队列并将任务分配到不同的队列中。典型队列相关的 API 包括以下几类。

- CreateQueue(Queue_t * queue); 用于创建一个队列。该接口可以被多次调用创建多个队列，将任务下发到不同队列上并行执行，这要求创建队列和启动 Kernel 次数要相同。如果多次调用 Kernel 启动函数，但传入的都是同一个队列，由于队列中的任务串行执行，无法提高执行效率。
- SyncQueue(Queue_t queue); 此接口同步队列中所有任务，等待任务执行完毕。此方法要在 InvokeKernel 之后调用。因为 InvokeKernel 是异步的，需要同步的机制等待队列中所有任务执行完成。
- DestroyQueue(Queue_t queue); 此接口会销毁创建的队列，一般在进程或线程退出时执行该接口。调用此接口之前需要创建队列，与 CreateQueue 配对使用。

#### 8.5.2.3 内存管理

内存管理主要分为主机端内存管理、设备端内存管理和主机与设备端内存拷贝三类。典型的内存管理接口及其功能如下所示。

- hostMalloc(void * * ptr, size_t bytes, ...); 在主机端分配 bytes 大小的空间，并

将 ptr 指向分配的空间。分配成功返回 RET_SUCCESS，否则返回相应的错误码。
- hostFree(void * ptr); 释放主机内存。释放成功返回 RET_SUCCESS，否则返回相应的错误码。
- devMalloc(void * * ptr, size_t bytes); 分配给定大小的设备端内存，分配成功返回 RET_SUCCESS，否则返回相应的错误码。
- devFree(void * ptr); 释放 ptr 指向的设备端内存空间。释放成功返回 RET_SUCCESS，否则返回相应的错误码。
- Memcpy(void * dst, void * src, size_t bytes, MemTransDir_t dir); 从地址 src 拷贝 bytes 数据到地址 dst，dir 指定数据拷贝的方向（如主机端拷贝至设备端，设备端拷贝至主机端等）。

### 8.5.3 使用示例

智能计算系统应用程序包括两部分：一是主机端的 C/C++ 程序，运行在 x86、ARM 等通用处理器上；二是设备端使用智能编程语言编写的 Kernel 程序。我们以单核求和算法为例说明完整的智能应用编程接口的使用方法。如前所述，完整的智能应用包含主机端程序和设备端程序。开发智能应用主要分为以下步骤：Kernel 函数编写、设备初始化、主机/设备端数据准备、设备端内存空间分配、数据至设备端拷贝、调用 Kernel 启动设备、运行结果获取和资源释放等。

#### 8.5.3.1 Kernel 函数编写

设备端的程序用于实现智能应用的核心计算功能。本例中的设备端代码如图 8.31 所示。

```
1  __dlp_entry__ void kernel(int *input, int len, int *output) {
2    int sum = 0;
3    for (int i = 0; i < len; i++) {
4      sum += input[i];
5    }
6    *output = sum;
7  }
```

图 8.31 单核累加算法示例

对每个智能编程语言编写的程序，如 8.3.2.1 节所介绍的，有且仅有一个标记为 __dlp_entry__ 的核函数，表示整个 Kernel 函数的入口，其返回值类型必须是 void。

#### 8.5.3.2 设备初始化

设备在使用前都需要初始化,主要工作包括:查询可用设备、选择某设备执行及设置任务规模等。其示例代码如图 8.32 所示。本例中运行单核程序,所以 dim.x、dim.y、dim.z 都设置为 1。

```
1  Init(0);
2  Dev_t dev;
3  GetDeviceHandle(&dev, 0);
4  SetCurrentDevice(dev);
5  Queue_t pQueue;
6  CreateQueue(&pQueue);
7  Dim3_t dim;
8  dim.x = 1;
9  dim.y = 1;
10 dim.z = 1;
```

图 8.32 设备初始化示例

#### 8.5.3.3 主机/设备端数据准备

执行具体运算前需要在主机端准备输入数据并进行预处理。以 CPU 上的 FP32 数据为例,如果不支持 FP32 数据类型,需要在主机端先进行数据类型的转换,如转换成 FP16 或者 INT8。上述过程一般在主机端进行。

#### 8.5.3.4 设备端内存空间分配

在主机侧通过运行时接口进行设备侧的输入输出空间分配,后续传递给 Kernel 函数。其内存空间分配示例如图 8.33 所示,其中 half 类型对应 FP16 类型。

```
1  half *d_input;
2  half *d_output;
3  half *dlp_result;
4  hostMalloc(dlp_result, data_num * sizeof(half));
5  devMalloc((void **)&d_input, data_num * sizeof(half));
6  devMalloc((void **)&d_output, data_num * sizeof(half));
```

图 8.33 设备端内存空间分配

#### 8.5.3.5 数据至设备端拷贝

数据拷贝主要是把主机端准备好的输入数据拷贝到内存上,其具体代码如图 8.34 所示。

```
1  Memcpy(d_input, h_a_half, sizeof(half)*data_num, HOST2DEV);
```

图 8.34　数据拷贝至设备端

其中 HOST2DEV 表示数据是从主机端拷贝至设备端。

#### 8.5.3.6　调用 Kernel 启动设备

Kernel 函数传递参数的核心数据结构是 KernelParamBuffer，其中设置参数的顺序必须与核函数参数声明顺序一致。图 8.35 提供了具体的示例代码。

```
1  KernelParamsBuffer_t params;
2  GetKernelParamsBuffer(&params);
3  KernelParamsBufferAddParam(params, &d_input, sizeof(half *));
4  KernelParamsBufferAddParam(params, &size, sizeof(uint32_t));
5  KernelParamsBufferAddParam(params, &d_output, sizeof(half *));
6  //在设置好核函数参数之后，就可以调用InvokeKernel接口启动计算任务
7  InvokeKernel((void *)&kernel, dim, params, func_type, pQueue);
8  SyncQueue(pQueue);
```

图 8.35　调用 Kernel 启动设备

#### 8.5.3.7　运行结果获取

获取运行结果前需调用 SyncQueue 来确保设备端的计算已经完成。此时正确的计算结果会被储存至设备端 DDR 上。通过调用 Memcpy 接口可以把计算结果从设备端拷回主机端。其具体代码如图 8.36 所示。

```
1  Memcpy(dlp_result, d_output, data_num * sizeof(half), DEV2HOST);
```

图 8.36　获取运行结果

其中 DEV2HOST 表示数据是从设备端拷贝至主机端。

#### 8.5.3.8　资源释放

程序执行完后需要释放主机端和设备端的各种资源。具体代码如图 8.37 所示。

```
1  devFree(d_input);
2  devFree(d_output);
3  hostFree(dlp_result);
4  DestroyQueue(pQueue);
5  DestroyKernelParamsBuffer(params);
```

图 8.37　释放资源

## 8.6 智能应用功能调试

本节从调试智能应用功能角度出发,首先介绍功能调试的基本方法,之后介绍功能调试接口和工具。考虑到精度在智能应用中的重要作用,之后介绍精度调试方法,最后介绍基于 BCL 的调试实践。

### 8.6.1 功能调试方法

#### 8.6.1.1 概述

主流智能应用编程方法有两个层次:底层编程语言层和高层编程框架层。因此,智能应用的调试对象主要是基于智能编程语言通过编译器生成的机器码和基于编程框架通过框架级编译器生成的计算图,所对应的调试方法也分为编程语言级调试方法和编程框架级调试方法。

编程语言一般会有相应的配套编译调试工具链和运行时环境辅助观察运行时状态信息,同时语言规范中也有调试相关的打印接口,此外还可以借助操作系统的异常处理及核心转储等机制辅助定位问题所在。

编程框架是连接应用和底层软件的重要桥梁,涉及不同语言层次:用户 API 层主要使用 Python 或 JavaScript 等高级语言,方便编写具体应用;框架核心层主要采用 C++ 语言来实现内部架构;框架底层调用目标架构编程语言或高性能库来充分挖掘底层硬件性能。后续将根据不同调试对象层次详细介绍各层次调试方法。

#### 8.6.1.2 编程语言调试

除了直接在应用程序代码中调用打印接口,通过源码级调试器进行调试是更加直观合理的方式。通过源码级调试器,可以采用单步执行的方式来执行程序源码、设置断点、打印变量值等。为了实现调试器的功能,需要在编译阶段加入调试信息,协调编译器和调试器的功能。

**1. 源码编译生成调试信息**

为了支持高效调试,需要在编译阶段将程序源码和所生成的机器指令间的映射关系保存下来并建立相应符号映射机制,供调试器分析使用。在编译阶段收集的映射关系需解决两个关键问题:一是如何把经过编译器深度优化的二进制指令和原始程序源码关联起来。以常见窥孔(Peephole)优化为例,其中可能对指令序列进行了调整,再将其和源代码关联起来存在困难。二是如何以较低的时间和存储开销来详细地描述二进制程序与源代码的关系。为了解决该问题,需要定义合理的调试信息格式。这里以当前应用最广泛的 DWARF 调试格式为例介绍调试格式信息。

### 2. 调试信息格式：DWARF

DWARF 全称为 Debugging With Attributed Record Formats，即采用属性化记录格式的调试方式，其调试信息格式是和 ELF 目标文件格式一起开发的。DWARF 整体组织成树状结构，其中每个节点可以有子节点或兄弟节点，这些节点可以表示类型、变量或函数等。

具体来说，DWARF 中的基本描述调试信息项（Debugging Information Entry，DIE）被组织成树状结构。每个 DIE 都有其父 DIE（除了最顶层），并可能有兄弟 DIE 或子 DIE。每个 DIE 都明确了其具体描述对象及相应的属性列表。其中属性可能包含各种值，如常量（函数名）、变量（函数起始地址）、对其他 DIE 的引用（如函数的返回值类型）等。图 8.38 简化描述了编译单元（compilation unit）、子程序（subprogram）和基本类型（base type）的 DIE 项。针对经典的 Hello World 程序，最顶层的 DIE 表示编译单元，它有两个子节点，分别是描述 main 函数的子程序 DIE 和其所引用的基本类型 DIE，对应 main 函数的 int 类型返回值。下面详细介绍编译单元、子程序和基本类型的 DIE 内容。

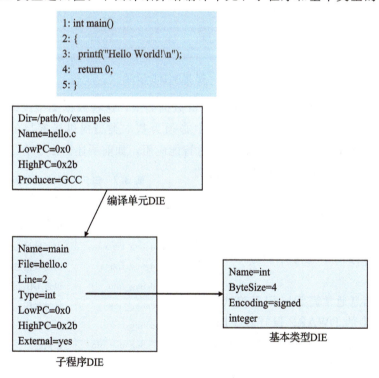

图 8.38　DWARF DIE 具体示例

**编译单元。** 程序通常包含多个源文件，每个源文件被单独编译。在 DWARF 中，每个单独编译的源文件称为一个编译单元。编译单元的通用信息放在对应的 DIE 中，包括目录、源文件名（如 hello.c）、编程语言、标识该 DWARF 数据来源的字符串（如 GCC）以及 DWARF 数据节的偏移值，用于定位行号及宏信息等。

**子程序**。DWARF 对带返回值的函数和不带返回值的子例程都进行相同处理，采用子程序 DIE 来描述。该 DIE 由名字（DW_AT_name）、源位置三元体（DW_AT_decl_file, DW_AT_decl_line, DW_AT_prototyped），以及表示该子程序是否是外部属性（DW_AT_external）等信息组成。另外还有计算该函数栈帧地址的表达式 DW_AT_frame_base 等。具体如图 8.39 所示。

```
1   <1><2a>: 缩写编号: 2 (DW_TAG_subprogram)
2      <2b> DW_AT_low_pc : 0x0
3      <33> DW_AT_high_pc : 0x3f
4      <37> DW_AT_frame_base : 1 byte block: 56 (DW_OP_reg6 (rbp))
5      <39> DW_AT_name : (indirect string, offset: 0x5a): main
6      <3d> DW_AT_decl_file : 1
7      <3e> DW_AT_decl_line : 5
8      <3f> DW_AT_prototyped : 1
9      <3f> DW_AT_type : <0x6e>
10     <43> DW_AT_external : 1
11     ...
```

图 8.39　子程序 DIE 示例

**基本类型**。编程语言通常定义了基本标量数据类型，这些数据类型最终要映射到目标机器的寄存器和运算器上，所以调试信息中必须为基本类型提供最底层的映射关系，在 DWARF 中即为 DW_TAG_base_type。针对智能应用，如前所述，由于有定制的运算器和数据类型（如 FP16 等），也需要增加专门的调试信息映射。

当然，除了上述 DIE 项之外，针对数组、结构体、变量、宏等都有相应的 DIE 来进行描述。更详细的信息可以参考 DWARF 的设计手册[143]。

DWARF 信息通常需要与 ELF 格式一同使用，不同类型的 DWARF 保存在 ELF 的对应段中。所有这些 DWARF 段的名字以 ".debug_" 开始，具体如表 8.7 所示。

### 8.6.1.3　编程框架调试

编程框架关注的是深度学习或机器学习模型，模型中的计算节点被定义为算子。虽

表 8.7　ELF 中调试信息段的名字及含义

| 调试信息段名 | 具体内容 |
| --- | --- |
| .debug_abbrev | 用于 .debug_info 段中的缩写 |
| .debug_arranges | 内存地址与编译单元间映射 |
| .debug_frame | 调用栈信息 |
| .debug_info | 包含 DIE 的 DWARF 数据 |
| .debug_line | 行号程序 |
| .debug_loc | 定位描述 |
| .debug_macinfo | 宏描述 |
| .debug_pubnames | 全局对象及函数查找表 |
| .debug_pubtypes | 全局类型的查找表 |
| .debug_ranges | DIE 所引用的地址范围 |
| .debug_str | .debug_info 使用的字符串表 |
| .debug_types | 类型描述 |

然算子功能、运算量和复杂度各不相同,但如果将算子进行抽象后,整个网络模型的编程也可以抽象为用高层语言进行编程。框架级编程语言通常也有控制流和数据流,而算子操作的对象也可以类比为编程语言中的数据结构。因此,编程框架的调试方法也和前面介绍的编程语言类似,需要借助框架级调试接口或调试器,以在模型网络开发中快速查看核心数据结构等内容,此外还需要一些数据分析变换方法从其他维度去辅助网络级编程。

编程框架作为系统性软件栈,涉及的层次和模块很多,对于不同的调试层次,目标用户和具体调试对象也有很大差别。表 8.8 详细介绍了不同层次调试对象及关注的信息,包括框架应用层、框架核心层和框架适配层。

**表 8.8 编程框架调试的不同层次**

| 软件层次 | 调试者角色 | 调试的对象 | 关注的信息 |
| --- | --- | --- | --- |
| 应用层 | 框架使用者 | Python/C++ 的 API | 查看计算图结构、计算节点输入输出、推断速度与精度、训练收敛程度等 |
| 核心层 | 框架开发者 | C++ 编写的主机侧程序 | 框架的核心类对象(如运行时管理、分布式、跨平台、计算图优化等) |
| 适配层 | 框架开发者及硬件厂商 | 目标平台语言实现的算子;硬件厂商自有引擎适配逻辑 | 目标平台适配相关逻辑(如目标平台库 API、目标架构代码编译运行、框架图编译和算子注册等) |

- **框架应用层调试**。框架应用层调试主要以算法或模型正确性为首要目标,以 TensorFlow 为代表的编程框架提供了可视化等方式来帮助用户查看网络内部的控制流和数据流是否符合预期。典型的可视化方法包括计算图可视化、嵌入可视化、训练可视化以及直方图可视化等。

计算图可视化主要通过 TensorBoard 将 TensorFlow 的计算图信息通过可折叠、可拖曳方式展现给开发者,既保证灵活性,又降低了调试难度。嵌入可视化主要是将高维数据降维到低维空间,常用的降维可视化方法有线性的主成分分析(Principal Component Analysis,PCA)和非线性的 T-分布随机邻域嵌入(T-distributed Stochastic Neighbor Embedding)方法等。训练可视化可以帮助开发者更好地调整模型和参数,例如学习率、模型的总损失等指标随着训练迭代次数而变化的曲线。典型的训练可视化例子如图 8.40 所示。直方图可视化是对连续变量概率分布的估计,可以帮助开发者观察数值数据的分布情况。例如 TensorFlow 开发者可以通过直方图观察张量在时间维度的分布变化。

- **框架核心层调试**。框架核心层的主要功能是处理用户 API 输入的算法逻辑、构建计算图、优化执行、运行时环境、分布式控制、提供调试接口等,所以一般会提供基于自身代码风格或功能特点的日志方法。作为框架开发者,进行调试的核心思路是在框架的核心逻辑代码中插入对关键信息的打印,然后配置环境变量执行后分析日志,或借助传统 GDB(GNU Project Debugger)等工具调试框架内部逻辑。

- **框架适配层调试**。框架适配层与核心层的优化执行、运行时环境、分布式控制等功能耦合性较强。一般核心层的抽象类可以描述多平台多架构,目标平台使用核心层提供的机制或方法注册，所以适配层调试方法与核心层调试基本类似，主要区别在于除了要调试框架中适配接口的正确性，还要考虑编译时生成目标架构二进制或者运行时执行目标架构二进制库时的正确性，此时要借助目标架构提供的调试方法、接口和工具等。

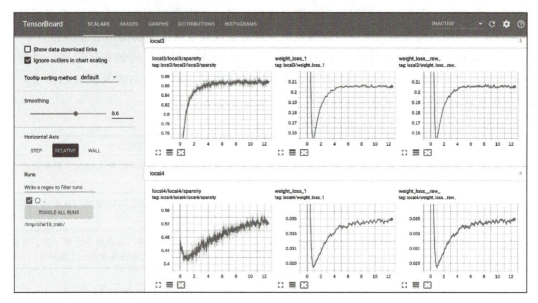

图 8.40 TensorFlow 的训练可视化图示例

## 8.6.2 功能调试接口

### 8.6.2.1 编程语言的功能调试接口

#### 1. 打印函数接口

在传统通用 CPU 上，针对不同的编程语言，提供了丰富的格式化打印接口。例如 C 语言最常用的 printf 函数和 fprintf、dprintf、sprintf 等，C++ 语言的 iostream 类的 std::cout 等接口以及 Python 或 Swift 的 print 函数等。

为了实现和通用 CPU 打印接口的兼容，降低用户学习成本，智能编程语言也需要提供相应的格式化打印函数。由于基本编程模型是异构的，底层运行时系统具有异构通信和存储等特点，给实现与通用 CPU 兼容的打印接口带来了挑战：首先，异构打印没有即时性，设备端的计算为了追求高效一般不能频繁地被主机端打断，例如，运行在 DLP 上的带 __printf 打印的 Kernel 任务被发射执行后，必须调用同步接口等待完成才能获取打印结果；其次，异构打印拷贝开销大，主要是因为主机端和设备端一般都有各自独立的片外存储；最后，DLP 一般是并行架构，对芯片内的多核或多线程并行打印提出了挑战。具体来说，如表 8.9 所示，智能语言并行打印的关键问题及解决方法主要集中在三方面。

表 8.9 智能语言并行打印的关键问题及解决方法

| 关键问题 | 解决方法 |
| --- | --- |
| 变量作用域及生命周期问题 | 变量的声明和使用有严格作用域及生命周期约束,并行打印要遵守语言执行模型,避免核间越界访问 |
| 时序及可读性问题 | 语言运行时需对片外内存的地址空间进行分配,运算核心需明确打印目的地址避免越界访问,完成打印后主机端需按时间戳解析区分多核的数据 |
| 读写一致性问题 | 多核并行执行时对共享存储区的读写顺序要求有配套的多核同步机制保证读写操作原子性 |

**2. 例外报错**

例外报错机制主要有两种,分别是调试模式下的**断言(assert)机制**和系统提供的**核心转储(core dump)功能**。

断言是向程序员提供主动触发的检查机制,其主要作用在于开发者可以对有潜在问题的代码进行提前预判。在函数入口处进行入参合法性检查、在函数返回处进行返回值检查可以节省大量时间和精力。一般提供的断言信息主要有文件名、行号和函数名等。智能编程语言 BCL 的断言示例如图 8.41 所示。

```
1  __dlp_device__ void __assert_fail(const char *__message,
2                                    const char *__file,
3                                    unsigned __line,
4                                    const char *__function) {
5    __printf("%s:%d %s: Assertion \'%s\' failed.\n",
6            __file, __line, __function, __message);
7            __abort();
8  }
9
10 __dlp_device__ void __assert(const char *__assertion,
11                              const char *__file,
12                              int __line) {
13   __printf("%s:%d: Assertion \'%s\' .\n",
14           __file, __line, __assertion);
15 }
```

图 8.41 智能编程语言断言示例

断言机制一般用于开发调试阶段(会带来额外的执行开销);而核心转储机制可以在程序运行时对非法的软硬件行为触发硬件异常,并以特定格式生成核心转储文件,它一般用于在非调试模式出错后协助定位问题。

以 Linux 系统为例,程序执行异常或崩溃时,内核会将内存快照和关键程序状态保存为可执行文件所在目录下的文件。对于智能编程语言,由于编程对象通常是异构的,需要在设备端计算核心陷入硬件异常时通过异构总线接口向主机端发起中断或直接将处理好的核心转储信息发送给主机端。

#### 8.6.2.2 编程框架的功能调试接口

- **框架应用层的断言和打印机制**。在 TensorFlow 应用层，提供了 tf.Assert 检查接口和 tf.Print 打印接口。图 8.42 展示了断言的使用示例。

```
1  import tensorflow as tf
2
3  x = [1, 2, 3]
4  y = [1, 2, 3, 4]
5  assert_x = tf.Assert(tf.less_equal(tf.reduce_max(x), 3), x)
6  assert_y = tf.Assert(tf.less_equal(tf.reduce_max(y), 3), y)
7  sess = tf.Session()
8
9  with tf.control_dependencies([assert_x]):
10    print(sess.run(tf.identity("PASSED")))
11
12 with tf.control_dependencies([assert_y]):
13    print(sess.run(tf.identity("PASSED")))
```

图 8.42 典型的断言示例

- **框架核心层的日志打印宏**。TensorFlow 中对日志等级进行了分级，可以通过 getenv 获取用户的环境变量 TF_CPP_MIN_LOG_LEVEL 得到，其指代的日志等级的取值和含义如表 8.10 所示。此外，TensorFlow 还提供了更详细的日志打印，可以通过 TF_CPP_MIN_VLOG_LEVEL 进行等级设置，等级越高打印的内容越多。由于 TF_CPP_MIN_VLOG_LEVEL 进行的是 INFO 层级的日志输出，因此在 TF_CPP_MIN_LOG_LEVEL 不在 INFO 层级时，会屏蔽 TF_CPP_MIN_VLOG_LEVEL 的输出内容。

表 8.10 日志等级的取值和含义

| 对应 LOG 等级 | 输出信息 | 对应 LOG 等级 | 输出信息 |
| --- | --- | --- | --- |
| INFO | INFO+WARNING+ERROR+FATAL | ERROR | ERROR+FATAL |
| WARNING | WARNING+ERROR+FATAL | FATAL | FATAL |

- **框架适配层的目标架构调试**。框架适配新的目标平台时因为与核心层耦合较为紧密，所以在开发调试中复用 VLOG 和 LOG 即可。实践过程中更有效的调试思路是参考框架适配层已有架构（如 x86、GPU、ARM 等）的适配和注册机制。如果出现问题将采用目标架构提供的调试接口（如打印接口和核心转储等）进行调试。

## 8.6.3 功能调试工具

### 8.6.3.1 面向编程语言的调试器

面向编程语言的调试器除了具备传统编程语言调试器应具备的功能，如断点映射关系解析、断点设置与恢复、硬件异常上报等功能，还应具备在中断处打印或修改张量数据、转储/重新加载中间张量以及多核调试的状态管理和切换等智能语言特有的功能。我们以智能编程语言 BCL 的调试工具 BCL-GDB 为例详细介绍调试器的使用流程，包括调试前准备、调试器托管、状态查看及错误分析等。

**1. 调试前准备**

调试前准备工作大致包括配置调试目标设备号、增加调试信息及配置核心转储等。例如，如果要调试的设备号为 1，可以采用图 8.43 所示命令进行配置。

```
1  export DLP_VISIBLE_DEVICES = 1
```

图 8.43 调试设备号为 1 时使用的配置命令

为了在编译时增加调试信息，需要在编译阶段（使用编译器 BCL Compiler，BCLC）增加相应编译选项-g，其后还可以增加调试信息等级。典型示例如图 8.44 所示。

```
1  bclc -g foo.dlp -o foo
2  bclc -g1 foo.dlp -o foo
3  bclc -g2 foo.dlp -o foo
4  bclc -g3 foo.dlp -o foo
```

图 8.44 编译时增加调试选项

**2. 调试器托管**

异构编程的用户程序必须通过主机端程序启动，主机端的调试方法可以与 GDB 一致，而当从主机端继续执行时会自动进入设备端程序执行。如果需要在设备端 Kernel 的入口处停住，可以采用如图 8.45 所示的命令。

```
1  (bcl-gdb) bcl-gdb breakpoint on  #使能设备端的断点功能
2  (bcl-gdb) break *0x1  #在Kernel函数的第一条指令上设置断点
3  (bcl-gdb) run  #执行程序
```

图 8.45 在 Kernel 的入口处停住的命令

多线程调试时通常需要进行调试线程的切换。可以用 info 命令查看当前线程并使用 focus 命令进行切换。图 8.46 的示例说明了采用 focus 命令将监控状态从（0，0，0）核切换到（0，2，1）核（三元组分别对应 Device、Cluster 和 Core）。

```
 1  (bcl-gdb) bcl-gdb info
 2  device  cluster  core  pc  core state        focus
 3     0       0      0   1   KERNEL_BREAKPOINT  *
 4     0       0      1   0   KERNEL_BREAKPOINT
 5     0       0      2   0   KERNEL_BREAKPOINT
 6  ......
 7     0       3      2   0   KERNEL_BREAKPOINT
 8
 9  (bcl-gdb) bcl-gdb focus cluster 2 core 1
10  [Switch from logical device 0 cluster 0 core 0 to logical device 0 cluster 2
        core 1.]
11  device  cluster  core  pc  core state        focus
12  ......
13     0       2      0   0   KERNEL_BREAKPOINT
14     0       2      1   0   KERNEL_BREAKPOINT  *
15     0       2      2   0   KERNEL_BREAKPOINT
16  ......
```

图 8.46 调试线程切换

可以采用 break 命令根据函数名、代码行号、指令地址以及 Kernel 入口来增加断点。在 break 命令中可以使用 if 语句配置条件断点。断点的查看和删除则可以分别使用 info 和 delete 命令来完成。断点的典型示例如图 8.47 所示。

```
 1  (bcl-gdb) break my_function
 2  (bcl-gdb) break my_class::my_method
 3  (bcl-gdb) break int my_templatized_function<int>(int)
 4  (bcl-gdb) break foo.dlp:185
 5  (bcl-gdb) bcl-gdb breakpoint on
 6  (bcl-gdb) break *0x1
 7
 8  (bcl-gdb) break foo.dlp:23 if taskIdx == 1 && i < 5
 9
10  (bcl-gdb) info break
11  (bcl-gdb) i b
12
13  (bcl-gdb) delete break 1
14  (bcl-gdb) d b 2 3 4
```

图 8.47 断点命令使用示例

### 3. 状态查看

当编译时添加了 -g 选项后，调试时可以直接根据变量名采用 print 命令来打印相关内容。寄存器内容则可以采用 info registers 命令进行查看。指定地址中的数据内容可以通过 examine 命令进行查看。更详细方法可以查看相应硬件编程语言的使用手册。

### 8.6.3.2 面向编程框架的调试器

下面以 TensorFlow 自带的调试器 tfdbg 为例来介绍面向编程框架的调试器。不同于传统编程语言级调试器是直接对已编译程序进行调试，tfdbg 提供了一套 Python 的 API 接口，用户使用前在代码中插入，然后在重新执行时通过会话（Session）的封装进入调试命令行，其主要 API 如图 8.48 所示。

```
1  #用于添加调试信息，修改运行时参数RunOptions以指定要监视的数据
2  tfdbg.add_debug_tensor_watch
3  tfdbg.watch_graph
4  tfdbg.watch_graph_with_blacklists
5
6  #用于指定调试转储数据和目录
7  tfdbg.DebugTensorDatum
8  tfdbg.DebugDumpDir
9
10 #用于加载调试转储数据
11 tfdbg.load_tensor_from_event_file
12
13 #用于确定中间张量（Session.run从输入到输出路径中的张量）中是否存在nan或inf值
14 tfdbg.has_inf_or_nan
15
16 #用于调试普通的TensorFlow模型以及tf.contrib.learn模型
17 tfdbg.DumpingDebugHook
18 tfdbg.DumpingDebugWrapperSession
19 tfdbg.LocalCLIDebugHook
20 tfdbg.LocalCLIDebugWrapperSession
```

图 8.48　添加调试表的 API

图 8.49 提供了具体示例，介绍如何使用 tfdbg 的 API 来进行 TensorFlow 模型调试。在源码中插入 LocalCLIDebugWrapperSession 将待调试的会话 sess 用 tfdbg 进行封装，并指定 ui_type="readline"，可以在运行 Python 程序时进入 tfdbg 的调试命令行界面。

```
1  import numpy as np
2  import tensorflow as tf
3  from tensorflow.python import debug as tf_debug
4  xs = np.linspace(-0.5, 0.49, 100)
5  x = tf.placeholder(tf.float32, shape=[None], name="x")
```

图 8.49　采用 tfdbg API 调试的具体示例

```
 6  y = tf.placeholder(tf.float32, shape=[None], name="y")
 7  k = tf.Variable([0.0], name="k")
 8  y_hat = tf.multiply(k, x, name="y_hat")
 9  sse = tf.reduce_sum((y - y_hat) * (y - y_hat), name="sse")
10  train_op = tf.train.GradientDescentOptimizer(learning_rate=0.02).minimize(sse)
11
12  sess = tf.Session()
13  sess.run(tf.global_variables_initializer())
14  #对会话sess采用tfdbg进行封装
15  sess = tf_debug.LocalCLIDebugWrapperSession(sess, ui_type="readline")
16
17  for _ in range(10):
18      sess.run(y_hat, feed_dict={x:xs,y:10*xs})
19      sess.run(train_op, feed_dict={x: xs, y: 42 * xs})
```

图 8.49 （续）

### 8.6.4 精度调试方法

由于 DLP 上通常会采用定制运算单元，如 FP16、BF16 以及 INT8 等，与 CPU 上标准的 FP32/FP64 运算器存在精度和表示范围的差异，不可避免存在需要对程序精度进行调试的需求。通常而言，DLP 上的精度调试是通过和 CPU 上 FP32 的运算结果进行对比来实现的。与传统功能调试类似，同样可以通过智能编程语言调试器打印不同格式的数据（浮点或定点表示的数据）来得到对比结果。

### 8.6.5 功能调试实践

本节以智能编程语言 BCL 和相应调试器 BCL-GDB 为例讲解串行及并行程序的功能调试及精度调试示例。

#### 8.6.5.1 串行程序调试

采用前述智能编程语言实现的快速排序程序（对应文件名为 kernel.dlp），如图 8.50 所示。

```
1  #define DATA_SIZE 64
2  __dlp_func__ int32_t QuickSort(int left,
3                                 __nram__ int32_t *m,
4                                 int32_t right) {
5      int32_t tag = m[left];
6      int32_t temp;
7      for (;;) {
```

图 8.50 快速排序的 Kernel 代码

```
 8      if (left < right) {
 9        while (m[right] > tag)
10          right--;
11        if (left >= right)
12          break;
13  ......
14    return right;
15  }
16
17  __dlp_device__ void SplitMiddle(int32_t left,
18                                  __nram__ int32_t *m,
19                                  int32_t right) {
20    int middle;
21    if (left < right) {
22      middle = QuickSort(left, m, right);
23      SplitMiddle(left, m, middle - 1);
24      SplitMiddle(middle + 1, m, right);
25    }
26  }
27
28  __dlp_entry__ void kernel(int32_t *pData,
29                            int32_t num,
30                            int32_t left) {
31    __nram__ int32_t nBuff[DATA_SIZE];
32    __memcpy(nBuff, pData, num * sizeof(int32_t), GDRAM2NRAM);
33    SplitMiddle(left, nBuff, num - 1);
34    __memcpy(pData, nBuff, num * sizeof(int32_t), NRAM2GDRAM);
35  }
```

图 8.50 （续）

首先用设备端编译器编译出带调试信息的设备端二进制 kernel.o，并用 GCC 编译链接出主机端的可执行程序。使用调试器命令直接在源码中根据函数名 SplitMiddle 插入断点，如图 8.51 所示。

```
 1  (bcl-gdb) b kernel.dlp:SplitMiddle
 2  Breakpoint 1 at 0x554: file kernel.dlp, line 48.
 3  (bcl-gdb) r
 4  Starting program: /xxx/demo/a.out
 5  [Thread debugging using libthread_db enabled]
 6  Using host libthread_db library "/lib/x86_64-linux-gnu/libthread_db.so.1".
 7
 8  Breakpoint 1, SplitMiddle (left=0, m=0x200440, right=63) at kernel.dlp:48
 9  48    if (left < right) {
10  (bcl-gdb)
```

图 8.51 插入断点示例

使用 bt（backtrace）命令查看当前函数的调用栈，如图 8.52 所示。

```
1  (bcl-gdb) bt
2  #0 SplitMiddle (left=0, m=0x200440, right=63) at kernel.dlp:48
3  #1 0x00000000000002c4 in kernel (pData=0xfffff9c000, num=64, left=0) at
4  kernel.dlp:61
5  (bcl-gdb)
```

图 8.52  采用 bt 命令查看当前函数的调用栈

使用 layout src 命令查看源码和当前断点，如图 8.53 所示。

```
1  (bcl-gdb) layout src
2  +--kernel.dlp--------------------------------+
3  |29 }
4  |
5  |30 if (left >= right) {
6  ......
7  |
8  |69
9  +--------------------------------------------+
10 multi-thre Thread 0x7ffff7fcf8 In: SplitMiddle L48 PC:
11 0x554
```

图 8.53  使用 layout src 命令查看源码和当前断点

使用 display 命令和单步执行观察变量状态，如图 8.54 所示。

```
1  (bcl-gdb) display *m
2  1: *m = 869
3  (bcl-gdb) n
4  1: *m = 869
5  (bcl-gdb) n
6
7  Breakpoint 1, SplitMiddle (left=0, m=0x200440, right=54) at
8  kernel.dlp:48
9  1: *m = 128
10 (bcl-gdb) n
11 1: *m = 128
12 (bcl-gdb) n
13
14 Breakpoint 1, SplitMiddle (left=0, m=0x200440, right=6) at
15 kernel.dlp:48
16 1: *m = 112
17 (bcl-gdb)
```

图 8.54  使用 display 命令和单步执行观察变量状态

使用 up 命令返回上一级调用栈,然后打印 NRAM 地址空间变量 nBuff 中的数据,如图 8.55 所示。

```
1  (bcl-gdb) up
2  #1 0x000000000000069a in SplitMiddle (left=0, m=0x200440, right=54) at
3  kernel.dlp:50
4  50 SplitMiddle(left, m, middle - 1);
5  (bcl-gdb) up
6  #2 0x000000000000069a in SplitMiddle (left=0, m=0x200440, right=63) at
7  kernel.dlp:50
8  50 SplitMiddle(left, m, middle - 1);
9  (bcl-gdb) up
10 #3 0x00000000000002c4 in kernel (pData=0xfffff9c000, num=64, left=0) at
11 kernel.dlp:61
12 61 SplitMiddle(left, nBuff, num - 1);
13 (bcl-gdb)
14 (bcl-gdb) x /64w nBuff
15 0x600000000000440: 112 80 125 39
16 0x600000000000450: 91 43 23 128
17 ......
18 0x600000000000520: 973 929 912 978
19 0x600000000000530: 918 963 986 924
20 (bcl-gdb)
```

图 8.55　up 命令使用示例

#### 8.6.5.2　并行程序调试

我们以图 8.56 所示的并行程序(文件名为 kernel.dlp)为例介绍并行程序调试。

```
1  //并行程序示例
2
3  ......
4
5  __nram__ int local[4][8];
6  __dlp_device__ int go_deeper(int i) {
7    if (i == 0) {
8    return 1;
9    } else {
10     return 1 + go_deeper(i - 1);
11   }
12 }
13
```

图 8.56　并行程序示例

```
14  __dlp_entry__ void kernel(int* input, int len) {
15    int line_size = sizeof(int[8]);
16    __memcpy(local, input, len * line_size, GDRAM2NRAM);
17    local[taskId][0] = go_deeper(taskId + 1);
18    __sync_all();
19    __memcpy(input + taskId * 8, local + taskId * 8, line_size,
20  NRAM2GDRAM);
```

图 8.56 （续）

由于上述 Kernel 程序是针对 4 个 DLP 核的并行程序,在主机端配置为 UNION1 类型的任务启动执行（如 8.3.2 节所介绍的）。图 8.57 中的示例详细展示了如何使用 break、print、display、info、continue 等命令观察多核是如何执行计算并自动切换被调试的核心。

```
 1  __nram__ int local[4][8];
 2  (bcl-gdb) b kernel.dlp:17
 3  Breakpoint 1 at 0x32e: file kernel.dlp, line 17.
 4  (bcl-gdb) r
 5  Starting program: /xxx/xxx/a.out
 6  [Thread debugging using libthread_db enabled]
 7  Using host libthread_db library "/lib/x86_64-linux-gnu/libthread_db.so.1".
 8
 9  Breakpoint 1, ?? () at kernel.dlp:17
10  17 local[taskId][0] = go_deeper(taskId + 1);
11  (bcl-gdb) bcl-gdb info
12  device cluster core pc   core state        focus
13     0      0     0  814  KERNEL_BREAKPOINT   *
14     0      0     1  0    KERNEL_BREAKPOINT
15     0      0     2  0    KERNEL_BREAKPOINT
16     0      0     3  0    KERNEL_BREAKPOINT
17     0      0     4  0    KERNEL_BREAKPOINT
18
19  (bcl-gdb) display local[taskId][0]
20  1: local[taskId][0] = 2
21
22  (bcl-gdb) n
23  [Switch from logical device 0 cluster 0 core 0 to logical device 0 cluster 0
          core 1.]
24  ?? () at kernel.dlp:14
25  14 int line_size = sizeof(int[8]);
26  1: local[taskId][0] = 0
27
```

图 8.57 并行程序调试示例

```
28  (bcl-gdb) n
29  15
30  1: local[taskId][0] = 0
31
32  (bcl-gdb)
33  16 __memcpy(local, input, len * line_size, GDRAM2NRAM);
34  1: local[taskId][0] = 269
35
36  (bcl-gdb) bcl-gdb info
37  device  cluster  core  pc   core state       focus
38    0       0       0   842  KERNEL_SYNC
39    0       0       1   782  KERNEL_BREAKPOINT *
40    0       0       2   0    KERNEL_BREAKPOINT
41    0       0       3   0    KERNEL_BREAKPOINT
42    0       0       4   0    KERNEL_BREAKPOINT
43
44  (bcl-gdb) c
45  Continuing.
46  Breakpoint 1, ?? () at kernel.dlp:17
47  17 local[taskId][0] = go_deeper(taskId + 1);
48  1: local[taskId][0] = 269
49
50  (bcl-gdb) bcl-gdb info
51  device  cluster  core  pc   core state       focus
52    0       0       0   842  KERNEL_SYNC
53    0       0       1   814  KERNEL_BREAKPOINT *
54    0       0       2   0    KERNEL_BREAKPOINT
55    0       0       3   0    KERNEL_BREAKPOINT
56    0       0       4   0    KERNEL_BREAKPOINT
57
58  (bcl-gdb) c
59  Continuing.
60  [Switch from logical device 0 cluster 0 core 1 to logical device 0 cluster 0
        core 2.]
61  Breakpoint 1, ?? () at kernel.dlp:17
62  17 local[taskId][0] = go_deeper(taskId + 1);
63  1: local[taskId][0] = 843
64
65  (bcl-gdb) bcl-gdb info
66  device  cluster  core  pc   core state       focus
67    0       0       0   842  KERNEL_SYNC
68    0       0       1   842  KERNEL_SYNC
```

图 8.57 （续）

```
69        0       0       2   814  KERNEL_BREAKPOINT *
70        0       0       3   0    KERNEL_BREAKPOINT
71        0       0       4   0    KERNEL_BREAKPOINT
72
73  (bcl-gdb) bcl-gdb focus cluster 0 core 3
74  [Switch from logical device 0 cluster 0 core 2 to logical device 0 cluster 0
        core 3.]
75
76  (bcl-gdb) bcl-gdb info
77  device cluster core pc    core state         focus
78        0       0       0   842  KERNEL_SYNC
79        0       0       1   842  KERNEL_SYNC
80        0       0       2   814  KERNEL_BREAKPOINT
81        0       0       3   0    KERNEL_BREAKPOINT *
82        0       0       4   0    KERNEL_BREAKPOINT
83
84  (bcl-gdb) list
85  12
86  13 __dlp_entry__ void kernel(int* input, int len) {
87  14 int line_size = sizeof(int[8]);
88  15
89  16 __memcpy(local, input, len * line_size, GDRAM2NRAM);
90  17 local[taskId][0] = go_deeper(taskId + 1);
91  18 __sync_all();
92  19 __memcpy(input + taskId * 8, local + taskId * 8, line_size,
93  NRAM2GDRAM);
94  20 }
95
96  (bcl-gdb) i b
97  Num Type Disp Enb Address What
98  1 breakpoint keep y 0x000000000000032e kernel.dlp:17
99  breakpoint already hit 3 times
```

图 8.57 （续）

### 8.6.5.3 精度调试

图 8.58 给出了对智能应用程序进行精度调试的具体示例。其中调用了向量数据类型转换函数 __vec_float2half_tz 和 __vec_half2float。该程序执行后得到的结果如图 8.59 所示。

```
1  __dlp_entry__ void kernel(float* input, int len) {
2    __nram__ float dataF32[1024];
3    __nram__ half dataF16[1024];
4    __memcpy(dataF32, input, len * sizeof(float), GDRAM2NRAM);
5    __printf("\n--- before ---\n");
6    for (int i = 0; i < len; ++i) {
7      __printf("dataF32[%d] = %.4f\t", i, dataF32[i]);
8      if ((i + 1) % 4 == 0) { printf("\n"); }
9    }
10   __vec_float2half_tz(dataF16, dataF32, len);
11   __vec_half2float(dataF32, dataF16, len);
12   printf("\n--- after ---\n");
13   for (int i = 0; i < len; ++i) {
14     __printf("dataF32[%d] = %.4f\t", i, dataF32[i]);
15     if ((i + 1) % 4 == 0) { printf("\n"); }
16   }
17 }
```

图 8.58　精度调试应用程序示例

```
1  --- before ---
2  dataF32[0] = 0.6000  dataF32[1] = 8.5500  dataF32[2] = 8.1300  dataF32[3] =
       9.9900
3  ......
4  --- after ---
5  dataF32[0] = 0.5996  dataF32[1] = 8.5469  dataF32[2] = 8.1250  dataF32[3] =
       9.9844
```

图 8.59　精度调试应用示例输出结果

可以看到使用向量数据类型转换函数\_\_vec_float2half_tz 将 FP32 精度转为 FP16 精度再调用\_\_vec_half2float 转回 FP32 精度时出现了较大精度损失,我们使用调试器进行调试,如图 8.60 所示。

```
1  (bcl-gdb) b kernel.dlp :15
2  Breakpoint 1 at 0x3e5: file kernel.dlp, line 15.
3  ......
4  (bcl-gdb) x /64f dataF16
5  0x600000000000440: 0 0 0 0
6  0x600000000000450: 0 0 0 0
7  ......
8  (bcl-gdb) x /64f dataF32
```

图 8.60　用调试器进行调试

```
 9  0x600000000000c40:  6.63000011  2.5  3.6400001  2.0999999
10  0x600000000000c50:  8.88000011  7.98000002  4.15999985  4.13999987
11  ......
12  (bcl-gdb) n
13  16    __vec_half2float(dataF32, dataF16, len);
14  (bcl-gdb) x /64f dataF16
15  0x600000000000440:  8.01724339  2.80098128  128144.875  653.064941
16  0x600000000000450:  8.32812977  2.95752239  4.51240485e-05  28195.9199
17  ......
18  (bcl-gdb) n
19  18  printf("\n--- after ---\n");
20  (bcl-gdb) x /64f dataF32
21  0x600000000000c40:  6.62890625  2.5  3.63867188  2.09960938
22  0x600000000000c50:  8.875  7.9765625  4.15625  4.13671875
23  0x600000000000c60:  2.00976562  2.50976562  8.09375  2.11914062
24  ......
```

图 8.60 （续）

以上所用的调试命令 x 为 examine 的缩写，其使用格式为 x/<count/format/unit><addr>，其中 count、format、unit 这三个为可选项。如上例所用的 x/64f 命令就表示以某地址立即数或指针为起始地址，以 float 格式打印 64 个 unit 数据，其中 unit 并未指定，即使用默认值 4 字节。更详细的格式说明可参考 GDB 使用手册[144]。

从这个例子可以看出，通过调试器指定不同的打印格式，可以详细地查看数据的内存布局和具体数值，方便进行结果比对。

## 8.7 智能应用性能调优

本节重点介绍如何对智能应用进行性能调优。首先介绍主要的通用性能优化方法，包括如何利用片上存储、张量化、多核并行等。之后详细介绍如何利用性能调优接口和工具对程序进行性能分析，找出潜在性能优化点，采用最合适的优化方法进行优化。最后以离散傅里叶变换（Discrete Frontier Transformation，DFT）为例，介绍如何基于上述方法和工具进行性能优化实践。

### 8.7.1 性能调优方法

#### 8.7.1.1 概述

智能编程语言的性能调优与传统编程语言相比，前者更加注重充分利用硬件的丰富运算单元，因为相比通用处理器，智能处理器的最大优势在于具有大量处理大规模数据的并行计算单元。比如使用张量计算单元计算向量乘法比使用标量计算单元快。下面介绍常用的智能应用性能调优方法。

#### 8.7.1.2 使用片上存储

片上存储（如前面所介绍的核内神经元缓存、权重缓存与核间共享缓存）是离运算器最近的存储单元，也是读写效率最高的。因此，针对会访问片外存储的智能应用，优先考虑使用 NRAM 和 WRAM 来代替 LDRAM 和 GDRAM，以提升程序运行速度。图 8.61 给出了两个向量对位乘的例子 vector_mult。其中原始的两个输入和输出都在全局内存 GDRAM 上。

```
1  #define LEN 16384
2  __dlp_entry__ void vector_mult(float* in1, float* in2, float* out) {
3    for (int i = 0; i < LEN; i++) {
4      out[i] = in1[i] * in2[i];
5    }
6  }
```

图 8.61　向量乘法示例程序

在使用 NRAM 后，程序可以改写为如图 8.62 所示代码。

```
1   #define LEN 16384
2   __dlp_entry__ void vector_mult(float* in1, float* in2, float* out) {
3     __nram__ float tmp1[LEN];
4     __nram__ float tmp2[LEN];
5     __memcpy(tmp1, in1, LEN * sizeof(float), GDRAM2NRAM);
6     __memcpy(tmp2, in2, LEN * sizeof(float), GDRAM2NRAM);
7     for (int i = 0; i < LEN; i++) {
8       tmp2[i] = tmp1[i] * tmp2[i];
9     }
10    __memcpy(out, tmp2, LEN * sizeof(float), NRAM2GDRAM);
11  }
```

图 8.62　使用 NRAM 提升向量乘法效率

其主要思路是，先申请一块 NRAM 空间，然后将 GDRAM 数据搬移到 NRAM 上，计算完成后将 NRAM 数据搬移回 GDRAM。如果 GDRAM 上要处理的数据块太大，NRAM 装不下，还需要分批次搬移和计算。进一步地，如果支持计算和访存并行，那么数据搬移和逻辑计算可以并行流水起来以提升整体性能。

#### 8.7.1.3 张量计算

张量化的基本原理是将大量标量计算合并为张量计算，使用智能编程语言的张量计算语句改写代码，充分利用硬件的张量计算单元，提升程序运行速度。以图 8.62 中经过 NRAM 优化的程序为例，可以继续使用张量计算语句改写其中的 for 循环。

如图 8.63 所示,原始的 for 循环使用的是硬件标量计算单元,而新的 __vec_mul 张量计算语句使用了硬件向量计算单元进行加速。

```
1  #define LEN 16384
2  __dlp_entry__ void vector_mult(float* in1, float* in2, float* out) {
3      __nram__ float tmp1[LEN];
4      __nram__ float tmp2[LEN];
5      __memcpy(tmp1, in1, LEN * sizeof(float), GDRAM2NRAM);
6      __memcpy(tmp2, in2, LEN * sizeof(float), GDRAM2NRAM);
7      __vec_mul(tmp2, tmp1, tmp2, LEN);
8      __memcpy(out, tmp2, LEN * sizeof(float), NRAM2GDRAM);
9  }
```

图 8.63 使用向量计算单元提升向量乘法效率

#### 8.7.1.4 多核并行

针对(程序员可见的)多核,可以将一个任务分拆到多个核上并行计算,进一步提升程序性能。以图 8.63 中采用了向量单元进行优化的程序为例,可以进一步通过内置变量让程序使用 4 个核,得到的示例代码如图 8.64 所示。

```
1   #define LEN 16384
2   #define CORE_NUM 4
3   #define PER_CORE_LEN (LEN / CORE_NUM)
4   __dlp_entry__ void vector_mult(float* in1, float* in2, float* out) {
5       __nram__ float tmp1[PER_CORE_LEN];
6       __nram__ float tmp2[PER_CORE_LEN];
7       __memcpy(tmp1, in1 + taskId * PER_CORE_LEN, PER_CORE_LEN * sizeof(float),
            GDRAM2NRAM);
8       __memcpy(tmp2, in2 + taskId * PER_CORE_LEN, PER_CORE_LEN * sizeof(float),
            GDRAM2NRAM);
9       __vec_mul(tmp2, tmp1, tmp2, PER_CORE_LEN);
10      __memcpy(out + taskId * PER_CORE_LEN, tmp2, PER_CORE_LEN * sizeof(float),
            NRAM2GDRAM);
11  }
```

图 8.64 使用多核提升向量乘法效率

其中将原始长度为 16 384 的向量均分为 4 份,每份由一个核计算。每个核都用 taskId 来定位自己要计算的数据。

### 8.7.2 性能调优接口

为了方便程序性能调优,需要了解硬件执行时间与状态信息,因此智能编程语言需要提供硬件运行时间(计时)以及硬件性能计数器等接口。其中,计时接口可以通过软件层面的"通知"机制实现,硬件性能计数器接口则依赖硬件层面的支持。对于用户而言,可以先用"通知"机制分析程序的大概执行情况,之后针对瓶颈部分采用硬件计数器进一步详细分析。

### 8.7.2.1 通知接口

通知(Notifier)是一种轻量级任务,该任务不像计算任务那样占用计算资源,而是通过驱动从硬件读取一些运行参数。通过将通知放置在计算任务前后,可以获取硬件执行状态或控制硬件运行。例如性能通知,可以获取计算任务运行起始和终止时间戳;同步通知,可以使多核间多个计算任务互相等待。用户可以在程序中按需使用相应的通知。

对于性能通知而言,主要由驱动从硬件获取时间戳,因此也可以称为时间戳通知,其对用户提供的接口主要体现在主机端的运行时程序中,典型的性能通知接口如表 8.11 所示。

表 8.11 典型的性能通知接口示例

| 接口示例 | 具体功能 |
| --- | --- |
| CreateNotifier(Notifier_t * notifier) | 创建通知 |
| DestroyNotifier(Notifier_t * notifier) | 销毁通知 |
| PlaceNotifier(Notifier_t notifier, Queue_t queue) | 将通知任务放入任务队列中 |
| NotifierDuration(Notifier_t start, Notifier_t end, float * us) | 获取两个通知任务间的时间差,返回值为微秒 |

对于前面提到的 vector_mult 函数示例,可以在其配套主机端运行时程序中加入性能事件接口,如图 8.65 所示。其中 time 即为 vector_mult 的执行时间。

```
1  Notifier_t start;
2  CreateNotifier(&start);
3  Notifier_t end;
4  CreateNotifier(&end);
5
6  Queue_t queue;
7  CreateQueue(&queue);
8  PlaceNotifier(start, queue);
9  InvokeKernel((void*)(&vector_mult), dim, params, UNION1, queue);
10 PlaceNotifier(end, queue);
11 SyncQueue(queue);
12
13 float time;
14 NotifierDuration(start, end, &time);
```

图 8.65 采用通知接口获取执行时间示例

#### 8.7.2.2 硬件性能计数器接口

硬件性能计数器（performance counter）用于统计细粒度的硬件行为，比如片上缓存访问次数、运算器的使用次数等。智能编程语言中可以提供硬件性能计数器值的获取接口，方便开发者对程序的行为进行细粒度剖析和优化。表 8.12 给出了 DLP 中典型的硬件性能计数器示例。主要分为两类，分别是智能编程语言的内建函数（以 __ 表示）以及主机端的外部获取接口。以深度学习处理器 DLP 为例，其中内建函数主要用于获取 DLP 核内的相关信息，主机端可以获取处理器核间及外围接口的相关信息，如 PCIe 总线上的读写数据量等。

表 8.12　典型性能计数器接口示例

| 接口示例 | 具体功能 |
| --- | --- |
| __perf_start | 使能硬件性能计数器开始计数 |
| __perf_stop | 使能硬件性能计数器停止计数 |
| __perf_get_clock | 获取当前硬件时间戳 |
| __perf_get_executed_inst | 获取已执行的指令条数 |
| __perf_get_cache_miss | 获取指令缓存不命中的次数 |
| __perf_get_compute_alu | 获取标量运算单元的运算量 |
| __perf_get_compute_nfu | 获取基于 NRAM 的张量运算部件的运算量 |
| __perf_get_compute_wfu | 获取基于 WRAM 的张量运算部件的运算量 |
| __perf_get_memory_dram_read | 获取从 DRAM 读取的数据量 |
| __perf_get_memory_dram_write | 获取向 DRAM 写入的数据量 |
| __perf_get_memory_sram_read | 获取从片上共享 SRAM 读取的数据量 |
| __perf_get_memory_sram_write | 获取向片上共享 SRAM 写入的数据量 |

对于前面 vector_mult 函数的例子，可以在源程序中插入相应的硬件性能计数器接口，如图 8.66a 所示。该程序运行后，打印出的结果如图 8.66b 所示。可以看出程序使用张量计算单元访问了神经元缓存 NRAM。

我们也可以在主机端源程序中插入硬件性能计数器接口，观测处理器核间以及周边接口的硬件行为。例如，从主机端观测设备 PCIe 总线的读取数据量的代码如图 8.67a 所示，其执行后输出结果如图 8.67b 所示。其中采用了 RawGetCounter 函数来获取性能计数器的信息。

```
1  #define LEN 64
2  __dlp_entry__ void vector_mult(float* in1, float* in2, float* out) {
3    __nram__ float tmp1[LEN];
4    __nram__ float tmp2[LEN];
5
6    __perf_start();
7
8    __memcpy(tmp1, in1, LEN * sizeof(float), GDRAM2NRAM);
9    __memcpy(tmp2, in2, LEN * sizeof(float), GDRAM2NRAM);
10   __vec_mul(tmp2, tmp1, tmp2, LEN);
11   __memcpy(out, tmp2, LEN * sizeof(float), NRAM2GDRAM);
12
13   __perf_stop();
14
15   int nComputeNram = __perf_get_compute_nfu();
16   int nReadDram = __perf_get_memory_dram_read();
17   int nWriteDram = __perf_get_memory_dram_write();
18
19   printf("nComputeNram = %d Byte, nReadDram = %d Byte, nWriteDram = %d Byte\n", nComputeNram, nReadDram, nWriteDram);
20 }
```

a）示例程序

```
1  nComputeNram = 256 Byte, nReadDram = 512 Byte, nWriteDram = 256 Byte
```

b）运行后打印结果

图 8.66　硬件性能计数器接口使用示例

```
1  uint64_t in, out;
2  ......
3  RawGetCounter(0, monitor, PCIE_READ_BANDWIDTH, &in);
4  InvokeKernel((void*)(&vector_mult), dim, params, UNION1, queue);
5  SyncQueue(queue);
6  RawGetCounter(0, monitor, PCIE_READ_BANDWIDTH, &out);
7  ......
8  printf("nReadCon = %d \n", out-in);
```

a）示例程序

```
1  nReadCon = 65536
```

b）访问数据输出打印

图 8.67　PCIe 访问数据统计示例

### 8.7.3 性能调优工具

除了在代码中调用性能调优接口进行监控，开发者有时也希望能在程序外部监控程序的运行状态，而不影响程序的执行流，这要求提供相应的性能调优工具。本节主要介绍两类性能调优工具：一是**应用级性能剖析工具**；二是**系统级性能监控工具**。

#### 8.7.3.1 应用级性能剖析工具

应用级性能剖析工具以性能事件为基础，通过封装系列命令或图形界面方便用户对各程序段的执行细节信息进行统计，并面向 Kernel 函数提供针对性的信息，例如通过硬件性能计数器分析用户函数并向用户提供调优建议。此外一般还提供主机内存和设备内存的使用查询，获取函数调用栈信息等功能。剖析工具的典型命令如表 8.13 所示。

表 8.13 应用级性能剖析命令示例

| 命令示例 | 具体功能 |
| --- | --- |
| record | 运行程序并将生成的性能数据保存到输出文件夹 |
| report | 在终端显示目标程序的函数运行时间、IO 吞吐量和计算效率等信息 |
| replay | 在终端显示函数调用关系及执行时间等信息 |

其具体使用流程分为两个阶段：首先采用 record 命令来运行可执行程序并生成相应的性能分析报告；然后采用 report 或者 replay 命令查看性能分析报告，获取执行时间、调用关系以及性能计数器信息等。我们以前述 vector_mult 编译出的可执行程序 vecMult 为例说明如何使用上述命令。首先运行 record vecMult ./info_dir，将性能分析报告放入 info_dir 中。之后运行 report 命令，得到如图 8.68 所示信息。

```
1  report info_dir/   # 终端显示如下信息
2  # PID     Total time   Calls    Function
3  # ===     ==========   =====    ========================
4  # 2510    918.00 us    1        SetCurrentDevice
5  #         698.00 us    3        devMalloc
6  #          66.00 us    1        InvokeKernel
7  # ......
8  # ----    --------     ----     ------------------------
9  # Kernels Info:
10 # PID     Duration     ComputeSpeed    IOSpeed       IOCount    Function
11 # ===     ========     ============    =======       =======    ===============
12 # 2510    15.00 us     7721 GOPs       4.973 GiB/s   196608     vector_mult
13 # ----    --------     ------------    -----------   -------    ---------------
14 # DEVICE_TO_HOST  size: 64KB    speed: 0.3 GB/s
15 # HOST_TO_DEVICE  size: 192KB   speed: 0.5 GB/s
```

图 8.68 report 显示运行信息

针对 Kernel 函数，除了显示其执行时间外，也会显示相应的硬件性能计数器信息，如访存带宽和 MAC 效率等。此外，如图 8.69 所示，用户也可以通过 replay 功能以时间线的方式来了解函数的执行时间。

```
1  replay info_dir/   # 终端显示如下信息
2  #  PID       TIMESTAMP        TIME          Function
3  #  =====     ============     ============  ============
4  # ......
5  #  2510      [386ms,410us]                  InvokeKernel {
6  #  2510      [386ms,410us]                     vector_mult {
7  #  2510      [386ms,425us]    [ 15.000 us]     }  // vector_mult
8  #  2510      [386ms,476us]    [ 66.000 us]  }  // InvokeKernel
9  # ......
```

图 8.69　replay 以时间线方式展示函数执行时间

### 8.7.3.2　系统级性能监控工具

系统级性能监控工具主要利用驱动通过读取寄存器的方式来收集硬件的静态和动态信息。该工具对用户封装了用户态的命令或图形界面。对于典型的系统级性能监控工具而言，可以提供的信息包括板卡型号、驱动版本、计算核心利用率、设备内存使用情况、功耗和温度等。其典型命令示例如表 8.14 所示。

表 8.14　系统级监控命令示例

| 命令示例 | 具体功能 | 命令示例 | 具体功能 |
| --- | --- | --- | --- |
| monitor-info | 显示以下所有信息 | monitor-temp | 显示芯片温度 |
| monitor-type | 显示板卡型号 | monitor-memory | 显示物理内存使用情况 |
| monitor-driver | 显示驱动版本 | monitor-bandwidth | 显示计算核心对设备内存的最大访问带宽 |
| monitor-fan | 显示风扇转速比 | | |
| monitor-power | 显示运行功耗 | monitor-core | 显示各计算核心的利用率 |

在使用时，针对要监控的程序（例如前述 vector_mult 函数对应的程序 vecMult），另起一个终端，输入上述命令查看所关注的信息。用户可通过实时监控硬件内存使用情况及硬件计算单元利用率等动态信息，合理进行硬件资源分配和多任务调度，提升资源利用率和多任务并发性能。

### 8.7.4　性能调优实践

本节以离散傅里叶变换（Discrete Fourier Transform，DFT）算法为例，介绍性能调优流程。

#### 8.7.4.1 整体流程

DFT 算法将信号从时域变换到频域，且时域和频域都是离散的。DFT 可以求出一个信号由哪些正弦波叠加而成，所得结果是这些正弦波的幅度和相位。其变换公式为：

$$X(k) = \sum_{n=0}^{N-1} x(n) e^{-j\frac{2\pi}{N}kn}$$

其中 $X(k)$ 是变换后的频域序列，$x(n)$ 是变换前的时域序列（采样信号，均为实数，无虚部）。如果将上式的 $e^{-j\frac{2\pi}{N}kn}$ 部分用欧拉公式 $e^{jx} = \cos(x) + j\sin(x)$ 替换，得到如下公式：

$$X(k) = \sum_{n=0}^{N-1} x(n) \left[ \cos\left(-\frac{2\pi}{N}kn\right) + j\sin\left(-\frac{2\pi}{N}kn\right) \right] = \sum_{n=0}^{N-1} \left[ x(n)\cos\left(\frac{2\pi}{N}kn\right) - jx(n)\sin\left(\frac{2\pi}{N}kn\right) \right]$$

其中 $X(k)$ 的实部和虚部分别是：

$$\text{real}(k) = \sum_{n=0}^{N-1} x(n) \cos\left(\frac{2\pi}{N}kn\right)$$

$$\text{imag}(k) = \sum_{n=0}^{N-1} -x(n) \sin\left(\frac{2\pi}{N}kn\right)$$

由此得到 $X(k)$ 的幅值是：

$$\text{Amp}(k) = \sqrt{[\text{real}(k)]^2 + [\text{imag}(k)]^2}$$

为了方便理解，我们先用智能编程语言的标量语句实现这段计算逻辑。具体代码如图 8.70 所示。

```
1  #define PI 3.14159265
2  #define N 128
3  __dlp_entry__ void DFT (float* x, float* Amp) {
4    for (int k = 0; k < N; k++) {
5      float real = 0.0;
6      float imag = 0.0;
7      for (int n = 0; n < N; n++) {
8        real += x[n] * cosf(2 * PI / N * k * n);
9        imag += -x[n] * sinf(2 * PI / N * k * n);
10     }
11     Amp[k] = sqrtf(real * real + imag * imag);
12   }
13 }
```

图 8.70 标量实现的 DFT 基础算法

该程序主体是两层 for 循环，循环次数都是 N，时间复杂度是 $O(n^2)$。程序的输入输出各占据了一个 N 元素的数组，除此之外只有 real 和 imag 等几个临时变量，因此该程序的空间复杂度是 $O(n)$。该程序主要的乘法和加法计算量体现在"k * n""x[n] * sinf()""x[n] * cosf()"

"real∗real""imag∗imag""real+=""imag+="和"real∗real+imag∗imag",因此我们的优化点也主要集中在这些运算。后面将基于前述性能优化方法对该程序进行优化。

### 8.7.4.2 使用片上缓存

原程序使用的都是设备内存 GDRAM,现在我们先把输入、输出数据搬移到 NRAM 上,再进行计算。改造代码如图 8.71 所示。其中先申请 NRAM 空间,然后将输入数据从 GDRAM 搬移到 NRAM,计算后再将输出数据从 NRAM 搬回 GDRAM。

```
1  #define PI 3.14159265
2  #define N 128
3  __dlp_entry__ void DFT (float* x, float* Amp) {
4    __nram__ float in[N];
5    __nram__ float out[N];
6    __memcpy(in, x, N * sizeof(float), GDRAM2NRAM);
7
8    for (int k = 0; k < N; k++) {
9      float real = 0.0;
10     float imag = 0.0;
11     for (int n = 0; n < N; n++) {
12       real += in[n] * cosf(2 * PI / N * k * n);
13       imag += -in[n] * sinf(2 * PI / N * k * n);
14     }
15     out[k] = sqrtf(real * real + imag * imag);
16   }
17   __memcpy(Amp, out, N * sizeof(float), NRAM2GDRAM);
18 }
```

图 8.71 使用片上缓存优化 DFT 算法

### 8.7.4.3 张量化

原程序用的都是标量计算语句,我们先把"out[k]=sqrtf(real∗real+imag∗imag)"这一语句优化成智能编程语言 BCL 的张量计算语句。至于内层 for 循环,我们下一步再做更深度的算法优化。改造代码如图 8.72 所示,其中直接使用了张量化 sqrt 内建函数。

```
1  #define PI 3.14159265
2  #define N 128
3  __dlp_entry__ void DFT (float* x, float* Amp) {
4    __nram__ float in[N];
5    __nram__ float out[N];
6    __nram__ float real[N];
7    __nram__ float imag[N];
8    __memcpy(in, x, N * sizeof(float), GDRAM2NRAM);
9
10   for (int k = 0; k < N; k++) {
```

图 8.72 DFT 算法进行向量优化

```
11      real[k] = 0.0;
12      imag[k] = 0.0;
13      for (int n = 0; n < N; n++) {
14          real[k] += in[n] * cosf(2 * PI / N * k * n);
15          imag[k] += -in[n] * sinf(2 * PI / N * k * n);
16      }
17  }
18
19  __vec_mul(real, real, real, N);
20  __vec_mul(imag, imag, imag, N);
21  __vec_add(out, real, imag, N);
22  __vec_active_sqrt(out, out, N);
23  __memcpy(Amp, out, N * sizeof(float), NRAM2GDRAM);
24 }
```

图 8.72 （续）

#### 8.7.4.4 算法优化

在算法逻辑层面可以进行的优化如下：原始算法中 sinf 和 cosf 括号内值相同，所以计算一遍即可；"2 * PI/N * k * n" 这五个数中前三者是常数，不必重复计算，在循环外计算一次即可；imag 因为后面要取平方，累加的时候不用取负数。相应优化后的代码如图 8.73 所示。

```
1  #define PI 3.14159265
2  #define N 128
3  __dlp_entry__ void DFT (float* x, float* Amp) {
4      __nram__ float in[N];
5      __nram__ float out[N];
6      __nram__ float real[N];
7      __nram__ float imag[N];
8      __memcpy(in, x, N * sizeof(float), GDRAM2NRAM);
9
10     float con = 2 * PI / N;
11     for (int k = 0; k < N; k++) {
12         real[k] = 0.0;
13         imag[k] = 0.0;
14         for (int n = 0; n < N; n++) {
15             float tmp = con * k * n;
16             real[k] += in[n] * cosf(tmp);
17             imag[k] += in[n] * sinf(tmp);
18         }
19     }
20
```

图 8.73 DFT 算法逻辑优化

```
21    __vec_mul(real, real, real, N);
22    __vec_mul(imag, imag, imag, N);
23    __vec_add(out, real, imag, N);
24    __vec_active_sqrt(out, out, N);
25    __memcpy(Amp, out, N * sizeof(float), NRAM2GDRAM);
26  }
```

图 8.73 （续）

此时程序主要遗留 real 和 imag 计算未经优化，其中计算主要有两个：一是内层 for 循环中的 k∗n；二是内层 for 循环中的 "real[k]+=in[n]∗cosf()" 和 "imag[k]+=in[n]∗sinf()"。我们考虑使用矩阵乘法分别对上述运算进行变换。

对于两层 for 循环中的 k∗n，一共会产生 N∗N 个结果，采用矩阵乘法得到图 8.74a 的结果。

这样 k∗n 的结果都保存在矩阵中，后续乘以 2∗PI/N 的过程可以用 __cycle_mul 来完成（其原理如图 8.74b 所示），该函数主要把短向量循环乘以长向量，等效于把短向量复制多份再和长向量做对位乘法（在 DFT 优化示例中只是乘以一个标量数）。

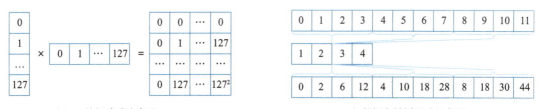

a) k∗n 的矩阵乘法表示　　　　　　　b) 长短向量循环乘示意图

图 8.74　矩阵乘法及循环乘法示例

之后的 sinf 和 cosf 同样可以替换为向量计算。最后剩下的内层 for 循环中的 real 和 imag 也同样可以转换为矩阵乘运算，如图 8.75 所示。

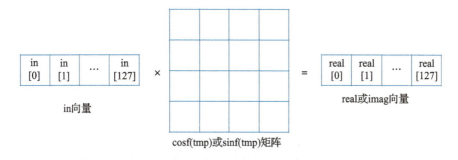

图 8.75　将 real 和 imag 等运算转换为矩阵乘法

最终得到的代码如图 8.76 所示。原始的两层 for 循环已被完全替换成一系列的向量和矩阵运算。

```
1   #define PI 3.14159265
2   #define N 128
3   __dlp_entry__ void DFT (float* x, float* Amp) {
4     __nram__ float in[N];
5     __nram__ float real[N];
6     __nram__ float imag[N];
7     __nram__ float con[1];
8     __nram__ float sequence[N];
9     __nram__ float kn[N * N];
10    __nram__ float cos_res[N * N];
11
12    __memcpy(in, x, N * sizeof(float), GDRAM2NRAM);
13    con[0] = 2 * PI / N;
14    for (int k = 0; k < N; k++) {
15      sequence[k] = k;
16    }
17
18    __mlp(kn, sequence, sequence, N, 1, N);      // 构造"k*n"矩阵
19    __cycle_mul(kn, kn, con, N * N, 1);          // 把"k*n"矩阵乘以常量2 * PI / N
20    __vec_active_cos(cos_res, kn, N * N);        // 计算cos(kn)
21    __vec_active_sin(kn, kn, N * N);             // 计算sin(kn),结果保存在kn中
22    __mlp(real, in, cos_res, 1, N, N);           // 计算实部real向量
23    __mlp(imag, in, kn, 1, N, N);                // 计算虚部imag向量
24
25    __vec_mul(real, real, real, N);
26    __vec_mul(imag, imag, imag, N);
27    __vec_add(imag, real, imag, N);              // real和imag的求和结果仍保存在imag
28    __vec_active_sqrt(imag, imag, N);
29    __memcpy(Amp, imag, N * sizeof(float), NRAM2GDRAM);
30  }
```

图 8.76 用矩阵乘法优化 DFT 算法

### 8.7.4.5 常数预处理

上述程序中"k*n"矩阵里的值是固定的,意味着 sin 和 cos 算完后的值也是固定的。没必要重复计算,我们把这些常数提前计算完,直接作为参数传入即可。代码改后如图 8.77所示。

```
1   #define PI 3.14159265
2   #define N 128
3   __dlp_entry__ void DFT (float* x, float* cos_mat, float* sin_mat, float* Amp)
        {
4     __nram__ float in[N];
```

图 8.77 通过常数预处理进行优化

```
5     __nram__ float real[N];
6     __nram__ float imag[N];
7     __nram__ float cos_res[N * N];
8     __nram__ float sin_res[N * N];
9
10    __memcpy(in, x, N * sizeof(float), GDRAM2NRAM);
11    __memcpy(cos_res, cos_mat, N * N * sizeof(float), GDRAM2NRAM);
12    __memcpy(sin_res, sin_mat, N * N * sizeof(float), GDRAM2NRAM);
13
14    __mlp(real, in, cos_res, 1, N, N);    // 计算实部real向量
15    __mlp(imag, in, sin_res, 1, N, N);    // 计算虚部imag向量
16
17    __vec_mul(real, real, real, N);
18    __vec_mul(imag, imag, imag, N);
19    __vec_add(imag, real, imag, N);       // real和imag的求和结果仍保存在imag
20    __vec_active_sqrt(imag, imag, N);     // 张量开方语句
21    __memcpy(Amp, imag, N * sizeof(float), NRAM2GDRAM);
22 }
```

图 8.77 （续）

其中 cos_mat 和 sin_mat 的计算放在主机端的运行时程序中完成，在将数据从主机内存拷入设备内存（GDRAM）前准备好。

#### 8.7.4.6 优化结果分析

基于上述优化，DFT 的运算从最初的纯标量计算、访问 GDRAM 的 11 行代码，变成优化后的近 30 行代码。除了一小段给数组赋初值的代码只能保留标量语句外，其余均已替换为张量计算语句，且全部使用 NRAM[⊖]。虽然代码行数有所增加，但整体性能得到了极大提升（最终性能提升了近 1800 倍）。不同优化手段带来的性能提升如表 8.15 所示。

表 8.15 不同优化手段的性能提升

| 优化方法 | 性能提升倍数 |
| --- | --- |
| 原始标量程序 | 1（基准性能） |
| 使用片上缓存 | 1.49 |
| 张量化 | 10.65 |
| 算法优化 | 29.27 |
| 常数预处理 | 1794 |

从上述优化示例可以看出，整个性能调优过程是让数据不断地靠近运算器的过程，同时也是把 for 循环逐步消除，将其中标量计算语句逐步替换为张量计算语句的过程。如果再加上多核并行，还涉及计算的拆分过程。总结来说，性能调优的主要工作就是充分利用硬件资源，至少包括四个方面：一是充分利用近端存储（使用片上缓存）；二是充分利用张量运算器（张量化）；三是充分削减计算量，节省存储空间，包括算法优化和常数预处理；四是充分利用多核并行（计算

---

⊖ 当前仅进行了单核的优化，如果进行多核优化，还能进一步提升性能。

任务拆分)等。

## 8.8 基于智能编程语言的系统开发

面向不同的场景,可以采用编程框架、高性能库或运行时系统接口等不同层次的 API 来开发应用。具体来说,对于性能要求不高而灵活性要求较高的场景(例如需要快速部署且算法可能经常变化),一般采用编程框架 API 直接进行应用开发,这样开发的应用可以在不同的平台上进行快速迁移,具有良好的可移植性。对于有较高性能要求且算法相对固定的场景,用户可以采用高性能库直接调用底层算子(如高性能库中的 Conv、MLP 和 Pooling 等算子)来进行开发。更进一步地,对于性能有极致要求且资源受限的场景(如终端设备),用户可以提前生成好二进制指令,采用运行时系统 API 直接解析和加载指令并执行。无论采用哪个层次的 API 来进行系统级的应用开发,其核心目标是使智能算法可以在 DLP 上高效执行,这涉及算法中的各种不同算子在 DLP 上的支持。本节重点介绍如何在高性能库以及编程框架中支持用户自定义的算子,同时给出了系统级开发和优化实践。

### 8.8.1 高性能库算子开发

高性能库(如 CPU 上的 OpenBLAS[145]、MKL[146]、GPU 上的 cuDNN[147] 以及 MLU 上的 CNML 等)提供了智能应用常见算子在特定平台上的高性能实现,方便用户以 API 的形式直接调用。例如,在 DLP 上,针对前述风格迁移 VGG19 网络中用到的常见算子(如卷积和池化等),在高性能库中已经有了高效的实现并以 API 形式提供给用户。本节介绍如何开发高性能库算子以对高性能库进行扩展。

#### 8.8.1.1 原理及流程

在高性能库中开发自定义算子并实现智能应用的流程主要可以分为以下步骤:
(1)用户通过智能编程语言进行自定义算子的逻辑开发,得到相应的 Kernel 代码;
(2)通过编译工具链进行编译,得到在 DLP 上运行的 Kernel 二进制机器码;
(3)通过高性能库的自定义算子接口集成为高性能库算子;
(4)通过主机端的编译器将 Kernel 二进制码、应用程序以及原始运行时库链接成为可执行程序;
(5)在主机端运行程序。
具体流程如图 8.78 所示。
可以看出,高性能库算子开发的关键在于:Kernel 代码逻辑的开发与优化;高性能库算子接口 API 的使用。前面已介绍过 Kernel 代码逻辑开发与优化,后续重点介绍如何使用高性能库算子接口 API 以集成自定义算子。

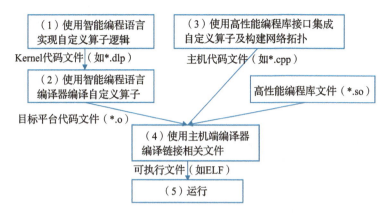

图 8.78  开发自定义算子的流程

## 8.8.1.2 自定义算子集成

图 8.79 给出了典型高性能库中自定义算子集成的主要 API，主要包括自定义算子的创建（CreateCustomizedOp）、（前向）计算（ComputeCustomizedOp）和销毁（DestroyBaseOp）等接口。

```
1  //创建新的自定义算子描述符
2  CreateCustomizedOp();
3
4  //在指定设备上执行CustomizedOp操作
5  ComputeCustomizedOp();
6
7  //销毁自定义算子描述符
8  DestroyBaseOp();
```

图 8.79  高性能库自定义算子的主要 API

用户自定义算子主要分为两大类：基础算子和融合算子。基础算子指的是网络中的单个层（或操作），如卷积、全连接、激活等。融合算子主要指的是基础算子的组合，如卷积（Conv）＋缩放（Scale）等。下面分别介绍这两类算子的集成流程。

**1. 基础算子集成**

图 8.80 描述了将基础算子集成到框架中的主要流程，大致可以分为两个阶段。首先是数据准备和编译阶段，主机端为其准备好输入数据，然后创建定制操作所需的张量。在指定相应的参数空间后，创建定制操作并进行编译（CompileBaseOp），得到相应指令[一]，同时也为输入和输出数据分配相应的空间。第二阶段是运行阶段，其中最核心的是创建执行队列（Queue），在其中完成相应算子的运算并返回结果。

---

㊀  假定该高性能库是先编译后执行的祈求式编程方式。

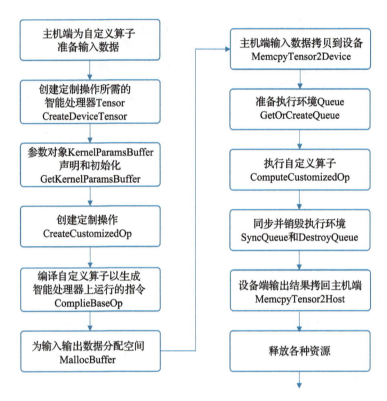

图 8.80 基础算子集成流程

**2. 融合算子集成**

从基础算子集成流程可以看出，每个算子都要和主机端进行数据交互。考虑到深度学习通常是多个算子的组合，频繁的数据交互将带来极大的开销。因此，我们考虑将多个算子进行融合以减少交互开销。此外，多个算子的融合还可以充分利用片上存储，通过层间数据复用极大地提高执行效率。图 8.81 描述了将融合算子集成到框架中的主要流程。与基础算子相比，主要增加了融合操作的创建（CreateFusionOp）与配置，包括将自定义算子加入融合算子中（FuseOp）、配置融合操作的数目及输入输出（SetFusionIO），以及编译（CompileFusionOp）等。

### 8.8.1.3 高性能库算子开发示例

我们以实时风格迁移算法[90]中的 Power 算子为例来介绍自定义算子开发流程，包括以 Power 作为基础算子集成，以及将其和高性能库中已有算子进行融合集成。

**1. 开发基础算子**

遵循前述开发流程，首先使用智能编程语言 BCL 实现自定义算子 Power 的代码逻辑，其计算公式为 $y=x^c$（其中 $x>0$）。为尽量使用 BCL 的张量计算语句，对该公式进行以下变换：

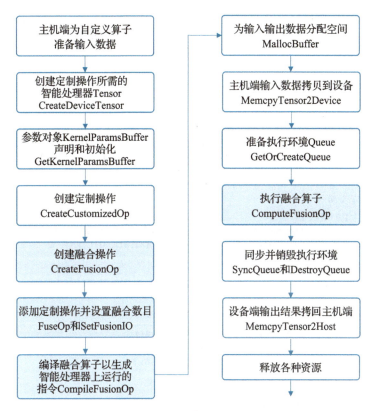

图 8.81 融合算子集成流程

$$y = x^c = e^{\ln x^c} = e^{c\ln x}, \quad x > 0$$

因此可以使用 BCL 中的 __vec_active_log、__cycle_mul、__vec_active_exp 这三个张量语句组合出上述计算过程。采用 BCL 编写的代码如图 8.82 所示（power.dlp 文件）。

```
1  #define N 1024
2  __dlp_entry__ void Power(float* x, float* c, float* y) {
3    __nram__ float in[N];
4    __nram__ float cc[1];
5    __memcpy(in, x, N * sizeof(float), GDRAM2NRAM);
6    __memcpy(cc, c, sizeof(float), GDRAM2NRAM);
7
8    __vec_active_log(in, in, N);       // 张量ln语句
9    __cycle_mul(in, in, cc, N, 1);     // 长、短向量循环乘
10   __vec_active_exp(in, in, N);       // 张量exp语句
11
12   __memcpy(y, in, N * sizeof(float), NRAM2GDRAM);
13 }
```

图 8.82 使用智能编程语言 BCL 编写的 Power

第二步使用 BCL 编译器编译自定义算子，生成相应的目标代码（power.o 文件）。

第三步使用高性能库接口将 power.dlp 中的 Kernel 函数集成作为高性能库的自定义算子。采用 C++ 编写的具体代码如图 8.83 所示（power.cpp 文件）。

```
1   int main() {
2     //创建Tensor
3     Tensor_t input; CreateTensor(&input, FLOAT32, DIM_NCHW, 1, 1, 1, 1024);
4     Tensor_t powerC; CreateTensor(&powerC, FLOAT32, DIM_NCHW, 1, 1, 1, 1);
5     Tensor_t output; CreateTensor(&output, FLOAT32, DIM_NCHW, 1, 1, 1, 1024);
6
7     ......
8     //创建自定义算子
9     BaseOp_t powerOp;
10    CreateCustomizedOp(&powerOp, "kernel", reinterpret_cast <void*>(&Power),
         params, {input, powerC}, 2, {output}, 1, nullptr, 0);
11
12    //编译自定义算子
13    CompileBaseOp(powerOp);
14
15    //分配设备端内存空间
16    void* input_d = devMalloc(1024 * sizeof(float));
17    void* c_d = devMalloc(sizeof(float));
18    void* output_d = devMalloc(1024 * sizeof(float));
19
20    //分配主机端内存空间
21    void* input_h = hostMalloc(1024 * sizeof(float));
22    void* c_h = hostMalloc(sizeof(float));
23    void* output_h = hostMalloc(1024 * sizeof(float));
24    ......
25
26    //将输入数据从主机端内存拷贝到设备端内存
27    Memcpy(input_d, input_h, 1024 * sizeof(float), HOST2DEV);
28    Memcpy(c_d, c_h, sizeof(float), HOST2DEV);
29
30    //设备计算
31    Queue_t queue;
32    CreateQueue(&queue);
33    ComputeCustomizedOp(powerOp, {input_d, c_d}, 2, {output_d}, 1, queue);
34    SyncQueue(queue);
35    DestroyQueue(queue);
36
37    //将输出数据从设备端内存拷贝到主机端内存
38    Memcpy(output_h, output_d, 1024 * sizeof(float), DEV2HOST);
39
40    // 释放内存空间
41    ......
42  }
```

图 8.83 基本算子

最后用主机端编译器（如 GCC 等）编译并链接三个文件（power.o、power.cpp 以及高性能库 so），得到可执行程序并可以在主机端直接执行。

### 2. 开发融合算子

进一步，我们考虑如何将 Power 算子和高性能库中已有的算子进行融合，得到更完整的网络模型。例如，我们希望将 Power 与高性能库中已有的 Conv 和 ReLU 算子进行融合，得到 Conv-Power-ReLU 的融合算子。其整体开发流程和上述 Power 基础算子开发类似，不同之处在于第三步。既需要调用高性能库中已有的 Conv 和 ReLU 算子，也需要调用融合算子相关接口，得到的代码如图 8.84 所示（fusionop.cpp）。

```
1   int main() {
2     //创建Tensor
3     Tensor_t input;   CreateTensor(&input, FLOAT32, DIM_NCHW, 1, 1, 128, 128);
4     Tensor_t filter;  CreateTensor(&filter, FLOAT32, DIM_NCHW, 1, 1, 2, 2);
5     Tensor_t convOut; CreateTensor(&convOut, FLOAT32, DIM_NCHW, 1, 1, 64, 64);
6     Tensor_t powerC;  CreateTensor(&powerC, FLOAT32, DIM_NCHW, 1, 1, 1, 1);
7     Tensor_t powerOut; CreateTensor(&powerOut, FLOAT32, DIM_NCHW, 1, 1, 64,
         64);
8     Tensor_t reluOut; CreateTensor(&reluOut, FLOAT32, DIM_NCHW, 1, 1, 64, 64);
9     ……
10    //创建Conv算子、Power自定义算子以及ReLU算子
11    BaseOp_t conv;
12    CreateConvOp(&conv, conv_param, input, convOut, filter, NULL);
13    BaseOp_t power;
14    CreateCustomizedOp(&power, "kernel", reinterpret_cast <void*>(&Power),
         params, {convOut, powerC}, 2, {powerOut}, 1, NULL, 0);
15    BaseOp_t relu;
16    CreateActiveOp(&relu, ACTIVE_RELU, powerOut, reluOut);
17    
18    //创建融合算子并编译
19    FusionOp_t net;
20    CreateFusionOp(&net);
21    FuseOp(conv, net);
22    FuseOp(power, net);
23    FuseOp(relu, net);
24    SetFusionIO(net, {input, filter, powerC}, 3, {reluOut}, 1);
25    CompileFusionOp(net);
26    
27    //申请设备端空间：input_d、filter_d、reluOut_d
28    ……
29    
30    //在主机内存申请主机端空间：input_h、filter_h、reluOut_h
```

图 8.84　融合算子

```
31    ......
32
33    //将输入数据从主机内存拷贝到设备内存
34    Memcpy(input_d, input_h, 128 * 128 * sizeof(float), HOST2DEV);
35    Memcpy(filter_d, filter_h, 2 * 2 * sizeof(float), HOST2DEV);
36    Memcpy(powerC_d, powerC_h, sizeof(float), HOST2DEV);
37
38    //计算网络
39    Queue_t queue;
40    CreateQueue(&queue);
41    ComputeFusionOp(net, {input_d, filter_d, powerC_d}, {reluOut_d}, queue);
42    SyncQueue(queue);
43    DestroyQueue(queue);
44
45    //将输出数据从设备内存拷贝到主机内存
46    Memcpy(reluOut_h, reluOut_d, 32 * 32 * sizeof(float), DEV2HOST);
47
48    //释放设备端和主机端内存空间
49    ......
50    }
```

图 8.84 （续）

同样，用主机端编译器（如 GCC 等）编译并链接三个文件（power.o，fusionop.cpp 以及高性能库 so），得到可执行程序并可以在主机端直接执行。

### 8.8.2 编程框架算子开发

对于编程框架中暂不支持的算子，可以通过智能编程语言直接进行框架算子的开发，使完整算法（网络）都能在 DLP 上执行，提高整体执行效率。本节介绍如何在编程框架中实现新的用户自定义算子，使用户可以直接通过深度学习编程框架调用相应接口实现智能应用。

#### 8.8.2.1 原理及流程

如图 8.85 所示，编程框架算子开发的基本原理是以高性能库提供的自定义算子接口为桥梁，将用户单独用编程语言开发的代码和已有的编程框架代码结合起来，实现算子逻辑开发和编程框架算子扩展的解耦。因此，高性能库算子的开发是基础，在高性能库中集成自定义算子后，编程框架进一步调用和集成相应算子，

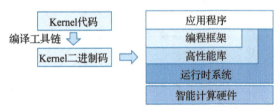

图 8.85 使用智能编程语言进行算子的开发

实现对编程框架算子的扩展。前面已经详细介绍了如何对高性能库算子进行扩展，后续重点介绍如何集成到编程框架中。

#### 8.8.2.2 TensorFlow 集成自定义算子

通过高性能库的自定义算子，可以将用户使用编程语言开发的算子集成到 TensorFlow 等编程框架中。我们以 TensorFlow 为例说明如何在深度学习框架中集成自定义算子。其主要流程包括：①为新的自定义算子进行注册；②为新的自定义算子编写正向传播接口函数；③根据新的自定义算子接口编写自定义算子底层实现；④完善 Bazel Build 和头文件，并重新编译 TensorFlow 源码。

以集成名为 anchor_generator[58] 的自定义算子到 TensorFlow 为例⊖，涉及修改的 TensorFlow 目录树如图 8.86 所示。其中 tensorflow/core 下的修改主要是为了完成自定义算子的 C++ 接口声明和注册，以及正向传播函数的 wrapper 实现；tensorflow/python 目录下的修改主要是为了完成自定义算子的 Python 接口注册；tensorflow/stream_executor/dlp 目录下的修改主要是新增面向深度学习处理器（DLP）的自定义算子实现。

```
1   tensorflow/
2   ├ core
3   │   ├ BUILD
4   │   ├ kernels
5   │   │   ├ anchor_generator_dlp_op.cc
6   │   │   └ BUILD
7   │   └ ops
8   │       └ anchor_generator_ops.cc
9   ├ python
10  │   ├ BUILD
11  │   └ ops
12  │       ├ anchor_generator_ops.py
13  │       └ standard_ops.py
14  └ stream_executor
15      ├ BUILD
16      └ dlp
17          ├ lib_ops
18          │   ├ dlp_anchor_generate_op.cc
19          ├ macro.h
20          ├ dlp_anchor_generator_kernel.dlp
21          ├ dlp_anchor_generator_kernel.o
```

图 8.86 将自定义算子集成到 TensorFlow 中涉及修改的目录树

---

⊖ Github 地址：http://github.com/rbgirshick/py-faster-rcnn/tree/master/lib/rpn。

```
22          ├── dlp.h
23          ├── dlp_lib_common.cc
24          ├── dlp_lib_math_ops.h
25          ├── dlp_lib_nn_ops.h
26          ├── dlp_stream.cc
27          ├── dlp_stream.h
28          └── ops
29              └── anchor_generator_op.cc
```

图 8.86 （续）

在 tensorflow/core/ops/anchor_generator_ops.cc 中进行自定义算子的注册，需要用户指定注册算子的名字，输入、输出的张量名字和个数，以及自定义算子的其他参数名字、类型和默认值等。图 8.87 是具体算子注册的示例代码。注册的自定义算子叫作 AnchorGenerator；有一个输入和一个输出张量，分别是 int32 类型的输入 feature_map_shape，float 类型的输出 anchors；另外还有 5 个属性值（包括其类型和默认值）。

```
1   namespace tensorflow {
2
3   REGISTER_OP("AnchorGenerator")
4       .Input("feature_map_shape: int32")
5       .Output("anchors: float")
6       .Attr("scales: list(float) = [0.5, 1, 2]")
7       .Attr("aspect_ratios: list(float) = [0.5, 1, 2]")
8       .Attr("base_anchor_sizes: list(float) = [256, 256]")
9       .Attr("anchor_strides: list(float) = [16, 16]")
10      .Attr("anchor_offsets: list(float) = [8, 8]")
11      // others attrs
12
13      .SetShapeFn(AnchorGeneratorShapeFn);
14
15  }   // namespace tensorflow
```

图 8.87 AnchorGenerator 算子注册逻辑

在 tensorflow/core/kernels/anchor_generator_dlp_op.cc 中需要实现自定义算子正向传播的最外层 wrapper 函数，这是自定义算子在 DLP 上运行的入口。如图 8.88 所示，其中包含了名为 DLPAnchorGeneratorOp 的类。该类中的 Compute 函数是自定义算子进行正向传播的入口。该函数获取自定义算子的输入张量和属性等，再创建输出张量并为其开辟空间，最后调用执行器中真正执行运算的高性能库接口。

在 tensorflow/stream_executor/dlp 中 ops 和 lib_ops 下面的 C++ 代码是使用高性能库自定义算子接口真正实现算子正向传播运算的地方。按照 8.8.1 节中的编程流程，依次为输入和输出张量开辟空间，将输入张量拷贝到 DLP 上，并为自定义算子创建描述符，最后进行相应的正向传播运算。如图 8.89 所示，需要调用的接口是 CreateCustomizedOp 和 ComputeCustomizedOp。其中 CreateCustomizedOp 根据当前自定义算子中输入和输出的个数、Kernel 函数名称以及其他属性创建出新算子，并将其映射到智能编程语言开发的算子逻辑；ComputeCustomizedOp 则是真正进行自定义算子的运算，程序进入自定义算子 Kernel 的内部逻辑开始在 DLP 上执行相应的指令。

```
1  namespace tensorflow {
2
3  class DLPAnchorGeneratorOp : public OpKernel {
4    public:
5      explicit DLPAnchorGeneratorOp(OpKernelConstruction* context) : OpKernel(
         context) {
6      }
7
8      void Compute(OpKernelContext* context) override {
9        //获取自定义算子的输入张量和属性等
10       Tensor input_tensor = GetInputTensor();
11       //创建输出张量
12       Tensor output_tensor = CreateAndMallocOutputTensor();
13       //调用执行器中执行运算的接口
14       context->Compute();
15     }
16 };
17
18 REGISTER_KERNEL_BUILDER(Name("AnchorGenerator").Device(DEVICE_DLP),
       DLPAnchorGeneratorOp);
19
20 }  //namespace tensorflow
```

图 8.88　DLPAnchorGeneratorOp 的类定义

```
1  namespace stream_executor {
2  namespace dlp {
3
4  DLPStatus DLPStream::AnchorGenerate(std::vector<Tensor*> inputs,
5                                     std::vector<Tensor*> outputs,
6                                     half *feature_map_shape_dlp,
7                                     //other params
8                                     ......) {
9    ......
10
11   //创建参数缓存
12   KernelParamsBuffer_t params;
13   GetKernelParamsBuffer(&params);
```

图 8.89　自定义算子实现中调用高性能库接口

```
14        KernelParamsBufferAddParam(params, &feature_map_shape_dlp, sizeof(half*))
              ;
15
16        //创建自定义算子
17        BaseOp_t op;
18        CreateCustomizedOp(&op, "anchorgenerator",
19                           reinterpret_cast<void*>(AnchorGeneratorKernel),
20                           params,
21                           inputs.data(), inputs.size(),
22                           outputs.data(), outputs.size(),
23                           nullptr, 0);
24
25        //编译基础算子
26        CompileBaseOp(op);
27
28        //数据分配与准备
29        ......
30
31        //自定义算子计算
32        ComputeCustomizedOp(op,
33                            inputs.data(),
34                            inputs.size(),
35                            outputs.data(),
36                            outputs.size(),
37                            queue);
38        ......
39        return DLP_STATUS_SUCCESS;
40    }
41  } //namespace dlp
42  } //namespace stream_executor
```

图 8.89 （续）

### 8.8.3 系统开发与优化实践

本节以 3.3.2.3 节介绍过的典型的目标检测网络 Faster R-CNN 为例阐述系统级的开发与优化方法，核心目标是在满足精度要求的情况下，尽可能提升网络的整体性能。

Faster R-CNN 是典型的两阶段检测网络，提出了 RPN 层来解决传统检测网络生成检测框耗时的问题。通过 RPN 层来直接生成检测框，极大地提升了检测网络的性能。Faster R-CNN 网络结构如图 8.90 所示，主要分为四部分。

（1）**主干网络**（backbone）。一组以 Conv＋ReLU＋Pooling 为基础的深度卷积网络作为特征提取的主干网络。可以使用 VGG、ResNet

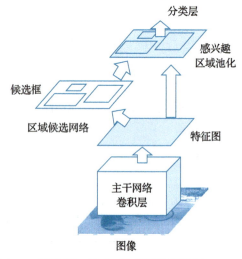

图 8.90 Faster R-CNN 执行流程

系列或 Inception 系列网络作为主干网络。提取出来的网络特征被后续的 RPN 层和分类网络共享。

(2) **区域候选网络**（Region Proposal Network，RPN）。用于生成检测候选框，这一过程需结合预设在每个特征点的 Anchor（锚框）。该层首先通过 softmax 判断每个 Anchor 属于正样本或负样本，再利用位置回归得到较为精确的候选框。此处为网络的第一阶段。

(3) **感兴趣区域池化**（Region-Of-Interest Pooling，ROI Pooling）。该层以特征图和候选框为输入，把每个候选映射到对应的特征图中，并取出该特征进行池化得到相同的尺寸，送入后续分类层。

(4) **分类层**。该层对 ROI Pooling 处理后的特征图进行类别判断和位置回归修正，得到最终类别和位置。此处为网络的第二阶段。

可以看出，为了得到更好的性能，Faster R-CNN 网络也变得更加复杂，除了上述 RPN 层、Anchor 生成、ROI Pooling 层，还有相应的第一阶段和第二阶段后处理网络。这些既给整个网络的支持提出了挑战，也为网络优化提供了机会。后续内容将详细阐述 Faster R-CNN 的网络开发与优化。

### 8.8.3.1 整体性能分析

TensorFlow 官方提供的 Faster R-CNN 是以 ResNet101 为主干网络，用微软 COCO 数据集充分训练的网络模型[148]。该网络的结构和权重都保存在 frozen_inference_graph.pb 中。如果不进行任何优化，直接在特定版本软件栈上运行官方模型文件，对 COCO 数据集中图片进行检测，存在当前 DLP 软件栈暂不支持的算子。

图 8.91 给出了部分 Faster R-CNN 计算图结构。初始状态下，其中深色节点是已经在 DLP 上执行的，而浅色节点是当前 DLP 软件栈（包括编程框架和高性能库等）暂不支持的，会放在 CPU 上执行。可以发现网络中存在大量在 CPU 上执行的节点，同时 CPU 和 DLP 上的节点常有交替，难以进行融合算子的优化，这是造成整个网络性能不佳的主要原因。表 8.16 中进一步给出了执行时间的分解情况，其中有近一半的时间花费在 CPU 上以及 CPU/DLP 的数据交互上。具体而言：

(1) DLP 不支持的节点会被放到 CPU 上计算，这会增加数据的拷贝，也就是需要从 DLP 把数据拷贝到 CPU 上，CPU 上运行完再把数据拷回 DLP。

(2) CPU 上运行操作本身性能不是最优的。

(3) 网络中间出现 CPU 操作，会打断网络的融合策略，造成整个网络的融合出现大量分段。由于融合策略不是最优，导致 CPU 与设备间拷贝也相应增加。

表 8.16 原始 Faster R-CNN 执行时间比例

| 网络名 | CPU 执行时间 | 数据拷贝时间 | DLP 执行时间 |
| --- | --- | --- | --- |
| Faster R-CNN | 26.23% | 17.04% | 55.40% |

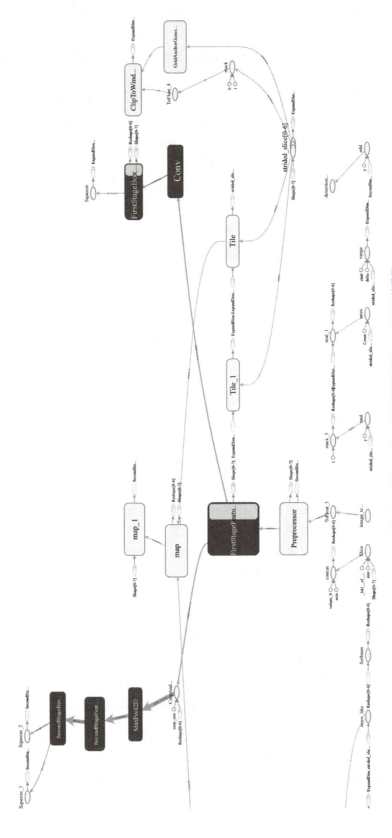

图8.91 从TensorBoard中查看的部分Faster R-CNN计算图

基于上述分析,合理的网络优化思路是:**减少网络中 CPU 运算,使更多操作都运行在 DLP 上,从而减少数据的拷贝开销,并得到更少的融合分段和更优的融合策略**。通过分析网络中运行在 CPU 上的操作在整个网络中的位置和功能,将位置相近、实现一个完整功能的操作汇总并当作一个自定义算子,采用智能编程语言来实现和优化自定义算子,替换原有分散的、DLP 软件栈暂不支持的操作,达到性能优化的目的。具体而言,使用智能编程语言进行自定义算子开发和优化的主要流程为:

(1) 分析网络中暂不支持的操作的位置和功能,明确要开发的自定义算子范围;

(2) 采用智能编程语言实现和优化分析出来的自定义算子;

(3) 采用图优化工具 (8.8.3.3 节详细介绍) 对原网络进行修改和替换;

(4) 采用自定义算子接口将新开发的自定义算子集成到 TensorFlow 框架中并重新编译;

(5) 采用集成了自定义算子的 TensorFlow 对替换后的网络模型进行性能和精度验证。

### 8.8.3.2 融合算子开发

我们观察到原始版本 Faster R-CNN 中的两阶段后处理主要都在 CPU 上执行,开销较大,拟针对两个阶段后处理分别开发相应的自定义算子。

**1. 第一阶段后处理融合算子**

第一阶段后处理在网络中处于 RPN 网络后面,其中所完成的主要功能是:①将 RPN 输出的检测框偏移量和 Anchor 输出的预设检测框进行 Decode 操作,得到经过偏移的检测框,并对所有的检测框进行裁剪,使得检测框不超过原始图片边界;②将 RPN 输出的两分类(是否有目标)分数进行 softmax 运算并进行 TopK 排序,得到可能是目标的概率较大的 $K$ 个分数及其对应的检测框;③根据排序的分数和检测框进行非极大抑制(Non-Maximum Suppression,NMS)操作,滤除潜在重复的检测框,得到最后的检测框并送到下一阶段。

图 8.92 提供了第一阶段后处理融合算子的运算逻辑(深色部分)。如前所述,该融合算子总共有 4 个输入和 1 个输出:输入分别是代表 RPN 输出的检测框偏移 Predict Box,代表 Anchor 输出的预设检测框 Anchor Box,代表图片大小的 Image Shape,以及代表 RPN 分数输出的 Predict Score;输出是提供给下一阶段的候选框 Proposal Box。

针对需要使用智能编程语言实现的各部分逻辑,详细介绍如下。

**Decode 及 Clip 运算**

针对 Predict Box、Anchor Box 和 Image Shape 进行 Decode 和 Clip 操作,实际上是计算 Anchor 中心坐标 (cy, cx),以及宽高 w、h。此处 (x0, y0) 和 (x1, y1) 分别是每个 Anchor 的左上角和右下角坐标,计算得到:

$$cy = (y0 + y1) / 2$$

$$cx = (x0 + x1) / 2$$
$$h = y1 - y0$$
$$w = x1 - x0$$

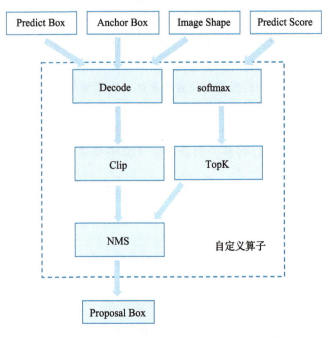

图 8.92　Faster R-CNN 第一阶段后处理自定义算子

上述过程采用智能编程语言中的张量化操作来进行加速（其中 ANCHOR_NUM 是 Anchor 的个数），如图 8.93 所示。

```
1  __vec_add(cy, anchor_y0, anchor_y1, ANCHOR_NUM);
2  __vec_mul_const(cy, cy, 0.5, ANCHOR_NUM);
3
4  __vec_add(cx, anchor_x0, anchor_x1, ANCHOR_NUM);
5  __vec_mul_const(cx, cx, 0.5, ANCHOR_NUM);
6
7  __vec_sub(h, anchor_y1, anchor_y0, ANCHOR_NUM);
8  __vec_sub(w, anchor_x1, anchor_x0, ANCHOR_NUM);
```

图 8.93　Anchor 坐标计算

Decode 中计算修正后框的中心坐标和宽高（dy，dx，dh，dw）分别是每个 Predict Box 里 4 个检测框的偏移量，分别对应中心坐标 cx、cy 的偏移及检测框的宽 w 和高 h 的偏移。

$$ncy = cy + dy \times h$$
$$ncx = cx + dx \times w$$
$$nh = \exp(dh) \times h$$

$nw = exp(dw) \times w$

上述过程采用智能编程语言中的张量化操作进行加速，如图 8.94 所示。

```
1   __vec_mul(tmp1, dy, h, ANCHOR_NUM);
2   __vec_add(ncy, tmp1, cy, ANCHOR_NUM);
3
4   __vec_mul(tmp2, dx, w, ANCHOR_NUM);
5   __vec_add(ncx, tmp2, cx, ANCHOR_NUM);
6
7   __vec_active_exp(tmp3, dh, ANCHOR_NUM);
8   __vec_active_exp(tmp4, dw, ANCHOR_NUM);
9
10  __vec_mul(nh, tmp3, h, ANCHOR_NUM);
11  __vec_mul(nw, tmp4, w, ANCHOR_NUM)
```

图 8.94　修正后框的中心坐标和宽高

计算修正后框的最小及最大 x、y 坐标，即对进行 Decode 操作后的检测框进行 Clip 操作。

$y\_min = max(ncy - nh / 2, 0.0)$
$x\_min = max(ncx - nw / 2, 0.0)$
$y\_max = min(ncy + nh / 2, img\_h)$
$x\_max = min(ncx + nw / 2, img\_w)$

上述过程采用智能编程语言中的张量化操作进行加速，如图 8.95 所示。其中__vec_maxequal 将向量中所有元素和指定值比较，取最大值；__vec_minequal 将向量中所有元素和指定值比较，取最小值。

```
1   __vec_mul_const(nh, nh, 0.5, ANCHOR_NUM);
2   __vec_sub(tmp1, ncy, nh, ANCHOR_NUM);
3   __vec_maxequal(y_min, tmp1, zeros, ANCHOR_NUM);
4
5   __vec_mul_const(nw, nw, 0.5, ANCHOR_NUM);
6   __vec_sub(tmp2, ncx, nw, ANCHOR_NUM);
7   __vec_maxequal(x_min, tmp2, zeros, ANCHOR_NUM);
8
9   __vec_add(tmp3, ncy, nh, ANCHOR_NUM);
10  __vec_minequal(y_max, tmp3, img_h, ANCHOR_NUM);
11
12  __vec_add(tmp4, ncx, nw, ANCHOR_NUM);
13  __vec_minequal(x_max, tmp4, img_w, ANCHOR_NUM);
```

图 8.95　对检测框进行 Clip 操作

**softmax 及 TopK 运算**

我们对 RPN 的输出分数 Predict Score 进行 softmax 和 TopK 运算，得到可能是目标的概率较大的 $K$ 个检测框。采用智能编程语言对 softmax 和 TopK 运算进行加速的关键代码如图 8.96 所示。

```
1   // do softmax: exp(score_ + ANCHOR_NUM)/(exp(score_)+exp(score_+ANHOR_NUM)
2   __vec_active_exp(tmp1, score_ + ANCHOR_NUM, ANCHOR_NUM);
3   __vec_active_exp(tmp2, score_, ANCHOR_NUM);
4   __vec_add(tmp2, tmp1, tmp2, ANCHOR_NUM);
5   __vec_active_recip(tmp2, tmp2, ANCHOR_NUM);
6   __vec_mul(score_, tmp1, tmp2, ANCHOR_NUM);
7
8   // find top score
9   __vec_max(result, score_, ANCHOR_NUM);
10  local_max_idx = (int16_t)(*(uint16_t *)(result + 1));
11  local_max_score = result[0];
```

图 8.96　softmax 和 TopK 计算加速

**NMS 运算**

根据排序分数和检测框进一步进行 NMS 操作，滤除可能重复的检测框，从而得到最后的检测框送给下一阶段。NMS 的主要计算步骤是：①计算所有候选框（BOX_COUNT）的面积；②取出当前候选框中概率最大的框，并将其概率分数置为 NE_INF；③选出的候选框与剩余的框依次计算交并比（IoU）；④IoU 大于阈值的框，其概率分数置为 NE_INF；⑤循环回到步骤②继续，直到找到 NMS_NUM 个候选框。其对应的关键智能编程语言代码如图 8.97 所示。

```
1   // calc box_area
2   __vec_sub(box_h, box_y2, box_y1, BOX_COUNT);
3   __vec_sub(box_w, box_x2, box_x1, BOX_COUNT);
4   __vec_mul(area, box_h, box_w, BOX_COUNT);
5
6   // find_top_score
7   __vec_max(result, score, BOX_COUNT);
8   max_score = result[0];
9   idx = (int16_t)(*(uint16_t *)(result + 1));
10  box_target_0 = box_x1[idx];
11  box_target_1 = box_x2[idx];
12  box_target_2 = box_y1[idx];
13  box_target_3 = box_y2[idx];
```

图 8.97　NMS 计算加速

```
14    area_idx = area[idx];
15    __nramset_half(tmp_area, area_idx, BOX_COUNT);
16
17    //calc IOU
18    __vec_maxequal(inter_x1, box_x1, box_target_0, BOX_COUNT);
19    __vec_minequal(inter_x2, box_x2, box_target_1, BOX_COUNT);
20    __vec_maxequal(inter_y1, box_y1, box_target_2, BOX_COUNT);
21    __vec_minequal(inter_y2, box_y2, box_target_3, BOX_COUNT);
22
23    //max(0, inter_x2 - inter_x1);
24    __vec_sub(tmp1, inter_x2, inter_x1, BOX_COUNT);
25    __vec_active_relu(inter_x, tmp1, BOX_COUNT);
26
27    //max(0, inter_y2 - inter_1);
28    __vec_sub(tmp2, inter_y2, inter_y1, BOX_COUNT);
29    __vec_active_relu(inter_y, tmp2, BOX_COUNT);
30
31    //inter_area = max(0, inter_x2 - inter_x1) * max(0, inter_y2 - inter_y1);
32    __vec_mul(inter_area, inter_x, inter_y, BOX_COUNT);
33
34    //over = area[idx] + area[k] - inter_area
35    __vec_add(over_area, tmp_area, area, BOX_COUNT);
36    __vec_sub(over_area, over_area, inter_area, BOX_COUNT);
37
38    //iou
39    __vec_mul_const(tmp_iou, over_area, NMS_THRESH, BOX_COUNT);
40    __vec_le(iou, inter_area, tmp_iou, BOX_COUNT);
41    __vec_not(final, iou, BOX_COUNT);
42    __vec_mul_const(final, final, NE_INF, BOX_COUNT);
43    __vec_mul(score, score, iou, BOX_COUNT);
44    __vec_add(score, score, final, BOX_COUNT);
```

图 8.97 （续）

**2. 第二阶段后处理融合算子**

第二阶段后处理融合算子处于整个网络最后，其完成的主要功能是：①将第二阶段预测输出的检测框偏移量 Box Encoding 和第一阶段后处理的输出检测框 Proposal Box 进行 Decode 操作，得到经过偏移的检测框，并且对所有的检测框进行裁剪操作，使得检测框不超过原始图片的边界；②将第二阶段输出的多分类（COCO 数据集是 90 类）分数进行 softmax 运算，得到每个检测框应属于哪一类的概率分数；③根据 softmax 运算之后的多分类和 Decode 操作之后的检测框进行 NMS 操作，滤除同一类中可能重复的检测框，得到最终检测框坐标、类别和分数。

图 8.98 提供了第二阶段后处理融合算子的运算逻辑（深色部分）。如前所述，该融合算子总共有 4 个输入和 1 个输出：输入分别是代表第二阶段预测输出的检测框偏移 Box

Encoding，代表第一阶段后处理输出的可能是目标的检测框 Proposal Box，代表图片大小的 Image Shape，以及代表第二阶段预测输出的分数 Predict Score；输出是整个网络的输出，其中是检测框的坐标、分数和类别。

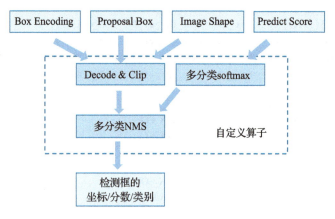

图 8.98　Faster R-CNN 第二阶段后处理自定义算子

可以看出，第二阶段后处理融合算子逻辑与第一阶段后处理融合算子有共同之处，都需要对输入的检测框进行有偏移量的 Decode 和 Clip 操作。此处智能编程语言代码逻辑和第一阶段后处理类似。同时，第二阶段后处理融合算子也需要进行 softmax 和 NMS 操作，只不过这里是一个针对多分类的处理，因此在代码逻辑上，softmax 和 NMS 都需要增加一层 for 循环来处理多分类的情况。

#### 8.8.3.3　融合算子替换

在通过智能编程语言实现了融合算子逻辑后，要进行图节点替换。如图 8.99 左侧所示，其中浅色表示当前编程框架已经支持在 DLP 上运行的算子，深色表示软件栈暂不支持的算子（需要放到 CPU 上执行）。该网络中有三个算子是暂不支持的，我们通过智能编程语言实现了 ReplacedOp 得到右边的网络。具体而言，对网络进行优化主要包括两个步骤：一是生成配置文件，其中描述了要被替换的原始算子、替换后的算子，以及输入输出节点等信息；二是根据生成的配置文件对原始图进行优化。

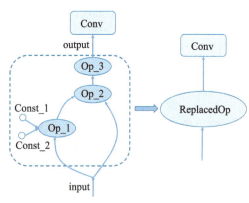

图 8.99　融合算子替换示例

#### 1. 生成配置文件

对于待优化网络，首先通过 TensorBoard 查看哪些算子可以融合成一个大算子进行替换。找出这些算子的输入、输出，根据输入、输出利用广度优先搜索找出需要被替换的算子名称，最终生成替换配置文件。如图 8.99 中 Op_1、Op_2 和 Op_3 这三个算子可以被替换，其输入节点名称分别为 input、Const_1 和 Const_2，输出节点名称为 output。

以 Faster R-CNN 为例，网络中主要有三个地方的算子需要被替换，分别是 RPN 后面接的第一阶段后处理、Anchor 生成以及第二阶段后处理。通过 TensorBoard 分别找出其输入、输出，得到需要被替换的算子的名称，利用 PostprocessRPN、AnchorGenerator、SecondStagePostprocess 这三个算子对其进行替换。进一步地，通过编写的 faster_rcnn_node_definition.py 脚本来自动生成相应的配置文件。图 8.100 给出了脚本中 Anchor 生成相关算子查找的具体实现。

```python
def anchor_check(op_name):
    match_start_list=['Shape_1','strided_slice_2','strided_slice_3']
    match_end_list = ['ClipToWindow/Gather/Gather']
    match_name_list = bfs_for_reachable_nodes(match_end_list,tf_graphdef.
      map_name_to_input_name,  match_start_list)
    match_name_list = set([name.split('/')[0] for name in match_name_list])
    return match_name_list
```

图 8.100　Anchor 生成相关算子查找代码

程序中 match_start_list 和 match_end_list 表示需要被替换的算子的输入、输出名称，bfs_for_reachable_nodes 函数用于查找相应的节点。在返回的节点列表中，不仅包含不支持的算子，还包括与它们在同一个 name_scope 下的其他算子，返回列表中的所有算子将一同被替换掉。最终得到的配置文件如图 8.101 所示。其中 Model 表示网络名称，Replace_Node_Name 表示被替换的节点名称，Replace_Node 表示替换后的算子名称及相关属性信息，Input_Node 和 Output_Node 表示转换后网络的输入、输出节点名称。

```
[Model]
Faster R-CNN

[Replace_Node_Name]
second_stage_postprocess = ['detection_boxes', u'SecondStagePostprocessor','
    detection_classes', u'add', 'detection_scores', 'num_detections', u'Squeeze_2', u'
    Squeeze_3', u'map_1']
image_tensor = ['image_tensor']
postprocess_rpn = [u'Slice', u'strided_slice_10', u'ExpandDims', u'Reshape', u'
    ExpandDims_4', u'ExpandDims_5', u'ExpandDims_1', u'ExpandDims_2', u'ExpandDims_3',
    u'Tile', u'strided_slice_6', u'Reshape_4', u'Reshape_2', u'
    BatchMultiClassNonMaxSuppression', u'Reshape_1', u'Squeeze_1', u'Squeeze', u'map',
```

图 8.101　Faster R-CNN 进行算子替换的配置文件

```
            u'zeros_like', u'zeros_like_1', u'strided_slice_8', u'strided_slice_9', u'Tile_1',
            u'strided_slice_11', u'strided_slice_4', u'strided_slice_5', u'Shape_3', u'Shape_2',
            u'Shape_5', u'Shape_4', u'concat', u'Reshape_3', u'Decode', u'ToFloat_5', u'
            Softmax', u'stack_2', u'stack_1', u'strided_slice_12', u'Tile_2']
 8  tofloat = ['ToFloat_3']
 9  preprocessor = ['Preprocessor/map']
10  anchor_const = [u'GridAnchorGenerator', u'ToFloat_4', u'strided_slice', u'ClipToWindow',
            u'Shape_1', u'strided_slice_1', u'stack', u'strided_slice_2', u'strided_slice_3']
11  true_image_shape = ['/Preprocessor/map/TensorArrayStack_1']
12
13  [Replace_Node]
14  second_stage_postprocess = {'max_size_per_class': 20, 'max_total_size': 100, 'iou_thresh':
            0.6, 'num_classes': 90, 'name': 'postprocess', 'max_num_proposal': 100,'
            int8mode': 0, 'score_thresh': 0.4, 'scale_x': 0.1, 'scale_y': 0.2, 'op': '
            SecondStagePostprocess'}
15  image_tensor = {'dtype': tf.float32, 'shape': [1, 600, 800, 3], 'name': 'Input', op : '
            Placeholder'}
16  postprocess_rpn = {'name': 'postprocess_rpn', 'max_size_per_class': 100, 'max_total_size':
            100, 'score_thresh': 0.0, 'iou_thresh': 0.7, 'op': 'PostprocessRpn'}
17  tofloat = {'dtype': tf.float32, 'shape': [1, 600, 800, 3], 'name': 'Input', 'op': '
            Placeholder'}
18  preprocessor = {'dtype': tf.float32, 'shape': [1, 600, 800, 3], 'name': 'Input', 'op':'
            Placeholder'}
19  anchor_const = {'anchor_offsets': [0.0, 0.0], 'shape': [1, 38, 50, 48],'
            base_anchor_sizes': [256.0, 256.0], 'batch_image_shape': [1, 600, 800, 3], 'name'
            'AnchorGenerator', 'scales': [0.25, 0.5, 1, 2], 'dtype': tf.float32,'
            anchor_strides': [16.0, 16.0], 'feature_map_shape_list': [(38, 50)], 'aspect_ratios':
            [0.5, 1, 2]}
20  true_image_shape = {'dtype': tf.int32, 'shape': [1, 3], 'name': 'Batch_image_shape', 'op':
            'Placeholder'}
21
22  [Input_Node]
23  node_name1 = [Input]
24  node_name2 = [Batch_image_shape]
25
26  [Output_Node]
27  node_name1 = [postprocess]
```

图 8.101 （续）

### 2. 生成替换的 pb 文件

根据配置文件，编写 Python 脚本对原始 pb 进行转换。首先遍历整个图，获取所有的计算节点，其次根据配置文件中替换节点的信息对网络中的节点进行替换，最终生成转换后的 pb 文件。所生成的网络结构如图 8.102 所示，其中两个箭头所指向的就是替换后的算子，分别为第一阶段后处理算子 PostprocessRPN 和第二阶段后处理算子 SecondStagePostprocess。其中 AnchorGenerator 可以在替换算子时将生成好的坐标以常量形式保存在 pb 中。

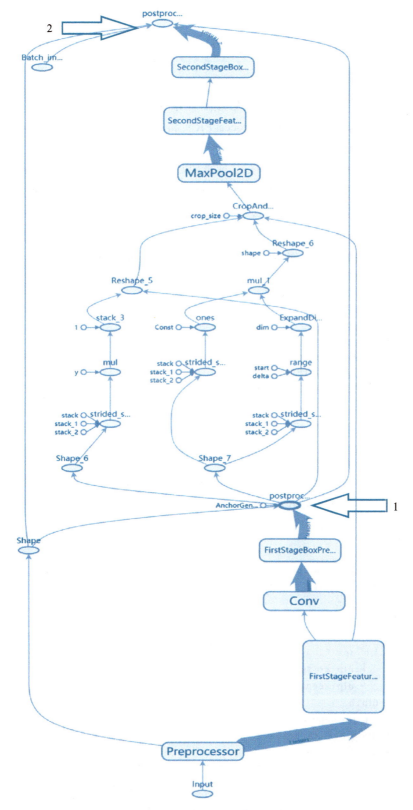

图 8.102 Faster R-CNN 进行后处理算子替换后的网络结构

#### 8.8.3.4 融合算子集成

前面开发的第一阶段和第二阶段后处理融合算子,需要进一步集成到 TensorFlow 框架中,即在 TensorFlow 中增加 PostprocessPRN 和 SecondStagePostprocess 的相关调用,使其能够在 DLP 上执行。

具体而言,需要修改的 TensorFlow 目录树如图 8.103 所示,其中:tensorflow/core 下的修改主要是为了完成自定义算子的 C++ 接口注册,以及正向传播函数的 wrapper 实现;tensorflow/python 目录下的修改主要是为了完成自定义算子的 Python 接口注册;tensorflow/stream_executor/dlp 目录下的修改主要是新增了自定义算子调用接口的实现,另外该目录下还需要放置经过编译自定义算子 *.dlp 文件得到的 *.o 文件。

```
 1  tensorflow/
 2  ├ core
 3  │  ├ BUILD
 4  │  ├ kernels
 5  │  │  ├ BUILD
 6  │  │  ├ postprocess_rpn_op.cc
 7  │  │  ├ postprocess_rpn_op.h
 8  │  │  ├ postprocess_rpn_op_dlp.h
 9  │  │  ├ second_stage_postprocess_op.cc
10  │  │  ├ second_stage_postprocess_op.h
11  │  │  └ second_stage_postprocess_op_dlp.h
12  │  └ ops
13  │     ├ postprocess_rpn_ops.cc
14  │     └ second_stage_postprocess_ops.cc
15  ├ python
16  │  ├ BUILD
17  │  └ ops
18  │     ├ postprocess_rpn_ops.py
19  │     └ second_stage_postprocess_ops.py
20  └ stream_executor
21     ├ BUILD
22     └ dlp
23        ├ lib_ops
24        │  ├ dlp_postprocess_rpn_op.cc
25        │  └ dlp_second_stage_postprocess_op.cc
26        ├ dlp.h
27        ├ dlp_lib_common.cc
28        ├ dlp_lib_math_ops.h
29        ├ dlp_lib_nn_ops.h
```

图 8.103 修改 TensorFlow 目录文件以集成融合算子

```
30          ├ dlp_stream.cc
31          ├ dlp_stream.h
32          ├ ops
33          │   ├ postprocess_rpn_op.cc
34          │   └ second_stage_postprocess_op.cc
35          ├ postprocess_rpn_kernel.h
36          ├ postprocess_rpn_kernel.dlp
37          ├ postprocess_rpn_kernel.o
38          ├ postprocess_rpn_kernel_singlecore.dlp
39          ├ second_stage_postprocess_kernel.h
40          ├ second_stage_postprocess_kernel.dlp
41          └ second_stage_postprocess_kernel.o
```

图 8.103 （续）

如图 8.104 所示，以第一阶段后处理融合算子为例，在 tensorflow/core/ops/postprocess_rpn_ops.cc 中进行自定义算子的注册，需要用户指定注册算子名，输入、输出张量名和个数，以及自定义算子的其他参数名、类型和默认值。注册的自定义算子名为 PostprocessRPN；有四个输入和一个输出张量；另外还有 7 个属性值，并给出了其类型和默认值。

```
1   namespace tensorflow {
2   REGISTER_OP("PostprocessRPN")
3     //input
4     .Input("rpn_box_encodings_batch: float32")
5     .Input("rpn_objectness_predictions_with_background_batch: float32")
6     .Input("image_shapes: int32")
7     .Input("anchors: float32")
8     //output
9     .Output("proposal_boxes: float32")
10  
11    //attr
12    .Attr("score_thresh: float = 0.0")
13    .Attr("iou_thresh: float = 0.7")
14    .Attr("max_size_per_class: int = 300")
15    .Attr("max_total_size: int = 300")
16    .Attr("scale_xy: float = 0.1")
17    .Attr("scale_wh: float = 0.2")
18    .Attr("min_nms_score: float = 0.01")
19  
20    //shape
21    .SetShapeFn([](::tensorflow::shape_inference::InferenceContext* c) {
22    });
23  } //namespace tensorflow
```

图 8.104　第一阶段后处理融合算子注册

在 tensorflow/core/kernels/postprocess_rpn_op_dlp.h 中需要实现自定义算子正向传播的最外层 wrapper 函数。如图 8.105 所示，其中包含 dlpPostprocessRpnOp 类，该类中的 Compute 函数是自定义算子进行正向传播的入口。该函数获取自定义算子的输入张量和属性等，再创建输出张量并为其开辟空间，最后调用执行器中真正执行运算的 PostprocessRpn 函数。

```
namespace tensorflow {

class dlpPostprocessRpnOp : public OpKernel {
public:
  /// \brief Constructor
  /// \param context
  explicit dlpPostprocessRpnOp(OpKernelConstruction* context) : OpKernel(context) {
  }

  void Compute(OpKernelContext* context) override {
    // 获取输入张量
    const Tensor& rpn_box_encodings_batch = context->input(0);
    const Tensor& rpn_objectness_predictions_with_background_batch = context->input(1);
    const Tensor& image_shapes = context->input(2);
    const Tensor& anchors = context->input(3);

    // 创建输出张量
    Tensor* proposal_box = NULL;
    OP_REQUIRES_OK(context, context->allocate_output(0, proposal_box_shape, &
      proposal_box));

    auto* stream = context->op_device_context()->dlp_stream();
    stream->PostprocessRpn(context, const_cast<Tensor *>(&rpn_box_encodings_batch),
                           const_cast<Tensor *>(&
      rpn_objectness_predictions_with_background_batch),
                           const_cast<Tensor *>(&anchors), &tmp_tensor,
                           batch_size, num_anchors, max_nms_out, iou_thresh_,
                           im_height, im_width,
                           feature_h, feature_w, anchor_per_feature,
                           scale_xy_, scale_wh_, min_nms_score_,
                           proposal_box);
  }
};
} //namespace tensorflow
```

图 8.105 第一阶段后处理融合算子封装

在 tensorflow/stream_executor/dlp 中 ops 和 lib_ops 下的 C++ 代码是真正实现自定义算子正向传播运算的地方。按照 8.8.1 节中的编程流程，依次为输入和输出张量开辟空间，将输入张量拷贝到 DLP 上，并为自定义算子创建 CustomizedOp，最后进行相应的正向传播运算。需要调用的自定义算子接口是 CreateCustomizedOp 和 ComputeCustomizedOp。其中 CreateCustomizedOp 根据当前自定义算子中输入和输出的个数、Kernel 函数名以及其他属性创建出自定义算子，并将其映射到智能编程语言开发的代码；ComputeCustomizedOp 则真正进行自定义算子正向传播的运算，进入自定义算子 Kernel 函数的内部开始在 DLP 上执行相应的指令。

图 8.106 展示了第一阶段后处理融合算子的定义和执行。首先定义了四个输入和一个输出张量，之后需指定相应的参数缓存并调用 CreateCustomizedOp 接口定义自定义操作。后面的代码展示了如何调用 ComputeCustomizedOp 完成正向传播运算，其中需要传入输入和输出张量的地址。

```
1   Tensor_t input_ptr[4];
2   input_ptr[0] = rpn_box_encodings_batch->dlp_tensor();
3   input_ptr[1] = rpn_objectness_predictions_with_background_batch->dlp_tensor();
4   input_ptr[2] = anchors->dlp_tensor();
5   input_ptr[3] = tmp_tensor->dlp_tensor();
6
7   Tensor_t output_ptr[1];
8   output_ptr[0] = proposal_box->dlp_tensor();
9
10
11  GetKernelParamsBuffer(&params);
12
13  ......
14
15  CreateCustomizedOp(&postprocess_rpn_op,
16                "POSTPROCESSRPN",
17                reinterpret_cast<void *>(&PostprocessRpnKernel),
18                params,
19                input_ptr,
20                input_num,
21                output_ptr,
22                output_num,
23                nullptr,
24                0);
25
26  ......
```

图 8.106  第一阶段后处理融合算子定义与执行

```
27
28   void *in_addr[]  = {inputs[0]->dlp_addr(), inputs[1]->dlp_addr(), inputs[2]->
          dlp_addr(), inputs[3]->dlp_addr()};
29   void *out_addr[] = {outputs[0]->dlp_addr()};
30
31   ComputeCustomizedOp(postprocess_rpn_op,
32                       in_addr, inputs.size(),
33                       out_addr, outputs.size(),
34                       queue);
```

图 8.106 （续）

第二阶段后处理融合算子的处理与上述流程类似，包括算子的注册、wrapper 函数的实现和正向传播运算实现等。

### 8.8.3.5 优化结果分析

前面我们以 Faster R-CNN 为例进行了系统级的分析和优化。根据分析的结果，明确了性能的瓶颈主要在于有大量软件栈暂不支持的算子，由于这些算子在 CPU 上运行，既无法利用融合优化，也导致了 CPU 和 DLP 间的跨设备数据通信增加。通过将位置相近、功能相同的操作自定义为一个大的融合算子，使用智能编程语言进行实现，并通过图优化工具实现自定义算子对原节点的替换，最后再通过相关接口将其集成到框架中，可以获得处理性能的提升。

表 8.17 给出了优化前后的计算图情况。可以看出：①由于使用智能编程语言去实现自定义算子，网络总节点数大幅度下降，大量在 CPU 上运行的细碎节点被整合到规整的自定义算子中，在 DLP 上运行的计算比例大幅度增加，充分利用了 DLP 的计算资源；②融合段数大幅度减少，从 295 段减少到只有 6 段，使得 DLP 可以执行更优的融合策略，同时也减少了 DLP 和 CPU 间的数据拷贝开销。

表 8.17 Faster R-CNN 优化前后数据流图

| 运算器类型 | 原始的 Faster R-CNN | 优化后的 Faster R-CNN |
| --- | --- | --- |
| 总节点数 | 11 171 | 679 |
| DLP 处理节点数 | 3590 | 370 |
| CPU 处理节点数 | 7581 | 309 |
| 融合总段数 | 295 | 6 |

图 8.107 进一步给出了两者性能的对比。正是由于 CPU 上运行的节点数变少了，数据拷贝和 CPU 运行时间都大幅度下降，其中拷贝时间下降到 1/6，CPU 总运行时间下降到 1/12。同时，由于使用了优化的自定义算子，在 DLP 上的运行时间也大幅度下降，整体的性能提升了近 8 倍。

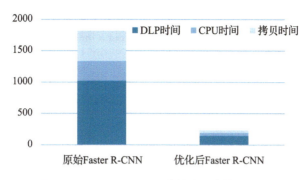

图 8.107　Faster R-CNN 优化前后的性能对比

## 习题

8.1　请使用 C++ 和 Python 两种语言分别编写 4096 个随机数求方差的程序,然后在同一硬件平台运行。请获取两者执行时间,并对两者的性能和开发效率做简要分析。

8.2　假设某处理器的存储单元包括一块片上高速缓存和一块片外 DDR,访问时间分别为 4 个时钟周期和 150 个时钟周期。如果工作负载在片上缓存的命中率为 90%,而且处理器只有在片上缓存未命中的情况下才会访问片外 DDR。那么,整个存储层次的平均访问延迟是多少个时钟周期?

8.3　根据 8.3.2 节的内容,假设在一个多核上,每个 task 可一次完成 $N=256$ 的向量对位加,现在要完成两个长度为 2048 的向量对位加,需要划分任务类型为 BLOCK 还是 UNION$x$?如果选用 UNION$x$,那么 $x$ 是几?

8.4　在异构编程模型的通用处理器端流程中,介于创建 Stream 和启动 Kernel 之间的两个流程步骤是什么?

8.5　假设有一个 8 位的二进制数是 10 011 001,如果它代表无符号整数 uint8,那么它换算成十进制数是多少?如果它代表有符号整数 int8,那么它换算成十进制数是多少?

8.6　假设有一个 32 位的浮点数,其二进制形式是 1 1000 0101 1111 1110 0000 0000 0000 000,如果按照 IEEE 754 标准,换算为十进制数是多少?如果二进制是 1 0000 0000 1000 0000 0000 0000 0000 000,那么换算为十进制数是多少?

8.7　图 8.108 是两段功能相同的代码,一个用标量语句写成,另一个用张量语句写成,它们都是对一个向量内的所有数据求和。假设硬件完成一个标量加法指令需要 1 个时钟周期,完成一个 64 元素的向量求和指令(sum_pooling)需要 8 个时钟周期。假设程序中其他运算和访存的时间忽略不计,张量程序的性能是标量程序的多少倍?

```
1  #define N 1024
2  void (int* a, int*b) {
3      for (int i = 0; i < N; i++) {
4          b[0] += a[i];
5      }
6  }
```

a)

```
1  #define N 1024
2  void (int* a, int*b) {
3      for (int i = 0; i < N / 64; i++) {
4          sum_pooling(a, b, 64);
5      }
6  }
```

b)

图 8.108  a) 标量语句代码；b) 张量语句代码

8.8 证明：为什么 float16 可表示的最大值是 65 504。

*8.9 编程实践：请基于深度学习处理器 DLP 和 BCL 智能编程语言，使用标量计算语句编写一段 L2-pooling 算法的程序，包括主机端的运行时代码。算法请自行查找，BCL 使用方法请参考其用户手册。

*8.10 请使用 DLP 的运行时库提供的通知接口，统计习题 8.9 所写程序的运行时间。

*8.11 请对习题 8.9 所写程序分别做"使用片上缓存"和"张量化"的优化，并使用通知接口统计时间。

*8.12 请对习题 8.11 所写程序做 4 核并行的优化，并使用通知接口统计时间。

CHAPTER 9

# 第 9 章

# 实　　验

前面几章介绍了智能计算系统相关的基础理论知识，包括深度学习算法、编程框架的原理及使用、深度学习处理器（DLP）原理和架构以及智能编程语言。本章的目的是通过实验把前面介绍的内容串联起来，使读者能真正融会贯通，理解如何充分利用 DLP 硬件特性来开发高性能算子，以及软件栈如何调用算子以完成深度学习算法在硬件上的执行，从而系统性地理解智能计算系统。在本章实验中，我们将在 DLP 上实现实时图像风格迁移算法，算法流程见 3.6.2 节。首先基于智能编程语言实现风格迁移过程的两个关键算子——差平方算子以及小数步长卷积算子，再将这些算子集成到 TensorFlow 编程框架中，最后，分别采用调用 TensorFlow API 编程以及运行时系统 API 编程的方式来实现图像的风格迁移。实验环境采用云平台结合开发板的形式，详细介绍及使用说明见附录 B。

## 9.1　基础实验：图像风格迁移

### 9.1.1　基于智能编程语言的算子实现

本节以图像风格迁移算法中涉及的差平方和小数步长卷积为例，使用智能编程语言实现差平方和小数步长卷积两个算子，并分析算子的实现精度。

#### 9.1.1.1　差平方算子实现

差平方算子计算两个张量 $\boldsymbol{X}$ 和 $\boldsymbol{Y}$ 的哈达玛积（Hadamard product），即张量的按位置乘法。其实现原理为：

$$\text{Hadamard}(\boldsymbol{X}-\boldsymbol{Y}) = (\boldsymbol{X}-\boldsymbol{Y}) \circ (\boldsymbol{X}-\boldsymbol{Y}) \tag{9.1}$$

使用智能编程语言实现差平方算子的程序示例如图 9.1 所示。

#### 9.1.1.2　小数步长卷积算子实现

小数步长卷积有时也称为反卷积。本节的实验内容是使用智能编程语言实现小数步长卷积算子。图 9.2 是一个小数步长卷积的示例。输入矩阵 InputData 是 2×2 的矩阵，卷积核 Kernel 的大小为 3×3，卷积步长为 1，输出 OutputData 是 4×4 的矩阵。

```
1   #define ONELINE 256
2
3   __dlp_entry__ void SquaredDiffKernel(half* input1, half* input2,
        half* output, int32_t len)
4   {
5     __nram__ int32_t quotient = len / ONELINE;
6     __nram__ int32_t rem = len % ONELINE;
7     __nram__ half input1_nram[ONELINE];
8     __nram__ half input2_nram[ONELINE];
9
10    for (int32_t i = 0; i < quotient; i++)
11    {
12      __memcpy(input1_nram, input1 + i * ONELINE, ONELINE * sizeof(
          half), GDRAM2NRAM);
13      __memcpy(input2_nram, input2 + i * ONELINE, ONELINE * sizeof(
          half), GDRAM2NRAM);
14      __vec_sub(input1_nram, input1_nram, input2_nram, ONELINE);
15      __vec_mul(input1_nram, input1_nram, input1_nram, ONELINE);
16      __memcpy(output +i * ONELINE, input1_nram, ONELINE * sizeof(
          half), NRAM2GDRAM);
17    }
18
19    if ( rem != 0)
20    {
21      __memcpy(input1_nram, input1 + quotient * ONELINE, rem * sizeof
          (half), GDRAM2NRAM);
22      __memcpy(input2_nram, input2 + quotient * ONELINE, rem * sizeof
          (half), GDRAM2NRAM);
23      __vec_sub(input1_nram, input1_nram, input2_nram, rem);
24      __vec_mul(input1_nram, input1_nram, input1_nram, rem);
25      __memcpy(output + quotient * ONELINE, input1_nram, rem * sizeof
          (half), NRAM2GDRAM);
26    }
27
28  }
```

图 9.1 差平方算子的实现

可以采用矩阵乘法来实现小数步长卷积，具体步骤如下：

(1) 将输入矩阵 InputData 展开成为 4×1 的列向量 $x$。

(2) 把 3×3 的卷积核 Kernel 转换成一个 4×16 的稀疏卷积矩阵 $W$：

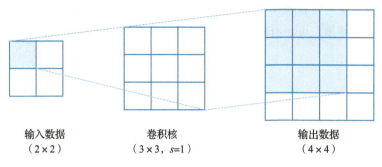

图 9.2 小数步长卷积

$$W = \begin{bmatrix} w_{0,0} & w_{0,1} & w_{0,2} & 0 & w_{1,0} & w_{1,1} & w_{1,2} & 0 & w_{2,0} & w_{2,1} & w_{2,2} & 0 & 0 & 0 & 0 & 0 \\ 0 & w_{0,0} & w_{0,1} & w_{0,2} & 0 & w_{1,0} & w_{1,1} & w_{1,2} & 0 & w_{2,0} & w_{2,1} & w_{2,2} & 0 & 0 & 0 & 0 \\ 0 & 0 & 0 & 0 & w_{0,0} & w_{0,1} & w_{0,2} & 0 & w_{1,0} & w_{1,1} & w_{1,2} & 0 & w_{2,0} & w_{2,1} & w_{2,2} & 0 \\ 0 & 0 & 0 & 0 & 0 & w_{0,0} & w_{0,1} & w_{0,2} & 0 & w_{1,0} & w_{1,1} & w_{1,2} & 0 & w_{2,0} & w_{2,1} & w_{2,2} \end{bmatrix}$$

其中 $w_{i,j}$ 表示卷积核 $W$ 的第 $i$ 行第 $j$ 列元素。

(3) 求 $W$ 的矩阵转置 $W^{\mathrm{T}}$:

$$W^{\mathrm{T}} = \begin{bmatrix} w_{0,0} & 0 & 0 & 0 \\ w_{0,1} & w_{0,0} & 0 & 0 \\ w_{0,2} & w_{0,1} & 0 & 0 \\ 0 & w_{0,2} & 0 & 0 \\ w_{1,0} & 0 & w_{0,0} & 0 \\ w_{1,1} & w_{1,0} & w_{0,1} & w_{0,0} \\ w_{1,2} & w_{1,1} & w_{0,2} & w_{0,1} \\ 0 & w_{1,2} & 0 & w_{0,2} \\ w_{2,0} & 0 & w_{1,0} & 0 \\ w_{2,1} & w_{2,0} & w_{1,1} & w_{1,0} \\ w_{2,2} & w_{2,1} & w_{1,2} & w_{1,1} \\ 0 & w_{2,2} & 0 & w_{1,2} \\ 0 & 0 & w_{2,0} & 0 \\ 0 & 0 & w_{2,1} & w_{2,0} \\ 0 & 0 & w_{2,2} & w_{2,1} \\ 0 & 0 & 0 & w_{2,2} \end{bmatrix}$$

(4) 小数步长卷积操作等同于矩阵 $W^{\mathrm{T}}$ 与向量 $x$ 的乘积: $y = W^{\mathrm{T}} \times x$。

(5) 上一步骤得到的 $y$ 为 $16 \times 1$ 的向量,将其形状修改为 $4 \times 4$ 的矩阵,得到最终的结果 OutputData。

上述步骤中的矩阵转置操作可以调用 BCL 智能编程语言的__transpose 函数实现；矩阵与向量相乘可以调用__mlp 函数。读者可以参照差平方算子的实现，用智能编程语言实现反卷积的算子。

### 9.1.1.3 精度指标

为了评判 DLP 上算子实现的精度，通常的做法是将其与 CPU 上实现的结果做比较。常见的误差精度判断标准包括平均绝对误差（Mean Absolute Error，MAE）和平均相对误差（Average Relative Error，ARE）。分别定义如下：

$$\text{MAE} = \frac{\sum_{i=1}^{n} |\text{CPU}_{\text{result}} - \text{DLP}_{\text{result}}|}{n} = \frac{\sum_{i=1}^{n} |e_i|}{n} \tag{9.2}$$

$$\text{ARE} = \frac{\sum |\text{CPU}_{\text{result}} - \text{DLP}_{\text{result}}|}{\sum |\text{CPU}_{\text{result}}|} \tag{9.3}$$

### 9.1.1.4 自定义算子集成到 TensorFlow 框架

正如 8.8.1 节所介绍的，高性能库提供了智能应用常见算子在特定平台上的高性能实现，方便用户以 API 的形式直接调用。但对于高性能库中没有定义的算子，则需要使用智能编程语言来定义，再使用创建（CreateCustomizedOp）、（正向传播）计算（ComputeCustomizedOp）和销毁（DestroyBaseOp）等接口来实现这些自定义算子到高性能库的集成。接下来，编程框架再进一步调用和集成相应算子，实现对编程框架算子的扩展。本节的实验中，需要将差平方算子和小数步长卷积算子集成到 TensorFlow 框架中，集成的基本流程及参考代码如 8.8.1.2 节和 8.8.2.2 节所示。

## 9.1.2 图像风格迁移的实现

本节以 3.6.2 节介绍过的实时图像风格迁移算法为例，介绍如何在 DLP 上实现图像的风格迁移。读者可以使用文献 [90] 中提供的 Github 地址⊖下载相应的代码和数据集，尝试在 TensorFlow 框架下完成图像转换网络的训练。本节中，首先将图像转换网络的模型参数转化为低位宽表示，再分别采用基于 TensorFlow API 的编程方法以及调用运行时接口的编程方法来高效实现图像的风格迁移。

### 9.1.2.1 模型的低位宽表示

深度学习模型训练时通常采用浮点数据类型，训练完成后固化的模型文件中保存的模型参数也是浮点格式的。如果深度学习模型的规模很大，浮点格式的模型数据（例如，单

---

⊖ https://github.com/lengstrom/fast-style-transfer。

精度浮点数 float32）会占用很高的存储空间和访存带宽。如果采用 6.4.3 节介绍过的低位宽格式来保存模型文件，例如 8 位定点数，则可以减少 3/4 的权重存储空间及访存带宽。将 32 位浮点数模型转化为 8 位定点数模型的原理简述如下：

int8 类型数值 $i$ 表示的 32 位浮点数 value 为：

$$\text{value} = \frac{i \times 2^{\text{position}}}{\text{scale}}, \quad i \in [-128, 127] \tag{9.4}$$

其中，position 为指数因子，scale 为缩放因子，二者都可以通过对数据集的统计得到。反向推导上述公式，即可得到：

$$i = \frac{\text{value} \times \text{scale}}{2^{\text{position}}} \tag{9.5}$$

采用公式（9.5）即可将 32 位浮点数转化为 8 位定点数。在实验环境中，提供了一个能够将 32 位浮点数模型转化为定点数模型的工具 fp32pb_to_quantized_pb.py，具体的使用方法见 9.1.3.2 节。转换后的图像转换网络模型可以直接用于后续的实时风格迁移过程。

#### 9.1.2.2 实现风格迁移

实验中，基于 DLP 来实现风格迁移有两种方式：

第一种是通过 TensorFlow 调用高性能库 API，将模型文件在线编译生成融合的 DLP 指令，再调用 DLP 运行时系统 API（运行时系统 API 的介绍请参考本书 8.5.2 节。）执行计算得到输出，具体流程如图 9.3 所示。

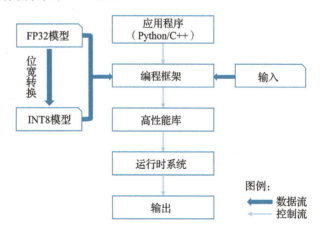

图 9.3 通过 TensorFlow API 编程

第二种是预先对编程框架生成的网络模型文件进行编译，生成包含 DLP 指令的模型文件，实际使用时直接使用运行时系统 API 加载该模型来执行计算，其流程如图 9.4 所示。

上述两种方式的主要区别在于：前者需要在线编译，且程序执行时存在调用上层框架的开销；而后者不需要在线编译，且程序执行时没有上层框架调用的开销，因此执行速度优于前者，适用于对性能要求较高、资源受限或者业务场景较为固定的情况。

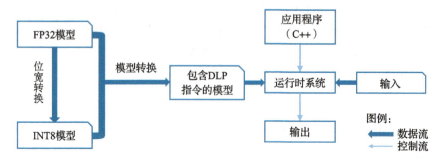

图 9.4 通过运行时系统 API 编程

**1. 通过 TensorFlow API 编程**

本节的实验内容是通过 TensorFlow 调用高性能库 API 来实现风格迁移。具体来讲，用 TensorFlow 的 API 编写代码加载 pb 模型文件，实现图像的风格迁移。实验流程如下：

(1) 加载模型到计算图；
(2) 读入内容图像；
(3) 创建会话；
(4) 通过输入、输出节点名称获取计算图中的输入、输出张量；
(5) 执行会话，输入内容图像数据，计算风格迁移后的输出；
(6) 将输出数据写入图像文件。

程序部分代码如图 9.5 所示。请根据注释中的提示，补充完整程序的代码并运行程序。

```
1   import os
2   import tensorflow as tf
3   from tensorflow.python.platform import gfile
4   import argparse
5   import numpy as np
6   import cv2 as cv
7
8   def parse_arg():
9       parser = argparse.ArgumentParser()
10      parser.add_argument('pb', default='transform.pb')
11      args = parser.parse_args()
12      return args
13
14  def run_pb():
15      args = parse_arg()
16      config = tf.ConfigProto()
17
18      with tf.gfile.FastGFile(args.pb,'rb') as f:
19          graph_def = tf.GraphDef()
```

图 9.5 通过 TensorFlow API 编程实现图像风格迁移的部分程序

```
20          #todo: 1. parse pb file
21
22          #todo: 2. import graph define
23
24          #todo: 3. read image
25
26          #todo: 4. resize image to 256 x 256
27
28
29      with tf.Session(config=config) as sess:
30          sess.graph.as_default()
31          sess.run(tf.global_variables_initializer())
32
33          #todo: 5. get input tensor by name
34
35          #todo: 6. get out tensor by name
36
37          #todo: 7. run session
38
39          #todo: 8. reshape tensor to [256, 256, 3]
40
41          #todo: 9. convert to numpy tensor
42
43          #todo: 10. write image to jpg file
44
45  def main():
46      run_pb()
47
48  if __name__ == '__main__':
49      main()
```

图 9.5 （续）

### 2. 通过运行时系统 API 编程

本节的实验内容是采用运行时系统 API 编程方式来实现图像的风格迁移。实验时，首先把 TensorFlow 生成的网络模型 pb 文件编译成包含 DLP 指令的模型文件，再使用运行时系统 API 编写程序，以加载模型文件并执行计算。运行时系统 API 的介绍请参考本书 8.5.2 节。

使用运行时 API 编程的流程如下：

（1）读入图像并进行前处理；

（2）初始化运行时系统；

（3）加载模型；

（4）在 CPU 和 DLP 上分配内存空间；

（5）把输入数据从 CPU 拷贝到 DLP 上；

(6) 在 DLP 上执行计算；
(7) 把输出数据从 DLP 拷贝到 CPU；
(8) 对输出数据进行后处理并输出图像文件。

### 9.1.3 风格迁移实验的操作步骤

#### 9.1.3.1 基于云平台的风格迁移实现

**1. 通过 TensorFlow API 编程**

在云平台实验环境中，程序代码目录为/DLP-Test/style_transfer/style_transfer_online，编辑此目录下的 load_transform.py 文件，根据注释的提示将程序代码补充完整并运行程序。输入的内容图像文件为 ./images/content.jpg，网络模型文件为 style_transfer.pb，风格迁移后生成的图像文件为 ./result.jpg。程序的执行操作如图 9.6 所示。

```
1  cd ~/DLP-Test/style_transfer/style_transfer_online
2  python load_transform.py style_transfer.pb
```

图 9.6　TensorFlow 图像风格迁移程序执行

运行结束后同时生成了包含 DLP 指令的模型文件 style_transfer.DLP，把该模型文件拷贝到运行时系统 API 编程的程序目录/DLP-Test/style_transfer/style_transfer_offline（如图 9.7 所示），以便程序加载。

```
1  cp style_transfer.DLP ../style_transfer_offline/offline_model/
```

图 9.7　拷贝模型文件

**2. 通过运行时系统 API 编程**

通过运行时系统 API 编程的程序代码目录为/DLP-Test/style_transfer/style_transfer_offline，编辑 ./src/src/inference.cpp 文件，根据注释的提示将程序代码补充完整，然后编译运行程序。输入的内容图像文件为 ./images/content.jpg，网络模型文件为 ./offline_model/style_transfer.DLP，转换后生成的图像文件为 ./result_runtime.jpg。程序编译和执行的操作如图 9.8 所示。

```
1  cd ~/DLP-Test/style_transfer/style_transfer_offline/build/
2  cmake ..
3  make
4  cd ..
5  ./run_style_transfer.sh
```

图 9.8　运行时系统 API 风格迁移程序编译执行

#### 9.1.3.2 基于开发板的风格迁移实现

在开发板上仅可通过运行时系统 API 编程方式实现风格迁移。实现步骤如下：

（1）在云平台上将 32 位浮点数模型文件转换为低位宽定点数模型文件；

（2）将该文件转换为包含 DLP 指令的模型文件；

（3）将风格迁移程序通过云平台上的交叉编译工具编译生成运行在 ARM 平台上的风格迁移程序；

（4）将上一步骤生成的风格迁移程序以及相应的依赖库下载到本地网络文件系统（NFS）服务器的共享文件目录下；

（5）把开发板和本地 NFS 服务器连接起来，使得开发板能够访问本地 NFS 服务器上的文件；

（6）在开发板上运行风格迁移程序。

下面具体介绍上述实现步骤。

**1. 模型的低位宽转换**

模型低位宽转换工具的目录为 /DLP-Test/style_transfer/tools/pb2quantized，转换前的 32 位浮点数模型文件为 style_transfer.pb，模型低位宽转换的操作如图 9.9 所示。

```
1  cd ~/DLP-Test/style\_transfer/tools/pb2quantized
2  python fp32pb_to_quantized_pb.py conver_quantized_style_transfer.ini
```

图 9.9 模型低位宽转换操作

转换后生成的低位宽模型文件为 ./style_transfer_quantized.pb。

**2. 低位宽模型转换为包含 DLP 指令的模型**

模型转换工具的目录为 /DLP-Test/style_transfer/tools/pb_to_DLP，该转换操作如图 9.10 所示。

```
1  cd ~/DLP-Test/style_transfer/tools/pb_to_DLP
2  cp ../pb2quantized/style_transfer_quantized.pb ./
3  ./pb_to_DLP.sh
```

图 9.10 低位宽模型转换为包含 DLP 指令的模型

生成的模型文件为 style_transfer.DLP，将其拷贝到 ARM 程序目录，以便 ARM 程序加载。如图 9.11 所示。

```
1  cp style_transfer.DLP ../../style_transfer_arm/offline_model/
```

图 9.11 模型文件拷贝

### 3. 编译生成运行在开发板上的风格迁移程序

要在开发板上运行的 ARM 程序的目录为/DLP-Test/style_transfer/style_transfer_arm，x86 平台与 ARM 平台的风格迁移程序代码一致，不同的是需要使用交叉编译器来编译 ARM 平台的程序，该设置在 ARM 程序目录下的 CMakeLists.txt 文件里指定。只需要把 9.1.3.1 节中编写的 inference.cpp 文件拷贝到 ./src 目录下，再编译即可。如图 9.12 所示。

```
1  cd ~/DLP-Test/style_transfer/style_transfer_arm
2  cp ../style_transfer_offline/src/inference.cpp ./src/
3  cd build/
4  cmake ..
5  make
```

图 9.12  编译生成 ARM 平台上的风格迁移程序

### 4. 把风格迁移程序和依赖库下载到本地

把上一步骤中生成的风格迁移程序和 ARM 依赖库下载到本地的 NFS 服务共享目录下（本地的 Linux 环境要先安装 NFS 服务程序，并设置 NFS 服务目录）。假设本地的 NFS 服务目录为/opt/DLP/nfs，在本地的操作如图 9.13 所示。

```
1  cd /opt/DLP/nfs
2  scp -P 30300 -r studentuser000@10.20.30.40:DLP-Test/style_transfer_arm ./
3  scp -P 30300 -r studentuser000@10.20.30.40:DLP-Test/style_transfer/for_AT520/lib32 ./
```

图 9.13  下载风格迁移程序和依赖库到本地目录

### 5. 物理连接两台设备

把开发板和本地 NFS 服务器连接到同一台交换机上，或者直接把开发板和 NFS 服务器用网线连接起来，两个设备的 IP 地址要改到同一网段。

### 6. 登录到开发板，运行程序

使用远程登录方式登录到开发板，假设开发板的 IP 地址为 10.100.8.234，本地 NFS 服务器的 IP 地址为 10.100.8.235。登录操作的方法如图 9.14 所示。

```
1  telnet 10.100.8.234
```

图 9.14  登录开发板

接下来挂载 NFS 共享目录到开发板相应目录，如图 9.15 所示。

此时开发板的/NFS 目录下已经可以看到 style_transfer_arm 和 lib32 两个目录。

按图 9.16 所示设置开发板上的环境变量。

按图 9.17 所示在开发板上运行风格迁移程序。

```
1  mkdir /NFS
2  mount -t nfs -o tcp,nolock 10.100.8.235:/opt/DLP/nfs /NFS
3  cd /NFS
4  ls
```

图 9.15　挂载 NFS 目录到开发板

```
1  export LD_LIBRARY_PATH=/NFS/lib32
```

图 9.16　设置环境变量

```
1  cd style_transfer_arm/
2  sh run_style_transfer.sh
```

图 9.17　运行风格迁移程序

运行结束后生成风格迁移后的图像文件 result_runtime.jpg，此时即完成开发板上的风格迁移。

## 9.2　拓展实验：物体检测

8.8.3 节介绍了实现 Faster R-CNN 网络的方法，本节将介绍在云平台中利用该网络实现物体检测的方法及步骤。

### 9.2.1　基于智能编程语言的算子实现

原始版本的 Faster R-CNN 的两阶段后处理主要都在 CPU 上执行，开销较大，因此需要针对两个阶段后处理分别开发相应的自定义算子。

#### 9.2.1.1　第一阶段后处理融合算子 PostprocessRpnKernel 的实现

第一阶段后处理融合算子 PostprocessRpnKernel 在网络中位于 RPN 网络之后，其完成的主要功能是：

（1）将 RPN 输出的检测框偏移量和 Anchor 输出检测框进行 Decode 操作，得到经过偏移的检测框，并对所有的检测框进行裁剪，使得检测框不超过原始图片边界；

（2）将 RPN 输出的两分类（是否有目标）分数进行 softmax 运算并进行 TopK 排序，得到可能是目标的概率较大的 $K$ 个分数及其对应的检测框；

（3）根据排序的分数和检测框进行非极大值抑制（NMS）操作，滤除冗余检测框，得到最后的检测框并送到下一阶段。

使用智能编程语言实现 PostprocessRpnKernel 算子的程序示例如图 9.18 所示。

```
1   __dlp_entry__ void PostprocessRpnKernel(half *bbox_pred,
2                                           half *scores_,
3                                           half *anchors_,
4                                           half *temp_memory,
5                                           half *out_proposal_box,
6                                           int batch_size,
7                                           int anchors_num,
8                                           int nms_num,
9                                           half nms_thresh,
10                                          half im_h,
11                                          half im_w,
12                       half scale_xy,
13                       half scale_wh,
14                       half min_nms_score) {
15
16      __nram__ half big_nram_buf[NRAM_ELEM_CNT];
17      int AWH_ = anchors_num;
18      int AWH_PLUS_ = ((AWH_ - 1) / ALIGN_SIZE + 1) * ALIGN_SIZE;
19      half im_min_w = 0.0;
20      half im_min_h = 0.0;
21      half scale = 1.0;
22      half nms_scale = 1.0;
23      half stride = 0.0;
24      int fix8 = 0;
25      int valid_box_num = 0;
26
27      for(int i = 0; i < batch_size; i++) {
28          //将RPN输出的检测框偏移量和Anchor输出检测框进行Decode操作,并将RPN输出的两分类
            //(是否有目标)分数进行softmax运算并进行TopK排序,得到可能是目标的概率较大的K个分
            //数及其对应的检测框
29          CreateBox_partial(i, batch_size, anchors_, bbox_pred, scores_, anchors_num,
30                   im_w, im_h, &valid_box_num, scale_xy, scale_wh,
31                   min_nms_score, fix8, big_nram_buf, NRAM_ELEM_CNT, temp_memory);
32
33          half *box_buf = temp_memory;
34          half *box_y1 = box_buf + AWH_PLUS_ * 0 + ALIGN_UP_TO(taskId * (AWH_PLUS_ / taskDim), 16);
35          half *box_x1 = box_buf + AWH_PLUS_ * 1 + ALIGN_UP_TO(taskId * (AWH_PLUS_ / taskDim), 16);
36          half *box_y2 = box_buf + AWH_PLUS_ * 2 + ALIGN_UP_TO(taskId * (AWH_PLUS_ / taskDim), 16);
```

图 9.18  PostprocessRpnKernel 算子的实现

```
37      half *box_x2 = box_buf + AWH_PLUS_ * 3 + ALIGN_UP_TO(taskId * (AWH_PLUS_ /
            taskDim), 16);
38      half *box_score = box_buf + AWH_PLUS_ * 4 + ALIGN_UP_TO(taskId * (AWH_PLUS_ /
39          taskDim), 16);
40      const int topk_num_aligned = MIN(ALIGN_UP_TO(valid_box_num, 64),24448);
41      for(int j = valid_box_num; j < topk_num_aligned; j++)
42          *(box_score + j) = NE_INF;
43      half *new_box = big_nram_buf + NRAM_ELEM_CNT - ALIGN_UP_TO(nms_num, 32) * 5;
44
45      //根据排序的分数和检测框进行非极大抑制操作
46      NMS_partial(new_box, nms_thresh, nms_num, topk_num_aligned, nms_scale,
47          im_h, im_w, AWH_PLUS_,
48          box_x1, box_y1, box_x2, box_y2,
49          box_score,
50          temp_memory + AWH_PLUS_ * 5,
51          big_nram_buf, NRAM_ELEM_CNT - ALIGN_UP_TO(nms_num, 32) * 5);
52
53      if(taskId == 0) {
54          ReshapeOutput(out_proposal_box, new_box, nms_num, fix8, i, batch_size);
55      }
56    }
57  }
```

图 9.18 （续）

### 9.2.1.2 第二阶段后处理融合算子 SecondStagePostprocessKernel 的实现

第二阶段后处理融合算子 SecondStagePostprocessKernel 处于整个网络最后，其完成的主要功能是：

（1）将第二阶段输出的检测框偏移量 Box Encoding 和第一阶段后处理的输出检测框 Proposal Box 进行 Decode 操作，得到经过偏移的检测框，并且对所有的检测框进行裁剪操作，使得检测框不超过原始图片的边界；

（2）将第二阶段输出的多分类（COCO 数据集是 90 类）分数进行 softmax 运算，得到每个检测框应属于哪一类的概率分数；

（3）根据 softmax 运算之后的多分类和 Decode 操作之后的检测框进行 NMS 操作，滤除同一类中可能重复的检测框，得到最终检测框坐标、类别和分数。

使用智能编程语言实现 SecondStagePostprocessKernel 算子的程序示例如图 9.19 所示。请根据注释中的提示，补充完整程序的代码并运行程序。

```
1  __dlp_entry__ void SecondStagePostprocessKernel(
2                          half* image_shape,
3                          half* proposal_boxes,
4                          half* box_encoding,
5                          half* class_predictions,
6                          half* true_image_shape,
7                          half* temp_buf,
8                          half* score_buf,
9                          half* top_detection,
10                         int batch_size,
11                         int num_classes,
12                         half score_thresh,
13                         half iou_thresh,
14                         int max_size_per_class,
15                         int max_total_size,
16                         int max_num_proposals,
17                         half scale_x,
18                         half scale_y,
19                         int int8mode)
20 {
21     //todo: 1. 将第二阶段预测输出的检测框偏移量Box Encoding和第一阶段后处理的输出检测框Proposal Box进行Decode操作
22     //box_encoding: dim [300 * batch_size, class, 4], proposal_boxes: dim [batch_size, 300, 4]
23     //so we can reshape to be [batch_size, 300, class, 4], proposal_boxes: dim [batch_size, 300, 1, 4]
24     //the dimension : box_encoding [batch_size, class, 4, 300], proposal_boxes [batch_size, 1, 4, 300]
25
26
27     //todo: 2. 将第二阶段输出的多分类分数进行softmax运算, 得到每个检测框应属于哪一类的概率分数
28     // class_predictions : dim[300, class + 1] coco: class =90 NHWC
29     // Transpose class_prediction to [batch, 300, 1, class + 1]
30
31
32
33     //todo: 3. 根据softmax运算之后的多分类和Decode操作之后的检测框进行NMS操作, 滤除同一类中可能重复的检测框, 得到最终检测框坐标、类别和分数
34     // boxes: [batch, class, 4, num_anchor]
35     // scores: [batch, class, 1, num_anchor]
36
37 }
```

图 9.19 SecondStagePostprocessKernel 算子的实现

#### 9.2.1.3 融合算子替换

为了将原始版本 Faster R-CNN 代码中的相应算子替换成智能编程语言实现的算子，云平台中提供了算子替换工具 GraphTransformer 以及配置文件 FasterRCNN.config。其中配置文件 FasterRCNN.config 描述了要被替换的原始算子、替换后的算子，以及输入、输出节点等信息。融合算子替换操作封装在云平台上的 pb_generate.sh 文件中，实现方法如图 9.20 所示。

```
1  ./pb_generate.sh
```

图 9.20　融合算子替换

#### 9.2.1.4 融合算子集成

智能编程语言实现的算子还需要进一步集成到 TensorFlow 框架中，操作方法与上一节中一致，具体流程及参考代码如 8.8.1.2 节和 8.8.2.2 节所示。

### 9.2.2 物体检测的实现

本实验中的数据均使用 FP16 格式，因此不需要进行低位宽转换，可直接通过 TensorFlow 调用高性能库 API 来实现物体检测。与风格迁移步骤类似，实验流程如下：

（1）加载模型到计算图；
（2）读入输入图像；
（3）创建会话；
（4）通过输入、输出节点名称获取计算图中的输入、输出张量；
（5）执行会话，检测输入图像中各种物体的位置；
（6）将检测结果标注到图像上。

在云平台实验环境中，程序代码目录为/DLP-Test/fasterrcnn，输入的待检测图像文件为 ./img_file/image2.jpg，网络模型文件为 ./pb_file/output/frozen_inference.pb，最后生成的标注了检测结果的图像文件为 ./img_file/result_image2.png。执行程序的操作如图 9.21 所示。

```
1  python run_fasterrcnn.py
```

图 9.21　TensorFlow 物体检测程序执行

## 9.3 拓展练习

读者可以用智能编程语言实现以下 5 个算子，并在 DLP 上运行，然后与 CPU 实现进行精度对比。

### 1. softmax

问题描述：利用归一化指数函数（softmax）对矩阵的每一列（$x$）做归一化，使输出的每一列元素的取值范围为（0,1），每一列元素之和为1。

参考公式如下：

$$y_i = \frac{e^{x_i}}{\sum_j e^{x_j}}$$

通常为了避免输入 $x$ 中元素值较大导致指数运算后的数值溢出，需要在指数运算前减去 $x$ 中的最大值，即

$$y_i = \frac{e^{x_i - \max(x)}}{\sum_j e^{x_j - \max(x)}}$$

给定 $m \times n$（例如 $20 \times 256$）大小的输入矩阵 $X$，对每一列运用归一化指数函数，输出 $m \times n$ 的归一化矩阵。

建议使用 ARE 对比精度。

### 2. Cosine 相似度

问题描述：Cosine 相似度是一种相似性度量，输出范围为 $-1$ 到 $+1$，0 代表无相关性，负值为负相关，正值为正相关。请实现向量间的余弦相似度计算。

参考公式如下：

$$c(X,Y) = \frac{X \cdot Y}{|X||Y|} = \frac{\sum_{i=1}^{n} X_i Y_i}{\sqrt{\sum_{i=1}^{n} X_i^2} \sqrt{\sum_{i=1}^{n} Y_i^2}}$$

给定 $m \times n$（例如 $256 \times 256$）大小的输入矩阵 $X$ 和 $Y$，按对应列求余弦相似度，输出 $1 \times n$ 余弦相似度矩阵。

建议使用 MAE 对比精度。

### 3. Batch Normalization

问题描述：如 3.2.3.2 节所述，在神经网络训练过程中，前一层权重参数的改变会造成之后每层输入的分布的改变，输入的分布会逐渐偏移，即内部协方差偏移，这会导致难以训练很深的神经网络。为了不断适应新的分布，通常会使用小的学习率和参数初始化技巧，但这会导致训练速度变慢，尤其是训练具有饱和非线性的模型。为了解决上述问题，可以采用批归一化（Batch Normalization，BN）的方法。

给定 $m \times n$（例如 $128 \times 256$）大小的输入矩阵 $B$，逐行做 BN，输出归一化后的矩阵。

参考步骤：

（1）求平均值：$\mu_B = \frac{1}{n} \sum_{i=1}^{n} x_i$。

(2) 求方差：$\sigma_B^2 = \dfrac{1}{n}\sum_{i=1}^{n}(x_i - \mu_B)^2$。

(3) 归一化：$\hat{x}_i = \dfrac{x_i - \mu_B}{\sqrt{\sigma_B^2 + \varepsilon}}$。

(4) 缩放和平移：$y_i = \gamma\,\hat{x}_i + \beta$。

建议使用 MAE 对比精度。

### 4. Triplet Loss

问题描述：Triplet Loss 的核心是锚例、正例、负例共享模型，通过模型，将锚例与正例聚类，远离负例。

参考公式如下：

$$L = \max(d(a,p) - d(a,n) + \mathrm{margin}, 0)$$

这里，我们指定 $d$ 为曼哈顿距离（Manhattan Distance），即两点间对应坐标分量误差的绝对值之和：

$$d(\boldsymbol{X},\boldsymbol{Y}) = \sum_{i=1}^{n}|X_i - Y_i|$$

最终的优化目标是拉近 $a$ 和 $p$ 的距离，拉远 $a$ 和 $n$ 的距离。

建议使用 ARE 对比精度。

### 5. pow(x,y)

问题描述：实现 pow(x,y) 函数的向量、矩阵版本。

参考公式如下：

$$\mathrm{power}(\boldsymbol{X},\boldsymbol{Y}) = \boldsymbol{X}^{\boldsymbol{Y}}$$

给定 $m \times n$ 大小的输入矩阵 $\boldsymbol{X}$ 和 $\boldsymbol{Y}$，按对应位置以 $\boldsymbol{X}$ 中元素为底，$\boldsymbol{Y}$ 中元素为指数做幂运算，输出 $m \times n$ 大小的矩阵。

建议使用 ARE 对比精度。

APPENDIX A

附录 A

# 计算机体系结构基础

为了帮助读者理解深度学习处理器的体系结构和智能计算系统,在此介绍一些相关的基础知识,包括通用 CPU 的指令集和计算系统的存储层次。

## A.1 通用 CPU 的指令集

很显然,深度学习指令集的设计必须要借鉴通用 CPU 指令集的设计。因此,我们需要回顾一下通用 CPU 的指令集。

从 20 世纪 50 年代起,通用 CPU 的指令集开始不断演进。这里主要有四个方面的设计考虑:**通用性**、**兼容性**、**易用性**、**高效性**。对于通用 CPU 指令集来说,通用性的重要性毋庸置疑。通用 CPU 指令集必须能高效地支持各种过去、现在和未来的应用。通用 CPU 的指令是生态的基石,必须在很长时间内保持向上兼容(upward compatible)。这里最成功的例子就是 x86 和 ARM,它们经过几十年的发展,依然保持了向上兼容,从而支撑起了庞大的生态帝国。指令集要让程序员方便地开发出高性能的程序(易用性)。指令集要具有高效性,便于 CPU 在主频、能效、性能面积比等方面持续优化。

通用 CPU 的指令集还受到工艺技术、操作系统、编译编程、应用程序等外在因素的影响。从工艺技术的角度,早期硬件的价格非常昂贵,整个芯片上只能放很少的门电路。现在的 CPU 的集成度比 20 年前强 100 万倍左右,当时指令设计目标是如何既通用,又让硬件实现非常简单。现在指令设计时,更注重如何发挥存储层次的效率。从操作系统的角度,需要考虑是否支持多线程、虚拟地址安全、安全等级等。从编译编程角度,需要考虑指令的表达能力,以及编译器如何发挥出指令集的威力。从应用程序角度,指令集设计需要与时俱进,定期为重要应用增加专门的指令,例如 x86 面向多媒体应用增加了很多 MMX 和 SSE 指令。

通用 CPU 中有两类代表性的指令集,RISC(Reduced Instruction Set Computer,精简指令集计算机)和 CISC(Complex Instruction Set Computer,复杂指令集计算机)。RISC 是现在最主流的通用 CPU 指令系统,常见的 RISC 指令系统包括 MIPS、ARM、RISC-V 等。一个典型的 RISC 指令具有以下特点:32 位的定长指令;一条指令完成一项非常简单的任务（例如从内存取一个数，或完成一个加法）；32 个 32/64 位的通用寄存器；3 个寄存器操作数的简单运算指令；通过 Load-Store 指令实现访存操作；使用寄存器基址加偏移量的寻址方式；使用简单的条件转移。图 A.1 是 MIPS、ARM 和 RISC-V 三种 RISC 指令格式的比较。寄存器类（R-type）指令由操作码（OP）、辅助操作码（OPX）、源寄存器（RS1、RS2）和目标寄存器（RD）组成。立即数类（I-type）指令由操作码、源寄存器、目标寄存器和立即数组成。跳转类指令由操作码和立即数组成。不同指令系统中的操作码和立即数的长度不同，指令格式差异不大。

和 RISC 相比，CISC 包含了很多长度不同、功能复杂、花费时钟周期不等的指令。例如，在 Intel 的经典 CISC 指令集 x86 中，一条 PUSHA 压栈指令就可以把一堆寄存器的内存按事先给定的顺序写入内存。为了保持向上兼容，x86 指令集要背沉重的历史包袱；同时为了更好地支持新应用，x86 又要不断地增加新指令。今天，Intel 处理器中 x86 指令的译码模块已经非常复杂，甚至仅译码模块的复杂度就超过了很多工业级 RISC 处理器。表 A.1 中给出了 RISC 和 CISC 的对比。

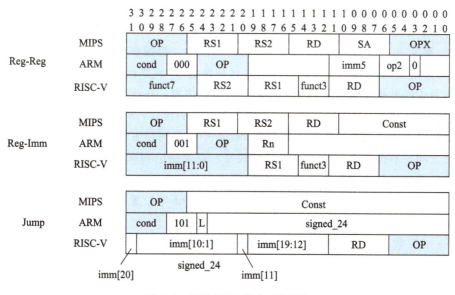

图 A.1 三种 RISC 指令系统比较

表 A.1 CISC 和 RISC 的对比

| 对比项 | 类别 | |
|---|---|---|
| | CISC | RISC |
| 出现时间 | 20 世纪 60 年代 | 20 世纪 80 年代初 |
| 指令功能 | 复杂 | 简单 |
| 指令长度 | 多种指令长度 | 固定指令长度 |
| 指令数 | 多 | 较少 |
| 寻址模式 | 支持多种寻址模式 | 寄存器基址加偏移量模式 |

## A.2 计算系统存储层次

通用计算系统中的存储分为多个层次，包括 I/O 设备、存储器、缓存（cache）、寄存器。常见的 I/O 设备包括传统的机械硬盘（Hard Disk Driver，HDD）、固态硬盘（Solid State Driver，SSD）、光盘（Compact Disc，CD）以及 USB 闪存等。外存的存储容量最大，但读写速度最慢。存储器指内存条，也称为片外存储器，采用动态随机存取存储器（Dynamic Random Access Memory，DRAM），存储容量在 GB 级。通用处理器的运算速度一直遵循摩尔定律发展，但内存的读写速度发展非常缓慢，二者形成了明显的剪刀差。为了弥补二者的剪刀差，通用 CPU 上都会有 cache，cache 都用 SRAM（Static Random Access Memory，静态随机存取存储器），其读写速度与运算器速度比较接近，但存储容量在 MB 级。寄存器的读写速度与运算器速度一致，但存储容量最小，在 KB 级。

### A.2.1 cache

cache 通常有 3 种相联方式：**直接相联**、**全相联**、**组相联**。假设内存地址空间是 0～31，cache 地址空间是 0～7，现在需要将内存中地址 16 的数据存放到 cache 中。直接相联方式将内存中的数据按地址映射到 cache 中的固定位置，在该例子中，直接相联方式将内存地址对 8 取模得到 0，然后将数据存放到取模结果的位置，即 cache 的第 0 行，如图 A.2 所示。全相联方式将内存中的数据映射到 cache 中的任何位置。组相联介于直接相联和全相联方式之间，有两路组相联、四路组相联等。以两路组相联 cache 为例，每个数据有两个位置可以存放，例如内存中地址 16 的数据可以放到 cache 中 0、1 两个位置，内存地址 0、8、24 的数据也可以放到 cache 中 0、1 位置。cache 中位置 0 处存放的数据到底是哪个内存地址数据，需要用 cache 标签（Tag）来记录。

cache 中的数据替换策略包括随机替换、LRU（Least Recently Used，近期最少使用）、FIFO（First In First Out，先进先出）。直接相联 cache 中每个数据的位置是确定的，不存在替换的问题。全相联或组相联 cache 需要用替换策略来决定替换掉哪个数据。假设全相联 cache 已经写满，或者组相联 cache 的 0、1 位置有数据，对于新取到的内存中地址 16 的数据，不同的替换策略替换方式不同：随机策略会随机选择一个位置；FIFO 会把最先进来的数据替换出去，先进先出；LRU 会将最近最少使用的数据替换出去，因为最早进来的数据不一定是最没用的数据。

处理器在更新 cache 内容时，需要分别考虑写命中和写失效两种情况下的写策略。当写命中时，即要写的地址在 cache 中，有写回和写穿两种策略。写穿策略，既写 cache 也写内存；写回策略，只写 cache，并用 dirty 标志位记录 cache 是否修改过，当被修改的 cache 块被替换时，才将修改后的内容写回内存。当写失效时，即要写的地址不在 cache 中，有写分配和写不分配两种策略。写分配策略，把要写的地址所在的块从内存调入 cache 中，再写 cache；写不分配策略，把要写的内容直接写回内存。

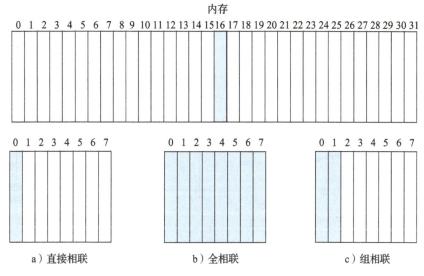

图 A.2 cache 的三种相联方式

## A.2.2 Scratchpad Memory

除了 cache，还有一种片上存储器——Scratchpad Memory（SPM）。不同于 cache 通过硬件来管理每个位置上存放的数据，SPM 中没有硬件管理的替换策略，由程序员来管理数据的存放位置。因此，SPM 的控制逻辑比较简单，其能耗也比较低，而且当数据在 SPM 中时，访存延迟为 1 个时钟周期。与同样大小的 cache 相比，SPM 的平均能耗降低 40%，性能提升 18%，面积节约 33%[149]。

当访存行为不规则时，cache 中的硬件管理机制可以有效地管理数据。例如 Windows 中的数据很多，访存行为也很难分析清楚，cache 是很好的选择。当程序中的访存行为可以很容易描述出来时，程序员可以根据程序的访存行为设计 SPM 的数据存取方式，从而提高访存效率。根据 6.2.2 节对深度学习算法中访存行为的分析，卷积、全连接和池化的访存行为都是很规则的，采用 SPM 访存效率更高。因此，本书中的深度学习处理器核 DLP-S 采用了 SPM 方案。

cache 和 SPM 在存储容量和片外访存量上也有很大的差异。通用处理器中的 cache，其存储容量越大，命中率越高，失效率越低，内存访问（片外访存）量越少，如图 A.3a 所示。当 SPM 用于深度学习应用时，如全连接层，SPM 的内存访问量有两个拐点，如图 A.3b 所示。全连接层的输入和输出神经元是可以重用的，而权重是不可重用的。SPM 上可以优先存放输入神经元和输出神经元，当 SPM 的容量足够大，能够放下所有的输入、输出神经元时，片外访存量会降下来。但随着 SPM 容量的增加，权重也可以放到 SPM

上，但权重没有重用，因此片外访存量会保持在一个阈值。当 SPM 容量足够大，能够放下所有的输入、输出神经元以及权重时，片外访存会出现拐点，片外访存量极低。此时，整个计算过程除了输入图片需要访存，没有其他片外访存，片外访存量会很低。实践中，可以根据神经网络应用的特点来定制 SPM 的大小，提高片上存储的利用率，同时减少非必要的片上存储面积。

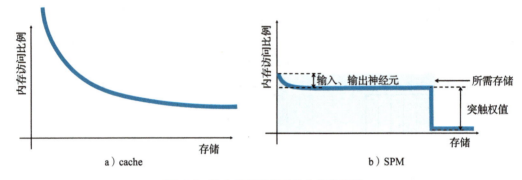

图 A.3　片上存储容量对比内存访问量

APPENDIX B

# 附录 B

# 实验环境说明

为了配合本书的实验，我们目前提供云平台及开发板供读者基于深度学习处理器进行编程。其中，云平台采用搭载了多核深度学习处理器的 x86 服务器，通过容器的方式提供服务，为每个用户生成一个账号。读者可以登录自己的账号，在自己的工作目录下编写代码并编译运行输出实验结果。在云平台上可以完成基于智能编程语言的算子开发、编译与运行，并将算子集成到 TensorFlow 框架中；还可以分别采用调用 TensorFlow API 编程以及运行时接口编程的方式来实现深度学习算法的预测。读者可以通过网址 http://novel.ict.ac.cn/aics 申请云平台账号来使用云平台资源，具体登录方式可见网站上的公告。实验用开发板是集成了单核深度学习处理器的 ARM32 平台开发板，或集成了多核深度学习处理器的 ARM64 平台开发板。在开发板上可以采用运行时接口编程的方式来实现深度学习算法的预测。

## B.1 云平台

### B.1.1 登录

读者采用 ssh 方式登录云平台，登录方式为 ssh Username@IPAddress -p PortNumber。Username 是用户名，IPAddress 是 IP 地址，PortNumber 是端口号。以读者用户名为 studentuser000、IP 地址 10.20.30.40、端口号 30300 为例，登录方式如图 B.1 所示。

```
1  ssh studentuser000@10.20.30.40 -p 30300
```

图 B.1 登录云平台

### B.1.2 修改密码

云平台上为每个用户设置了统一的初始密码，初次登录云平台首先修改密码。方法如图 B.2 所示。

```
1  输入：passwd
2  Changing password for studentuser000
3  (current) UNIX password: ******
4  Enter new UNIX password: ******
5  Retype new UNIX password: ******
6  passwd: password updated successfully
```

图 B.2　修改密码

### B.1.3　设置 ssh 客户端

为了防止 ssh 超时断开连接，可以通过修改连接工具的默认配置的方式，把其中的保活配置打开。图 B.3 中给出了一些常用的 ssh 客户端的保活设置方法。

```
1  SecureCRT：会话选项 – 终端 – 反空闲 – 发送 NO-OP 每 xxx 秒，设置一
      个非0值
2  PuTTY: Connection – Seconds between keepalive(0 to turn off)，设置
      一个非0值。
3  iTerm2: profiles – sessions – When idle – send ASCII code.
4  Xshell: session properties – connection – Keep Alive – Send keep
      alive message while this session connected. Interval [xxx]
      sec.
5  MobaXterm: Settings – Configuration – SSH – SSH settings 勾选 ssh
      keepalive
6  Linux客户端配置：编辑 /etc/ssh/ssh_config，配置以下参数
7  TCPKeepAlive=yes
8  ServerAliveInterval 60
9  ServerAliveCountMax 3
```

图 B.3　设置 ssh 客户端

### B.1.4　解压文件包

所有实验相关文件都以压缩包的形式存储于云平台个人账号的家目录，初次登录云平台时需要解压该文件，操作方法如图 B.4 所示，解压后的文件在 DLP-Test/ 目录中，目录结构如图 B.5 所示。

```
1  tar zxvf DLP-Test.tar.gz
```

图 B.4　解压文件包

```
1  |-- bcl_examples        #示例代码目录
2  |   |-- data            #测试数据
3  |   |-- deconv          #反卷积算子
```

图 B.5　解压缩后的目录结构

```
4  |   |-- squared_difference        #差平方算子
5  |-- bcl_practice                  #编程练习题目录
6  |   |-- bclBN                     #Batch Normalization
7  |   |-- bclCosine                 #Cosine相似度
8  |   |-- bclPowerXY                #Power(X,Y)
9  |   |-- bclSoftmax                #Softmax
10 |   |-- bclTripletloss            #Tripletloss
11 |   |-- data.cpp
12 |   |-- env.sh
13 |   -- problem_set.md
14 |-- env.sh
15 -- style_transfer                 #风格迁移目录
16 |-- for_AT520                     #交叉编译工具链
17 |-- style_transfer_arm            #ARM平台版程序
18 |-- style_transfer_offline        #离线程序
19 |-- style_transfer_online         #在线程序
20 -- tools
21 |-- tensorflow                    #TensorFlow源码目录
22 |--tensorflow-v1.10
```

图 B.5 （续）

## B.1.5 设置环境变量

每次登录云平台后，都需要先设置环境变量，这些环境变量统一定义在/DLP-Test/目录下的 env.sh 文件中，设置方法如图 B.6 所示。

```
1  cd ~/DLP-Test/
2  source env.sh
```

图 B.6 设置环境变量

完成环境变量设置后，就可以按照第 9 章中的说明来执行实验内容的操作。

## B.2 开发板

实验采用集成了单核深度学习处理器的 ARM32 平台开发板，或集成了多核深度学习处理器的 ARM64 平台开发板。云平台上提供了 ARM32 平台及 ARM64 平台的交叉工具链，可以将程序编译成 ARM32 平台版本或 ARM64 平台版本的可执行程序；这些可执行程序可以下载到相应平台的开发板上运行，使深度学习算法运行在终端或边缘端的深度学习处理器上。

# 参考文献
REFERENCES

[1] MCCULLOCH W S, PITTS W. A logical calculus of the ideas immanent in nervous activity [J]. The Bulletin of Mathematical Biology, 1943, 5 (4): 115-133.

[2] HEBB D O. The organization of behavior: a neuropsychological theory [M]. New York: Wiley, 1949.

[3] KLINE R. Cybernetics, automata studies, and the dartmouth conference on artificial intelligence[J]. IEEE Annals of the History of Computing, 2011, 33 (4): 5-16.

[4] MCCARTHY J, MINSKY M L, ROCHESTER N, et al. A proposal for the dartmouth summer research project on artificial intelligence [EB/OL]. 1955. http://www-formal.stanford.edu/jmc/history/dartmouth/dartmouth.html.

[5] ROSENBLATT F. The perceptron: a perceiving and recognizing automaton [R]. Report 85-460-1. Cornell Aeronautical Laboratory, 1957.

[6] ROSENBLATT F. The perceptron: a probabilistic model for information storage and organization in the brain [J]. Psychological Review, 1958, 65 (6): 386-408.

[7] RUSSELL S, NORVIG P. Artificial intelligence: a modern approach [M]. 3rd ed. Pearson, 2010.

[8] RUMELHART D, HINTON G, WILLIAMS R. Learning representations by back propagating errors [J]. Nature, 1986, 323: 533-536.

[9] HINTON G E, SALAKHUTDINOV R R. Reducing the dimensionality of data with neural networks [J]. Science, 2006, 313 (5786): 504-507.

[10] KRIZHEVSKY A, SUTSKEVER I, HINTON G E. Imagenet classification with deep convolutional neural networks [C]. Proceedings of the International Conference on Neural Information Processing Systems (NIPS). 2012: 1097-1105.

[11] SHOHAM Y, PERRAULT R, BRYNJOLFSSON E, et al. The AI index 2018 annual report [R/OL]. AI Index Steering Committee, Human-Centered AI Initiative, Stanford University, 2018. http://cdn.aiindex.org/2018/AI%20Index%202018%20Annual%20Report.pdf.

[12] ROSENBLUETH A, WIENER N, BIGELOW J. Behavior, purpose and teleology [J]. Philosophy of Science, 1943, 10 (1): 18-24.

[13] WIENER N. Cybernetics [M]. Technology Press, 1948.

[14] ASHBY W. Design for a brain [M]. Wiley, 1952.

[15] SHANNON C E, MCCARTHY J. Automata studies [M]. Princeton University Press, 1956.

[16] HUTH M, RYAN M. Logic in computer science: Modelling and reasoning about systems [M]. 2nd ed. Cambridge University Press, 2004.

[17] LE Q V. Building high-level features using large scale unsupervised learning [C]. Proceedings of the IEEE International Conference on Acoustics, Speech and Signal Processing (ICASSP). IEEE, 2013: 8595-8598.

[18] Here's how much computing power Google DeepMind needed to beat Lee Sedol at Go [EB/OL]. https://

www. businessinsider. com/heres-how-much-computing-power-google-deepmind-needed-to-beat-lee-sedol-2016-3?IR=T&r=UK.

[19] CHEN T, DU Z, SUN N, et al. DianNao: A small-footprint high-throughput accelerator for ubiquitous machine-learning [C]. Proceedings of the 19th International Conference on Architectural Support for Programming Languages and Operating systems (ASPLOS). ACM, 2014: 269-284.

[20] CHEN Y, LUO T, LIU S, et al. DaDianNao: A machine-learning supercomputer [C]. Proceedings of the 47th Annual IEEE/ACM International Symposium on Microarchitecture (MICRO). IEEE Computer Society, 2014: 609-622.

[21] LIU D, CHEN T, LIU S, et al. PuDianNao: A polyvalent machine learning accelerator [C]. ACM Proceedings of the Twentieth International Conference on Architectural Support for Programming Languages and Operating Systems (ASPLOS). 2015: 369-381.

[22] DU Z, FASTHUBER R, CHEN T, et al. ShiDianNao: Shifting vision processing closer to the sensor [C]. Proceedings of the ACM/IEEE 42nd Annual International Symposium on Computer Architecture (ISCA). 2015: 92-104.

[23] LIU S, DU Z, TAO J, et al. Cambricon: An instruction set architecture for neural networks [C]. Proceedings of the ACM/IEEE 43rd Annual International Symposium on Computer Architecture (ISCA). 2016: 393-405.

[24] ZHANG S, DU Z, ZHANG L, et al. Cambricon-X: An accelerator for sparse neural networks [C]. Proceedings of the 49th Annual IEEE/ACM International Symposium on Microarchitecture (MICRO). 2016: 1-12.

[25] JOUPPI N P, YOUNG C, PATIL N, et al. In-datacenter performance analysis of a tensor processing unit [C]. Proceedings of the ACM/IEEE 44th Annual International Symposium on Computer Architecture (ISCA). 2017: 1-12.

[26] LU W, YAN G, LI J, et al. FlexFlow: A flexible dataflow accelerator architecture for convolutional neural networks [C]. Proceedings of the 23rd IEEE Symposium on High Performance Computer Architecture (HPCA). 2017: 553-564.

[27] LI Z, DING C, WANG S, et al. E-RNN: Design optimization for efficient recurrent neural networks in FPGAs [C]. IEEE International Symposium on High Performance Computer Architecture (HPCA). 2019: 69-80.

[28] ZHAO Y, DU Z, GUO Q, et al. Cambricon-F: Machine learning computers with fractal von neumann architecture [C]. Proceedings of the 46th International Symposium on Computer Architecture (ISCA). 2019: 788-801.

[29] IMANI M, GUPTA S, KIM Y, et al. FloatPIM: In-memory acceleration of deep neural network training with high precision [C]. Proceedings of the 46th International Symposium on Computer Architecture (ISCA). 2019: 802-815.

[30] MITCHELL T. Machine learning [M]. McGraw Hill, 1997.

[31] ALPAYDIN E. Introduction to machine learning [M]. 3rd ed. MIT press, 2004.

[32] 周志华. 机器学习[M]. 北京：清华大学出版社, 2016.

[33] HORNIK K. Approximation capabilities of multilayer feedforward networks [J]. Neural Networks, 1991, 4(2): 251-257.

[34] COATES A, HUVAL B, WANG T, et al. Deep learning with COTS HPC systems [C]. Proceedings of the International Conference on Machine Learning (ICML). 2013: 1337-1345.

[35] SHAZEER N, MIRHOSEINI A, MAZIARZ K, et al. Outrageously large neural networks: The sparselygated mixture-of-experts layer [J]. arXiv preprint arXiv: 1701.06538v1, 2017.

[36] ZEILER M D, FERGUS R. Visualizing and understanding convolutional networks [C]. Proceedings of the European Conference on Computer Vision (ECCV). Springer, 2014: 818-833.

[37] MINSKY M, PAPERT S A. Perceptrons: An introduction to computational geometry [M]. MIT press, 1969.

[38] LECUN Y, BOTTOU L, BENGIO Y, et al. Gradient-based learning applied to document recognition [J]. Proceedings of the IEEE, 1998, 86 (11): 2278-2324.

[39] HINTON G E, OSINDERO S, TEH Y W. A fast learning algorithm for deep belief nets [J]. Neural Computation, 2006, 18 (7): 1527-1554.

[40] NAIR V, HINTON G. Rectified linear units improve restricted boltzmann machines vinod nair [C]. Proceedings of ICML. 2010: 807-814.

[41] MAAS A L, HANNUN A Y, NG A Y. Rectifier nonlinearities improve neural network acoustic models [C]. Proceedings of the 30th International Conference on Machine Learning (ICML). 2013: 1-6.

[42] HE K, ZHANG X, REN S, et al. Delving deep into rectifiers: Surpassing human-level performance on imagenet classification [J]. arXiv preprint arXiv: 1502.01852, 2015: 1-11.

[43] XU B, WANG N, CHEN T, et al. Empirical evaluation of rectified activations in convolutional network [J]. arXiv preprint arXiv: 1505.00853v2, 2015: 1-5.

[44] CLEVERT D A, UNTERTHINER T, HOCHREITER S. Fast and accurate deep network learning by exponential linear units (ELUs) [J]. arXiv preprint arXiv: 1511.07289, 2015.

[45] HINTON G E, SRIVASTAVA N, KRIZHEVSKY A, et al. Improving neural networks by preventing coadaptation of feature detectors [J]. arXiv preprint arXiv: 1207.0580, 2012.

[46] GOODFELLOW I, BENGIO Y, COURVILLE A. Deep learning [M]. MIT Press, 2016.

[47] SIMONYAN K, ZISSERMAN A. Very deep convolutional networks for large-scale image recognition [C]. International Conference on Learning Representations (ICLR). 2015.

[48] SPRINGENBERG J T, DOSOVITSKIY A, BROX T, et al. Striving for simplicity: The all convolutional net [J]. arXiv preprint arXiv: 1412.6806, 2014.

[49] FUKUSHIMA K. Neocognitron: A self-organizing neural network model for a mechanism of pattern recognition unaffected by shift in position [J]. Biological Cybernetics, 1980, 36 (4): 193-202.

[50] SZEGEDY C, LIU W, JIA Y, et al. Going deeper with convolutions [C]. Proceedings of the IEEE Conference on Computer Vision and Pattern Recognition (CVPR). 2015: 1-9.

[51] IOFFE S, SZEGEDY C. Batch normalization: Accelerating deep network training by reducing internal covariate shift [J]. arXiv preprint arXiv: 1502.03167, 2015.

[52] SZEGEDY C, VANHOUCKE V, IOFFE S, et al. Rethinking the inception architecture for computer vision [C]. Proceedings of the IEEE Conference on Computer Vision and Pattern Recognition (CVPR). 2016: 2818-2826.

[53] SZEGEDY C, IOFFE S, VANHOUCKE V, et al. Inception-v4, inception-resnet and the impact of residual connections on learning [C]. Proceedings of the Thirty-First AAAI Conference on Artificial Intelligence (AAAI). 2017: 4278-4284.

[54] HE K, ZHANG X, REN S, et al. Deep residual learning for image recognition [C]. Proceedings of the IEEE Conference on Computer Vision and Pattern Recognition (CVPR). 2016: 770-778.

[55] EVERINGHAM M, WINN J. The pascal visual object classes challenge 2012 (VOC2012) development kit

[EB/OL]. 2012. http://cvlab. postech. ac. kr/~ mooyeol/pascal_voc_2012/devkit_doc. pdf.

[56] GIRSHICK R, DONAHUE J, DARRELL T, et al. Rich feature hierarchies for accurate object detection and semantic segmentation [C]. Proceedings of the IEEE Conference on Computer Vision and Pattern Recognition (CVPR). 2014: 580-587.

[57] GIRSHICK R. Fast R-CNN [C]. Proceedings of the IEEE International Conference on Computer Vision (ICCV). 2015: 1440-1448.

[58] REN S, HE K, GIRSHICK R, et al. Faster R-CNN: Towards real-time object detection with region proposal networks [C]. Proceedings of the International Conference on Neural Information Processing Systems (NIPS). 2015: 91-99.

[59] UIJLINGS J R, VAN DE SANDE K E, GEVERS T, et al. Selective search for object recognition [J]. International Journal of Computer Vision, 2013, 104(2): 154-171.

[60] BODLA N, SINGH B, CHELLAPPA R, et al. Soft-NMS-improving object detection with one line of code [C]. Proceedings of the IEEE International Conference on Computer Vision (ICCV). 2017: 5561-5569.

[61] REDMON J, DIVVALA S, GIRSHICK R, et al. You only look once: Unified, real-time object detection [C]. Proceedings of the IEEE Conference on Computer Vision and Pattern Recognition (CVPR). 2016: 779-788.

[62] REDMON J, FARHADI A. YOLO9000: better, faster, stronger [C]. Proceedings of the IEEE Conference on Computer Vision and Pattern Recognition (CVPR). 2017: 7263-7271.

[63] REDMON J, FARHADI A. Yolov3: An incremental improvement [J]. arXiv preprint arXiv: 1804. 02767, 2018.

[64] LIU W, ANGUELOV D, ERHAN D, et al. SSD: Single shot multibox detector [C]. Proceedings of the European Conference on Computer Vision (ECCV). Springer, 2016: 21-37.

[65] CHOI M, KIM T, KIM J. Awesome recurrent neural networks [EB/OL]. 2019. https://github. com/kjw0612/awesome-rnn.

[66] GRAVES A, WAYNE G, DANIHELKA I. Neural turing machines [J]. arXiv preprint arXiv: 1410. 5401v2, 2014.

[67] GRAVES A, WAYNE G, REYNOLDS M, et al. Hybrid computing using a neural network with dynamic external memory [J]. Nature, 2016, 538(7626): 471-476.

[68] KARPATHY A. The unreasonable effectiveness of recurrent neural networks [EB/OL]. 2015. http://karpathy. github. io/2015/05/21/rnn-effectiveness/.

[69] WERBOS P J, et al. Backpropagation through time: what it does and how to do it [J]. Proceedings of the IEEE, 1990, 78(10): 1550-1560.

[70] PASCANU R, MIKOLOV T, BENGIO Y. On the difficulty of training recurrent neural networks [C]. Proceedings of the International Conference on Machine Learning (ICML). 2013: 1310-1318.

[71] HOCHREITER S, SCHMIDHUBER J. Long short-term memory [J]. Neural Computation, 1997, 9(8): 1735-1780.

[72] GERS F A, SCHMIDHUBER J. Recurrent nets that time and count [C]. Proceedings of the IEEE-INNS-ENNS International Joint Conference on Neural Networks (IJCNN). 2000: 189-194.

[73] GREFF K, SRIVASTAVA R K, KOUTNÍK J, et al. LSTM: A search space odyssey [J]. IEEE Transactions on Neural Networks and Learning Systems, 2016, 28(10): 2222-2232.

[74] CHO K, VAN MERRIËNBOER B, GULCEHRE C, et al. Learning phrase representations using RNN en-

coder-decoder for statistical machine translation [J]. arXiv preprint arXiv: 1406.1078, 2014.

[75] GOODFELLOW I, POUGET-ABADIE J, MIRZA M, et al. Generative adversarial nets [C]. Proceedings of the International Conference on Neural Information Processing Systems (NIPS). 2014: 2672-2680.

[76] ARJOVSKY M, BOTTOU L. Towards principled methods for training generative adversarial networks [J]. arXiv: Machine Learning, 2017: 1-17.

[77] ARJOVSKY M, CHINTALA S, BOTTOU L. Wasserstein gan [J]. arXiv preprint arXiv: 1701.07875, 2017: 1-32.

[78] HINDUPUR A. The GAN zoo [EB/OL]. 2019. https://github.com/hindupuravinash/the-gan-zoo.

[79] CRESWELL A, WHITE T, DUMOULIN V, et al. Generative adversarial networks: An overview [J]. IEEE Signal Processing Magazine, 2018, 35(1): 53-65.

[80] RADFORD A, METZ L, CHINTALA S. Unsupervised representation learning with deep convolutional generative adversarial networks [J]. arXiv preprint arXiv: 1511.06434, 2015.

[81] DENTON E L, CHINTALA S, FERGUS R, et al. Deep generative image models using a laplacian pyramid of adversarial networks [C]. Proceedings of the International Conference on Neural Information Processing Systems (NIPS). 2015: 1486-1494.

[82] WANG M, LI H, LI F. Generative adversarial network based on resnet for conditional image restoration [J]. arXiv preprint arXiv: 1707.04881, 2017.

[83] LEDIG C, THEIS L, HUSZÁR F, et al. Photo-realistic single image super-resolution using a generative adversarial network [C]. Proceedings of the IEEE Conference on Computer Vision and Pattern Recognition (CVPR). 2017: 4681-4690.

[84] ZHU J Y, PARK T, ISOLA P, et al. Unpaired image-to-image translation using cycle-consistent adversarial networks [C]. Proceedings of the IEEE Conference on Computer Vision (ICCV). 2017: 2223-2232.

[85] MIRZA M, OSINDERO S. Conditional generative adversarial nets [J]. arXiv preprint arXiv: 1411.1784, 2014.

[86] CHEN X, DUAN Y, HOUTHOOFT R, et al. InfoGAN: Interpretable representation learning by information maximizing generative adversarial nets [C]. Proceedings of the International Conference on Neural Information Processing Systems (NIPS). 2016: 2172-2180.

[87] DONAHUE J, KRÄHENBÜHL P, DARRELL T. Adversarial feature learning [J]. arXiv preprint arXiv: 1605.09782, 2016.

[88] LARSEN A B L, SØDERBY S K, LAROCHELLE H, et al. Autoencoding beyond pixels using a learned similarity metric [J]. arXiv preprint arXiv: 1512.09300, 2015.

[89] GATYS L A, ECKER A S, BETHGE M. Image style transfer using convolutional neural networks [C]. Proceedings of the IEEE Conference on Computer Vision and Pattern Recognition (CVPR). 2016: 2414-2423.

[90] JOHNSON J, ALAHI A, LI F F. Perceptual losses for real-time style transfer and super-resolution [C]. Proceedings of the European Conference on Computer Vision (ECCV). Springer, 2016: 694-711.

[91] Fast-neural-style [EB/OL]. 2017. https://github.com/jcjohnson/fast-neural-style.

[92] JIA Y, SHELHAMER E, DONAHUE J, et al. Caffe: Convolutional architecture for fast feature embedding [C]. Proceedings of the 22nd ACM International Conference on Multimedia. ACM, 2014: 675-678.

[93] ABADI M, AGARWAL A, BARHAM P, et al. TensorFlow: Large-scale machine learning on heterogeneous distributed systems [J]. arXiv preprint arXiv: 1603.04467v2, 2016.

[94] ABADI M, BARHAM P, CHEN J, et al. TensorFlow: A system for large-scale machine learning [C]. Proceedings of the 12th USENIX Symposium on Operating Systems Design and Implementation (OSDI). 2016: 265-283.

[95] CHEN T, LI M, LI Y, et al. MXNet: A flexible and efficient machine learning library for heterogeneous distributed systems [J]. arXiv preprint arXiv: 1512.01274, 2015.

[96] KETKAR N. Deep learning with python [M]. Berkeley, CA: Apress, 2017.

[97] PyTorch 官网 [EB/OL]. https://pytorch.org/.

[98] PaddlePaddle [EB/OL]. 2019. https://github.com/PaddlePaddle.

[99] DEAN J, CORRADO G, MONGA R, et al. Large scale distributed deep networks [C]. Proceedings of the International Conference on Neural Information Processing Systems (NIPS). 2012: 1223-1231.

[100] TensorFlow 官网 [EB/OL]. https://tensorflow.google.cn/.

[101] HUYEN C. CS 20: TensorFlow for deep learning research [EB/OL]. 2018. http://web.stanford.edu/class/cs20si/.

[102] 机器学习速成课程 [EB/OL]. https://developers.google.cn/machine-learning/crash-course/.

[103] Bfloat16—hardware numerics definition (white paper) [EB/OL]. 1-7. https://software.intel.com/sites/default/files/managed/40/8b/bf16-hardware-numerics-definition-white-paper.pdf.

[104] config.proto [EB/OL]. 2019. https://github.com/tensorflow/tensorflow/blob/r1.10/tensorflow/core/protobuf/config.proto.

[105] tf.nn.sigmoid_cross_entropy_with_logits [EB/OL]. 2019. https://tensorflow.google.cn/versions/r1.10/api_docs/python/tf/nn/sigmoid_cross_entropy_with_logits.

[106] tf.nn.weighted_cross_entropy_with_logits [EB/OL]. 2019. https://tensorflow.google.cn/versions/r1.10/api_docs/python/tf/nn/weighted_cross_entropy_with_logits.

[107] DEAN J, GHEMAWAT S. MapReduce: Simplified data processing on large cluster [C]. Proceedings of the 6th Conference on Symposium on Operating Systems Design and Implementation (OSDI). 2004: 1-13.

[108] ISARD M, BUDIU M, YU Y, et al. Dryad: Distributed data-parallel programs from sequential building blocks [C]. Proceedings of the 2007 Eurosys Conference. 2007: 59-72.

[109] BAYDIN A G, PEARLMUTTER B A, RADUL A A, et al. Automatic differentiation in machine learning: a survey [J]. Journal of Machine Learning Research, 2018, 18(153): 1-43.

[110] Implementation of Control Flow in TensorFlow [EB/OL]. 2017. http://download.tensorflow.org/paper/white_paper_tf_control_flow_implementation_2017_11_1.pdf.

[111] ARVIND, CULLER D E. Dataflow architectures [J]. Annual Review of Computer Science, 1986, 1: 225-253.

[112] LARSEN R M, SHPEISMAN T. TensorFlow graph optimizations [EB/OL]. 2019. http://web.stanford.edu/class/cs245/slides/TFGraphOptimizationsStanford.pdf.

[113] Gemmlowp: a small self-contained low-precision GEMM library [EB/OL]. 2019. https://github.com/google/gemmlowp.

[114] Dense linear algebra on gpus [EB/OL]. 2019. https://developer.nvidia.com/cublas.

[115] NVIDIA collective communications library (NCCL) [EB/OL]. 2019. https://developer.nvidia.com/nccl.

[116] HOLLER M, TAM S, CASTRO H, et al. An electrically trainable artificial neural network (ETANN) with 10240 floating gate synapses [C]. Proceedings of the International Joint Conference on

Neural Networks (IJCNN). 1989: Ⅱ-191-Ⅱ-196.

[117] HAMMERSTROM D. A VLSI architecture for high-performance, low-cost, on-chip learning [C]. Proceedings of the International Joint Conference on Neural Networks (IJCNN). IEEE, 1990: 537-544.

[118] VIREDAZ M A, IENNE P. MANTRA I: A systolic neuro-computer [C]. Proceedings of the 1993 International Conference on Neural Networks (IJCNN). IEEE, 1993: 3054-3057.

[119] 王守觉,鲁华祥,陈向东,等. 人工神经网络硬件化途径与神经计算机研究 [J]. 深圳大学学报(理工版), 1997, 14(1): 8-13.

[120] LARSON C. China's AI imperative [J]. Science, 2018, 359(6376): 628-630.

[121] CHEN Y H, EMER J, SZE V. Eyeriss: A spatial architecture for energy-efficient dataflow for convolutional neural networks [C]. Proceedings of the ACM/IEEE 43rd Annual International Symposium on Computer Architecture (ISCA). 2016: 367-379.

[122] ZHOU X, DU Z, GUO Q, et al. Cambricon-S: Addressing irregularity in sparse neural networks through a cooperative software/hardware approach [C]. Proceedings of the 51st Annual IEEE/ACM International Symposium on Microarchitecture (MICRO). 2018: 15-28.

[123] SZE V, CHEN Y H, YANG T J, et al. Efficient processing of deep neural networks: A tutorial and survey [J]. Proceedings of the IEEE, 2017, 105(12): 2295-2329.

[124] JUDD P, ALBERICIO J, HETHERINGTON T, et al. Stripes: Bit-serial deep neural network computing [C]. Proceedings of the 49th annual IEEE/ACM International Symposium on Microarchitecture (MICRO). IEEE, 2016: 1-12.

[125] Mlperf [EB/OL]. 2018. https://mlperf.org.

[126] HENNESSY J L, PATTERSON D A. A new golden age for computer architecture [J]. Communications of the ACM, 2019, 62(2): 48-60.

[127] Kaldi ASR [EB/OL]. 2011. https://kaldi-asr.org.

[128] FREMONT D J, DREOSSI T, GHOSH S, et al. Scenic: A language for scenario specification and scene generation [C]. Proceedings of the 40th ACM SIGPLAN Conference on Programming Language Design and Implementation (PLDI). 2019: 63-78.

[129] SCHARDL T B. Performance engineering of multicore software: Developing a science of fast code for the post-moore era [D]. Massachusetts Institute of Technology. Department of Electrical Engineering and Computer Science, 2016.

[130] TANG T, LI S, XIE Y, et al. MLPAT: A power, area, timing modeling framework for machine learning accelerators [C]. Proceedings of The First International Workshop on Domain Specific System Architecture (DOSSA-1). 2018.

[131] RAGAN-KELLEY J, BARNES C, ADAMS A, et al. Halide: A language and compiler for optimizing parallelism, locality, and recomputation in image processing pipelines [C]. Proceedings of the 34th ACM SIGPLAN Conference on Programming Language Design and Implementation (PLDI). 2013: 519-530.

[132] CHEN T, MOREAU T, JIANG Z, et al. TVM: An automated end-to-end optimizing compiler for deep learning [C]. Proceedings of the 13th USENIX Symposium on Operating Systems Design and Implementation (OSDI). 2018: 578-594.

[133] NVIDIA CUDA [EB/OL]. 2019. https://developer.nvidia.com/cuda-zone.

[134] OpenCL overview [EB/OL]. 2019. https://www.khronos.org/opencl/.

[135] OpenACC [EB/OL]. 2019. https://www.openacc.org/.

[136] 刘颖, 吕方, 王蕾, 等. 异构并行编程模型研究与进展 [J]. 软件学报, 2014, 25(7): 1459-1475.

[137] CATANZARO B, GARLAND M, KEUTZER K. Copperhead: Compiling an embedded data parallel language [C]. Proceedings of the 16th ACM Symposium on Principles and Practice of Parallel Programming (PPoPP). 2011: 47-56.

[138] AUERBACH J, BACON D F, CHENG P, et al. Lime: A java-compatible and synthesizable language for heterogeneous architectures [C]. Proceedings of the ACM International Conference on Object Oriented Programming Systems Languages and Applications (OOPSLA). 2010: 89-108.

[139] LINDERMAN M D, COLLINS J D, WANG H, et al. Merge: A programming model for heterogeneous multi-core systems [C]. Proceedings of the 13th International Conference on Architectural Support for Programming Languages and Operating Systems (ASPLOS). 2008: 287-296.

[140] C++AMP (C++accelerated massive parallelism) [EB/OL]. 2019. https://docs.microsoft.com/en-us/cpp/parallel/amp/cpp-amp-cpp-accelerated-massive-parallelism?view=vs-2019.

[141] Han T D, Abdelrahman T S. hiCUDA: High-level GPGPU programming [J]. IEEE Transactions on Parallel and Distributed Systems, 2011, 22(1): 78-90.

[142] POP A, COHEN A. OpenStream: Expressiveness and data-flow compilation of OpenMP streaming programs [J]. ACM Transactions on Architecture and Code Optimization, 2013, 9(4): 53: 1-53: 25.

[143] Introduction to the DWARF debugging format [EB/OL]. 2007. http://dwarfstd.org/doc/Debugging%20using%20DWARF.pdf.

[144] GDB: The GNU Project Debugger [EB/OL]. 2019. http://www.gnu.org/software/gdb/documentation/.

[145] OpenBLAS: An optimized BLAS library [EB/OL]. 2019. http://www.openblas.net/.

[146] Intel math kernel library [EB/OL]. 2019. https://software.intel.com/en-us/mkl.

[147] NVIDIA CUDA deep neural network library (cuDNN) [EB/OL]. 2019. https://developer.nvidia.com/cudnn.

[148] Common objects in context [EB/OL]. 2019. http://cocodataset.org/.

[149] BANAKAR R, STEINKE S, LEE B S, et al. Scratchpad memory: A design alternative for cache on-chip memory in embedded systems [C]. Proceedings of the tenth International Symposium on Hardware/Software Codesign (CODES). 2002: 73-78.

# 后　记

我是中国科学院计算技术研究所的一名青年科研人员，主要从事人工智能和计算机系统结构两个方向的交叉研究。一般来说，中科院研究员的主要任务是做科研，并没有教学的强制性义务。但是近两年来，我把几乎所有的业余时间都用在教学和编写教材上。之所以这样做，主要是因为我观察到人工智能科研中的一个不平衡趋势：越是人工智能上层（应用层、算法层），我国研究者对世界做出的贡献越多；越是底层（系统软件层、芯片层），我国研究者的贡献越少。目前，我国的人工智能应用发展如火如荼，走在世界前列；我国的人工智能算法研究者为数众多，在相关的顶级会议和重要比赛中表现非常突出。然而当我们仔细审视这些应用和算法时，却发现它们大都建立在国际同行所开发的系统软件（如谷歌的 TensorFlow）和芯片（如英伟达的 GPU）之上。如果放任这样的不平衡，智能计算软硬件系统能力的缺失最终一定会拖上层应用和算法发展的后腿。

我国智能计算系统能力的缺失原因，可谓众说纷纭。我个人感觉，人才教育可能是最根本的原因之一（这或许是因为我出生在一个教师家庭，成年后又先后受到陈国良、胡伟武、徐志伟等教学名师的言传身教）。对于智能计算系统来说，无论是科学研究还是产业发展，都需要大量高水平人才。而人才必然来自教育。没有肥沃的土壤，就长不出参天大树。几年前，我国没有任何高校开设智能计算系统相关的课程。不给学生提供智能计算系统的教育，指望他们毕业以后在工作中自己摸索成长为这方面的大师，显然是不现实的。因此，我们应当从人才教育方面入手，主动作为，这样才有可能改变现状。

近年来，全国上百所高校开始设立人工智能专业，这正是我们改变现状的好时机。我和很多高校的计算机学院或者人工智能学院院长交流过，大家都很认同我的观点，觉得确实有必要强化智能计算系统能力的培养。但是在实际课程体系建设中，很多高校还是采用了"纯算法＋应用"的教学思路。事实上，各个高校都不乏有识之士，在课程设计中绕开"系统"课程往往是受制于三大客观困难：一是国内还没有太多智能计算系统课程可供参考；二是国内缺乏智能计算系统课程的师资；三是国际上也缺乏智能计算系统课程的教材。

由于自己的研究背景，我对人工智能的算法和系统都有一些粗浅的涉猎。有时我就会想，虽然自己不在高校工作，但是否也能为解决智能计算系统课程、师资、教材上的困难做一点微薄的贡献？我是否可以身体力行地培养一些具备系统思维的人工智能专业学生呢？

因此，2018 年年中，我鼓起勇气，下定决心，向中国科学院大学申请开设一门名为"智能计算系统"的课程，希望能培养学生对智能计算完整软硬件技术栈（包括基础智能算法、智能计算编程框架、智能计算编程语言、智能芯片体系结构等）的融会贯通的理解。让我非常欣慰的是，这门课程当时从一片空白中新生出来，虽缺乏打磨，有很多不足之处，却还是受到了学生们的欢迎。有很多选不上课的学生跟着旁听了整个学期。让我尤其感动的是，有兄弟研究所的学生自发地从中关村跑到怀柔来听课，上一次课来回车程就要三个小时，回到中关村已经是深夜。这也许能说明，智能计算系统这门课对学生来说有一定吸引力，大家学完了能得到真正的收获。

受到学生们的鼓舞，我们逐步把智能计算系统课程的 PPT、讲义、录像、代码、云平台和开发板开放给各个高校的老师。基于这些课程教学资料，国科大、北大、中科大、上交、北航、北理工、西工大、西交大、南开、天大、武大、华科等高校开设了智能计算系统课程[一]。这样，参考课程的问题就初步得到了解决。

进一步，我们在教育部高等学校教学指导委员会的帮助下，开设了智能计算系统的导教班。西工大的周兴社教授非常热情地承办了 2019 年 8 月的第一次导教班。全国 40 多个高校的 60 多位老师参加了这次导教班。未来，我们还将持续开设类似的导教班，力争培养几百名能教好智能计算系统的老师。这样，师资的问题就有了解决的可能性。

在具体教学和课程研讨过程中，学生们和老师们都提出，希望有一本配套的教材来支撑智能计算系统课。因此，我们实验室（中科院计算所智能处理器研究中心）以及中科院软件所智能软件研究中心的多位同事一起，把讲课过程中的录音整理成了文字，也就是读者手头的这本《智能计算系统》教材。据我们所知，在国际上，这也是最早的专门讲授当代机器学习计算系统的教材之一。这样，教材的问题也初步得到了解决。

回顾过去这两年，一方面感觉在繁重的科研之余，挤出时间来教课、写教材，殊为不易。最紧张的时候，自己要到国科大、北大、北航等几个学校去轮流教课，压力山大。很多次都是从机场、火车站出来直奔教室，所幸没有迟到耽误学生们的时间。另一方面，能和同事们一起把课程开起来、教材写出来，又确实感觉到收获满满。如果把我们人类自己也看成一个智能计算系统，这样的系统使用周期很短，还要并发处理多项任务，且频繁受到外部中断，能做好一件事、做成一件事殊为不易。惟愿在短暂的剩余使用周期里，超频工作，争取为我国人工智能行业再多培养出一些具有系统思维的人才。

陈云霁
2019 年 11 月 1 日
中国科学院建院 70 周年
于北京中关村

---

[一] 至 2021 年年底，已有超过 80 余所高校将智能计算系统课程列入教学培养计划。

# 推荐阅读

## 计算机类专业系统能力培养系列教材

### 计算机系统基础（第2版）
作者：袁春风 余子濠 编著　ISBN：978-7-111-60489-1　定价：59.00元

### 计算机体系结构基础（第2版）
作者：胡伟武 等著　ISBN：978-7-111-60548-5　定价：55.00元

### 智能计算系统实践教程
作者：陈云霁 等　ISBN：978-7-111-待定　定价：待定

# 推荐阅读

"在异构计算的时代程序员必须对算法和硬件模型融会贯通，才能写出高质量的代码。因此，未来的程序员还必须懂硬件！"

—— 图灵奖得主
David A. Patterson

**计算机组成与设计：硬件/软件接口**（原书第5版）
作者：David A. Patterson 等著
译者：王党辉 康继昌 安建峰 等
ISBN：978-7-111-50482-5
定价：99.00元

**RISC-V版**
作者：David A. Patterson 等著
译者：易江芳 刘先华 等
ISBN：978-7-111-待定
定价：待定

**ARM版**
作者：David A. Patterson 等著
译者：陈微
ISBN：978-7-111-60894-3
定价：139.00元

# 推 荐 阅 读

## 神经网络与机器学习（原书第3版）

作者：（加）Simon Haykin 著  译者：申富饶 等  ISBN：978-7-111-32413-3  定价：79.00元

## 神经网络设计（原书第2版）

作者：[美]马丁 T. 哈根（Martin T. Hagan）等著  译者：章毅 等
ISBN：978-7-111-58674-6  定价：99.00元